Eduard Naudascher

Hydraulik der Gerinne und Gerinnebauwerke

Zweite, verbesserte Auflage

Springer-Verlag Wien New York

Prof. Dr.-Ing. Eduard Naudascher
Institut für Hydromechanik
Universität Karlsruhe
Bundesrepublik Deutschland

Das Werk ist urheberrechtlich geschützt.
Die dadurch begründeten Rechte, insbesondere die der Übersetzung, des Nachdruckes, der Entnahme von Abbildungen, der Funksendung, der Wiedergabe auf photomechanischem oder ähnlichem Wege und der Speicherung in Datenverarbeitungsanlagen, bleiben, auch bei nur auszugsweiser Verwertung, vorbehalten.

© 1987 and 1992 by Springer-Verlag Wien

Gedruckt auf säurefreiem Papier

Mit 281 Abbildungen

Die Deutsche Bibliothek – CIP-Einheitsaufnahme

Naudascher, Eduard:
Hydraulik der Gerinne und Gerinnebauwerke / Eduard Naudascher. – 2., verb. Aufl. – Wien ; New York : Springer, 1992
ISBN-13:978-3-211-82366-8

ISBN-13:978-3-211-82366-8   e-ISBN-13:978-3-7091-9222-1
DOI: 10.1007/978-3-7091-9222-1

Hunter Rouse

anläßlich seines achtzigsten Geburtstages

in Dankbarkeit gewidmet

VORWORT

Das vorliegende Buch basiert auf Unterlagen für den DVWK-Lehrgang "Stationäre Gerinnehydraulik", den ich im April 1980 an der Universität Karlsruhe zusammen mit den Kollegen Heinrich Dorer, Wilhelm Gehrig, Bruno Herrling, Franz Nestmann und Berthold Treiber durchführte. Obwohl ich stets vorhatte, die Lehrgangsunterlagen nach gründlicher Überarbeitung zu veröffentlichen, ist es doch dem beharrlichen Zuspruch von Hans Bischoff, Vorsitzender des DVWK-Fachausschusses "Rohr- und Gerinnehydraulik", zu verdanken, daß dieses Vorhaben nun auch verwirklicht wurde.

Es war mein Bestreben, gleichzeitig ein anwendungsbezogenes Lehrbuch für Studenten des Bauingenieurwesens u n d ein in den Grundlagen wohlfundiertes Handbuch für den im Wasserbau, in der Siedlungswasserwirtschaft und der industriellen Wasserversorgung tätigen Ingenieur zu schreiben. Ich habe mich deshalb bemüht, alle dargestellten Berechnungsverfahren für Gerinneströmungen und alle Ausführungen zur Bemessung und Gestaltung von Gerinnen und Gerinnebauwerken durch Anwendungsbeispiele eingehend zu erläutern. Wo immer möglich, habe ich Bewährtes von anderen übernommen, so vor allem von Hunter Rouse, Ven Te Chow und Ralph Schröder. Meine langjährige Tätigkeit in den USA findet ihren Niederschlag in den vielen Hinweisen auf die sehr umfangreiche englischsprachige Literatur zum Thema Gerinnehydraulik, sowie in der Darbietung des Stoffes nach der Schule von Rouse. Zumindest war mir dieses letztere wichtigstes Anliegen.

Bis vor einer Generation waren Ingenieure gezwungen, Formeln zu verwenden, die auf der Grundlage von Empirie und stark vereinfachten theoretischen Betrachtungen entwickelt worden waren. Da diese Formeln oft nicht nur im Widerspruch zu physikalischen Gesetzen, sondern häufig nicht einmal dimensionshomogen waren, mußten mehr und mehr Koeffizienten eingeführt werden, um die Abweichungen zwischen berechneten und gemessenen Daten zu korrigieren. Den Erkenntnissen der klassischen Hydrodynamik jener Tage standen die Ingenieure wegen der Wirklichkeitsferne dieser Wissenschaft berechtigterweise skeptisch gegenüber. Und so entwickelte sich eine verhängnisvolle Kluft, die noch bis in unsere Tage hineinwirkt, zwischen der wissenschaftlich unbefriedigenden "Koeffizienten-Hydraulik" der praktisch tätigen Ingenieure auf der einen Seite und der stark idealisierten Hydrodynamik der theoretisch orientierten Wissenschaftler auf der anderen Seite. Wenn wir diese Kluft heute allmählich überwinden, so hat dazu gewiß

in erster Linie H u n t e r R o u s e beigetragen. Dies ist einer der
Gründe, weshalb ich dieses Buch mit besonderer Freude ihm widme. Ich möchte mit
dieser Widmung nicht nur meinen persönlichen Dank aussprechen für das, was ich
in den erfüllten Jahren des gemeinsamen Wirkens am Iowa Institute of Hydraulic
Research von ihm lernen durfte. Vielmehr möchte ich damit den Lesern dieses
Buches zum Bewußtsein bringen, wem wir die vielfältigen Erleichterungen und
Verbesserungen auf dem Weg zu fruchtbringender Arbeit in unserem Fachgebiet
vor allem zu verdanken haben.

Danken möchte ich auch den vielen, ohne deren Hilfe dieses Buch nicht geworden
wäre. Besonderer Dank gebührt Franz Nestmann, der die Abschnitte 7.3 und 7.4
beisteuerte und mir völlig uneigennützig beim Korrekturlesen half. Heinrich
Dorer verdanke ich die Zusammenstellung des Abschnitts 7.5. Bei der Überprüfung der Gleichungen, der Bilder und des Textes halfen vor allem Hans Bischoff,
Thomas Maurer und Karlheinz Peissner mit. Cornelia Echte danke ich für die
sorgfältige Fertigstellung des Textes und ihre Geduld mit den vielen Formeln,
Bruni Siebach für die Abfassung der Erstschrift, Ruth Böser und Roswitha
Zschernitz dafür, daß sie trotz starker Überlastung mit anderen Arbeiten bei
der Fertigstellung von Inhalts- und Literaturverzeichnis mithalfen, und Karl
Fink für die vielen Kopien, die anzufertigen waren; Joachim Helbing, Susanna
Issel und Iris Kastner haben sich um die Herstellung und die sehr mühsame Aus-
besserung der Bilder verdient gemacht, und Margarete Karcher bin ich für ihre
Hilfe bei der Literatursuche dankbar. Nicht zuletzt möchte ich Dank sagen für
das empfangene Akademiestipendium der Stiftung Volkswagenwerk, das es mit ermöglicht hat, das Vorhaben zu einem guten Abschluß zu bringen.

                                                              Eduard Naudascher

INHALTSVERZEICHNIS

Seite

1. GRUNDLAGEN DER GERINNEHYDRAULIK

1.1 Die Grundgleichungen der eindimensionalen Strömungsanalyse

    1.1.1 Allgemeine Bemerkungen   1

    1.1.2 Die Kontinuitätsgleichung   1

    1.1.3 Die Energiegleichung   2

    1.1.4 Die Impulsgleichung   5

    1.1.5 Zur Anwendung der Grundgleichungen

        1.1.5.1 Allgemeines   6
        1.1.5.2 Geschwindigkeitsverteilung   7
        1.1.5.3 Druckverteilung   11

1.2 Gesetzmäßigkeiten des stark ungleichförmigen Abflusses

    1.2.1 Energiebetrachtung; die Grenztiefe   14

    1.2.2 Kontrollbedingungen für den Gerinneabfluß   23

    1.2.3 Impulsbetrachtung; der Wechselsprung   24

2. BEMESSUNG UND GESTALTUNG VON TOSBECKEN

2.1 Bemessung grundlegender Tosbeckentypen

    2.1.1 Allgemeine Bemerkungen   34

    2.1.2 Tosbecken mit positiver Stufe   35

    2.1.3 Tosbecken mit Schwelle und Zahnschwelle   37

    2.1.4 Tosbecken unterstrom eines freien Überfalls   40

    2.1.5 Tosbecken mit Rückstau   41

    2.1.6 Tosbecken besonderer Bauart   44

2.2 Stabilisierung des Wechselsprungs

    2.2.1 Tosbecken mit Prallblöcken oder Schwellen   50

    2.2.2 Tosbecken mit Sohlenvertiefung oder negativer Stufe   54

    2.2.3 Tosbecken mit seitlicher Aufweitung   58

    2.2.4 Tosbecken unterstrom eines geneigten Gerinnes   61

			Seite
2.3	\multicolumn{2}{l	}{Wechselsprung und Luftbeimengung}	

2.3   Wechselsprung und Luftbeimengung

    2.3.1 Einfluß der Vorbelüftung auf den Wechselsprung   68

    2.3.2 Luft- und Sauerstoffeintrag im Wechselsprung   70

3.   BEMESSUNG VON KONTROLLBAUWERKEN

3.1   Kontrollbauwerke und Abfluß: Anmerkungen zur Koeffizientenhydraulik   76

3.2   Unterströmte Bauwerke

    3.2.1 Tiefschütze   84

    3.2.2 Freispiegelschütze mit freiem Abfluß

        3.2.2.1 Das unterströmte Schütz   89
        3.2.2.2 Einfluß der Reynolds-Zahl   92
        3.2.2.3 Maßstabseffekte   94
        3.2.2.4 Unterströmte Freispiegelschütze besonderer Bauart   99

    3.2.3 Freispiegelschütze mit rückgestautem Abfluß   102

3.3   Überströmte Bauwerke

    3.3.1 Wehre und Schwellen mit vollkommenem Überfall

        3.3.1.1 Scharfkantige Wehre und Schwellen   104
        3.3.1.2 Wehr mit Überfallrücken   109
        3.3.1.3 Überströmte Wehrverschlüsse besonderer Bauart   113
        3.3.1.4 Breitkroniges Wehr, Venturikanal   117
        3.3.1.5 Maßstabseffekte   121

    3.3.2 Wehre mit unvollkommenem Überfall   124

    3.3.3 Wehre besonderer Art   126

3.4   Gleichzeitig über- und unterströmte Bauwerke   129

4.   ÜBERGANGSBAUWERKE UND EINBAUTEN IN GERINNEN

4.1   Örtliche Energieverluste

    4.1.1 Allgemeine Bemerkungen   133

    4.1.2 Verlust bei Einbauten (Pfeilerstau)

        4.1.2.1 Allgemeines   136
        4.1.2.2 Einfluß der Form und der Reynolds-Zahl   137

			Seite
	4.1.2.3	Rauheits- und Turbulenzeinflüsse	140
	4.1.2.4	Sohlen- und Endeinflüsse	141
	4.1.2.5	Welleneinfluß	143
	4.1.2.6	Einfluß von Bauwerksschwingungen	143
	4.1.2.7	Verbauung und Nachbarbauten	144
4.1.3	Verlust bei Querschnittsänderungen (strömender Abfluß)		
	4.1.3.1	Allgemeines	146
	4.1.3.2	Querschnittserweiterungen	146
	4.1.3.3	Querschnittsverengungen	148
	4.1.3.4	Einlaufverlust	149
	4.1.3.5	Brückenwiderlager und eingestaute Brücken	150
4.1.4	Umlenk- und Verzweigungsverluste (strömender Abfluß)		
	4.1.4.1	Krümmungen	152
	4.1.4.2	Verzweigungen und Vereinigungen	157

4.2 Übergangsbauwerke für strömenden Abfluß

4.2.1	Allgemeine Bemerkungen	160
4.2.2	Gerinneverengungen und Einlaufbauwerke	163
4.2.3	Gerinneerweiterungen und Auslaßbauwerke	167
4.2.4	Gerinnekrümmungen	173

5. BEMESSUNG UND GESTALTUNG VON SCHUSSRINNEN

5.1 Richtungsänderungen bei schießendem Abfluß

5.1.1	Allgemeine Bemerkungen	174
5.1.2	Plötzliche Richtungsänderung	178
5.1.3	Allmähliche Richtungsänderung	183
5.1.4	Reflexion und Interferenz stehender Wellen	188

5.2 Gerinnebauwerke für schießenden Abfluß

5.2.1	Gerinneverengungen und Einlaufbauwerke	192
5.2.2	Gerinneerweiterungen und Auslaßbauwerke	198

			Seite
5.2.3	Gerinnekrümmungen und -vereinigungen		
	5.2.3.1	Strömungsverhältnisse in Krümmungen	203
	5.2.3.2	Gestaltung von Gerinnekrümmungen und -vereinigungen	207

6. BERECHNUNG DES GLEICHFÖRMIGEN ABFLUSSES

6.1 Kritische Betrachtung der Abflußformeln

6.1.1	Ausbildung und Arten des Normalabflusses	214
6.1.2	Das Widerstandsgesetz	217
6.1.3	Flächen- und Formrauheit	223
6.1.4	Die Abflußformeln	226

6.2 Gerinne mit besonderen Randbedingungen

6.2.1	Teilgefüllte Rohre und Stollen	230
6.2.2	"Hydraulisch günstigste" Fließquerschnitte	232
6.2.3	Gerinne mit unterschiedlicher Rauheit	233
6.2.4	Gerinne mit gegliedertem Querschnitt und Vegetation	234
6.2.5	Gerinne mit beweglicher Sohle	241

6.3 Gerinne mit schießendem Abfluß

6.3.1	Froude-Wellen und Strömungswiderstand		246
6.3.2	Gerinneabfluß mit Luftaufnahme		
	6.3.2.1	Allgemeines	250
	6.3.2.2	Die Abflußformel	251
	6.3.2.3	Die Luftkonzentrationsverteilung	253

7. BERECHNUNG DES UNGLEICHFÖRMIGEN ABFLUSSES

7.1 Leicht ungleichförmige Gerinneströmung

7.1.1	Die Grundlagen	256
7.1.2	Klassifikation der Wasserspiegelprofile	264
7.1.3	Voranalyse der Wasserspiegelberechnung	268

Seite

7.2 Ungleichförmige Gerinneströmung mit Selbstbelüftung

    7.2.1 Grenzschichtentwicklung und Belüftungsbeginn — 278

    7.2.2 Die Luftkonzentrationsverteilung — 281

    7.2.3 Berechnung des selbstbelüfteten Abflusses — 282

    7.2.4 Die Energie- und Impulsgleichung — 284

7.3 Gerinneströmung mit seitlichem Zufluß

    7.3.1 Problemstellung — 288

    7.3.2 Die Grundgleichungen — 290

    7.3.3 Berechnung der Wasserspiegellage — 292

7.4 Gerinneströmung mit seitlichem Abfluß

    7.4.1 Die Grundgleichungen — 300

    7.4.2 Streichwehre und seitliche Abzweigungen — 301

    7.4.3 Bodenauslässe (Tiroler Wehre) — 310

7.5 Einsatz des Rechners bei Wasserspiegelberechnungen

    7.5.1 Grundgleichungen und Lösungsverfahren — 315

    7.5.2 Ermittlung der Profilkennwerte — 318

    7.5.3 Durchführung der Berechnungen — 323

    7.5.4 Festlegung der Abflußbeiwerte — 326

    7.5.5 Einsatz von Taschenrechnern — 327

LITERATUR — 332

NAMENSVERZEICHNIS — 345

SACHVERZEICHNIS — 348

1. GRUNDLAGEN DER GERINNEHYDRAULIK

1.1 Die Grundgleichungen der eindimensionalen Strömungsanalyse

1.1.1 Allgemeine Bemerkungen

Für die meisten hydraulischen Probleme der Praxis reicht es aus, die gesamte Strömung als eine einzige Stromröhre mit einer über den jeweiligen Durchflußquerschnitt gemittelten Geschwindigkeit V zu behandeln. Hierzu dienen die Grundgleichungen der Hydromechanik in ihrer einfachsten, e i n d i m e n s i o n a l e n Form. Um diese Gleichungen richtig anwenden zu können, ist es wesentlich, die bei ihrer Ableitung getroffenen Annahmen bzw. Einschränkungen zu beachten (vgl. Naudascher, 1969, S. 53 ff). Aus diesem Grunde seien die Annahmen im folgenden einzeln hervorgehoben.

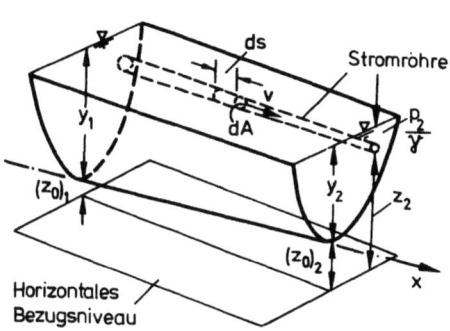

Bild 1.1 Ausschnitt aus einer Gerinneströmung

1.1.2 Die Kontinuitätsgleichung

Ausgangspunkt für die Herleitung der Grundgleichungen ist jeweils die Betrachtung für eine Stromröhre (Bild 1.1). Bezeichnet dA die Querschnittsfläche und v die zugehörige Geschwindigkeit senkrecht zu dA in einem beliebigen Querschnitt dieser Stromröhre, so kann unter der Annahme

(a) Die Flüssigkeit ist homogen und inkompressibel (ρ = const)

die Massenerhaltungs-Bilanz wie folgt geschrieben werden:

$$dQ = \vec{v} \cdot \vec{n}\, dA = v\, dA = \text{const} \qquad (1.1)$$

($\vec{n}$ = Normalvektor). Diese sogenannte Kontinuitätsgleichung sagt aus, daß der Durchfluß (Volumenstrom pro Zeiteinheit) dQ durch die Stromröhre unabhängig vom Ort konstant sein muß.

Integriert man diese Gleichung über das aus der Gesamtströmung herausgelöste Kontrollvolumen zwischen den Querschnitten 1 und 2 (Bild 1.1), so erhält man die Gleichung

$$Q = \int_A v \, dA = V A = \text{const} \qquad (1.2)$$

oder

$$Q = V_1 A_1 = V_2 A_2 \qquad (1.3)$$

Diese letztere Gleichung ist dann exakt gültig, wenn die mittlere Geschwindigkeit V der in Gleichung (1.2) enthaltenen Definitionsgleichung

$$V = \frac{1}{A} \int_A \vec{v} \cdot \vec{n} \, dA = \frac{1}{A} \int v \, dA \qquad (1.4)$$

genügt. Sie gilt sowohl für stationäre (über die Zeit unveränderliche) als auch instationäre (von einem Zeitpunkt zum anderen veränderliche) Strömungen, wobei im letzteren Fall jeweils nur ein Momentzustand beschrieben wird.

1.1.3 Die Energiegleichung

Bei der Ableitung der Energiegleichung geht man von der Newtonschen Bewegungsgleichung für ein Massenelement $dm = \rho \, ds \, dA$ aus (Bild 1.1). Bildet man das Skalarprodukt aus der auf dieses Element in Strömungsrichtung (s) wirkenden Kraft dF_s und dem Weg ds, so ergibt sich auf der rechten Seite der Bewegungsgleichung die zugehörige Änderung der kinetischen Energie. Beschränkt man sich auf die Behandlung von stationären Strömungen oder, genauer gesagt: unter der Annahme

(b) die Strömung ist stationär, und auch der Druck an jeder beliebigen Stelle variiert nicht mit der Zeit,

lautet die Energiegleichung für das Element $dm = \rho \, ds \, dA$:

$$dF_s \, ds = \frac{\rho}{2} \, ds \, dA \, d(v^2) \qquad (1.5)$$

Beschränkt man sich weiterhin auf Strömungen, die nur (oder im wesentlichen) von Schwere und Druckkräften beeinflußt sind, d.h. unter der weiteren Annahme

(c) die Strömung wird nur von Schwere und Druckkräften beeinflußt, läßt sich die Kraft dF_s in Abhängigkeit vom Druck p und der geodätischen Höhe z des betrachteten Elements mit der Wichte $\gamma = \rho g$ wie folgt darstellen:

$$dF_s = [d(p + \gamma z)/ds] \, ds \, dA \qquad (1.6)$$

Die Annahme (c) umfaßt die gravierende Einschränkung, daß die Einflüsse von Zähigkeitskräften nicht berücksichtigt werden. Die herzuleitende Gleichung gilt deshalb nur dann, wenn Energieverluste, die letztlich durch Zähigkeitswirkung hervorgerufen werden, vernachlässigbar sind. Hierauf wird noch später einzugehen sein.

Integriert man nun die Gleichung (1.5) zunächst über die Querschnitte (1) und (2) und danach über die gesamte Stromröhre, so erhält man unter der Annahme

(d) Die Querschnitte (1) und (2) liegen in Zonen hydrostatischer Druckverteilung (das heißt in Zonen mit krümmungsfreien Stromlinien)

folgende Gleichung

$$\frac{p_1}{\gamma} + z_1 - \frac{p_2}{\gamma} - z_2 = \frac{1}{2gQ} \left(\int_A v_2^3 dA - \int_A v_1^3 dA \right) \qquad (1.7)$$

wenn man beide Seiten durch $\gamma Q \, dt$ dividiert und $dQ = v \, dA$ aus Gleichung (1.1) einsetzt. Führt man nun den Korrekturbeiwert für Geschwindigkeitshöhen α (Coriolis-Beiwert) ein, mit

$$\alpha = \frac{1}{A} \int_A \frac{v^3}{V^3} \, dA \qquad (1.8)$$

so folgt aus Gleichung (1.7) die Energiegleichung in der Form

$$z_1 + \frac{p_1}{\gamma} + \alpha_1 \frac{V_1^2}{2g} = z_2 + \frac{p_2}{\gamma} + \alpha_2 \frac{V_2^2}{2g} \qquad (1.9)$$

Die Summe dieser jeweils drei Glieder (geodätische Höhe, Druckhöhe und Geschwindigkeitshöhe) wird auch mit Energiehöhe H bezeichnet. Die Energiegleichung kann somit auch in der Form

$$z + \frac{p}{\gamma} + \alpha \frac{V^2}{2g} = H \qquad (1.10)$$

angegeben werden, wobei unter Vernachlässigung von Energieverlusten (entsprechend Annahme c) die von einem horizontalen Bezugsniveau gemessene Energiehöhe H konstant ist.

Man beachte, daß $\alpha \neq 1$ aus der Tatsache resultiert, daß die Geschwindigkeit v im allgemeinen nicht gleichmäßig über den Querschnitt verteilt ist. Für v = const ergäbe sich $\alpha = 1$. Je ungleichförmiger die Geschwindigkeitsverteilung ist, umso größer wird α. Bei bekannter Verteilung der Geschwindigkeit läßt sich α aus der Definitionsgleichung bestimmen (vgl. Abschnitt 1.1.5.2).

Wenn gemäß Annahme (d) die Querschnitte (1) und (2) in Zonen hydrostatischer Druckverteilung liegen, so gilt in jedem Querschnitt $z + p/\gamma$ = const, oder, für ein offenes Gerinne (Bild 1.1),

$$h = z + \frac{p}{\gamma} = z_o + y \qquad (1.11)$$

Hierin bedeutet h die piezometrische Höhe, z_o die geodätische Höhe der Sohle und y die Wassertiefe. Setzt man diese Beziehung in Gleichung (1.10) ein, so erhält man die Energiegleichung für offene Gerinne in der Form

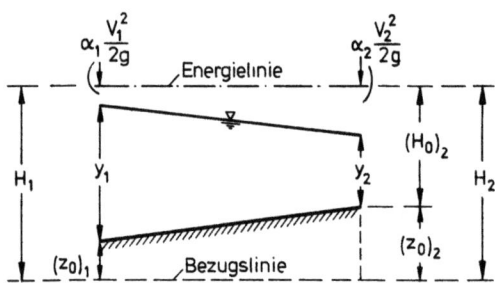

Bild 1.2   Längsschnitt der Gerinneströmung von Bild 1.1

$$z_o + y + \alpha \frac{v^2}{2g} = H \qquad (1.12)$$

mit H = const oder, wenn Energieverluste berücksichtigt werden, mit stromab kleiner werdenden Energiehöhen H (vgl. Kapitel 6 und 7).

Eine wichtige Größe in der Gerinnehydraulik ist die sogenannte spezifische Energiehöhe H_o, die im Gegensatz zu H die Höhe der Energielinie über der (in der Höhe variablen!) Gerinnesohle angibt:

$$H_o = H - z_o = y + \alpha \frac{v^2}{2g} = y + \alpha \frac{Q^2}{2gA^2} \qquad (1.13)$$

(vgl. Bild 1.11a). Diese Gleichung wird zur Lösung praktischer Aufgaben häufig in graphischer Form verwendet (Bild 1.10 und 1.11).

1.1.4 Die Impulsgleichung

Auch bei der Herleitung der Impulsgleichung geht man von der Newtonschen Bewegungsgleichung für das Massenelement $dm = \rho\, ds\, dA$ (Bild 1.1) aus. Diesmal jedoch wird die Bewegungsgleichung in Vektorform belassen. Unter Berücksichtigung von Annahme (a) erhält man somit:

$$d\vec{F}\, dt = \rho\, ds\, dA\, d(\vec{v}) \tag{1.14}$$

wobei $d\vec{F}$ die resultierende, äußere Kraft auf das betrachtete Volumenelement bezeichnet. Dem auf dieses Element wirkenden Impuls (linke Seite) wird also in dieser Gleichung die zugehörige Änderung der Bewegungsgröße (rechte Seite) gegenübergestellt. Nimmt man wieder an, daß die Strömung stationär ist (Annahme b), so ergibt sich aus einer Integration der Gleichung (1.14) über das gesamte Kontrollvolumen zwischen den Querschnitten 1 und 2 (Bild 1.1) nach Division durch dt und bei Verwendung der Gleichungen $ds = dt\, v$ und $dQ = v\, dA$:

$$\vec{F} = \rho\, Q\, (\beta_2 \vec{V}_2 - \beta_1 \vec{V}_1) \tag{1.15}$$

Hierin stellt $\vec{F}$ die resultierende Kraft dar, die von außen auf das betrachtete Kontrollvolumen wirkt, und β ist ein Korrekturbeiwert (auch Boussinesq-Beiwert genannt), der sich bei der Integration über den Abflußquerschnitt - ähnlich wie der Korrekturbeiwert α bei der Herleitung der Energiegleichung - ergibt zu

$$\beta = \frac{1}{A} \int_A \frac{v^2}{V^2}\, dA \tag{1.16}$$

Auch dieser Beiwert nähert sich umsomehr dem Wert 1, je gleichförmiger die Geschwindigkeitsverteilung ist. Ist die Geschwindigkeit ungleichförmig über die Kontrollquerschnitte (1) und (2) verteilt, so kann er, wie in Abschnitt 1.1.5.2 gezeigt wird, weder gleich α gesetzt noch eliminiert werden, es sei denn man begnügt sich mit einer Näherung. Leider wird in der deutschsprachigen Literatur nur selten auf diesen Tatbestand hingewiesen.

Wie jede Vektorgleichung kann auch die Gleichung (1.15) in drei Komponentengleichungen zerlegt werden. Es ergibt sich dann für eine beliebige Richtung - etwa die x-Richtung -

$$F_x = \rho Q\, [\beta_2 (V_x)_2 - \beta_1 (V_x)_1] \tag{1.17}$$

Hierin bedeuten F_x und V_x die x-Komponenten der resultierenden Kraft $\vec{F}$ auf das betrachtete Kontrollvolumen und der mittleren Geschwindigkeit $\vec{v}$.

Bei der Ableitung der Impulsgleichung (1.15) bzw. (1.17) mußten lediglich die Annahmen (a) und (b), nicht aber (c) und (d) getroffen werden. Es wird sich jedoch herausstellen, daß die A n w e n d u n g dieser Gleichung ohne die letzteren zwei Annahmen kaum möglich ist.

Für eine instationäre Strömung (d.h. ohne Annahme b) würde man in den Energie- und Impulsgleichungen zusätzliche Glieder erhalten haben (vgl. z.B. Naudascher, 1969).

1.1.5 Zur Anwendung der Grundgleichungen

1.1.5.1 Allgemeines. Obwohl die Energie- und Impulsgleichungen aus derselben Newtonschen Bewegungsgleichung hervorgehen, liefern sie unterschiedliche Information bzw. dienen sie verschiedenen Zwecken. Die Energiegleichung hat s k a l a r e n Charakter. In ihr brauchen äußere Kräfte (zum Beispiel die Kraft F*, die in Bild 1.3 vom Schütz bzw. der Schwelle auf das Kontrollvolumen ausgeübt wird) nicht berücksichtigt zu werden; Veränderungen der Energiehöhe durch Reibungs- und örtliche Verluste (z.B. durch die Energieverlusthöhe ΔH in Bild 1.3c) dagegen müssen hier in Ansatz gebracht werden. Die Impulsgleichung dagegen hat v e k t o r i e l l e n Charakter. Hier müssen Energieveränderungen, da durch i n n e r e Kräfte verursacht, nicht berücksichtigt werden; alle äußeren Kräfte aber sind in Ansatz zu bringen - es sei denn, sie haben keine Komponente in der für die Komponentengleichung (1.17) gewählten Richtung.

Zur Ermittlung des Zusammenhangs zwischen den Wassertiefen y_1 und y_2 in Bild 1.3 wird man also neben der Kontinuitätsgleichung für 1.3a, b die Energiegleichung und für 1.3c die Impulsgleichung heranziehen. Jeweils die andere Gleichung liefert dann Information

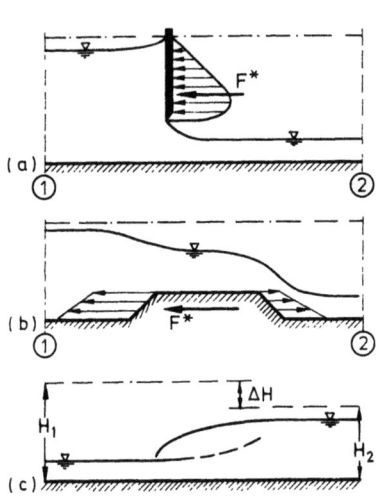

Bild 1.3 Beispiele für Anwendung der Energie- und Impulsgleichung

zur Bestimmung von F* bzw. ΔH, sofern man die durch die Zähigkeitskräfte (innere Kräfte!) verursachten Energieverluste in der Energiegleichung dadurch berücksichtigt, daß man die Energiehöhe H in Gleichung (1.10) oder (1.12) als eine in Fließrichtung kleiner werdende Größe behandelt:

$$H_1 = H_2 + \Delta H \qquad (1.18)$$

Hierin bezeichnet ΔH die Summe aller Energieverlusthöhen zwischen den Querschnitten (1) und (2).

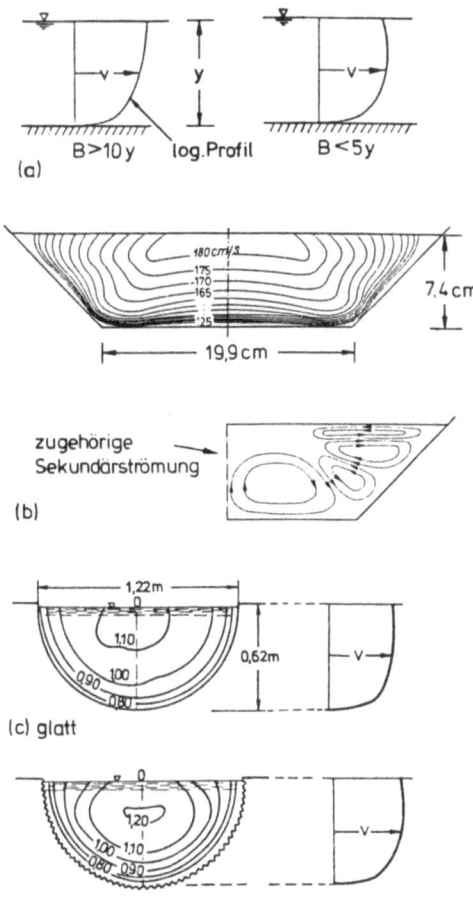

Bild 1.4 Geschwindigkeitsverteilung in offenen Gerinnen

1.1.5.2 Geschwindigkeitsverteilung.

Häufig werden bei der Anwendung der Energie- und Impulsgleichung die Beiwerte α und β gleich 1,0 gesetzt. Man muß sich jedoch im Klaren darüber sein, daß diese vereinfachende Annahme zu größeren Fehlern führen kann, wenn die Querschnitte des betrachteten Kontrollvolumens in Zonen sehr ungleichförmiger Geschwindigkeitsverteilung liegen (vgl. nachfolgendes Beispiel). Eine nahezu gleichförmige Verteilung der Geschwindigkeit ist lediglich unterstrom einer Strecke mit starker Beschleunigung zu erwarten - beispielsweise unmittelbar unterstrom des Schützes in Bild 1.3a.

In einem langen, prismatischen Gerinne von großer Breite (B > 10y) stellt sich in Gerinnemitte senkrecht zur Sohle für den in der Bauingenieurpraxis meist turbulent verlaufenden Abfluß mit guter Näherung eine logarithmische Geschwindigkeitsverteilung ein (Bild 1.4a). Hierfür ergeben sich Werte von α und β, wie sie in Bild 1.4e wiedergegeben sind. Je kleiner die Breite des Gerinnes im Verhältnis zur Wassertiefe und je rauher die Ge-

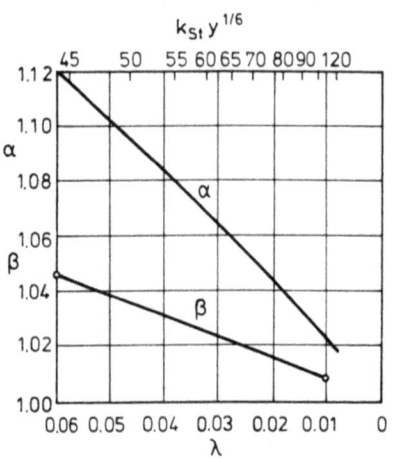

Bild 1.4e α- und β-Werte für weite Rechteckgerinne (B > 10y) in Abhängigkeit vom Widerstandsbeiwert nach Streeter (1942)

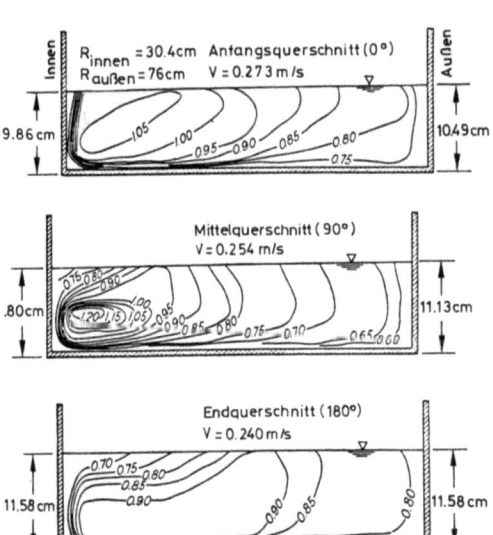

Bild 1.5 Geschwindigkeitsverteilung des strömenden Abflusses durch einen 180°-Krümmer nach Mockmore (1944) (Entn. aus Rouse "Engineering Hydaulics", 1950, m. frdl. Gen. v. John Wiley & Sons)

rinnewandungen, umso stärker wirken sich sogenannte Sekundärströmungen an den Rändern (Bild 1.4b, c, d) auf die Geschwindigkeitsverteilung aus. Diese der Hauptströmung überlagerten spiralförmigen Sekundärströmungen bewirken unter anderem, daß langsam fließende Wasserteilchen aus den Wandzonen an die Wasseroberfläche transportiert werden. Die Folge davon ist eine Reduktion der Geschwindigkeit nahe der Wasseroberfläche und eine Erhöhung der Reibungsverluste. Die an der Wasseroberfläche angrenzende Luft hat dagegen keinen merklichen Einfluß auf die Geschwindigkeitsverteilung (außer bei höheren Windgeschwindigkeiten).

Die hier diskutierten Einflüsse wirken sich natürlich auch auf die α- und β-Werte aus. So wurden für prismatische Gerinne Werte für α von 1,03 bis 1,36 und für β von 1,01 bis 1,12 gemessen (Chow, 1959). In natürlichen Gerinnen mit stark unterschiedlicher Wassertiefe kommen sogar Werte von α > 1,6 und β > 1,2 vor. Weist das Gerinne ungleichförmige Rauheiten oder einen gegliederten Querschnitt auf, so entstehen besonders starke Geschwindigkeitsunterschiede über den Querschnitt (vgl. Abschnitt 6.2).

Eine Berechnung der α- und β-Werte kann mit Hilfe der Gleichungen (1.8) und (1.16) ohne Schwierigkeiten vorgenommen wer-

den, sofern die Geschwindigkeitsverteilung bekannt ist. Für die meisten in
der Praxis vorkommenden Aufgaben reicht es jedoch aus, α und β sorgfältig abzuschätzen, weil die hierbei gemachten Fehler im Vergleich zu anderen Unwägbarkeiten der Rechnung meist klein sind.

Sehr ungleichförmige Geschwindigkeitsverteilungen stellen sich in Gerinnekrümmungen ein (Bild 1.5). Auch hier sind eine oder mehrere spiralförmige Sekundärströmungen der Grund für die Ungleichförmigkeit. Die Intensität dieser Sekundärströmung ist wesentlich größer als die in Bild 1.4b gezeigte. Sie weist an der Wasseroberfläche nach außen und an der Sohle nach innen gerichtete Komponenten auf (vgl. Bild 4.21). Die in Bild 1.5 dargestellten Meßwerte lassen erkennen, daß sich die durch die Sekundärströmung bedingte Ungleichförmigkeit der Geschwindigkeitsverteilung auch in die geraden Gerinnebereiche ober- und unterstrom des Krümmers hinein erstrecken.

BEISPIEL 1.1

Zur Veranschaulichung der Fehler, die bei Nichtbeachtung stark ungleichförmiger Geschwindigkeitsverteilung entstehen, sei hier eine Strömung durch ein Rohr mit plötzlicher Erweiterung von D_1 auf $D_2 = 2D_1$ betrachtet (Bild 1.6). Es soll gezeigt werden, daß man mit guter Näherung die tatsächlichen Geschwindigkeitsverteilungen durch die gestrichelt angedeuteten Profile annähern kann, daß dagegen große Fehler entstehen, wenn man die über den Querschnitt (2) gemittelte Geschwindigkeit in die Energie- und Impulsgleichung einsetzt, die gemäß der Kontinuitätsgleichung

$$Q = V_1 \pi D_1^2/4 = V_2 \pi D_2^2/4 \ , \quad V_2 = V_1/4$$

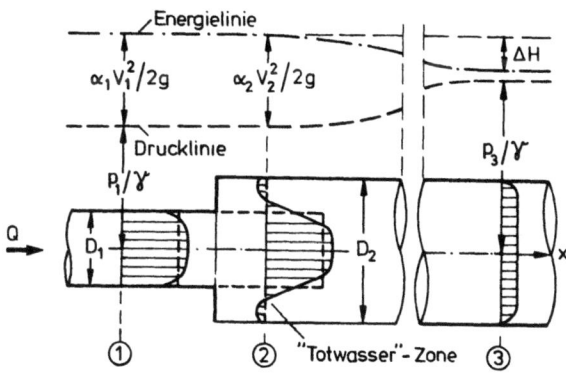

Bild 1.6   Plötzliche Rohrerweiterung

also ein Viertel von V_1 beträgt. Aus der Energiegleichung für die Querschnitte (1) und (2) erhält man ohne Berücksichtigung der α-Beiwerte aus Gleichung (1.8) mit $z + p/\gamma = h$:

$$h_1 + V_1^2/2g = h_2 + V_1^2/32g$$

$$h_2 = h_1 + (V_1^2/2g)\,15/16$$

Tatsächlich aber sind die piezometrischen Höhen in (1) und (2) gleich groß. Dies folgt aus der Tatsache, daß sich die Strömung zwischen den Querschnitten (1) und (2) weder beschleunigt noch verzögert und daß somit keine Kraft in Strömungsrichtung auftreten darf. Das gleiche Ergebnis resultiert aber auch aus der Energiegleichung, wenn die α-Werte berücksichtigt werden, die sich für die gestrichelten Geschwindigkeitsverteilungen im Querschnitt (1) zu $\alpha_1 \cong 1.0$ und im Querschnitt (2) mit $V = Q/A_2 = V_1/4$ zu

$$\alpha_2 \cong \frac{1}{A}\sum\left(\frac{v}{V}\right)^3 \Delta A = \frac{1}{\pi D_2^2/4}\left(\frac{V_1}{V_2}\right)^3 \frac{\pi D_1^2}{4} = 16$$

ergeben. Die Energiegleichung führt damit zu der richtigen Lösung:

$$h_1 + 1{,}0\,(V_1^2/2g) = h_2 + 16\,(V_1^2/32g)$$

oder $h_1 = h_2$.

Ähnliche Fehler würden aus der Anwendung der Impulsgleichung erwachsen, wenn $\beta_1 = \beta_2 = 1{,}0$ anstatt $\beta_1 \cong 1{,}0$ und

$$\beta_2 \cong \frac{1}{A}\sum\left(\frac{v}{V}\right)^2 \Delta A = \frac{1}{\pi D_2^2/4}\left(\frac{V_1}{V_2}\right)^2 \frac{\pi D_1^2}{4} = 4$$

verwendet werden. Dies sei bei der Bestimmung des Drucks p_3 gezeigt. Der Querschnitt (3) wird möglichst nah der Rohrerweiterung gewählt, jedoch weit genug davon entfernt, daß dort annähernd gleichförmige Geschwindigkeitsverteilung ($\beta_3 \cong 1$) und hydrostatische Druckverteilung angenommen werden darf. Mit $p_1 = p_2$ (wegen $h_1 = h_2$) kann die Impulsgleichung (1.17) für die Querschnitte (2) und (3) wie folgt angeschrieben werden:

$$F_x = \rho Q(\beta_3 V_3 - \beta_2 V_2)$$

oder mit $Q = V_2 A_2 = V_1 A_1/4$:

$$p_1 A_2 - p_3 A_2 = \rho V_1 A_2/4\,(V_1/4 - 4V_1/4)$$

$$p_3 = p_1 + (3/16)\rho V_1^2$$

(Die Berechnung von β_2 wäre nicht erforderlich gewesen, wenn die Impulsgleichung für die Querschnitte (1) und (3) angeschrieben worden wäre.)

(Beisp. entn. aus Rouse "Engineering Hydraulics", 1950, m. frdl. Gen. v. John Wiley & Sons)

1.1.5.3 Druckverteilung. Eine wichtige Voraussetzung für die Anwendung der Energiegleichung in der Form von Gleichung (1.12) ist die Verlegung der das Kontrollvolumen begrenzenden Querschnitte in Zonen hydrostatischer Druckverteilung. Ohne diese Einschränkung (Annahme d) hätte man bei der Herleitung der Energiegleichung einen weiteren Beiwert erhalten, und zwar in Abhängigkeit von der Wassertiefe y:

$$\alpha_p = \frac{1}{Qy} \int_A hv \, dA \qquad (1.19)$$

(vgl. Chow, 1959, oder Press, Schröder, 1966). Es läßt sich leicht zeigen, daß $\alpha_p > 1$ für konkave, $\alpha_p < 1$ für konvexe und $\alpha_p = 1$ für parallele Stromlinien gilt (Bild 1.7).

Die größere Allgemeingültigkeit der Energiegleichung in dieser Form läßt sich jedoch nicht nützen, es sei denn man hat Information über α_p. Diese ist jedoch schwieriger zu erhalten als Informationen über α und β. Es sollte deshalb stets darauf geachtet werden, daß man die Energiegleichung in ihrer eindimensionalen Form nur auf Querschnitte mit hydrostatischer Druckverteilung anwendet.

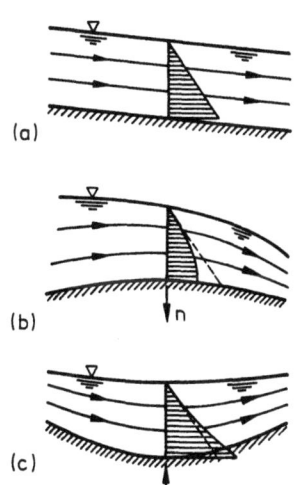

Bild 1.7 Druckverteilung in Gerinneströmungen mit (a) geraden, (b) konvexen und (c) konkaven Stromlinien

Inwieweit die Druckverteilung in einem Fließquerschnitt von der hydrostatischen Verteilung abweicht, hängt von der Stromlinienkrümmung (bzw. dem Krümmungsradius r) und der Größe der Geschwindigkeit v ab, wie sich aus der Euler-Gleichung (für stationäre Strömung)

$$\frac{\partial h}{\partial n} = -\frac{a_n}{g} = -\frac{v^2}{gr} \qquad (1.20)$$

sofort entnehmen läßt. Die Bedingung der Hydrostatik $\partial h/\partial n = 0$ ist erfüllt, wenn entweder $r = \infty$ (geradlinige Stromlinien) oder $v = 0$ gilt.

Angewandt auf den Querschnitt (2) aus Bild 1.6 heißt das, daß der Druck hier hydrostatisch verteilt ist, weil in der Kernzone $r \cong \infty$ und in der Rand- oder Totwas-

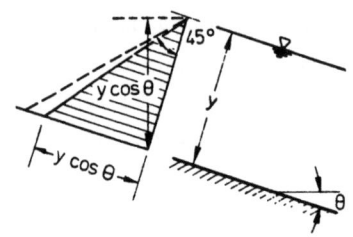

serzone $v \cong 0$. Wendet man Gleichung (1.20) auf die in Bild 1.7 dargestellten Fälle an, so ergibt sich, gemäß der Definition von n als die zum Krümmungsmittelpunkt hin gerichtete Normalrichtung, eine Abnahme der piezometrischen Höhe $h = z + p/\gamma$ zur Sohle hin bei konvex gekrümmten und eine Zunahme bei konkav gekrümmten Stromlinien.

Bild 1.7d Druckhöhenverteilung bei Parallelabfluß in einem stark geneigten Gerinne

Für ein Gerinne mit relativ starker Neigung ist schließlich zu beachten, daß die hydrostatische Druckverteilung ($\partial h/\partial n = 0$ oder $h = $ const) nicht mehr zu den üblichen Druckhöhendreiecken mit 45° Neigung führen (Bild 1.7d). Hier wäre anstelle der Gleichung (1.11) zu setzen

$$h = z + \frac{p}{\gamma} = z_o + y \cos\theta \tag{1.21}$$

und die Energiegleichung (1.13) müßte lauten

$$H_o = H - z_o = y \cos\theta + \alpha \frac{Q^2}{2gA^2} \tag{1.22}$$

BEISPIEL 1.2

Der Fehler, der dadurch entstehen kann, daß man die Kontrollquerschnitte in Zonen gekrümmter Stromlinien legt, sei am folgenden Beispiel dargestellt (Bild 1.8). Gegeben sei ein Schütz mit Spaltweite s und spezifischer Energiehöhe H_o. Der Einschnürungsbeiwert C_c sei ebenfalls bekannt (vgl. Abschnitt 3.2.1.1). Zu berechnen ist die pro Breiteneinheit abfließende Wassermenge q.

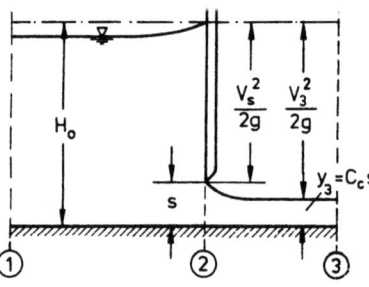

Bild 1.8 Abfluß unter einem Schütz

Die Lösung erhält man, indem man die Kontinuitätsgleichung

$$q = y_3 v_3 = C_c s\, v_3$$

und die Energiegleichung für die Querschnitte (1) und (3) anschreibt

$$H_o = y_3 + \alpha_3 v_3^2/2g$$

Hierin kann α_3 mit guter Näherung gleich 1 gesetzt werden, da wegen der Beschleunigung von Querschnitt

(2) nach (3) das Geschwindigkeitsprofil in (3) nahezu gleichförmig ist. Aus den beiden Gleichungen folgt

$$q = C_c s \sqrt{2g(H_o - C_c s)}$$

Hätte man, unter Mißachtung der nicht-hydrostatischen Druckverteilung in Querschnitt (2), die Energiegleichung für (1) und (2) statt für (1) und (3) angesetzt, so hätte man mit $H_o = s + V_s^2/2g$ und $q = sV_s$

$$q' = s\sqrt{2g(H_o - s)} \quad \text{(falsch!)}$$

erhalten. Setzt man für C_c den Wert 0,61 ein (Bild 3.12), so stellt man fest, daß dieses Ergebnis den Abfluß je nach s/H_o um 60 % und mehr überschätzt.

BEISPIEL 1.3

Man bestimme die größte Druckhöhe p_m/γ, die sich in einer kreisförmig ausgerundeten Sprungschanze am Ende einer Schußrinne (Bild 1.9b) ausbildet.

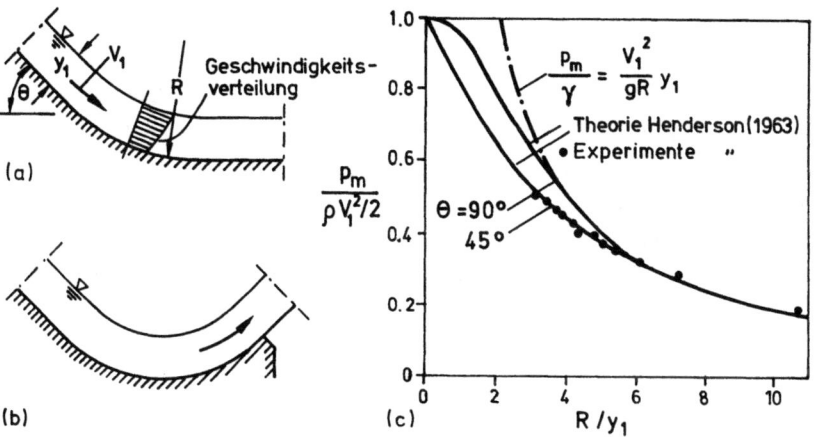

Bild 1.9   Schemaskizzen von ausgerundeten Schußrinnenenden und Angaben zum größten Druck p_m, der sich dort ausbildet.

Mit $a_n = -a_r$ und $n = -r$ lautet Gleichung (1.20)

$$\frac{\partial h}{\partial r} = -\frac{a_r}{g} = +\frac{v^2}{gr}$$

Nimmt man an, daß die Wassertiefe inmitten der Ausrundung gleich der Tiefe y_1 der ankommenden Strömung ist, und vereinfacht man das Problem weiterhin durch die Ansätze $r = R$ = const und $v = V_1$ = const, so führt die Integration dieser Gleichung zum Ergebnis

$$h_{Sohle} = \frac{p_m}{\gamma} = \frac{V_1^2}{gR} y_1$$

Je größer die Wassertiefe y_1 im Verhältnis zu R, umso größere Abweichungen von dieser Näherungslösung sind zu erwarten, und zwar dadurch, daß die örtliche Geschwindigkeit v von der Oberfläche zur Sohle hin in dem Maße abnehmen muß, wie der Druck zunimmt (vgl. Bernoulli-Gleichung $z + p/\gamma + v^2/2g$ = const). Bild 1.9c zeigt die Näherungslösung im Vergleich zu theoretischen und experimentellen Lösungen von Henderson (1963), der diesen Effekt potentialtheoretisch berücksichtigt hat.

1.2 Gesetzmäßigkeiten des stark ungleichförmigen Abflusses

1.2.1 Energiebetrachtung; die Grenztiefe

Abfluß durch offene Gerinne, dessen Ungleichförmigkeit durch Querschnittsveränderungen oder Veränderungen der Sohlenhöhe auf relativ kurzen Fließstrecken hervorgerufen wird (oder ganz allgemein durch größere Beschleunigung oder Verzögerung), wird mit s t a r k ungleichförmiger Abfluß bezeichnet. Er unterscheidet sich vom l e i c h t ungleichförmigen Abfluß (Abschnitt 7.1) dadurch, daß Reibungsverluste eine untergeordnete Rolle spielen und es deshalb ausreicht, diese p a u s c h a l in der Energiegleichung zu berücksichtigen, d.h. als Teil der gesamten Energieverluste ΔH zwischen den Kontrollquerschnitten (Gleichung 1.18).

Zur Verdeutlichung der Gesetzmäßigkeiten des stark ungleichförmigen Abflusses sei im folgenden von den Energieverlusten zunächst abgesehen, bzw. die Energiehöhe H sei zunächst als Konstante behandelt. (Eine spätere Korrektur mit Hilfe der Gleichung 1.18 bereitet keinerlei Schwierigkeiten, soweit die Verlustbeiwerte bekannt sind.) Ausgangspunkt für die Berechnung der Wasserspiegellagen und Geschwindigkeiten ist die Gleichung (1.13) bzw. (1.22), die hier nochmals wiedergegeben sei

$$H_o = H - z_o = y \cos\theta + \alpha \frac{Q^2}{2gA^2} \tag{1.23}$$

Die graphische Darstellung dieser Gleichung in Bild 1.10 zeigt,

(1) daß für einen gegebenen Abfluß Q die spezifische Energiehöhe H_o größer sein muß als eine Mindesthöhe $(H_o)_{min}$, damit Q überhaupt abfließen kann und

(2) daß sich für einen bestimmten Wert H_o, der über $(H_o)_{min}$ liegt, zwei Wassertiefen einstellen können.

Um diese Gesetzmäßigkeiten besser verstehen zu können, wird zur Vereinfachung folgende Annahme getroffen:

(e) die Gerinneneigung ist klein genug, daß $\cos\theta \cong 1$ gesetzt werden kann, und es gilt $\alpha \cong 1$.

Damit lautet die Gleichung (1.23) nunmehr

$$H_o = y + \frac{Q^2}{2gA^2} \qquad (1.24)$$

Um die Charakteristiken des Grenzabflusses bei minimaler spezifischer Energiehöhe $(H_o)_{min}$ zu erhalten, muß die Ableitung dieser Gleichung Null gesetzt werden. Mit Q = const ergibt dieses

$$\frac{dH_o}{dy} = 1 - \frac{Q^2}{gA^3}\frac{dA}{dy} = 1 - \frac{V^2}{gA}\frac{dA}{dy}$$

Wie aus Bild 1.10 ersichtlich, kann dA = B dy geschrieben werden, und man erhält somit für die Geschwindigkeit bei Grenzabfluß

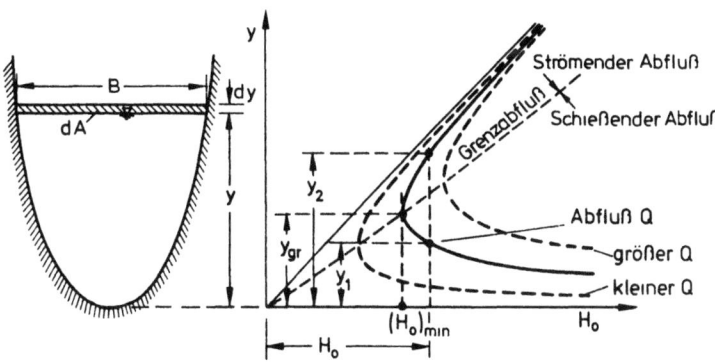

Bild 1.10   Energiehöhen-Diagramm

$$V_{gr} = \sqrt{g\frac{A}{B}} \qquad (1.25)$$

Die zugehörige G r e n z t i e f e y_{gr} erhält man durch Einsetzen dieser Größe in Gleichung (1.24). Dazu ist allerdings die Kenntnis der Querschnittsform des Gerinnes erforderlich.

In der Gerinnehydraulik spielt die Froude-Zahl als Verhältnis von Trägheits- zu Schwerkraftwirkung eine große Rolle. Sie wird im allgemeinen durch

$$Fr = \frac{V}{\sqrt{gA/B}} \qquad (1.26)$$

definiert. Der Grenzabfluß ist also durch Fr = 1 charakterisiert.

Für ein Gerinne mit R e c h t e c k q u e r s c h n i t t gilt A = yB und Q = qB. Damit kann Gleichung (1.24) nun

$$H_o = y + \frac{V^2}{2g} = y + \frac{q^2}{2gy^2} \qquad (1.27)$$

geschrieben werden, und man erhält für den Grenzabfluß

$$V_{gr} = \sqrt{gy_{gr}} \qquad (1.28)$$

$$y_{gr} = \sqrt[3]{\frac{Q^2}{gB^2}} = \sqrt[3]{\frac{q^2}{g}} \qquad (1.29)$$

$$(H_o)_{min} = \frac{3}{2} y_{gr} \qquad (1.30)$$

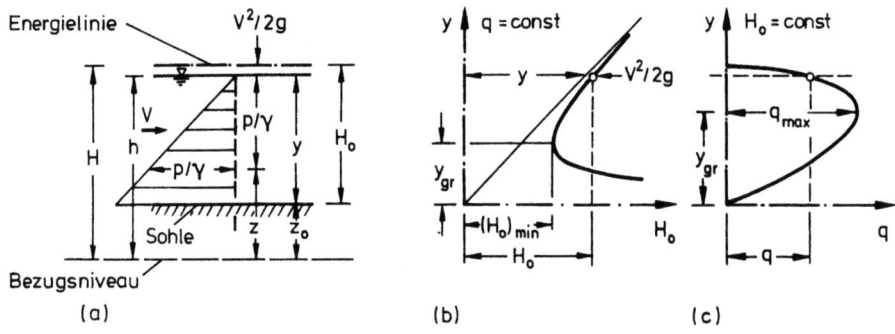

Bild 1.11   Graphische Darstellungen der Gleichung (1.27)

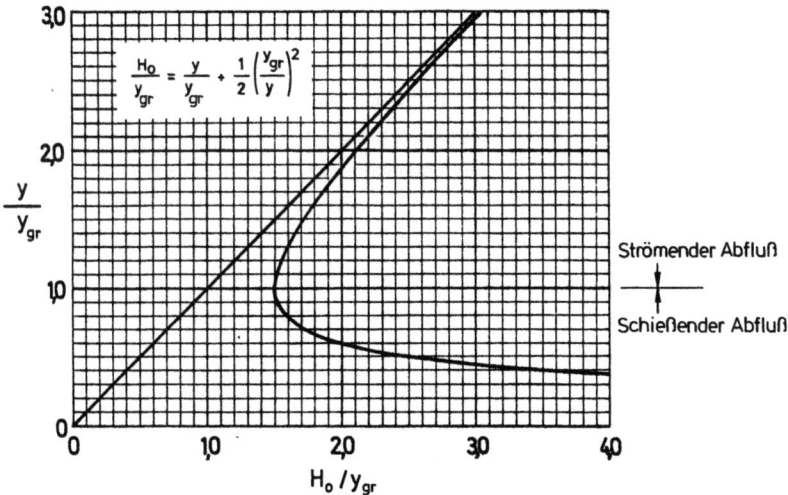

Bild 1.12   Dimensionsloses Energiehöhen-Diagramm für Rechteckgerinne

und zwar unabhängig davon, ob q = const und H_o variabel (Bild 1.11b) oder H_o = const und q variabel ist (Bild 1.11c). Im letzteren Fall wird bei y_{gr} der maximal mögliche Abfluß pro Breiteneinheit q_{max} erreicht.

Für den allgemeinen Fall, in dem sowohl H_o (durch Änderungen von z_o) als auch q (durch Änderungen von B) variiert, würde man zur graphischen Auswertung der Gleichung (1.27) eine Schar von Kurven nach Bild 1.11b oder c benötigen. Es ist in solchen Fällen vorteilhaft, eine dimensionslose Darstellung der Gleichung (1.27) zu wählen - etwa diejenige, die sich nach Division jedes Glieds durch y_{gr} (mit Hilfe von Gleichung 1.29) ergibt

$$\frac{H_o}{y_{gr}} = \frac{y}{y_{gr}} + \frac{1}{2}\left(\frac{y_{gr}}{y}\right)^2 \qquad (1.31)$$

eine für Rechteckgerinne ganz allgemeingültige Beziehung, die in Bild 1.12 dargestellt ist. Mit dieser einen Kurve kann die erwähnte Kurvenschar vollständig ersetzt werden.

Wie bereits ausgeführt wurde, ist eine Gerinneströmung bei vorgegebenen Größen von Q und H_o - mit Ausnahme des Grenzabflusses - mit zwei Wassertiefen y möglich, die eine größer und die andere kleiner als die Grenztiefe y_{gr}. Erfolgt die Strömung bei einer Tiefe $y > y_{gr}$, so bezeichnet man den Abfluß als

s t r ö m e n d , erfolgt sie bei $y < y_{gr}$, so nennt man den Abfluß s c h i e -
ß e n d .

Eine sehr wichtige Feststellung zum Verständnis der A b f l u ß k o n -
t r o l l e in Gerinnen - die mathematisch gesehen als Randbedingung darüber
entscheidet, welche der zwei möglichen Lösungen für y sich einstellt - ist
nun die Tatsache, daß die in Gleichung (1.25) oder (1.28) wiedergegebene
Grenzgeschwindigkeit gleich ist der Wellenfortpflanzungsgeschwindigkeit, mit
der sich kleine Störungen der freien Oberfläche ausbreiten.*) Da diese Fortpflanzungsgeschwindigkeit relativ zum fließenden Wasser gemessen wird, zeich-
net sich der schießende Abfluß ($V > V_{gr}$) dadurch aus, daß sich elementare
Störungswellen nicht nach oberstrom ausbreiten können. Daraus folgt, daß
strömender Abfluß von den Verhältnissen im Unterwasser abhängt, während der
schießende Abfluß ganz allein von den Strömungsverhältnissen im Oberwasser
bestimmt wird (vgl. Kapitel 7).

Eine Anwendung der Diagramme in Bild 1.11 (bzw. in Bild 1.12) auf einen Abfluß durch ein Rechteckgerinne ist in Bild 1.13 gezeigt. Die zu den jeweils
eingezeichneten Energieniveaus zugehörigen Wasserspiegellagen wurden durchgezogen für den Fall des strömenden Abflusses und gestrichelt für den Fall
des schießenden Abflusses. Man erkennt, daß mit abnehmender Breite B (bzw.
größer werdendem q) die Tiefe y bei strömendem Abfluß abnimmt, während sie
bei schießendem Abfluß zunimmt (Bild 1.13a). Ähnlich unterscheiden sich die
Tiefenänderungen zufolge Änderungen des Sohlenniveaus z_o (bzw. der spezifischen Energiehöhe H_o) grundsätzlich voneinander für strömenden und schießenden Abfluß (Bild 1.13c). Nach den zuvor gemachten Ausführungen über Abflußkontrolle ist der Abfluß strömend, wenn er vom Unterwasser her kontrolliert
ist, und schießend wenn die Abflußkontrolle im Oberwasser liegt. Die letztere Abflußkontrolle könnte beispielsweise von einem Schütz im Unter- oder Oberwasser ausgeübt werden (vgl. Bilder 1.15 und 1.17). Allerdings ist zu beachten, daß bei schießendem Abfluß durch Kanalübergangsstrecken(wie die in Bild
1.13 links gezeigte) stehende Wellen auftreten, die durch die hier dargestellte eindimensionale Analyse nicht erfaßt werden (vgl. Abschnitt 5.2.1).

---

*) Genau genommen ist $V_{gr} = \sqrt{g(A/B)}$ - bzw. für Rechteckgerinne $\sqrt{gy}$ - die
Fortpflanzungsgeschwindigkeit elementarer Oberflächenwellen in f l a -
c h e n Wasserkörpern, wobei flach hier bedeutet, daß die Wassertiefe
klein ist im Vergleich zur Wellenlänge. Letztere Bedingung ist jedoch
in Problemen der Gerinnehydraulik im allgemeinen erfüllt.

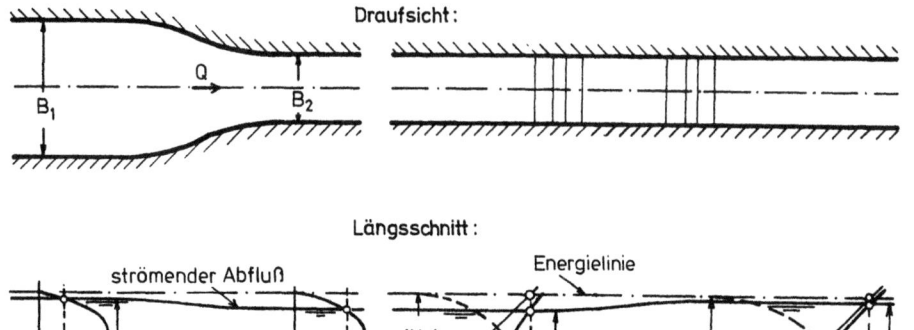

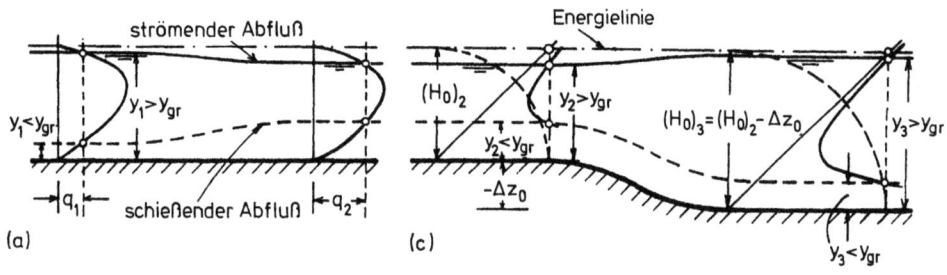

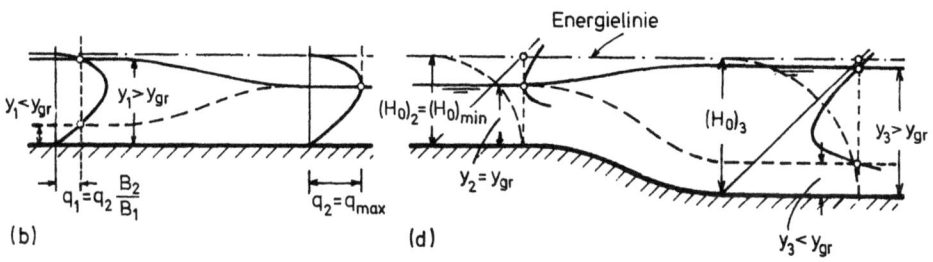

(a, b) Änderung der Gerinnebreite (H_0 = const)
(c, d) Änderung der Sohlenhöhe (q = const)
(b, d) Tiefstmögliches Energieniveau für den vorgegebenen Abfluß Q

Bild 1.13 Wasserspiegelverlauf in einem Rechteckgerinne

Wird bei einer gegebenen Gerinneverengung die Energielinie mehr und mehr abgesenkt, so wird schließlich ein Energieniveau erreicht, das sich nicht weiter unterschreiten läßt, ohne daß auch die Abflußmenge Q geringer wird (Bild 1.13 b, d). Die Beziehung zwischen spezifischer Energiehöhe und Abflußmenge im engsten Querschnitt ist in diesem Grenzfall durch die Gleichungen (1.28) bis

(1.30) festgelegt. Es ist allerdings zu beachten, daß diese wie jede Anwendung der eindimensionalen Strömungsberechnung nur dann statthaft ist, wenn die bei der Ableitung der Gleichungen getroffenen Annahmen erfüllt sind. So kann zum Beispiel der Wasserspiegelverlauf in den Bereichen gekrümmter Stromlinien oberhalb der Einengung und über der abfallenden Gerinnesohle in Bild 1.13 nur mit Hilfe einer zweidimensionalen Analyse ermittelt werden.

BEISPIELE 1.4 bis 1.7

Die Abflußkontrolle soll in Bild 1.14 am Beispiel eines Schützes veranschaulicht werden. Das dort abgebildete Gerinne habe Rechteckquerschnitt mit gleichbleibender Breite B und horizontaler Sohle; das Energieniveau sei durch ein Staubecken auf der linken Seite stets auf gleicher Höhe H_o über der Sohle gehalten; die Energieverluste seien vernachlässigbar (was bei der hauptsächlich beschleunigten, ablösungsfreien Strömung für ein relativ kurzes Gerinne in guter Näherung zutrifft); und am rechten Ende befinde sich ein freier Absturz.

Wird das Schütz gezogen, so stellen sich in diesem Beispiel jeweils beide zu der vorgegebenen Höhe H_o gehörenden Lösungen für die Wassertiefe ein, und zwar die strömende im Oberwasser und die schießende im Unterwasser des Schützes. Es wird also tatsächlich - wie vorher ausgeführt - der strömende Abfluß unterwasserseitig und der schießende Abfluß oberwasserseitig kontrolliert bzw. durch die vom Schütz vorgegebenen Randbedingungen bestimmt. Je weiter das Schütz gezogen wird, umso größer wird die Abflußmenge $Q = qB$, bis schließlich bei einer Schützöffnung von y_{gr} die Maximalmenge q_{max} erreicht ist (Bild 1.14c). Hier verliert das Schütz die Kontrolle über den Gerinneabfluß, und der Abfluß bleibt bei weiterem Anheben des Schützes unverändert.

Bild 1.14c zeigt den Abflußzustand, der sich bei einem freien Absturz einstellt, wenn der Abfluß weder vom Oberwasser (wie in Bild 1.14b) noch vom Unterwasser (wie in Bild 1.16) kontrolliert wird: Nach dem Prinzip des kleinsten Zwanges stellt sich hier die für das vorgegebene H_o maximale Abflußmenge ein, d.h. die Abflußtiefe ist gleich y_{gr}.

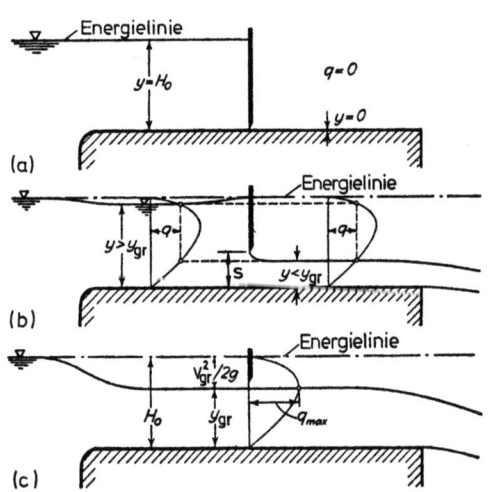

Bild 1.14 Abflußkontrolle durch ein Schütz
(Entn. aus Rouse "Engineering Hydraulics", 1950, m. frdl. Gen. v. John Wiley & Sons)

Ist das betrachtete Gerinne

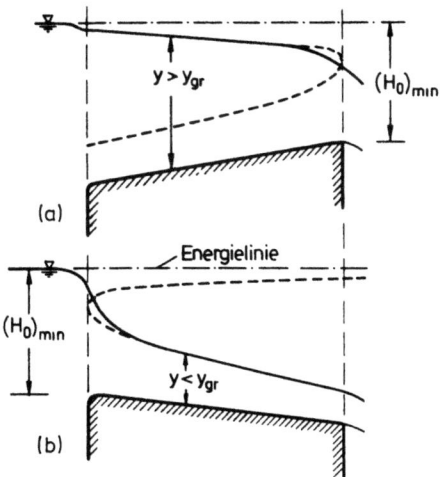

Bild 1.15   Abflußkontrolle bei geneigtem Gerinne mit freiem Absturz (verlustfreie Betrachtung)

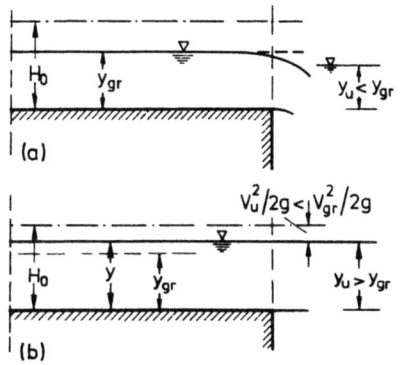

Bild 1.16   Abflußkontrolle durch unterwasserseitiges Becken (verlustfrei)

geneigt, wie in Bild 1.15, dann stellt sich auch hier die größte Abflußmenge q_{max} ein, die im Querschnitt mit der kleinsten spezifischen Energiehöhe gerade noch abfließen kann. Dies aber bedeutet, daß der Abfluß in Bild 1.15a am unteren und in Bild 1.15b am oberen Ende des Gerinnes kontrolliert ist und demnach im Fall (a) strömend und im Fall (b) schießend erfolgt. Mit anderen Worten: welche von den jeweils zwei möglichen, in Bild 1.15 gestrichelt eingezeichneten Wasserspiegellinien, die sich aus einer Anwendung der Gleichung (1.27) oder dem Diagramm von Bild 1.11b für die gegebene Sohlen- und Energielinienkonfiguration ergeben, sich tatsächlich einstellt, läßt sich mit Hilfe der Gesetzmäßigkeiten der Abflußkontrolle sofort angeben: Strömender Abfluß $y > y_{gr}$ dort, wo die Kontrolle im Unterwasser und schießender Abfluß $y < y_{gr}$ dort, wo die Kontrolle im Oberwasser liegt. (Man beachte die Abweichungen der tatsächlichen Wasserspiegellagen von den gestrichelt gezeichneten Lösungen der eindimensional vereinfachten Energiegleichung in der Nähe der Kontrollquerschnitte, die durch die Verletzung der Annahme hydrostatischer Druckverhältnisse bedingt sind. Die Lage der Energiehöhe in diesen Bereichen kann dennoch mit dieser Gleichung genau genug berechnet werden.)

Wird, wie in Bild 1.16, das Wasser unterstrom des Absturzes eingestaut, so hat dieses solange keinen Einfluß auf den Gerinneabfluß, als das Wasserpolster im Unterwasser unterhalb des durch die Grenztiefe y_{gr} festgelegten Niveaus liegt. Erst wenn $y_u > y_{gr}$ wird (Bild 1.16b), übernimmt das Unterwasserpolster die Abflußkontrolle, weil nunmehr die im Endquerschnitt vorliegende Geschwindigkeitshöhe kleiner wird als die für den Maximalabfluß q_{max} erforderliche Höhe $V_{gr}^2/2g$. (Die im Endquerschnitt jeweils vorhandene kinetische Energie wird im Becken durch turbulente Verwirbelung dissipiert.)

Als letztes Beispiel seien die in Bild 1.17 dargestellten Abflüsse durch

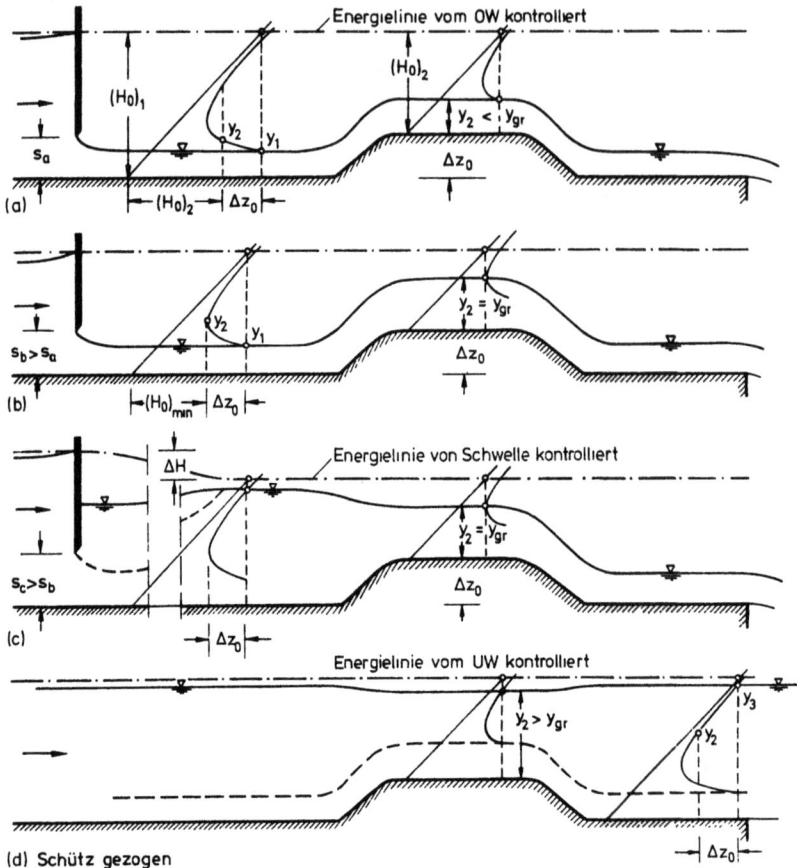

(d) Schütz gezogen

<u>Bild 1.17</u> Rechteckgerinne von konstanter Breite mit konstanter Abflußmenge bei wechselnden Kontrollverhältnissen (verlustfreie Betrachtung)

ein Rechteckgerinne von konstanter Breite B diskutiert. Diesmal sei die Abflußmenge Q = qB = const und H_o variabel. Ist die Schützöffnung s wie in Bild 1.17a klein genug, daß die spezifische Energiehöhe im Querschnitt (2) über der Schwelle $(H_o)_2 = (H_o)_1 - \Delta z_o$ noch größer ist als $(H_o)_{min}$, dann kann sich der Abfluß theoretisch vom Schütz kontrolliert, also schießend, einstellen. Ob dieser vom Oberwasser kontrollierte Abfluß auch praktisch realisierbar ist, hängt, wie im Abschnitt 1.2.3 noch gezeigt wird, von der Höhe der Schwelle Δz_o und dem sowohl beim Öffnen als auch beim Schließen des Schützes sich ausbildenden Wechselsprung oberhalb der Schwelle ab.

Wird nun (gegenüber Bild 1.17a) das Schütz weiter gezogen, so wird schließlich ein Grenzfall des gerade noch schießend verlaufenden Abflusses erreicht, bei dem $(H_o)_1 - \Delta z_o$ gerade gleich der minimalen spezifischen Energiehöhe $(H_o)_{min}$ ist. Bei weiterem Öffnen des Schützes (Bild 1.17c) kann nunmehr die Energielinie nicht weiter absinken. Sie bleibt auf dem im Grenzfall erreichten Niveau, und es entsteht ein Rückstau oberhalb der Schwelle, bis die Energielinie am Schütz so weit angehoben ist, daß die vorgegebene Abflußmenge Q trotz dieses Rückstaus abfließen kann (vgl. Bild 1.23). Der Abfluß ist also hier durch die Schwelle kontrolliert, d.h. die Energielinienhöhe wird durch diese Schwelle festgelegt, und es herrscht Strömen im Oberwasser und Schießen im Unterwasser. Bild 1.17d zeigt schließlich den Fall des insgesamt strömenden Abflusses, der durch ein ausreichend hohes Unterwasserpolster unterhalb des Rinnenendes bedingt bzw. kontrolliert ist.

1.2.2 Kontrollbedingungen für den Gerinneabfluß

Nachfolgend seien die Kontrollbedingungen für Abflüsse in Gerinnen, die im vorangegangenen Abschnitt erläutert wurden, nochmals kurz zusammengefaßt. Neben dem Prinzip des kleinsten Zwanges, das hier wie auch bei anderen Vorgängen der Natur stets gültig ist, sind zu ihrem Verständnis lediglich die Gesetzmäßigkeiten der Fortpflanzung von Störwellen in Gerinnen erforderlich: Jeder Eingriff in eine Gerinneströmung (wie z.B. ein Schütz, eine Gerinneverengung, eine Schwelle) kann als eine Störquelle betrachtet werden, von der aus sich Störwellen ausbreiten. Ist der Abfluß stationär, so entsteht hierbei schließlich ein Wasserspiegelverlauf, der als das Endergebnis dieser Störungen (bzw. als eine stehende Welle) betrachtet werden kann. Aus der Tatsache, daß die Fortpflanzungsgeschwindigkeit der elementaren Störwellen gleich der Geschwindigkeit V_{gr} bei Grenzabfluß ist, folgt, daß jede Störquelle zwar einen Einfluß auf die Abflußbedingungen unterstrom, nicht aber auf die Verhältnisse oberstrom haben kann.

Die Kontrollbedingungen können somit wie folgt formuliert werden:

- Strömender Abfluß ($y > y_{gr}$ bzw. $V < V_{gr}$) ist von unterstrom kontrolliert.

- Schießender Abfluß ($y < y_{gr}$ bzw. $V > V_{gr}$) kann nur von oberstrom kontrolliert sein.

- Nach dem Prinzip des kleinsten Zwanges stellt sich für ein gegebenes Energieniveau die größtmögliche Abflußmenge oder für eine gegebene Abflußmenge das tiefstmögliche Energieniveau ein, bei dem der Abfluß unter den vorgegebenen Verhältnissen gerade noch möglich ist.

1.2.3 Impulsbetrachtung; der Wechselsprung

Im vorangehenden Abschnitt wurde die Fortpflanzungsgeschwindigkeit elementarer Oberflächenwellen $V_{gr} = \sqrt{g(A/B)}$ (oder $\sqrt{gy}$ für ein Rechteckgerinne) in ihrer Bedeutung für die Kontrolle stationärer Gerinneströmungen diskutiert. Es wurde festgestellt, daß solche Wellen sich nur dann nach oberstrom ausbreiten können, wenn im Gerinne $V < V_{gr}$, d.h. wenn der Abfluß strömend ist.

Nun ist jedoch die Wellenfortpflanzungsgeschwindigkeit eine Funktion der Amplitude. Je größer die Wellenamplitude, umso größer ist auch ihre Fortpflanzungsgeschwindigkeit, so daß sich also höhere Wellen auch bei schießendem Abfluß nach oberstrom bewegen können. Diese Tatsache hat zur Folge, daß bei Einstau des Gerinneabflusses in Bild 1.14b vom Unterwasserbecken her bei Erreichen einer bestimmten Unterwassertiefe schließlich eine Welle (in diesem Fall auch Schwall genannt) stromauf zu wandern beginnt. Wenn die Geschwindigkeit des schießenden Abflusses genau gleich der Fortpflanzungsgeschwindigkeit dieser Welle ist, so ergibt sich die resultierende Wellengeschwindigkeit zu Null, d.h. die Schwallwelle kommt zum Stehen. Eine solche stehende Schwallwelle wird mit W e c h s e l s p r u n g bezeichnet (Bild 1.18b).

Im Gegensatz zu dem Fließwechsel von strömendem zu schießendem Abfluß (Bild 1.18a), der durch ein Schütz - das heißt durch Einwirkung einer Kraft F* auf das Kontrollvolumen - erzeugt wird, ist der Fließwechsel von schießendem zu strömendem Abfluß im Wechselsprung (Bild 1.18b) dadurch charakterisiert, daß außer den Schnittkräften und dem Wassergewicht hier nur i n n e r e Kräfte auf das Kontrollvolumen einwirken. Diese inneren Kräfte (Zähigkeitskräfte) verursachen im Regelfall turbulente Wirbel verbunden mit starker Energiedissipation. Während also im Fall (a) Energieverluste vernachlässigt werden durf-

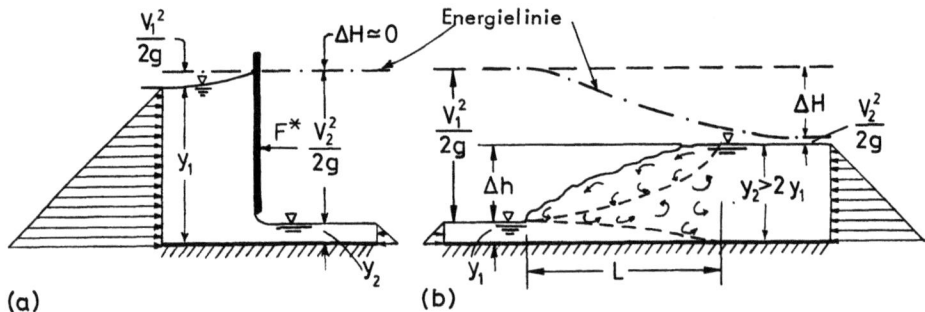

Bild 1.18 Fließwechsel (a) von Strömen zu Schießen und (b) von Schießen zu Strömen (Wechselsprung)

ten ($\Delta H \cong 0$), müssen sie im Fall (b) unbedingt berücksichtigt werden. Die einander zugeordneten Wassertiefen y_1 und y_2 sind aus diesem Grunde völlig unterschiedlich in den beiden Fällen. Für Fall (a) resultiert die Zuordnung, wie mit Bild 1.9 gezeigt wurde, aus der Energiegleichung mit $\Delta H \cong 0$; die entsprechenden Wassertiefen gehören zur gleichen spezifischen Energiehöhe H_o und werden adjungierte Tiefen (alternate depths) genannt. Für Fall (b) wird die Zuordnung der Wassertiefen durch die Impulsgleichung (mit $F^* = 0$) beschrieben; sie entsprechen hier, wie gleich gezeigt wird, der gleichen Stützkraft S_o und werden konjugierte Tiefen (conjugate depths) genannt.

Angewandt auf den Wechselsprung in Bild 1.18b, lautet die Impulsgleichung (1.17), unter der Voraussetzung eines nur schwach geneigten prismatischen Gerinnes,

$$P_1 - P_2 = \rho Q (\beta_2 V_2 - \beta_1 V_1)$$

oder

$$P_1 + \rho Q \beta_1 V_1 = P_2 + \rho Q \beta_2 V_2 \qquad (1.32)$$

worin P_1 und P_2 die in den Querschnitten (1) und (2) des Kontrollvolumens wirkenden Druckkräfte sind. Man nennt die Summe aus Druckkraft und Bewegungsgröße auch Stützkraft S_o:

$$S_o = P + \rho Q \beta V \qquad (1.33)$$

Die Gleichung (1.32) kann also auch $(S_o)_1 = (S_o)_2$ geschrieben werden.

Die Druckkraft P ist für ein Gerinne mit beliebigem Querschnitt im Falle hydrostatischer Druckverteilung (Bild 1.19):

$$P = \gamma \bar{y} A$$

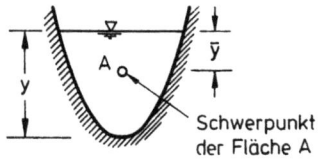

Bild 1.19   Definitionsskizze

wobei $\bar{y}$ der Abstand des Schwerpunkts der Schnittfläche A von der freien Oberfläche ist. Die konjugierten Tiefen y_1 und y_2 können somit nach Substitution von $V = Q/A$ aus der folgenden Gleichung

$$\bar{y}_1 A_1 + \beta_1 \frac{Q^2}{gA_1} = \bar{y}_2 A_2 + \beta_2 \frac{Q^2}{gA_2} \qquad (1.34)$$

berechnet werden, wenn man die von der Querschnittsgeometrie (Bild 1.19) abhängige Beziehung zwischen y und $\bar{y}$ in diese Gleichung einsetzt.

Für ein Gerinne mit R e c h t e c k q u e r s c h n i t t ist $\bar{y} = y/2$, $A = By$, und es folgt aus Gleichung (1.34) unter der vereinfachenden Annahme $\beta_1 \cong \beta_2 \cong 1$:

$$V_1 = \sqrt{gy_1} \left[\frac{1}{2} \frac{y_2}{y_1} \left(\frac{y_2}{y_1} + 1\right)\right]^{1/2} \tag{1.35}$$

woraus zu ersehen ist, daß die der Fortpflanzungsgeschwindigkeit des Schwalls entsprechende Fließgeschwindigkeit V_1 tatsächlich größer ist als die Geschwindigkeit $\sqrt{gy_1}$ von Elementarwellen und daß der Vergrößerungsfaktor von der Wellenamplitude $\Delta h = y_2 - y_1$ abhängt. Für $\Delta h \to 0$ folgt aus dieser Gleichung die Fortpflanzungsgeschwindigkeit für Elementarwellen $V_1 \to \sqrt{gy_1}$.

Gleichung (1.35) läßt sich auch wie folgt schreiben:

$$\frac{y_2}{y_1} = \frac{1}{2}\left(\sqrt{1 + 8 \, Fr_1^2} - 1\right); \qquad Fr_1 = V_1/\sqrt{gy_1} \tag{1.36}$$

Das Verhältnis der konjugierten Tiefen, y_2/y_1, ist also eine eindeutige Funktion von Querschnittsform und Froude-Zahl.

Der Energiehöhenverlust ΔH im Wechselsprung (Bild 1.18b) folgt aus der Energiegleichung, d.h. mit $\alpha_1 \cong \alpha_2 \cong 1$,

$$\frac{q^2}{2gy_1^2} + y_1 = \frac{q^2}{2gy_2^2} + y_2 + \Delta H \tag{1.37}$$

zu

$$\frac{\Delta H}{y_1} = \frac{(y_2/y_1 - 1)^3}{4 y_2/y_1} \tag{1.38}$$

Aus der Auftragung dieser analytischen und einiger experimenteller Ergebnisse in Bild 1.20 ist ersichtlich, daß alle Kenngrößen des Wechselsprungs, einschließlich der auf die Tiefe y_2 bezogenen sogenannten Länge L des Wechselsprungs, Funktionen der Froude-Zahl $V_1/\sqrt{gy_1}$ sind. Bild 1.20 zeigt außerdem, daß die Übereinstimmung zwischen Strömungsanalyse und Experiment in bezug auf y_2/y_1 trotz der eingeführten Vereinfachungen (z.B. $\alpha = \beta = 1,0$) erstaunlich gut ist. Und schließlich ist bemerkenswert, daß mittels der eindimensionalen Strömungsanalyse in diesem Fall ein Energieverlust berechnet werden kann, und

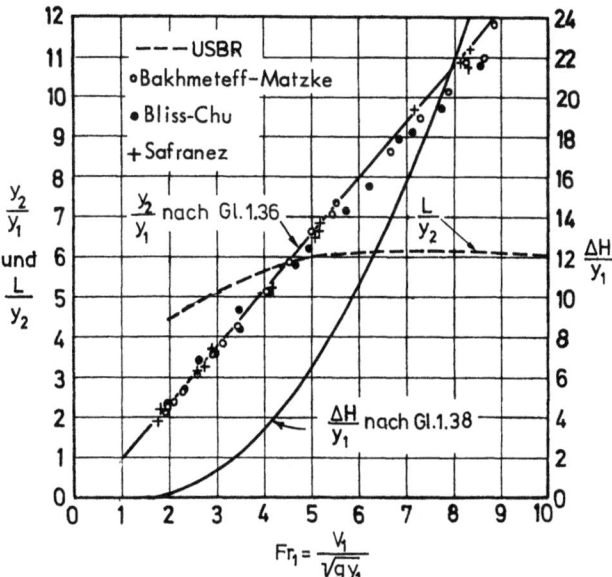

Bild 1.20   Kenngrößen des Wechselsprungs in einem Rechteckgerinne
(Entn. aus Rouse "Engineering Hydraulics", 1950, m. frdl. Gen. v. John Wiley & Sons)

zwar, wie Bild 1.21 zeigt, mit sehr guter Näherung. Der Grund dafür liegt darin, daß der Energieverlust im Wechselsprung ausschließlich durch Kräfte verursacht wird, die ganz in den im Innern des Flüssigkeitskörpers erzeugten turbulenten Wirbeln wirken, und die als innere Kräfte in der Impulsgleichung nicht berücksichtigt zu werden brauchen. Anders verhält es sich beispielsweise mit Reibungsverlusten (deren Berechnung in Abschnitt 6.1 behandelt wird), weil sie mit Schubkräften in Verbindung stehen, die als äußere Kräfte an den festen Strömungsrändern in Gleichung (1.32) eigentlich hätten in Ansatz gebracht werden müssen. Sie wurden in der obigen Ableitung als klein im Vergleich zu den übrigen Größen vernachlässigt.

Den Energiehöhenverlust infolge des Wechselsprungs ΔH findet man - bezogen auf die spezifische Energiehöhe im Anfangsquerschnitt $(H_o)_1$ - nochmals in Bild 1.21a aufgetragen und mit experimentellen Ergebnissen des U.S. Bureau of Reclamation (1964) verglichen. Wie man sieht, nimmt dieser Verlust mit der Froude-Zahl stark zu und erreicht erstaunlich hohe Werte. So entspricht z.B. ΔH bei $Fr_1 = 5$ rund 50% der ursprünglichen spezifischen Energiehöhe. Dieser Sachverhalt macht deutlich, weshalb der Wechselsprung häufig zur Dissipation überschüssiger Energie in Hochwasserentlastungsanlagen verwendet wird (Kapitel 2).

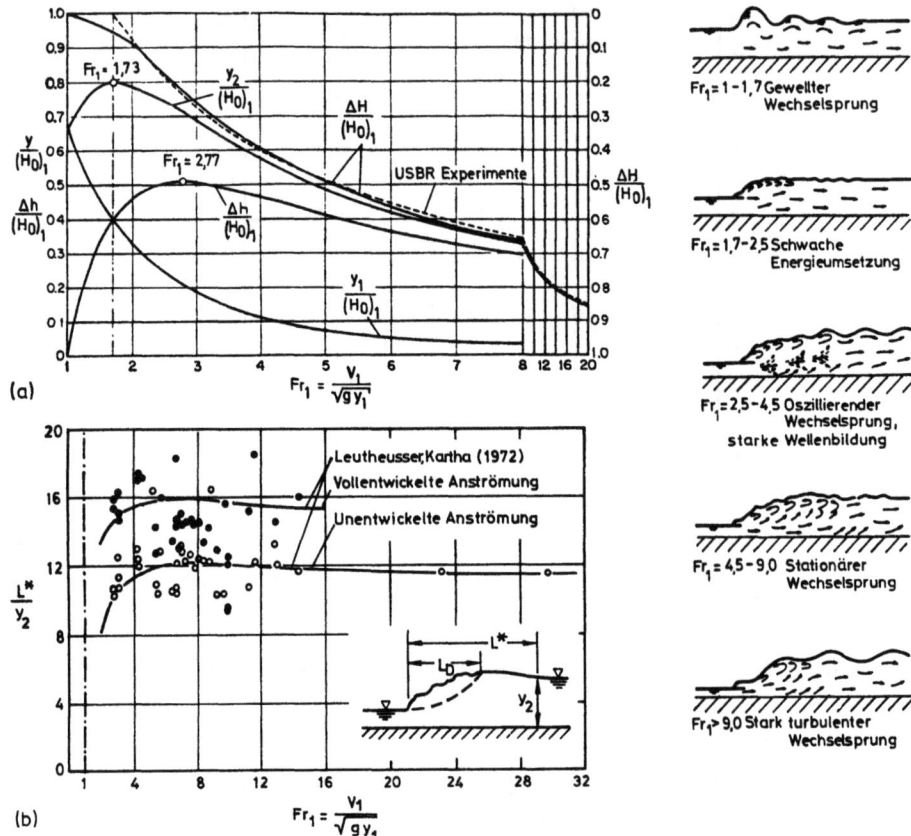

Bild 1.21   Kenngrößen des Wechselsprungs in einem Rechteckgerinne

Die Skizze in Bild 1.21b zeigt zusätzlich zu der bereits genannten Länge L des Wechselsprungs die Länge L_D der Deckwalze (L_D < L) und den Abstand L* vom Fuße des Wechselsprungs bis zu jenem Querschnitt des Unterwassers (L* > L), in dem der Einfluß des Wechselsprungs auf die Geschwindigkeitsverteilung abgeklungen ist (vgl. Bild 2.1). Die Deckwalzenlänge wächst von $L_D \cong 0,4L$ bei Fr_1 = 3 auf $L_D \cong 0,7L$ bei Fr_1 = 9 an und ist, ebenso wie L, nahezu unabhängig von den Anströmbedingungen. Letzteres gilt nicht bezüglich der Länge L*, wie aus Bild 1.21b hervorgeht. Nach Laborversuchen von Leutheusser, Kartha (1972) ist L^*/y_2 im Wechselsprung unterstrom eines Schützes rund 25% kleiner als in einem vergleichbaren Wechselsprung unterstrom einer Schußrinne. Über den Einfluß der Sohlenrauheit berichten Hughes, Flack (1984).

Folgende Eigenschaften des Wechselsprungs in einem Rechteckgerinne verdienen hervorgehoben zu werden (vgl. Bild 1.21a):

- Das Maximum der relativen Wechselsprunghöhe $\Delta h/(H_o)_1 = (y_2 - y_1)/(H_o)_1$ beträgt 0,507 und wird bei $Fr_1 = 2{,}77$ erreicht.

- Das Maximum der relativen Unterwassertiefe $y_2/(H_o)_1$ beträgt 0,8 und tritt mit $y_1/(H_o)_1 = 0{,}4$ bei $Fr_1 = 1{,}73$ auf.

- Bei etwa der gleichen Froude-Zahl von $Fr_1 = 1{,}73$ liegt nach den Experimenten des U.S. Bureau of Reclamation (1964) die Grenze zwischen einem gewellten Wechselsprung und einem Wechselsprung mit Deckwalze, und erst für $Fr_1 > 1{,}73$ beginnt die Energiedissipation meßbar zu werden.

- Für $Fr > 1{,}73$ wird am Deckwalzenfuß mit wachsender Froude-Zahl vermehrt Luft in den Wechselsprung eingetragen. Der Wechselsprung eignet sich damit auch zur künstlichen Sauerstoffanreicherung (vgl. Abschnitt 2.3).

- Für Froude-Zahlen größer als etwa 2 bis 3 bleibt das Längsprofil des Wechselsprungs, normiert mit der Wechselsprunghöhe $\Delta h = y_2 - y_1$, nahezu konstant. In Anbetracht der Schwierigkeit der Ermittlung der Wechselsprunglänge L kann diese jenseits $Fr > 4$ als wenig von $L = 6y_2$ abweichend angenommen werden (vgl. Bild 1.20).

Von besonders großer praktischer Bedeutung ist die Beobachtung, daß der Wechselsprung im Bereich $1 < Fr_1 < 1{,}7$, wie in Bild 1.22c gezeigt, gewellt verläuft und vernachlässigbar wenig kinetische Energie dissipiert. (Ähnliche stehende Wellen bilden sich übrigens bei jedem gestörten Gerinneabfluß mit Wassertiefen geringfügig größer als y_{gr} aus; so würde z.B. die in Bild 1.13a horizontal eingezeichnete Wasserspiegellinie unterhalb der Gerinneverengung in Wirklichkeit gewellt verlaufen.) Hinzu kommt, daß sich die stehenden Wellen bis weit ins Unterwasser erstrecken. Dieser Bereich muß beim Einsatz des Wechselsprungs in Energieumwandlungsanlagen aus diesen Gründen vermieden werden. Der für diesen Zweck günstigste Bereich liegt nach den Studien des U.S. Bureau of Reclamation (1964) zwischen Froude-Zahlen von 4,5 bis 9. Darunter oszilliert der Wechselsprung, wenn er nicht durch besondere Maßnahmen stabilisiert wird (vgl. Abschnitt 2.2); und mit größer werdender Froude-Zahl, vor allem jenseits $Fr_1 \cong 13$, werden die Strömungsbedingungen im Unterwasser extrem

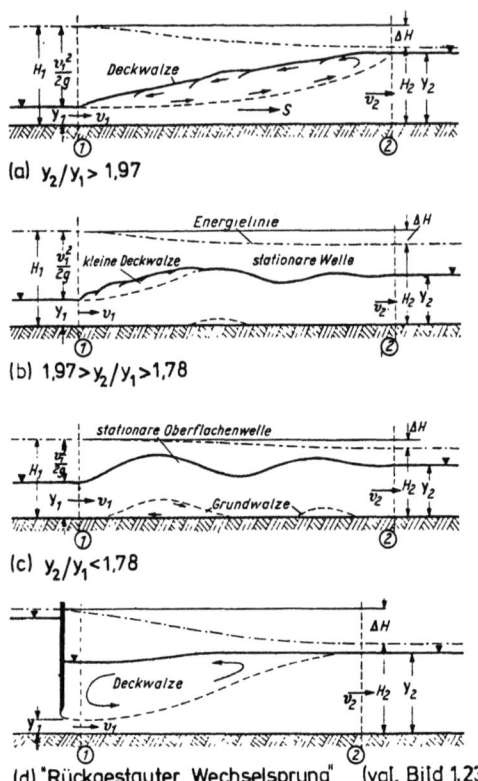

Bild 1.22 Formen des Wechselsprungs nach Schröder (1953/54) (Entn. aus Press, Schröder "Hydromechanik im Wasserbau", 1966, m. frdl. Gen. v. W. Ernst & Sohn)

unruhig und die Maßnahmen zum Sohlenschutz zunehmend teurer.

Der in Bild 1.22d gezeigte Abflußvorgang, der sich unterstrom eines Schützes bei zunehmendem Rückstau aus dem Unterwasser einstellt (vgl. auch Bild 1.17c), wird zwar als rückgestauter Wechselsprung bezeichnet, ist jedoch mit wachsender Unterwassertiefe zunehmend mehr mit einem getauchten Strahl verwandt (vgl. Abschnitt 2.1.5).

Die Kenngrößen eines Wechselsprungs in prismatischen Gerinnen b e l i e b i -
g e r   F o r m (z.B. Kreis- oder Trapezquerschnitt) können - ähnlich wie dies hier für den Rechteckquerschnitt gezeigt wurde, aus den Gleichungen (1.34) und (1.17) abgeleitet werden (vgl. Rajaratnam, 1967, und Swamee, 1970).

BEISPIELE 1.8 bis 1.10

Im folgenden sei zunächst der rückgestaute Abfluß unter einem Schütz mit Hilfe der Kontinuitäts-, Energie- und Impulsgleichungen unter der vereinfachenden Annahme $\alpha = \beta = 1$ berechnet. Gemäß Bild 1.23 können für die Querschnitte (1), (2) und (3) folgende Gleichungen angeschrieben werden, wenn man annimmt, daß auch in (2) die Druckverteilung nahezu hydrostatisch ist (wegen paralleler Stromlinien im eingeschnürten Strahl und wegen vernachlässigbar kleiner Geschwindigkeiten in der rückgestauten Deckwalze darüber tatsächlich gerechtfertigt):

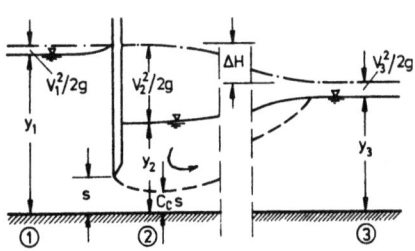

Bild 1.23   Rückgestauter Abfluß unter einem Schütz

$$q = C_c s V_2 = y_1 V_1 = y_3 V_3 \quad \text{(Kontinuitätsgleichung)}$$

$$y_1 + \frac{V_1^2}{2g} = y_2 + \frac{V_2^2}{2g} \quad \text{(Energiegleichung)}$$

$$\gamma \frac{y_2^2}{2} + \rho q V_2 = \gamma \frac{y_3^2}{2} + \rho q V_3 \quad \text{(Impulsgleichung)}$$

Hierin bedeuten $q = Q/B$ den Abfluß pro Breiteneinheit und C_c den Einschnürungsbeiwert (vgl. Bild 3.12). Definiert man nun einen Abflußbeiwert C_q in der Form

$$q = Q/B = C_q s \sqrt{2gy_1} \quad (1.39)$$

so kann dieser aus den obigen Gleichungen als Funktion der Parameter y_1/s und y_3/s allgemeingültig (d.h. unabhängig von den tatsächlichen Abmessungen und Geschwindigkeiten) ermittelt werden:

$$C_q = C_q(y_1/s, y_3/s) \quad (1.40)$$

und in einem Diagramm wie dem in Bild 1.24 gezeigten graphisch dargestellt werden. Für ein Rückstauverhältnis von $y_3/s = 5$ wurde das Ergebnis einer solchen Berechnung gestrichelt in Bild 1.24 eingetragen. Wie man aus einem Vergleich mit der strichpunktierten Linie erkennt, die zu den experimentellen Ergebnissen nach Henry (Rouse, 1950, S. 537) gehört,

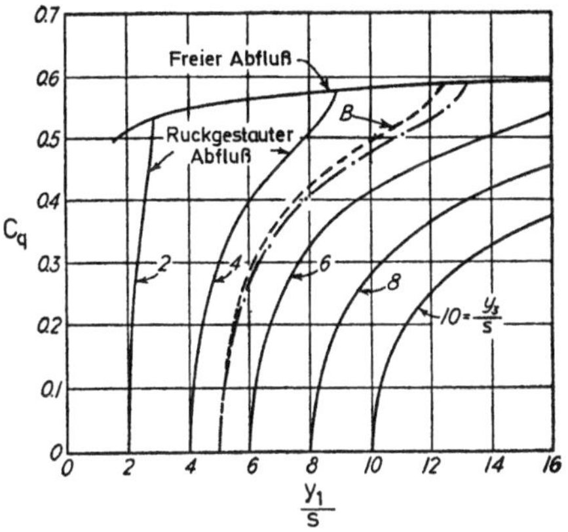

Bild 1.24   Abflußbeiwert für rückgestauten und freien Abfluß unter einem Schütz nach Versuchen von Henry
(Entn. aus Rouse "Engineering Hydraulics", 1950, m. frdl. Gen. v. John Wiley & Sons)

weichen die berechneten Werte geringfügig von den experimentell ermittelten ab, und zwar umso mehr, je mehr man sich den freien Abflußverhältnissen nähert. Grund für diese Diskrepanz sind die mit kleiner werdendem Rückstau wachsenden Abweichungen von den hydrostatischen Druckverhältnissen in Querschnitt (2) verbunden mit dem Einfluß von Lufteintrag durch die Deckwalze.

Für den freien Abfluß, d.h. für $y_2 = C_c s$, kann C_q explizit angeschrieben werden:

$$C_q = C_c \sqrt{1/(1 + C_c s/y_1)} \qquad (1.41)$$

Auch diese Beziehung wurde in Bild 1.24 dargestellt. Die Werte für den Einschnürungsbeiwert C_c wurden jeweils aus Bild 3.12 entnommen.

Dieses Beispiel zeigt einerseits, daß die im vorstehenden Abschnitt präsentierten Grundgleichungen tatsächlich in guter Näherung zu Berechnungen stark ungleichförmiger Gerinneabflüsse verwendet werden können. Es zeigt jedoch andererseits, wie man **Entwurfsgrundlagen** wie etwa die Information über den Abflußbeiwert besonders einfach und übersichtlich darstellen kann, wenn man das vorliegende Problem auf die maßgebenden **dimensionslosen Parameter** zurückführt. Hätte man statt C_q in Abhängigkeit von y_1/s und y_3/s etwa den Abfluß Q darstellen wollen, so hätte man mehrere Diagramme mit einer Vielzahl von Kurvenscharen gebraucht, um den Einfluß der Größen s, y_1, y_3 und B zu zeigen. Noch umständlicher und aufwendiger würde diese Darstellung der Abflußverhältnisse, wenn wie bei dem Segmentwehr in Bild 1.25a weitere Größen - so wie hier die Höhe a des Auflagers und der Radius r der Segmentwand - von Einfluß sind. Auch hier ermöglicht die Verwendung dimensionsloser Größen noch eine übersichtliche Darstellung der Abflußverhältnisse in einem einzigen Diagramm (Bild 1.25b).

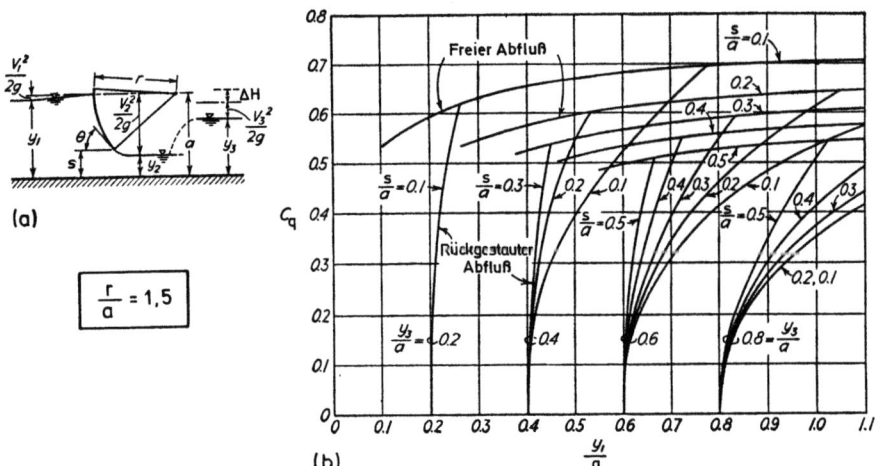

Bild 1.25   Abflußbeiwert für ein Segmentwehr für rückgestauten und freien Abfluß nach Metzler
(Entn. aus Rouse "Engineering Hydraulics", 1950, m. frdl. Gen. v. John Wiley & Sons)

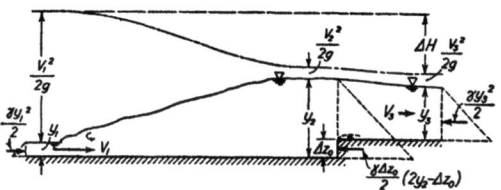

Bild 1.26 Wechselsprung in einem vertieften Sturzbett

Ein letztes Beispiel zur Impulsbetrachtung soll zum nächsten Abschnitt überleiten: Der Abfluß einer Hochwasserentlastungsanlage tritt mit einer Geschwindigkeit von $V_1 = 10$ m/s und einer Tiefe von $y_1 = 0,5$ m in ein um Δz_o vertieftes S t u r z b e t t ein (Bild 1.26). Man berechne die Mindesthöhe Δz_o der Endstufe, die erforderlich ist, um den Wechselsprung bei einer Unterwassertiefe von $y_3 = 2,5$ m im Sturzbett zu halten.

Aus Gleichung (1.26) folgt

$$y_2 = \frac{y_1}{2}(\sqrt{1 + 8(V_1/\sqrt{gy_1})^2} - 1) = 2,95 \text{ m}$$

und aus der Kontinuitätsbedingung:

$$V_2 = V_1 y_1 / y_2 = 10 \times 0,5/2,95 = 1.69 \text{ m/s}$$

Für die in Bild 1.26 angenommene Lage des Wechselsprungs kann die Druckkraft, die von der Schwelle auf das Kontrollvolumen ausgeübt wird, aus dem hydrostatischen Ansatz (trapezförmige Druckverteilung)

$$\frac{1}{2}\gamma\Delta z_o(2y_2 - \Delta z_o)$$

berechnet werden. Damit kann die Impulsgleichung (1.17) für die Querschnitte (2) und (3) wie folgt geschrieben werden

$$\frac{1}{2}\gamma y_2^2 - \frac{1}{2}\gamma\Delta z_o(2y_2 - \Delta z_o) - \frac{1}{2}\gamma y_3^2 = \rho q(V_3 - V_2)$$

Die Lösung für Δz_o folgt hieraus zu

$$\Delta z_o = y_2 - \sqrt{y_3^2 + \frac{q_2}{g}\left(\frac{1}{y_3} - \frac{1}{y_2}\right)} = 2,95 - 2,56 = 0,39 \text{ m}$$

In dem Maße, wie die vereinfachenden Annahmen zutreffen (vgl. Bild 2.4), würde eine größere Höhe Δz_o bewirken, daß der Wechselsprung nach links abwandert, während kleinere Höhen dazu führen würden, daß Teile des Wechselsprungs außerhalb des Sturzbetts zu liegen kämen. Aus Gründen, die nachfolgend diskutiert werden, besteht bei einer Stufe oder Schwelle im Sturzbett eine relativ große Sicherheit gegen das vollständige Abwandern des Wechselsprungs ins Unterwasser. Mit anderen Worten, erst bei starker Reduktion von Δz_o unter den oben berechneten Wert (oder bei starker Reduktion von y_3) wandert der Wechselsprung ab, und das Sturzbett wird völlig wirkungslos.

2. BEMESSUNG UND GESTALTUNG VON TOSBECKEN

2.1 Bemessung grundlegender Tosbeckentypen

2.1.1 Allgemeine Bemerkungen

Tosbecken haben die Aufgabe, überschüssige kinetische Energie so zu dissipieren - d.h. in Wärme umzuwandeln - daß für das unterwasserseitige Gerinne und damit für das Bauwerk die Gefahr der Auskolkung verhindert wird. Wie aus dem vorangehenden Abschnitt 1.2.3 folgt, ist der Wechselsprung besonders gut geeignet, diese Aufgabe innerhalb einer relativ kurzen Strecke zu erfüllen, da hier sehr hohe Energieumwandlungsraten (vgl. Bild 21a) und durch die große Turbulenzerzeugung auch sehr ausgeglichene Geschwindigkeitsverteilungen im Unterwasser erreicht werden können. Allerdings treten - besonders im Bereich der Deckwalze - sehr hohe Geschwindigkeiten und Geschwindigkeits- bzw. Druckschwankungen auf (Bilder 2.1 und 2.2), die eine sorgfältig zu bemessende Sturzbett- oder Tosbeckenanlage erforderlich machen.

Im folgenden sei lediglich auf die h y d r a u l i s c h e Bemessung dieser Anlagen eingegangen. Hierbei soll hauptsächlich das Handbuch von Rouse (1950) als Grundlage verwendet werden. Einige typische Tosbecken-Formen sind in Bild 2.3 zusammengestellt. Ausgangspunkt jeder Bemessung eines Tosbeckens ist (a) die Ermittlung der Wassertiefe im unterwasserseitigen Gerinne für das vorgegebene Bemessungshochwasser (vgl. Kapitel 6 und 7) und (b) die Berechnung der Tiefe der Tosbeckensohle. Wird der Energieverlust, der (z.B. durch

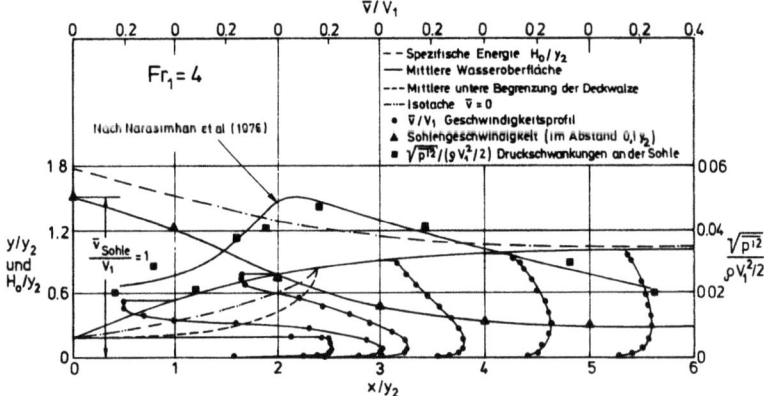

Bild 2.1 Strömungscharakteristika eines Wechselsprungs unterhalb eines schießenden Gerinneabflusses nach Rouse et al. (1958)

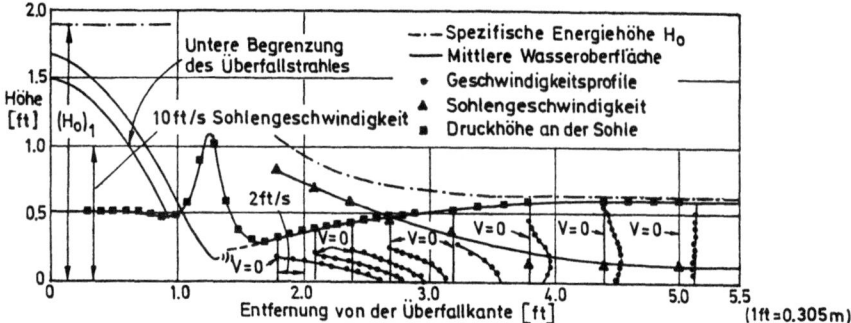

Bild 2.2 Strömungscharakteristika eines Wechselsprungs unterhalb eines Absturzes nach Moore (1943) (Entn. aus Rouse "Engineering Hydraulics", 1950, m. frdl. Gen. v. John Wiley & Sons)

die Stufe) am Tosbeckenende verursacht wird, vernachlässigt, so ergibt sich gemäß Bild 2.3a

$$\Delta z_o = (H_o)_2 - (H_o)_3 \qquad (2.1)$$

wobei $(H_o)_3$ durch die Unterwasserverhältnisse festliegt und $(H_o)_2$ die spezifische Energiehöhe am unteren Ende des Wechselsprungs darstellt.

2.1.2 Tosbecken mit positiver Stufe

Der Einfluß einer positiven Stufe von der Höhe Δz_o (vgl. Bild 2.3a) auf die Charakteristika des Wechselsprungs wurde u.a. von Forster und Skrinde (1949) untersucht. Sie fanden durch Anwendung der Kontinuitäts- und Impulsgleichung – ähnlich den Beispielen des Abschnitts 1.2.3 – daß die relative Höhe $\Delta z_o/y_1$ mit den Parametern y_3/y_1 und $Fr_1 = V_1/\sqrt{gy_1}$ eindeutig in Beziehung steht, und

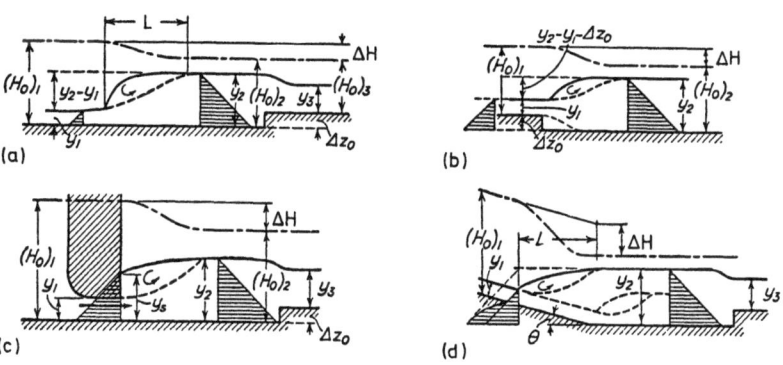

Bild 2.3 Typische Tosbeckenformen (Entn. aus Rouse "Engineering Hydraulics", 1950, m. frdl. Gen. v. John Wiley & Sons)

ermittelten experimentell die in Bild 2.4 dargestellten Kurven unter der Bedingung, daß der Fuß des Wechselsprungs einen Abstand von $L = 5(y_3 + \Delta z_o)$ von der Stufe aufweist. Man erkennt aus Bild 2.4, daß die Versuchsergebnisse den selben Trend wie die Rechenergebnisse aufweisen, daß jedoch Abweichungen auftreten, die mit zunehmenden Werten von $\Delta z_o/y_1$ anwachsen. Wie bei den Abweichungen in Bild 1.24 liegen die Gründe in der fehlerhaften Annahme einer hydrostatischen Druckverteilung an der Stufe begründet; tatsächlich ist die Länge $L = 5(y_3 + \Delta z_o)$ kleiner als die Deckwalzenlänge (Bild 1.20), so daß der Wechselsprung ein wenig über die Stufe hinausreicht. Inzwischen haben Hager und Sinniger (1985) zeigen können, daß die Diskrepanz zwischen Experiment und Theorie auf die fehlende Berücksichtigung der dynamischen Druckerhöhung an der Stirnfläche der Stufe zurückzuführen ist. Wird die Druckhöhe an der Stirnfläche konstant zu $(y_3 + \Delta z_o)$ angenommen, so erlaubt die aus Kontinuitäts- und Impulsgleichung gewonnene Beziehung

$$\frac{y_1^2}{2} - \frac{y_3^2}{2} - \Delta z_o (y_3 + \Delta z_o) = \frac{q^2}{g} \left(\frac{1}{y_3} - \frac{1}{y_1} \right) \qquad (2.2)$$

eine sehr gute Vorhersage der in Bild 2.4 dargestellten Meßresultate.

Ähnlich wie in den Bildern 1.24 und 1.25 sind auch im Bild 2.4 alle wesentlichen Entwurfsgrundlagen enthalten: Für gegebene Werte von y_3/y_1 und Fr_1 kann mit Hilfe dieses Bildes die erforderliche relative Sohlenerhöhung $\Delta z_o/y_1$ - und damit das Niveau der Tosbeckensohle - ermittelt werden. Die Länge des Tosbeckens sollte dann mindestens $5(y_3 + \Delta z_o)$ betragen. Die dissipierte Energie bzw. der Energiehöheverlust ΔH ist unabhängig von der Stufenhöhe und läßt sich deshalb aus Bild 1.21a ermitteln.

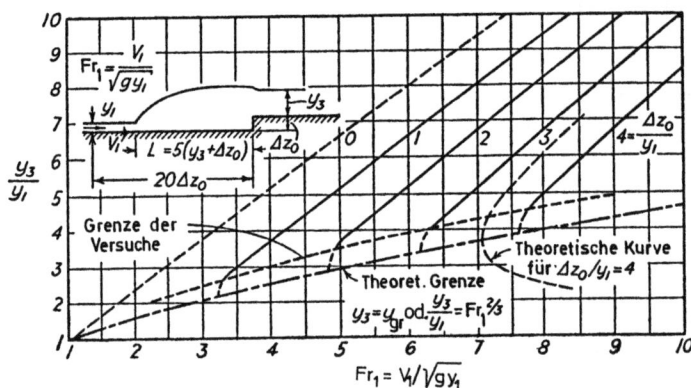

Bild 2.4 Konjugierte Tiefen bei einem Tosbecken mit positiver Stufe und konstanter Gerinnebreite (Entn. aus Rouse "Engineering Hydraulics", 1950, m. frdl. Gen. v. John Wiley & Sons)

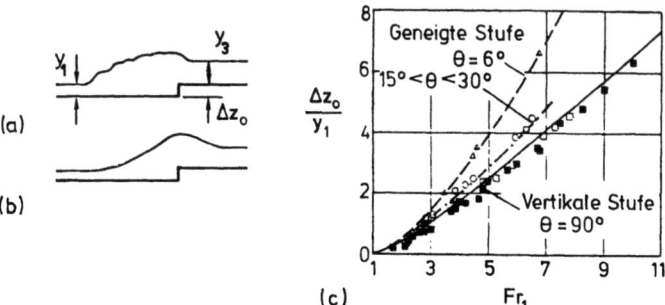

Bild 2.5   Übergang vom ausgeprägten (a) zum gewellten (b) Wechselsprung für verschiedene Stufenformen

Wichtig bei einer Tosbeckenbemessung ist die Gewährleistung eines ausgeprägten Wechselsprungs gemäß Bild 2.5a. In Bild 2.5c ist deshalb die Grenzbedingung für den Übergang zum gewellten Wechselsprung gemäß Bild 2.5b angegeben, wie sie von Hager, Sinniger (1985) zusammengestellt wurde. Man sieht, daß dieser Übergang für eine gegebene relative Stufenhöhe bei umso kleineren Froude-Zahlen erfolgt, je stärker die Stufe geneigt ist. Über die Nachteile einer zu hohen vertikalen Stufe oder Schwelle wird im Zusammenhang mit Bild 2.8 noch zu berichten sein.

2.1.3   Tosbecken mit Schwelle und Zahnschwelle

Tosbecken, die statt durch eine Stufe von einer durchgehenden Schwelle begrenzt sind, wurden von Macha (1963) im Modell untersucht. Die Ergebnisse für eine Rechteck- und eine Trapezschwelle sind in Bild 2.6 dargestellt. Zum Vergleich mit dem Fall eines Wechselsprungs auf ebener Sohle (Schwellenhöhe s = 0) wurde auch die Linie gemäß Gleichung (1.36) in dieses Bild eingezeichnet.

Unmittelbar unterstrom der Stufe, und in verstärktem Maße auch unterstrom der Schwellen, bilden sich Grundwalzen an der Sohle aus. Sofern die Sohle in diesem Bereich nicht ausreichend geschützt ist, besteht durch diese Walzen erhöhte Kolkgefahr (Sohlerosion). Es ist deshalb üblich, die Tosbecken in Modellversuchen mit beweglicher Sohle auf die Sicherheit vor Auskolkung zu untersuchen. Im Prinzip stellt der Drehsinn der Sohlenwalze sicher, daß erodiertes Material jeweils zum Bauwerksende hin transportiert und somit ein Unterspülen verhin-

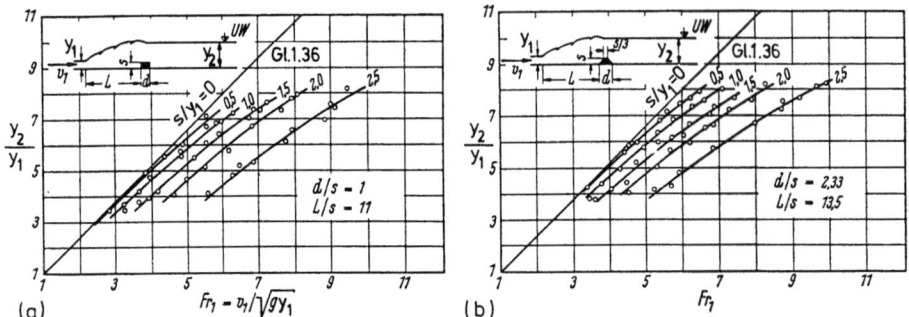

Bild 2.6 Konjugierte Tiefen bei Tosbecken mit durchgehender Schwelle und konstanter Gerinnebreite: (a) Rechteckschwelle, (b) Trapezschwelle. (Diagramm für Dreieckschwelle, siehe Bild 2.22a).
(Entn. aus Press, Schröder "Hydromechanik im Wasserbau", 1966, m. frdl. Gen. v. W. Ernst & Sohn)

dert wird. Bei größeren Geschwindigkeiten der Walzenströmung kann aber dennoch, je nach Sohlenmaterial, ein größerer Kolk nicht verhindert werden. Eine in dieser Beziehung günstigere Wirkung weisen Z a h n s c h w e l - l e n auf, wie sie erstmals von Rehbock entwickelt wurden. Die typischen Charakteristika des Wechselsprungs für eine Zahnschwelle besonderer Art sind in Bild 2.7 wiedergegeben.

Ein Beispiel für die Verbesserung, die durch Ersetzen einer relativ hohen Endschwelle durch eine aufwärtsgeneigte Tosbeckensohle mit Zahnschwelle erzielt werden kann, ist in Bild 2.8 dargestellt. Aus diesem Bild wird ein Nachteil der durchgehenden Endschwelle deutlich erkennbar, nämlich die Wellenerzeugung, die leicht zu Ufereinbrüchen führen kann. Tatsächlich soll ja das Tosbecken bzw. die Sturzbettanlage eines Flußwehres unter allen möglichen Betriebsbedin-

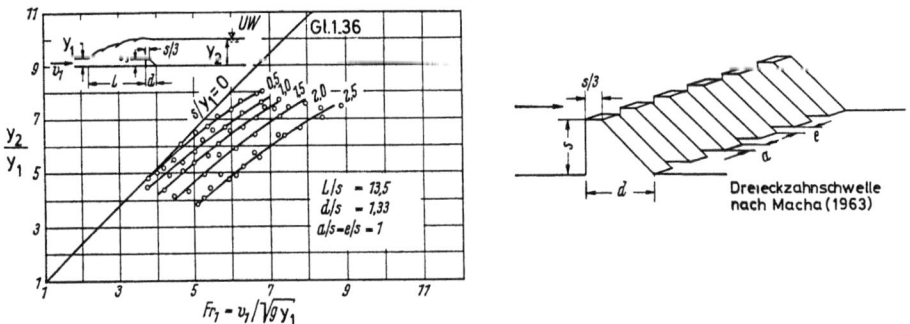

Bild 2.7 Konjugierte Tiefen bei einem Tosbecken mit Zahnschwelle
(Entn. aus Press, Schröder "Hydromechanik im Wasserbau", 1966, m. frdl. Gen. v. W. Ernst & Sohn)

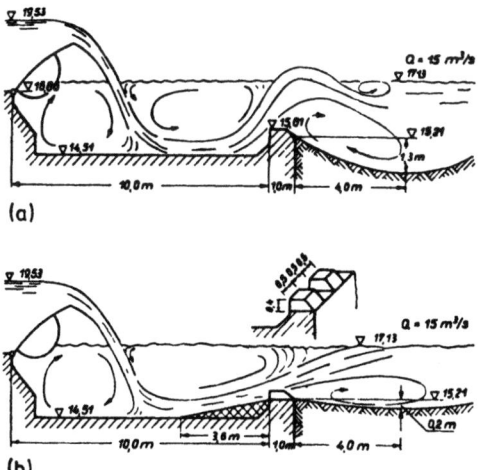

Bild 2.8   Verbesserung eines Tosbeckens nach Petrikat

gungen nicht nur die Wechselsprungbedingung erfüllen, sondern

(a) möglichst bald eine natürliche Geschwindigkeitsverteilung in der Horizontalen und Vertikalen herbeiführen,
(b) möglichst wenig zusätzliche Turbulenz von großer Wirbelgröße erzeugen und
(c) möglichst wenig Wellenbildung verursachen.

Je besser diese Bedingungen erfüllt werden, umso sicherer werden unzulässige Kolke an der Flußsohle und Einbrüche am Ufer vermieden.

Von Interesse in diesem Zusammenhang ist ein Vergleich der Kolkwirkung bei den in Bild 2.9 gezeigten drei unterschiedlichen Tosbeckenformen, die in systematischen Modellversuchen untersucht wurden (Hartung, 1970). Die Ergebnisse beziehen sich auf ein 7 m hohes Wehr und einen typischen Hochwasser-Abfluß mit Fr_1 = 2,9. Der Vergleich der Kolke in Bild 2.9 veranschaulicht die Überlegenheit eines muldenförmigen Tosbeckens mit Störkörpern. Zusätzliche Kolkschutzmaßnahmen sind am aufwendigsten im Fall (b) und erübrigen sich im Fall (c) bis auf die Bereiche unterhalb der Pfeiler. Die gemessenen Wellenhöhen 100 m unterhalb des Bauwerksendes verhielten sich für die Fälle (a), (b), (c) wie 2:3:1. Berücksichtigt man, daß der Energiegehalt der Wellen dem Quadrat der Amplituden proportional ist, so bedeutet dies, daß die Zerstörungskraft der

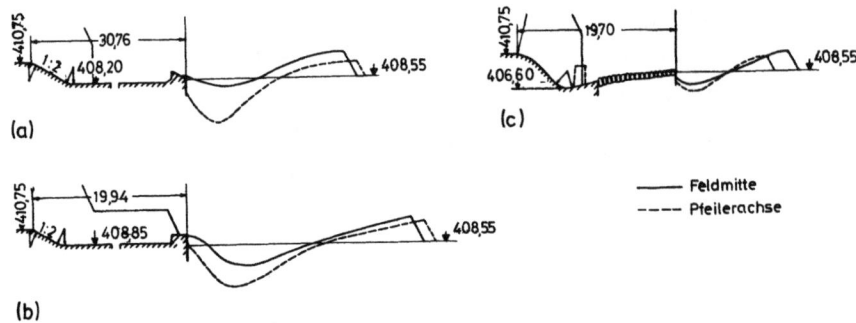

Bild 2.9 Vergleich der Kolke für drei Tosbecken (a) Tosbecken mit Rehbockscher Zahnschwelle, (b) konventionelles Tosbecken (unterdimensioniert), (c) muldenförmiges Tosbecken mit Störkörpern nach Hartung

Wellen beim Muldentosbecken etwa ein Neuntel derjenigen des konventionellen ist (vgl. Press, Schröder, 1966). Bezüglich der aus Bild 2.9 ersichtlichen Störung durch die Wehrpfeiler ist festzustellen, daß diese umso größer ist, je näher das Pfeilerende an das Tosbeckenende rückt und je stumpfer die Pfeiler ausgebildet sind.

Entwurfsgrundlagen zu Tosbecken mit Zahnschwelle und Prallblöcken werden in Abschnitt 2.2.1 gegeben. Eine Möglichkeit zur Dämpfung von Wellen ist aus Bild 2.25b zu entnehmen.

2.1.4   Tosbecken unterstrom eines freien Überfalls

Ein Problem bei der Bemessung von Tosbecken kann die Bestimmung der Tiefe y_1 des schießenden Wasserstrahls darstellen, wenn das Tosbecken nicht unterstrom eines Schützes oder einer Schußrinne sondern am Fuße eines freien Überfalls angeordnet ist (vgl. Bild 2.2). Unter dem Überfallstrahl bildet sich in solchen Fällen ein Wasserpolster aus, und ein beträchtlicher Teil der kinetischen Energie des Strahls wird in der Scherschicht zwischen Strahl und Wasserpolster dissipiert. Aus einer Anwendung der Energie- und Impulsgleichung auf diesen Fall folgt nach White (Diskussion der Arbeit von Moore, 1943)

$$\frac{y_1}{y_{gr}} = \frac{\sqrt{2}}{1,06 + \sqrt{\frac{\Delta z_o}{y_{gr}} + \frac{3}{2}}} \qquad (2.3)$$

worin Δz_o die Höhe des freien Überfalls bezeichnet. Mit der Froude-Zahl

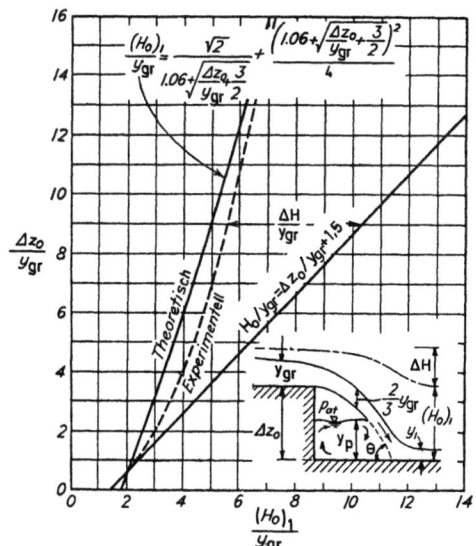

Bild 2.10 Energiedissipation am Fuße eines freien Überfalls
(Entn. aus Rouse "Engineering Hydraulics")

$$Fr_1 = \frac{V_1}{\sqrt{gy_1}} = \left(\frac{y_{gr}}{y_1}\right)^{3/2} \quad (2.4)$$

kann damit die spezifische Energiehöhe $(H_o)_1$ des in das Tosbecken eintretenden schießenden Wasserstrahls aus

$$\frac{(H_o)_1}{y_{gr}} = \frac{y_1}{y_{gr}}\left(1 + \frac{Fr_1^2}{2}\right) \quad (2.5)$$

berechnet werden. Wie ein Vergleich der so berechneten Werte mit Versuchsergebnissen von Moore (1943) in Bild 2.10 zeigt, liefert diese Berechnung relativ gute Vorhersagen. Die Tiefe des Wasserpolsters y_p ergibt sich theoretisch zu

$$\left(\frac{y_p}{y_{gr}}\right)^2 = \left(\frac{y_1}{y_{gr}}\right)^2 + 2\frac{y_{gr}}{y_1} - 3 \quad (2.6)$$

und stimmt ebenfalls gut mit Versuchsergebnissen überein. Für den Auftreffwinkel θ des Überfallstrahls wurde in dieser Ableitung die Näherung

$$\cos\theta = \frac{1{,}06}{\sqrt{(\Delta z_o/y_{gr}) + 3/2}} \quad (2.7)$$

verwendet. Man beachte die mit wachsender Überfallhöhe stark zunehmende Energiedissipation am Fuße eines Überfalls, die ausgenützt werden kann, das anschließende Tosbecken kleiner zu bemessen. Der durch den Überfall erzeugte zusätzliche Energiehöhenverlust ΔH kann in Bild 2.10 aus der Differenz zwischen der gestrichelten Kurve und der Linie für $H_o/y_{gr} = \Delta z_o/y_{gr} + 1{,}5$ werden.

2.1.5 Tosbecken mit Rückstau

Die Bemessung von Tosbecken unterhalb von Druckstollen wird dadurch erschwert, daß der Stollenauslaß rückgestaut werden kann (vgl. Bild 2.3c). Durch diesen Rückstau werden auch die Oberwasserverhältnisse für einen gegebenen Abfluß be-

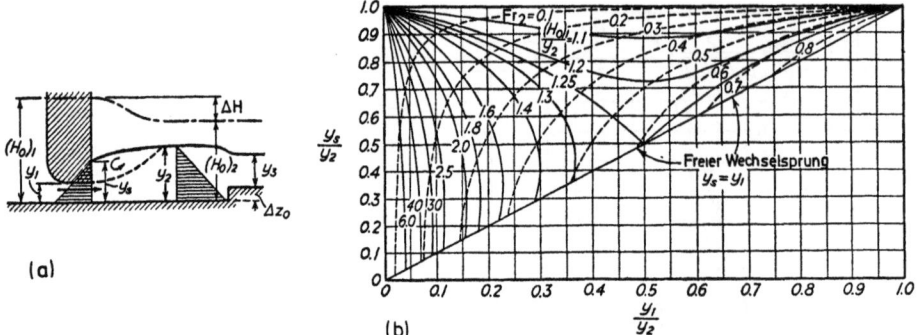

Bild 2.11   Strömungscharakteristika unterstrom eines Stollenauslasses bei konstanter Stollen- und Gerinnebreite (Entn. aus Rouse "Engineering Hydraulics", 1950, m. frdl. Gen. v. John Wiley & Sons)

einflußt. Angenommen, die Unterwassertiefe y_2 und die spezifische Energiehöhe im Oberwasser $(H_o)_1$ sind bekannt, dann läßt sich für die in Bild 2.11a dargestellten zweidimensional-ebenen Verhältnisse aus der Kontinuitäts- und Impulsgleichung folgende Beziehung für die Einstautiefe y_s ableiten:

$$\frac{y_s}{y_2} = \left[1 + 2\,Fr_2^{\,2} (1 - \frac{y_2}{y_1}) \right]^{1/2} \tag{2.8}$$

worin $Fr_2^{\,2} = q^2/(gy_2^{\,3})$. Mit

$$q = y_1 \sqrt{2g[(H_o)_1 - y_s]} \tag{2.9}$$

kann eine zweite Gleichung für y_s/y_2 aus einer Energiebetrachtung wie folgt gewonnen werden:

$$\frac{y_s}{y_2} = N \pm \sqrt{1 - 2N\frac{(H_o)_1}{y_2} + N^2} \quad \text{mit} \quad N = 2\frac{y_1}{y_2}(1 - \frac{y_1}{y_2}) \tag{2.10}$$

Die Gleichungen (2.9) und (2.10) sind in Bild 2.11b in Form von Kurvenscharen für jeweils konstante Werte von Fr_2 und $(H_o)_1/y_2$ graphisch dargestellt. Die Schnittpunkte stellen Lösungen für einander zugeordnete Werte von Fr_2, $(H_o)_1/y_2$ und y_1/y_2 dar. Die Froude-Zahl Fr_2 liegt im Normalfall mit der Staulinienberechnung für das unterwasserseitige Gerinne fest, so daß damit die Stollenhöhe y_1 für die erwartete höchste spezifische Energiehöhe $(H_o)_1$ ermittelt werden kann. Die Werte von Fr_2 und $(H_o)_1$ für den freien Wechselsprung entsprechen mit $y_1/y_2 = y_s/y_2$ der Diagonalen in Bild 2.11b. (Ein Vergleich der obigen Ableitung mit der zu Bild 1.24 gehörenden zeigt, daß diese Ableitungen identisch sind. Die Kurven in Bild 2.11 enthalten demnach die gleiche Information wie die Kurve B in Bild 1.24, nur ist der Einfluß des Einschnürungsbeiwertes C_c in Bild 2.11 eliminiert.)

Wie bereits früher erwähnt, verliert der Wechselsprung mit zunehmendem Rückstau den Charakter einer stehenden Schwallwelle. Die Energiedissipation erfolgt dann mehr und mehr durch turbulente Diffusion wie in einem getauchten Strahl. Wenn sich der Strahlausbreitungswinkel hierbei auch nicht wesentlich

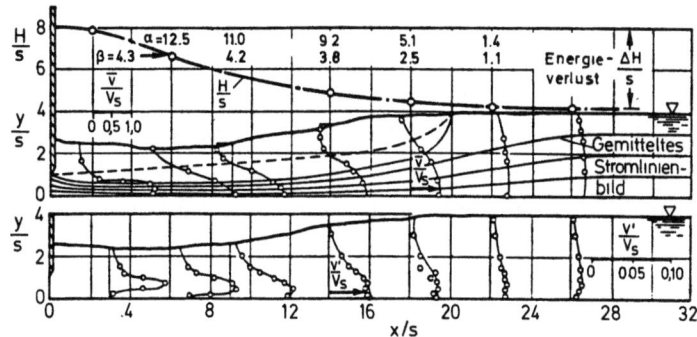

(a) $Fr_s = 2$, $y_2/s = 4$, $Fr_2 = 0,25$, $(H_0)_1/s = 7,95$

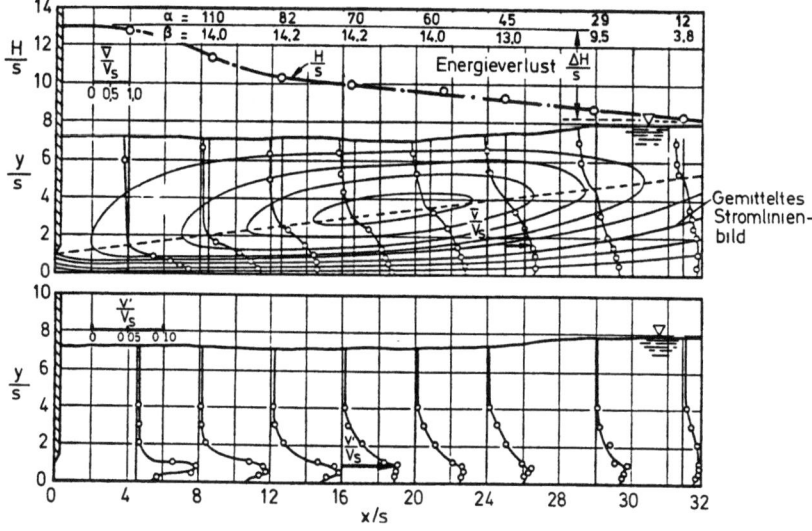

(b) $Fr_s = 2$, $y_2/s = 8$, $Fr_2 = 0,0884$, $(H_0)_1/s = 13$

Bild 2.12   Strömungsverhältnisse für rückgestauten Wechselsprung

von dem beim freien Wechselsprung unterscheidet (vgl. Bild 2.19), so sind doch zwei für den Tosbeckenentwurf sehr wichtige Besonderheiten hervorzuheben: Für mittlere Rückstauverhältnisse treten im Unterwasser starke Wellenbewegungen auf; und mit wachsendem Rückstaueffekt werden entsprechend dem zunehmenden Strahlcharakter die hohen Sohlgeschwindigkeiten im Unterwasser immer langsamer abgebaut (vgl. Bild 2.12). Da diese höheren Sohlgeschwindigkeiten erhöhte Kolkgefahr bedeuten, müssen deshalb von Fall zu Fall zusätzliche Schutzmaßnahmen erwogen werden. Eine solche Maßnahme besteht beispielsweise in der Anordnung einer negativen Stufe, wie sie in Verbindung mit Bild 2.24 diskutiert wird.

Die Strömungsverhältnisse für zwei ausgesuchte Fälle eines rückgestauten Wechselsprungs sind gemäß Henry (1950) in Bild 2.12 dargestellt. Hierin bedeutet $Fr_s = V_s/\sqrt{gs}$, $V_s = q/s$, $\bar{v}$ = mittlere Geschwindigkeit, v' = Effektivwert der turbulenten Geschwindigkeitsschwankung in x-Richtung und s = Schützöffnung.

2.1.6 Tosbecken besonderer Bauart

Es würde zu weit führen, an dieser Stelle alle Arten der Energieumwandlungsanlagen behandeln zu wollen, die im Wasserbau Anwendung finden: etwa Toskammern und Wirbelkammern aller Art oder - bei Schußrinnen eine bedenkenswerte Alternative zum Tosbecken am Gerinneende - Kaskaden oder Rauhgerinne mit Höckern, Rippen oder Schwellen. Eine Übersicht über solche Energieumwandlungsanlagen gibt beispielsweise Vischer, 1984 (s.a. ASCE-Task-Force, 1964).

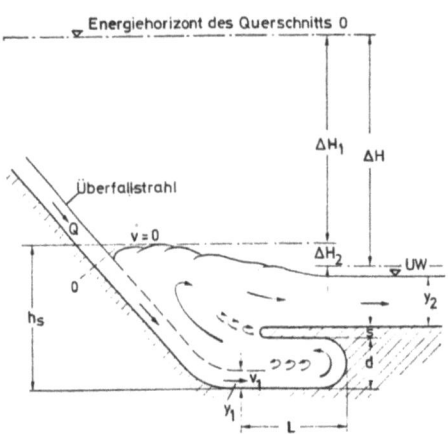

Bild 2.13 Gegenstrom-Tosbecken nach Hartung (1962)

Eine Sonderbauart von Tosbecken, deren Anwendung aus technischen Gründen auf dünne Abflußstrahlen ohne Feststoffbeimengung beschränkt ist, stellt das in Bild 2.13 gezeigte Gegenstrom-Tosbecken dar. Durch die erzwungene zweimalige Umlenkung des Schußstrahls wird hier die Energiedissipationsrate stark erhöht (Energieverlusthöhen ΔH_1 bei der ersten und ΔH_2 bei der zweiten Umlenkung), so daß die Tosbeckenlänge gegenüber den konventionellen Tosbeckenformen stark reduziert werden kann. Allerdings sind der praktischen Ausführung dieser Tosbeckenart wirtschaftliche Grenzen schon dadurch gesetzt, daß, wie aus Bild 2.13 ersichtlich, die Höhe der Toskammer d mindestens das Doppelte der Dicke y_1 des zufließenden Schußstrahls betragen muß; die dadurch bedingte vergrößerte Gründungstiefe kann aber kostspieliger sein als die eingesparte Tosbeckenlänge.

Eine weitere besondere Art der Energieumwandlung, die besonders bei Hochwasserentlastungsanlagen hoher Dämme oder Staumauern Verwendung findet, ist die Sprungschanze mit Strahlversprühung und das Trog-Tosbecken (Bucket-Type-Energy-Dissipator), das in Bild 2.14 gezeigt ist. Während mit der sprungschanzenartigen Verlängerung eines Überlaufrückens oder einer Schußrinne lediglich bezweckt wird, daß der Schußstrahl fernab vom Fuße der Stauanlage mehr oder weniger versprüht in ein Wasserpolster eingeleitet wird, wo eine Auskolkung dem Bauwerk nicht gefährlich werden kann, besteht die Wirkung der letzteren Art von Tosbecken in einer Kombination von Strahlablenkung und energiedissipierender Walzenbildung. Auch hier wird wie beim Gegenstrom-Tosbecken auf den konventionellen Wechselsprung verzichtet und das Tosbecken wird, bei Einsparungen in der Länge, mehr in die Tiefe verlegt. Durch die Ablenkung des Schußstrahls schräg nach oben wird unterstrom des Tosbeckens eine Grundwalze erzeugt, die ausgekolktes Material zum Bauwerk hin transportiert und eine Un-

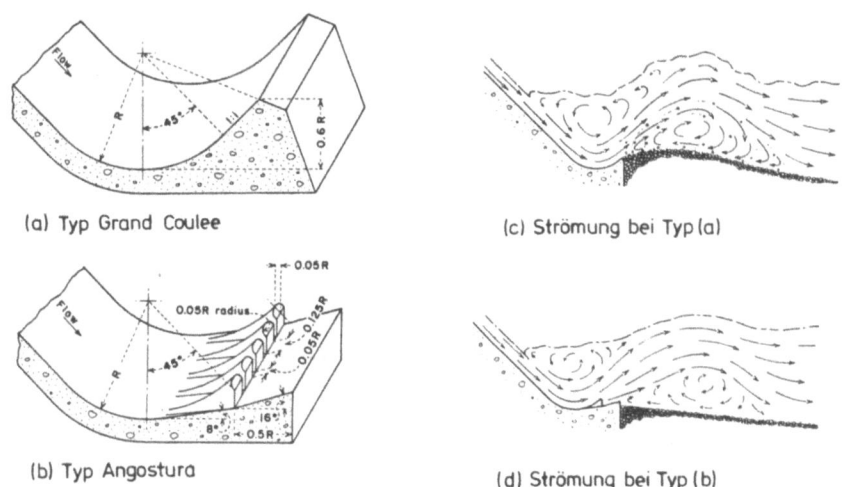

Bild 2.14 Das Trog-Tosbecken und seine Wirkungsweise (U.S. Bureau of Reclamation)

terspülung verhindert. Die ursprünglich (1933) für den Grand-Coulee-Damm
entwickelte Form (Bild 2.14a, c) hat den Nachteil, daß dieses ausgekolkte Material laufend gegen die unterwasserseitige Betonwand schlägt und bei unsymmetrischer Beaufschlagung auch in die Betonwanne hineingerät, wo es starke Erosionsschäden verursachen kann. Diese Nachteile werden mit dem später (1945) für den Angostura-Damm entwickelten Typ (Bild 2.14b, d) verhindert. Aufgrund umfangreicher Modellversuche des U.S. Bureau of Reclamation (1964) stehen für beide Tosbeckenarten ausreichend Entwurfsgrundlagen zur Bemessung zur Verfügung.

Von besonders großer Bedeutung für die Bemessung des Trog-Tosbeckens ist die Höhe des Trogs in Relation zur Unterwassertiefe. Wie Bild 2.15 zeigt, verschwindet die Deckwalze, und der Schußstrahl tritt mit seiner vollen kinetischen Energie ins Unterwasser ein, wenn eine untere Grenze der zulässigen Unterwassertiefen unterschritten wird (Bild 2.15a). Wird dagegen die obere Grenze des zulässigen Bereichs überschritten, dann wird beim Angostura-Typ der Strahl intermittierend zur Sohle hin abgelenkt (Bild 2.15c) und verursacht dort tiefe Kolke. Diese letztere Erscheinung wird beim Trog-Tosbecken des Grand-Coulee-Typs nicht beobachtet. Dennoch wird im allgemeinen dem Angostura-Typ der Vorzug gegeben. Außer den obengenannten Vorteilen sind hierfür die besseren Betriebsbedingungen bei geringen Unterwassertiefen ausschlaggebend.

(a) Unterwasserstand zu tief

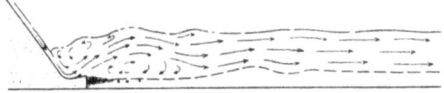
(b) Unterwasserstand im zulässigen Bereich

(c) Unterwasserstand zu hoch

Bild 2.15   Einfluß des Unterwasserstands auf die Tosbeckenwirkung beim Angostura-Typ (U.S. Bureau of Reclamation)

Hinsichtlich Bemessungsgrundlagen für die genannten Sonderbauarten von Energieumwandlungsanlagen muß auf die einschlägige Literatur verwiesen werden. Zu dem zuletzt genannten Tosbecken des Angostura-Typs findet man beispielsweise ausführliche Information in dem Bericht des U.S. Bureau of Reclamation (1964). In Bild 2.16 ist lediglich die wichtigste Information zusammengefaßt.

Wie Bild 2.10 zeigt, kann am Fuße

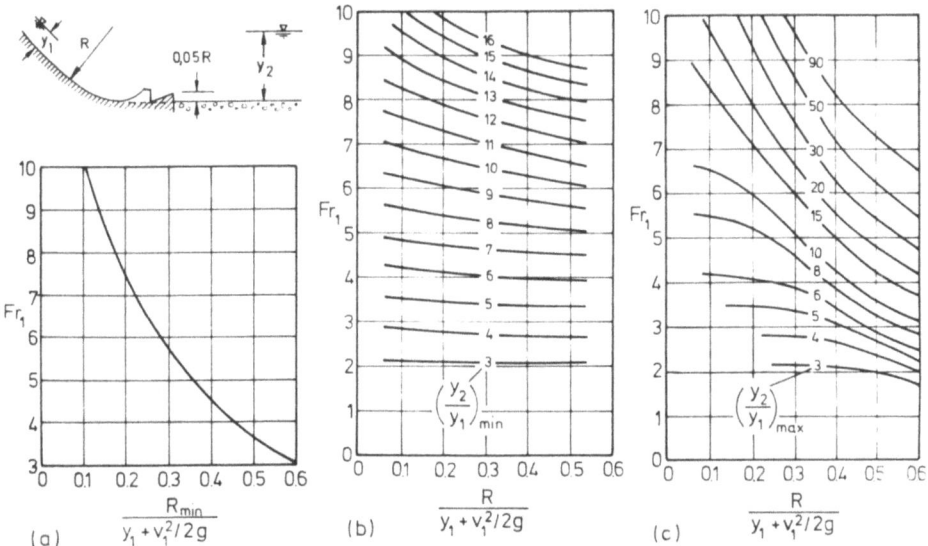

Bild 2.16 Bemessungsgrundlagen für das Trog-Tosbecken vom Angostura-Typ
(a) Kleinster zulässiger Radius R, (b) Untere Grenze des Unterwasserstands,
(c) Obere Grenze des Unterwasserstands (U.S. Bureau of Reclamation)

Bild 2.17 Tosbecken für kleinere Hochwassermengen nach Blaisdell et al. (1956)

eines Absturzes 50% und mehr der kinetischen Energie dissipiert werden. Schließt sich dem Absturzbauwerk ein Tosbecken mit Wechselsprung an, so können auf relativ eng begrenztem Raum große Energieumsetzungsraten erzielt werden (Bild 2.2). Auf der Grundlage dieser Überlegungen wurden in jahrelangen Untersuchungen von Blaisdell und Donnelly (1956) Tosbecken entworfen, die sich besonders gut zur sicheren Abführung kleinerer Hochwassermengen eignen. Bild 2.17 zeigt diese Sonderbauart, Box Inlet Drop Structure genannt, eingebaut in einen Damm eines Polders oder Hochwasserrückhaltebeckens. Die Besonderheit besteht darin, daß Was-

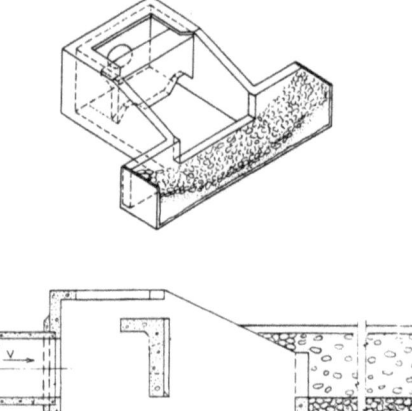

serströme von drei zueinander rechtwinklig angeordneten Abstürzen aufeinandertreffen, was zu erhöhter Energiedissipation führt.

Häufig besteht die Aufgabe darin, überschüssige Energie der aus einem Düker oder einer Rohrleitung abgeführten Wassermenge umzusetzen. Für diesen Zweck wurden vom U.S. Bureau of Reclamation (1964) Tosbecken entworfen, die im Prinzip keinen Rückstau vom Unterwasser erfordern (Bild 2.18, siehe auch Bradley, Peterka, 1957).

<u>Bild 2.18</u>   Tosbecken für Düker und Rohrleitungen nach USBR (1964)

BEISPIEL 2.1

Ein Beispiel für eine Tosbecken-Berechnung wurde bereits im Zusammenhang mit Abschnitt 1.2.3 und Bild 1.26 gegeben. Im folgenden soll nun eine Berechnung für ein Tosbecken mit Rückstau durchgeführt werden. Das Tosbecken schließe sich an einen Rechteckstollen von 0,6 m Höhe und 2,5 m Breite an und habe Trapezquerschnitt mit 2,5 m Breite an der Sohle und 1:1 Böschungsneigungen. Man berechne den Rückstau für eine Abflußmenge von 7 m³/s und eine Unterwassertiefe von 2,1 m und gebe an, über welche Länge der trapezförmige Kanal zum Schutz vor der Einwirkung großer Geschwindigkeiten ausgekleidet werden sollte.

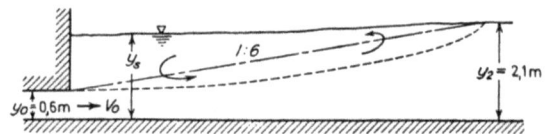

Beispiel eines Tosbeckens mit Rückstau

Unter Verwendung von Bild 2.11 wird die Wassertiefe y_s zunächst näherungsweise berechnet, indem anstelle des trapezförmigen Kanals ein equivalenter rechteckförmiger mit der Breite des Stollens angenommen wird. Nach der Ermittlung von

$$Fr_2 = \frac{V_2}{\sqrt{gy_2}} = \frac{7}{2,5 \times 2,1 \times \sqrt{9,81 \times 2,1}} = 0,29$$

und

$$\frac{y_1}{y_2} = \frac{0,6}{2,1} = 0,29$$

kann dem Diagramm (Bild 2,11b) das Verhältnis $y_s/y_2 = 0,75$ entnommen werden. Damit ergibt sich für die Rückstautiefe in erster Näherung $y_s = 1,58$.

Für die genauere Berechnung von y_s wird die Kontinuitätsgleichung (1.3) (Sohlbreite von Kanal und Stollen B = 2,5 m)

$$Q = By_1V_1 = (By_2 + y_2^2)V_2 = 7 \text{ m}^3/\text{s}$$

sowie die Impulsgleichung 1.32 bzw. 1.34 verwendet mit $\beta_1 \cong \beta_2 \cong 1$. Da der Kanal eine trapezförmige Querschnittsfläche hat, wird die Druckkraft entweder mit Hilfe der Druckhöhe $\bar{y}$ im Flächenschwerpunkt oder einfacher durch Addition der Druckkräfte auf die rechteckige und dreieckigen Teilflächen des Querschnitts angeschrieben:

$$\frac{1}{2} By_s^2 + \frac{1}{3} y_s^3 + \frac{Q^2}{gy_1B} = \frac{1}{2} By_2^2 + \frac{1}{3} y_2^3 + \frac{Q^2}{gy_2(B + y_2)}$$

Nach Einsetzen von Zahlenwerten erhält man

$$y_s^3 + 3,75 y_s^2 = 17,52$$

und nach kurzer Iteration die gesuchte Wassertiefe $y_s = 1,77$ m. Hiermit ergibt sich für das Stollenende die spezifische Energiehöhe zu

$$(H_o)_1 = y_s + \frac{V_1^2}{2g} = 1,77 + \frac{7^2}{(0,6 \times 2,5)^2 \times 9,81} = 2,88 \text{ m}$$

wenn man die Verluste für den Stollenauslaß vernachlässigt. Nimmt man für die Trennfläche der Rückströmung eine Neigung von 1:6 an (vgl. Bild 2.12), so ist der Kanal mindestens in einer Länge von $(y_2 - y_1) \times 6 = (2,1 - 0,6) \times 6 = 9$ m zum Schutz vor Auskolkungen zu befestigen.

2.2 Stabilisierung des Wechselsprungs

2.2.1 Tosbecken mit Prallblöcken oder Schwellen

Einen wichtigen Teil des Tosbeckenentwurfs stellen Maßnahmen zur Stabilisierung des Wechselsprungs dar, die dafür Sorge tragen, daß sich der Wechselsprung nicht aus dem Tosbecken hinausbewegt. Eine solche Gefahr besteht immer angesichts der Tatsache, daß die Wassertiefe y_2 und Geschwindigkeit V_2 im Unterwasser sowie auch die Froude-Zahl Fr_1 nicht mit Sicherheit vorhergesagt werden können bzw. innerhalb eines bestimmten Bereiches schwanken. Beispielsweise ist die Vorhersage von Fr_1 bei einem Tosbecken unterstrom eines Schützes mit großer Genauigkeit, am Ende einer Schußrinne dagegen nur mit geringer Genauigkeit möglich (vgl. Gleichungen 5.23, 24). Wird aber Fr_1 zu klein (oder die Unterwassertiefe zu groß) angenommen, so kann die Stufen- oder Schwellenhöhe leicht unterdimensioniert werden mit dem Ergebnis, daß der Wechselsprung teilweise oder ganz ins Unterwasser abwandert.

Am häufigsten verbreitet unter den Stabilisierungsmaßnahmen sind Prallblöcke, die in einer oder mehreren Reihen im Tosbecken angeordnet werden (vgl. Bild 2.20 a,b). Die Wirkung solcher Prallblöcke wird in Bild 2.19 verdeutlicht. Zu den auf das Kontrollvolumen wirkenden äußeren Kräften kommt in der Impulsgleichung hier die Summe aller Strömungskräfte F_B, die von den Prallblöcken übertragen werden, in Ansatz, so daß anstelle der Gleichung (1.32) nun

$$P_1 - P_2 - F_B = \rho Q (\beta_2 V_2 - \beta_1 V_1) \qquad (2.11)$$

erhalten wird. Während die Druckkräfte P_1 und P_2 lediglich von den Wassertiefen y_1 und y_2 abhängen, ist die Größe von F_B stark von der Lage des Wechselsprungs beeinflußt, da hiervon die lokale Strömungsgeschwindigkeit v_B nahe den Prallblöcken abhängt (Bild 2.19). Dieses wird sofort ersichtlich, wenn man F_B als Funktion von v_B und vom durchschnittlichen Widerstandsbeiwert C_w der Prallblöcke anschreibt:

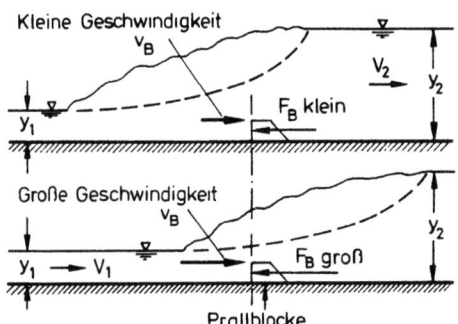

Bild 2.19 Einfluß der Lage des Wechselsprungs auf die Strömungskraft F_B an Prallblöcken im Tosbecken

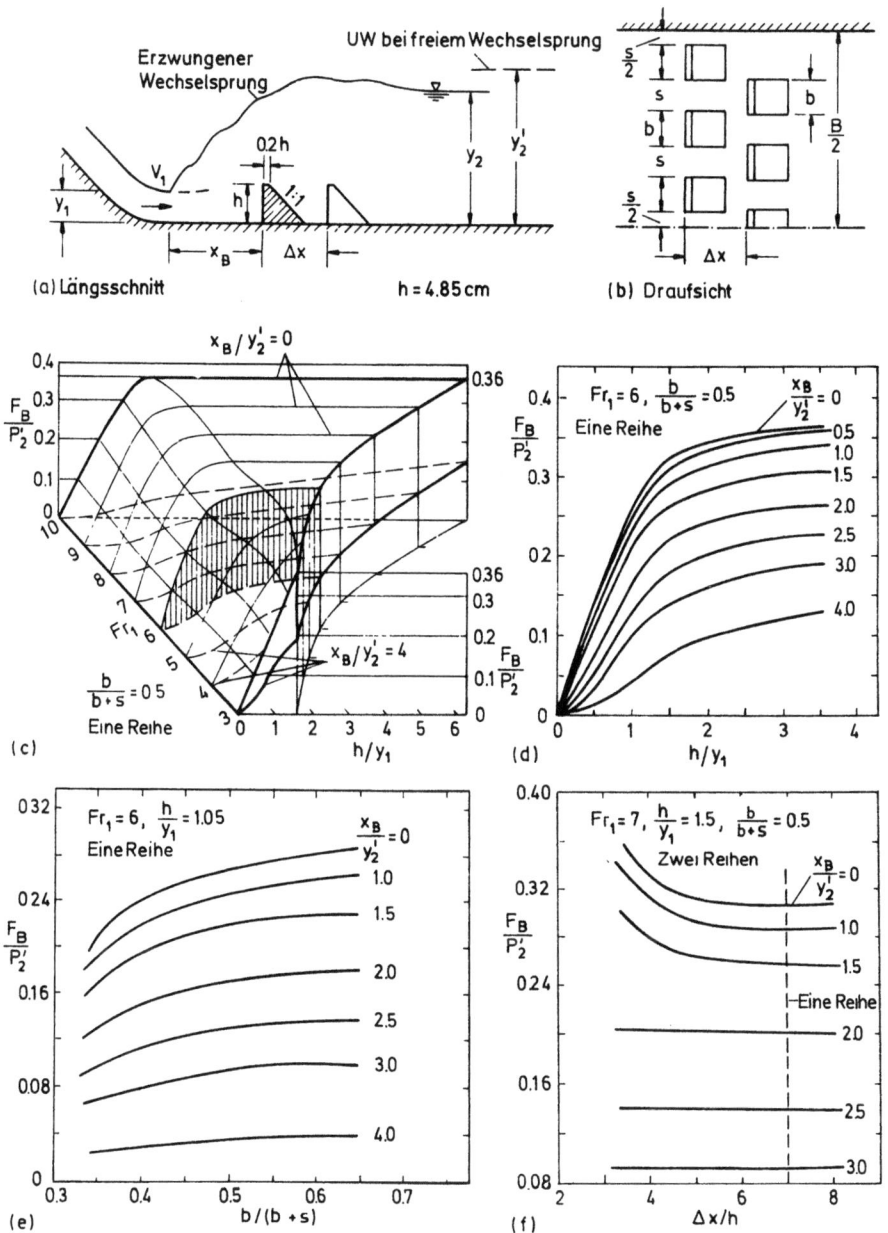

Bild 2.20 Mittlere Kraft F_B auf die Gesamtheit der Prallblöcke von der Standardform nach USBR (1964) gemäß Basco und Adams (1971)

$$F_B = C_w A_B \frac{\rho}{2} v_B^2 \tag{2.12}$$

(Hierin bedeutet A_B die Summe aller quer zur Strömung projizierten Flächeninhalte der Prallblöcke.) Je nach der Lage des Wechselsprungs relativ zur Lage der Prallblöcke variiert also diese Kraft annähernd in den Grenzen

$$(C_w A_B \frac{\rho}{2}) v_2^2 < F_B < (C_w A_B \frac{\rho}{2}) v_1^2$$

und man erhält damit einen ganzen B e r e i c h von Ober- und Unterwasserständen, innerhalb dessen der Wechselsprung bzw. die Deckwalze nahe den Prallblöcken gehalten wird. Angaben über die mittlere Strömungskraft F_B, die auf die Gesamtheit von Prallblöcken der USBR-Standardform (USBR, 1964) wirkt, sind in Bild 2.20 zusammengestellt. Als Bezugsgröße P_2' wurde hier die Druckkraft

$$P_2' = \frac{\gamma}{2} B y_2'^2, \quad y_2' = \frac{y_1}{2} [\sqrt{(1 + 8 Fr_1^2)} - 1] \tag{2.13a}$$

gewählt, wobei B = Breite des Tosbeckens und y_2' = konjugierte Unterwasser-Tiefe des f r e i e n Wechselsprungs (vgl. Bild 2.20a sowie Gleichung 1.36). Die durch Prallblöcke veränderte konjugierte Tiefe y_2 folgt aus Gleichung 2.11, bzw. (für $\beta_1 \cong \beta_2 \cong 1.0$) aus

$$\gamma \frac{y_1^2}{2} - \gamma \frac{y_2^2}{2} - \frac{F_B}{B} = \rho v_2^2 y_2 - \rho v_1^2 y_1 , \tag{2.13b}$$

und der Kontinuitätsgleichung $q = y_1 v_1 = y_2 v_2$. Die in Bild 2.20c bis f dargestellten Modellversuchsergebnisse beziehen sich alle auf ein Tosbecken im Anschluß an eine Schußrinne mit Deckwalzenfuß am Tosbeckenanfang (Bild 2.20a). Bild 2.20c gibt eine Zusammenfassung von Daten für ein Verbauungsverhältnis von $b/(b+s) = 0.5$ ($b/h = s/h = 1,0$) für jeweils zwei extreme Lagen der Prallblöcke ($x_B/y_2' = 0$ und $4,0$). Bei großen Froude-Zahlen erreicht das Kräfteverhältnis F_B/P_2' hiernach konstante Werte jenseits einer gewissen relativen Blockhöhe h/y_1, was offenbar damit zusammenhängt, daß die Prallblöcke in diesen Fällen in das Deckwalzengebiet hineinragen; die Maximalwerte für F_B/P_2' liegen zwischen $0,35$ und $0,36$. Die gestrichelte Fläche in Bild 2.20c entspricht der Kurvenschar in Bild 2.20d. Den Einfluß des Verbauungsverhältnisses zeigt Bild 2.20e; Versuche mit $s/h = 1,0$ und variablem b/h brachten hier etwa die gleichen Ergebnisse wie Versuche mit $b/h = 1,0$ und variablem s/h. Der Effekt einer zweiten Reihe von Prallblöcken auf F_B/P_2' wird gemäß den typischen Ergebnissen nach Bild 2.20f erst spürbar, wenn x_B/y_2' kleiner als ungefähr 2 und $\Delta x/h$ kleiner als ungefähr 5 werden. Auch in diesem Bild bezeichnet übrigens F_B die mittlere Strömungskraft auf die Summe a l -

l e r Prallblöcke. Ausführlichere Information über die Wirkung von Prallblöcken in Tosbecken liefert die Arbeit von Basco (1970).

Wie in den Veröffentlichungen Chow (1959) und USBR (1964) näher ausgeführt wird, können Prallblöcke auch zur Reduktion der Tosbeckenlänge eingesetzt werden. Wichtig für deren Formgebung und Ausführung ist es zu beachten, daß die Geschwindigkeit v_B im allgemeinen so groß ist, daß sich Kavitation an den Blöcken und an der Sohle unterstrom der Blöcke nicht vermeiden läßt (Bild 2.21c).

Die stabilisierende Wirkung einer Schwelle, die im Prinzip genauso zustande kommt, wie es für die Prallblöcke mit Bild 2.20 erklärt wurde, geht aus den in Bild 2.22 dargestellten Versuchsergebnissen von Macha (1963) hervor. Im Diagramm (a) werden hier (ähnlich dem Bild 2.6) die Verhältnisse für vollständig im Tosbecken liegenden Wechselsprung gezeigt. Im Diagramm (b) dagegen ist die kritische Unterwassertiefe dargestellt, bei der der Schußstrahl die Schwelle zu überspringen beginnt.

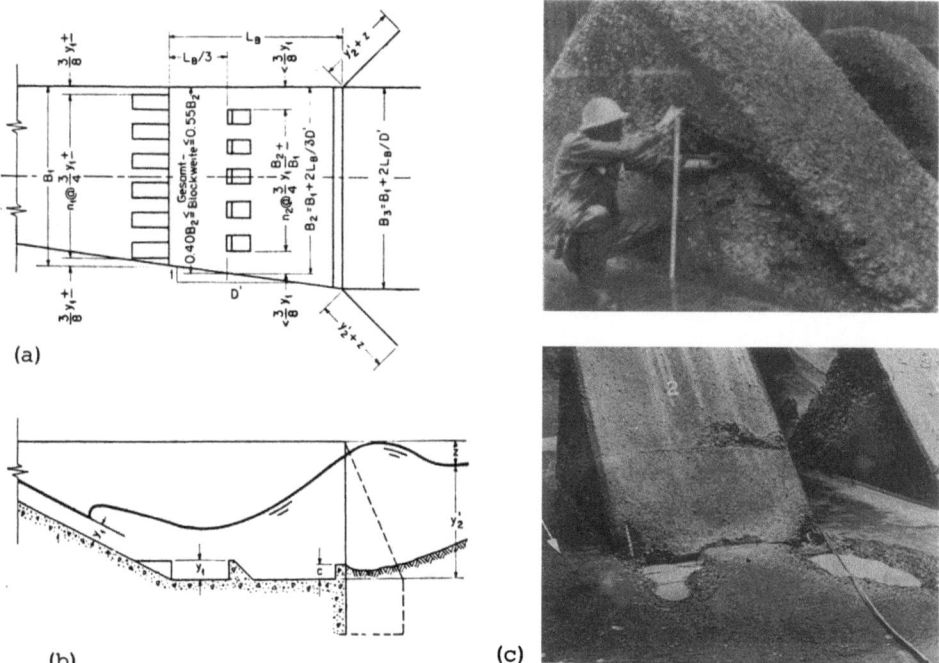

Bild 2.21 (a, b) Tosbecken mit Prallblöcken nach Blaisdell (1949) (c) Kavitationsschäden an und nahe den Prallblöcken nach Douma

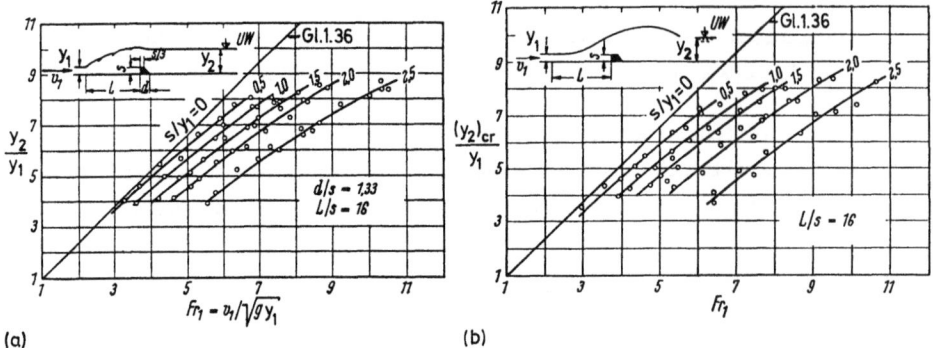

Bild 2.22   Konjugierte Tiefen in einem Gerinne von konstanter Breite mit Dreieckschwelle: (a) Wechselsprung vollständig oberstrom der Schwelle, (b) Wechselsprung wandert ab. (Entn. aus Press, Schröder "Hydromechanik im Wasserbau", 1966, m. frdl. Gen. v. W. Ernst & Sohn)

Sowohl die Prallblöcke als auch die Schwelle bewirken neben der beschriebenen Stabilisierung des Wechselsprungs eine Verkürzung der Wechselsprunglänge und damit eine Reduktion der erforderlichen Länge des Tosbeckens. Diese Reduktion im Vergleich zur Wechselsprunglänge auf glatter, horizontaler Sohle wird für zwei Beispiele von Tosbecken in Bild 2.23c dargestellt. Bild 2.23d enthält Entwurfsrichtlinien für das vom U.S. Bureau of Reclamation entwickelte Tosbecken mit Prallblöcken. Die geringste noch zulässige Unterwassertiefe beträgt bei Typ II rund 98% und bei Typ III rund 83% der konjugierten Tiefe y_2' nach Gleichung (2.13a). Dennoch sollte zur Sicherheit die Unterwassertiefe gemäß der konjugierten Tiefe des freien Wechselsprungs bemessen werden. Nähere Einzelheiten sind der Monographie No. 25 des USBR (1964) zu entnehmen. Über den Einfluß der Gerinneneigung gibt Abschnitt 2.2.4 Auskunft.

2.2.2   Tosbecken mit Sohlenvertiefung oder negativer Stufe

Eine zweite sehr wirkungsvolle Maßnahme zur Stabilisierung des Wechselsprungs besteht in der Anordnung einer plötzlichen Sohlenvertiefung oder negativen Stufe oberstrom des Tosbeckens (vgl. Bild 2.3b). Diese negative Stufe kann entweder durchgehend wie in Bild 2.24 oder unterbrochen wie in Bild 2.23a, b angeordnet werden. Ihre Wirkungsweise wird in Bild 2.24 erläutert. Je nachdem, ob die Unterwassertiefe (Bild 2.24a) oder die Oberwassertiefe (Bild 2.24b) die Druckverteilung auf der Schwelle beeinflußt, kommt beim Ansatz der Impulsgleichung auch hier eine zusätzliche und mit der Lage des Wechselsprungs veränderliche äußere Kraft F_s zu den Druckkräften P_1 und P_2 hinzu, die

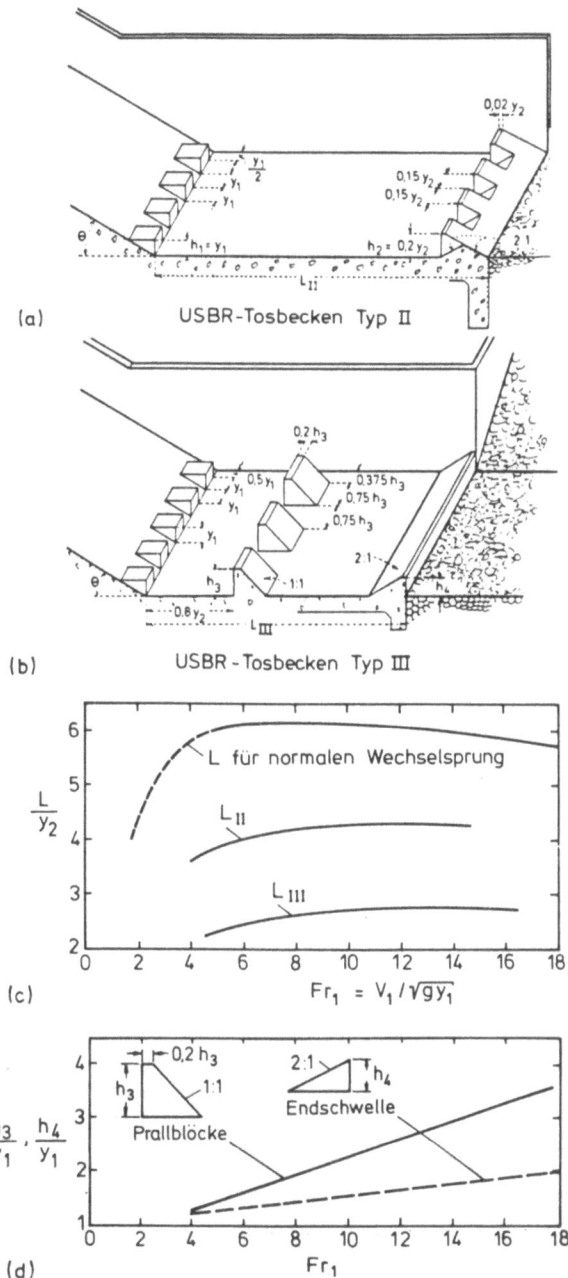

Bild 2.23 Tosbecken-Typen des U.S. Bureau of Reclamation (1964) für Froude-Zahlen $Fr_1 > 4$

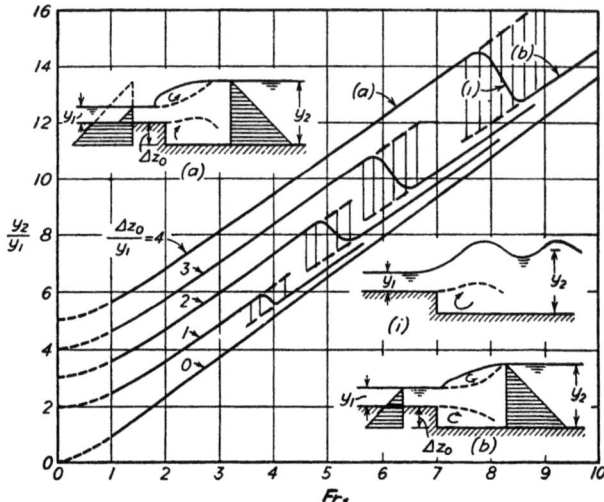

Bild 2.24   Konjugierte Tiefen bei einem Tosbecken mit negativer Stufe und
konstanter Gerinnebreite (Entn. aus Rouse "Engineering Hydraulics", 1950,
m. frdl. Gen. v. John Wiley & Sons)

eine Veränderung mit sich bringt ähnlich wie die Kraft F_B in Gleichung (2.11).
Für die in Bild 2.24 mit (a) und (b) bezeichneten extremen Strömungszustände
ergeben sich aus einem solchen Ansatz nach Rouse et al. (1949) die Gleichungen

$$Fr_1^2 = \frac{y_2/y_1}{2(1 - y_2/y_1)} \left[1 - \left(\frac{y_2}{y_1} - \frac{\Delta z_o}{y_1}\right)^2 \right] \quad \text{(Fall a)} \qquad (2.14a)$$

$$Fr_1^2 = \frac{y_2/y_1}{2(1 - y_2/y_1)} \left[\left(\frac{\Delta z_o}{y_1} + 1\right)^2 - \left(\frac{y_2}{y_1}\right)^2 \right] \quad \text{(Fall b)} \qquad (2.14b)$$

Die linken Teile der Kurven in Bild 2.24 entsprechen dem Fall (a) bzw. der
Gleichung (2.14a), während die rechten Teile dem Fall (b) bzw. der Gleichung
(2.14b) entsprechen. Mit wachsender Geschwindigkeit V_1 (und damit wachsender
Froude-Zahl Fr_1) oder abnehmender Unterwassertiefe y_2 wechselt der Abfluß vom
erst- zum zweitgenannten Strömungszustand, wobei allerdings der Übergang
durch einen stark gewellten Abfluß (Bild 2.24i) gekennzeichnet ist. Je nach
der relativen Stufenhöhe Δz_o gibt es somit einen Bereich von Fr_1- bzw. y_2/y_1-
Werten - in Bild 2.24 durch die gestrichelten Linien angedeutet - innerhalb

dessen der Wechselsprung nahe der Stufe gehalten wird. Neuere Ergebnisse
zum Tosbecken mit negativer Stufe findet man bei Hager, Bretz (1986).

Die durchgehende oder unterbrochene negative Stufe eignet sich besonders dann,
wenn nicht nur die Lage des Wechselsprungs in Längsrichtung unbestimmt ist,
sondern auch die Lage des Deckwalzenfußes quer zur Strömungsrichtung. Wenn
der in das Tosbecken eintretende Schußstrahl auch nur die geringste Assymetrie bezüglich Geschwindigkeit oder Wassertiefe hat oder Abweichungen von einer Parallelströmung aufweist, kann der Deckwalzenfuß größere Winkel mit der
Normalen zur Strömungsrichtung einnehmen. Im Extremfall kann der schießende
Abfluß an der einen Seite des Tosbeckens über die ganze Tosbeckenlänge erhalten bleiben, während sich auf der anderen Seite Rückströmung einstellt. Ähnliche Ungleichförmigkeiten über die Breite des Tosbeckens stellen sich bei
starken Ausweitungen des Gerinnes (Bild 2.26b) oder bei Schußrinnen mit gewelltem Abfluß (vgl. Kapitel 5) ein. In allen diesen Fällen, wie gesagt,
sorgt eine negative Stufe für eine Fixierung des Deckwalzenfußes nahe der Stufe.

Die negative Schwelle bzw. Sohlenvertiefung hat sich schließlich auch in solchen Fällen bewährt, in denen die Froude-Zahl am Tosbeckenfuß im kritischen
Bereich $2,5 < Fr_1 < 4,5$ liegt (vgl. Bild 1.21). Bild 2.25 zeigt hierzu zwei
Ausführungsarten. Im Fall (a) sollte die Unterwassertiefe um 5 bis 10 Prozent größer als die konjugierte Tiefe sein, und die Tosbeckenlänge sollte gemäß der obersten Kurve in Bild 2.23c geplant werden. Der Tosbeckentyp gemäß
Bild 2.25b hat sich besonders dort bewährt, wo es um die Reduzierung der Wel-

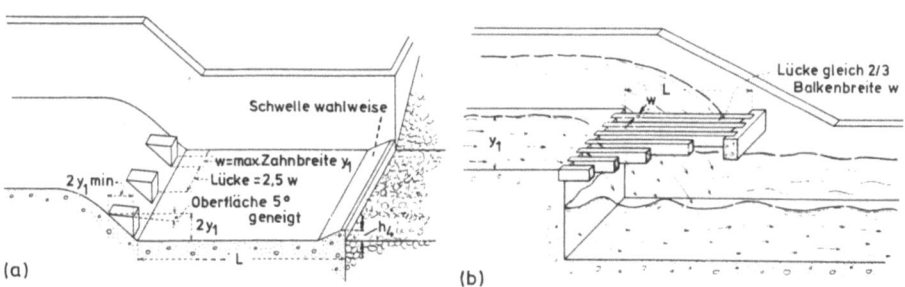

Bild 2.25 Tosbeckentypen des U.S. Bureau of Reclamation (1964) für Froude-Zahlen Fr_1 zwischen 2,5 und 4,5

lenbildung im Unterwasser geht. Nähere Entwurfsgrundlagen zu diesen Tosbecktypen sowie Hinweise auf weitere Maßnahmen zur Wellendämpfung sind in der Monographie No. 25 des U.S. Bureau of Reclamation (1964) enthalten.

2.2.3 Tosbecken mit seitlicher Aufweitung

Wie man sich leicht klar machen kann, hat eine p l ö t z l i c h e G e -
r i n n e e r w e i t e r u n g am Anfang des Tosbeckens eine ähnliche stabilisierende Wirkung wie die negative Stufe, und zwar hier hervorgerufen durch die von der Lage des Wechselsprungs abhängige Druckkraft, die von den senkrecht zur Strömungsrichtung orientierten Teilen der Wände auf das Kontrollvolumen ausgeübt werden. Über die Charakteristika der Strömung in einem Tosbecken mit seitlicher Aufweitung findet man in der Literatur widersprüchliche Information. Zu unterscheiden sind folgende Abflußzustände: (a) Bei ganz abgesenktem Unterwasser stellt sich ein durchgehend schießender Abfluß mit kreuzförmigen stehenden Wellen ein wie in Bild 2.26a dargestellt (vgl. Abschnitt 5.2.2). Bildet sich bei steigendem Unterwasser ein Wechselsprung aus, so ist dieser stabil und entspricht nahezu dem ebenen Wechselsprung gemäß Abschnitt 1.2.3, solange der Fuß dieses Wechselsprungs unterstrom des Bereichs a liegt (vgl. Bild 2.26a):

$$a \cong \frac{B-b}{3} Fr_1 \quad ; \quad Fr_1 = \frac{Q/(by_1)}{\sqrt{gy_1}} \tag{2.15}$$

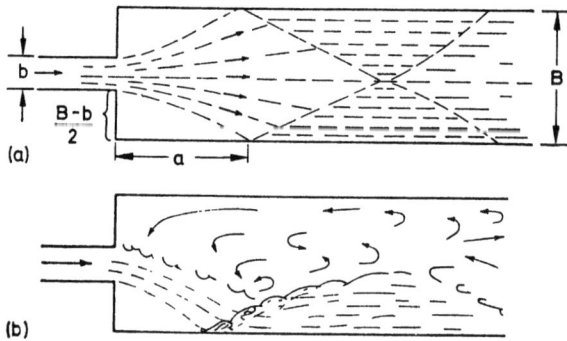

Bild 2.26   Abflußzustände bei (a) ganz abgesenktem Wasserspiegel und (b) Wechselsprungfuß im Bereich $0 < x_a < a$.

(b) Steigt das Unterwasser so weit an, daß der Abstand des Wechselsprungfußes vom Erweiterungsquerschnitt x_a kleiner ist als a, so legt sich der Schußstrahl an eine der Seitenwände an, und die Wechselsprungfront dringt auf der anderen Seite bis zur Gerinneerweiterung vor (Bild 2,26b). Wegen der hierbei auftretenden Zopfströmung mit relativ großer Geschwindigkeit sollte dieser Abflußzustand unter allen Umständen (z.B. durch Einbauten, siehe Herbrand, 1971) verhindert werden. (c) Mit weiterem Anstieg des Unterwassers wird nach einem Übergangsbereich mit pendelndem Schußstrahl der stabile "räumliche Wechselsprung" erreicht, bei dem der Wechselsprungfuß nahe der Gerinneaufweitung liegt, $x_a = 0$. Dieser räumliche Wechselsprung soll im folgenden näher beschrieben werden. (d) Nimmt die Unterwassertiefe weiter zu, so dringt der Wechselsprungfuß schließlich in die Schußrinne ein, und es bildet sich ein sogenannter "geknickter Wechselsprung" aus.

Der räumliche Wechselsprung ($x_a = 0$) hat im Vergleich zum ebenen Wechselsprung den Vorteil, daß er eine geringere konjugierte Tiefe y_2 erfordert, und den Nachteil, daß er verstärkten Wellenschlag verursacht. Die konjugierten Tiefen liegen nach Herbrand (1971) in einem Bereich, der durch die Grenzwerte für die mittlere Wassertiefe y_a im Aufweitungsquerschnitt (i) $y_a = 0$ und (ii) $y_a = y_1 Fr_1 /2$ abgesteckt wird. Die letztgenannte Beziehung wurde von Herbrand zur Berücksichtigung diverser Einflüsse eingeführt und empirisch ermittelt. Führt man die beiden Werte für y_a in die Kontinuitäts- und Impulsgleichungen ein, so folgt daraus mit $\eta = y_2/y_1$:

$$\eta^3 - \eta\left(1 + \frac{2b}{B} Fr_1^2\right) + 2\left(\frac{b}{B}\right)^2 Fr_1^2 = 0 \qquad \text{für } y_a = 0 \qquad (2.16)$$

$$\eta^3 - \eta\left[\frac{b}{B} + \frac{Fr_1^2}{4}\left(1 - \frac{b}{B}\right) + \frac{2b}{B} Fr_1^2\right] + 2\left(\frac{b}{B}\right)^2 Fr_1^2 = 0 \quad \text{für } \frac{y_a}{y_1} = \frac{Fr_1}{2} \quad (2.17)$$

oder anstelle der Gleichung (2.17) näherungsweise:

$$\frac{y_2}{y_1} \cong \sqrt{2}\, Fr_1 \left(\frac{b}{B}\right)^{3/8} - \frac{1}{2}\left(\frac{b}{B}\right)^{3/8} \qquad (2.17a)$$

Die Übereinstimmung zwischen Versuchsergebnissen (Herbrand, 1971) und den Grenzwerten für $\eta = y_2/y_1$ gemäß diesen Gleichungen ist in Bild 2.27 dargestellt. Da die Gleichung (2.17) bzw. (2.17a) größere Werte für y_2/y_1 liefert als Gleichung (2.16), empfiehlt es sich, sie der Tosbeckenbemessung zugrundezulegen. (Weitere Information zum Einfluß von plötzlichen Gerinneerweiterungen in Kombination von Schwellen findet man in Press, Schröder, 1966).

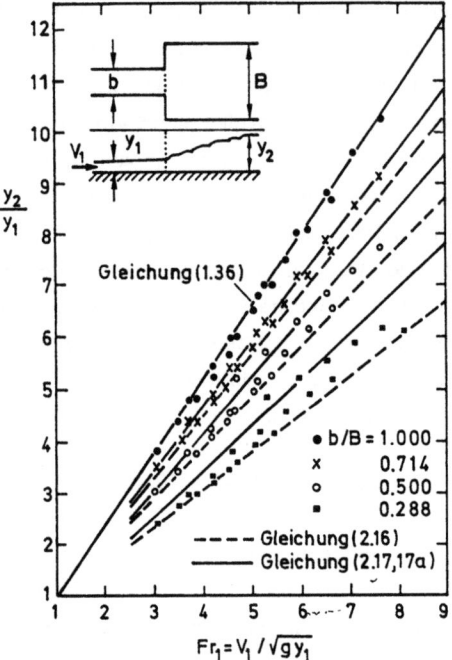

Bild 2.27 Konjugierte Tiefen bei räumlichen Tosbecken mit senkrechten Wandungen und horizontaler Sohle.(Lage des Deckwalzenfußes am Erweiterungsquerschnitt.)

Die Strömung durch eine a l l m ä h l i c h e   G e r i n n e e r w e i t e - r u n g , bei der keine Ablösung entlang der divergierenden Seitenwände stattfindet, kann wie der Ausschnitt aus einer von einem Zentrum 0 ausgehenden Radialströmung behandelt werden (Bild 2.28). Unter Annahme einer elliptischen Form des Wechselsprungprofils, die sich aus Messungen ergab, leiteten Arbhabhirama, Abella (1971) aus der Kontinuitäts- und Impulsgleichung die Beziehung her:

$$\frac{r_2}{r_1} \frac{y_2}{y_1} = \frac{1}{2}\left(\sqrt{1 + 8Fr_c^2} - 1\right) \tag{2.18}$$

mit $\quad Fr_c^2 = Fr_1^2 \frac{r_2}{r_1} + C_p$

und
$$C_p = \frac{\frac{r_2}{r_1} \eta \left(\frac{r_2}{r_1} - 1 \right) \left[\frac{r_2}{r_1} \left(\frac{\eta^2}{3} + 0{,}118\eta + 0{,}048 \right) + 0{,}5 \right]}{\frac{r_2}{r_1} \eta - 1}$$

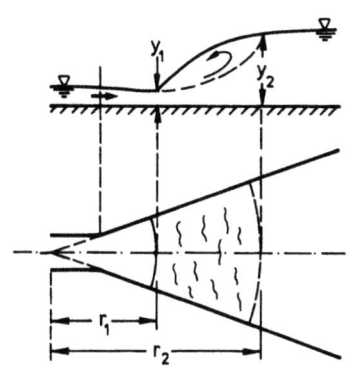

Bild 2.28 Wechselsprung in einem sich allmählich erweiternden Gerinne

Hierin ist C_p ein Beiwert, der die Druckverteilung entlang der Seitenwände berücksichtigt (verifiziert für Divergenzwinkel von 10° bis 26°) und $\eta = y_2/y_1$. Für die Länge des Wechselsprungs $L = r_2 - r_1$ im Bereich $3 < Fr_1 < 10$ geben Arbhabhirama, Abella (1971) die empirische Gleichung

$$\frac{L}{y_1} = 3{,}70 \; Fr_1^{1,35} \qquad (2.19)$$

an. Die Lage des Wechselsprungs wird iterativ bestimmt, indem für eine angenommene Position des Deckwalzenfußes r_1 und die hierzu bekannte Tiefe y_1 mit Hilfe der Gleichungen (2.18) und (2.19) das Wertepaar r_2, y_2 berechnet wird, das den vorhandenen Unterverhältnissen entspricht.

2.2.4 Tosbecken unterstrom eines geneigten Gerinnes

Schließt sich das Tosbecken, wie dies bei Überfallrücken und Schußrinnen häufig der Fall ist, an ein geneigtes Gerinne an (vgl. Bild 2.3d), so liegt eine im Prinzip ähnliche Situation bezüglich der Stabilisierung des Wechselsprungs wie bei einem Tosbecken unterstrom einer negativen Stufe vor. Wird nämlich der Wechselsprung bei ansteigendem Unterwasser ins oberwasserseitige Gerinne abgedrängt, so entsteht entlang der geneigten Sohle unter dem Wechselsprung eine zusätzliche Druckkraft in Strömungsrichtung (Bild 2.29a). Diese zusätzliche Druckkraft ist im vorliegenden Fall jedoch von der Form der Wechselsprungkontur abhängig, so daß sie nicht ohne Empirie im Impulsansatz berücksichtigt werden kann. Aus einem Ansatz von Kindsvater (1944) wurde unter Verwendung eines empirischen Faktors ψ folgende Gleichung für die konjugierten Tiefen abgeleitet - unter der Bedingung, daß der Wechselsprung am Schnittpunkt der geneigten und ebenen Sohle endet -

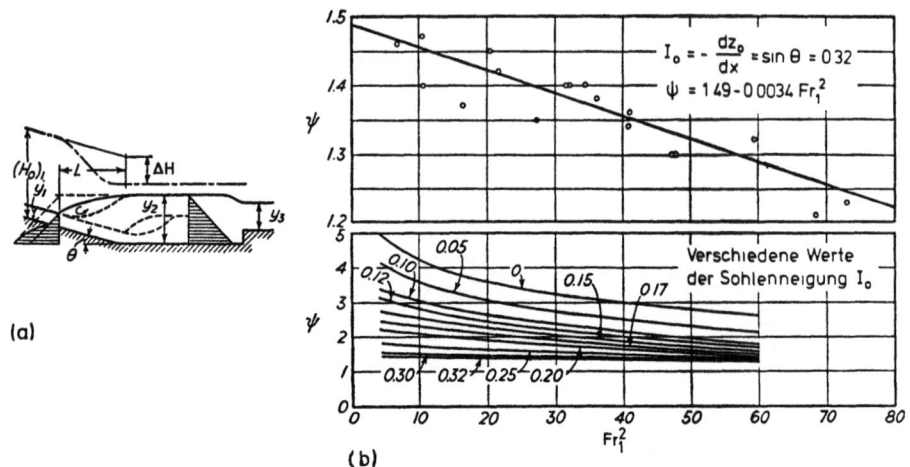

Bild 2.29   Empirischer Faktor ψ für ein Tosbecken am Ende eines geneigten
Gerinnes (Wechselsprungende = Ende des geneigten Gerinnes)
(Entn. aus Rouse "Engineering Hydraulics", 1950, m. frdl. Gen. v. John Wiley & Sons)

$$\frac{y_2}{y_1} = \frac{1}{2\cos\theta}\left[\sqrt{\frac{8Fr_1^2 \cos^3\theta}{1 - 2\psi\,tg\theta} + 1} - 1\right] \qquad (2.20)$$

Wie die in Bild 2.29b dargestellte Auswertung von Versuchen mit geneigten Gerinnen nach Hickox (Diskussion des Aufsatzes von Kindsvater, 1944) zeigt, ist der Faktor ψ zur Berücksichtigung der Wechselsprungform von der Froude-Zahl Fr_1 und der Gerinneigung $I_o = \sin\theta$ abhängig.

In Bild 2.30 sind die aus Gleichung (2.20) mit Hilfe von Bild 2.29b berechneten konjugierten Tiefen in Abhängigkeit von Fr_1 und I_o aufgetragen und können dort mit Versuchsergebnissen verschiedener Autoren verglichen werden. Man beachte, daß die Kurve für $I_o = 0$ gleichzeitig die Verhältnisse beschreibt, die sich bei der in Bild 2.29a gestrichelt eingezeichneten Wechselsprunglage ergibt. Mit anderen Worten, der y_2/y_1-Bereich zwischen dieser untersten Kurve ($I_o = 0$) und der Kurve für die gegebene Sohlenneigung I_o stellt den Bereich konjugierter Tiefen dar, innerhalb dessen die Deckwalze den Endquerschnitt des geneigten Gerinnes einschließt (d.h. nicht abwandert). Die jeweils zugehörigen Längen des Wechselsprungs sind in Bild 2.31 dargestellt.

Aus dem Verlauf der Kurve für die größte Sohlenneigung von $I_o = 0,32$ in Bild 2.30 ist ersichtlich, daß der Einfluß des Schußstrahls, der ja durch Fr_1 cha-

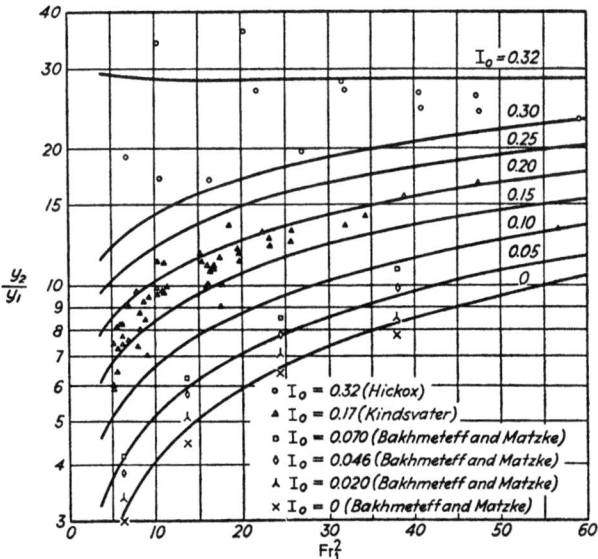

Bild 2.30 Konjugierte Tiefen bei einem Tosbecken am Ende eines Gerinnes mit konstanter Breite und der Neigung I_o (Wechselsprungende = Ende des geneigten Gerinnes) (Entn. aus Rouse "Engineering Hydraulics", 1950, m. frdl. Gen. v. John Wiley & Sons)

rakterisiert ist, auf die konjugierten Tiefen vernachlässigbar geworden ist. Mit anderen Worten, ab etwa dieser Neigung spielen die Bewegungsgrößen in der Impulsgleichung im Verhältnis zu den Druckkräften kaum mehr eine Rolle. Gleichzeitig gehen die den Wechselsprung kennzeichnenden Merkmale über in die

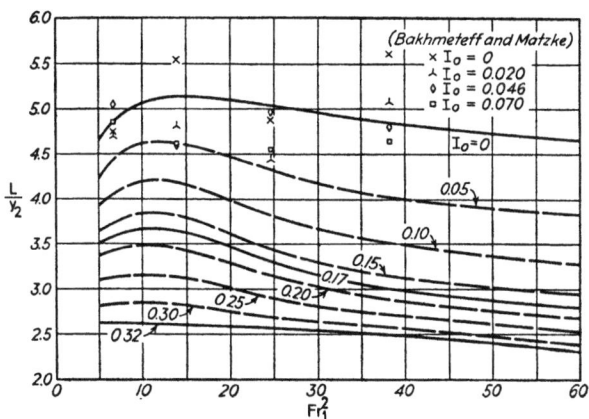

Bild 2.31 Bezogene Länge des Wechselsprungs, dessen Ende am Ende eines Gerinnes mit der Neigung I_o liegt (vgl. Bild 2.29a) (Entn. aus Rouse "Engineering Hydraulics", 1950, m. frdl Gen. v. John Wiley & Sons)

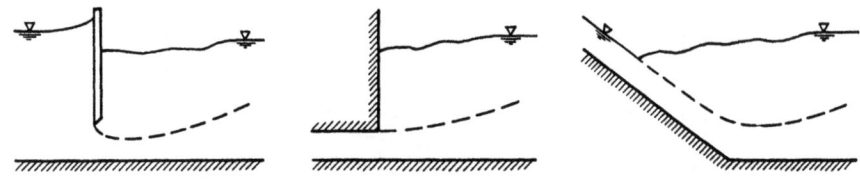

Bild 2.32   Bei großem Rückstaueffekt hat die Strömung nicht mehr Wechselsprung- sondern Strahldiffusionscharakter, d.h. die Sohlgeschwindigkeiten werden langsamer abgebaut (vgl. Bild 2.12).

Eigenschaften eines getauchten und durch turbulente Diffusion sich ausbreitenden Strahls. Wie bereits in Abschnitt 2.1.5, so muß auch hier warnend darauf aufmerksam gemacht werden, daß mit zunehmendem Strahlcharakter - also hier mit zunehmender Gerinneneigung I_o - der sich ins Unterwasser erstreckende Bereich großer Sohlgeschwindigkeiten anwächst (Bild 2.32).

Bezüglich der Anwendung der Diagramme in den Bildern 2.29 bis 2.31 ist ein weiteres Wort zur Vorsicht geboten.   In all diesen Diagrammen ist empirische Information aus Modellversuchen eingeflossen, in denen der Lufteintrag in die Deckwalze umso größere Effekte hatte, je kleiner die Sohlenneigung I_o war. Da sich dieser Lufteintrag jedoch nicht ganz dynamisch ähnlich darstellen läßt, sind hier umso größere Abweichungen zu erwarten, je größer der Übertragungsmaßstab vom Modell- zum Naturbauwerk ist. Die Diskrepanz zwischen der Deckwalzenlänge für $I_o = 0$ nach Bild 2.31 und der nach Bild 1.20 erklärt sich beispielsweise aus solchen Maßstabseffekten.

BEISPIEL 2.2

Am Ende einer Schußrinne von 3 m Breite betrage das Energieniveau für das Bemessungshochwasser Q = 24 m³/s NN + 107,5 m (Bild 2.33). Der zugehörige Unterwasserstand sei mit NN + 100 m vorgegeben. Für den Entwurf des Tosbeckens soll in einer Voruntersuchung zunächst die Breite des Beckens und der Tosbeckentyp festgelegt werden. In einem zweiten Schritt sind dann die Höhe der Tosbeckensohle und die Abmessungen des Beckens zu ermitteln.

Für die Voruntersuchung seien die Abflußverhältnisse am Beckenanfang (Querschnitt 1) mit einer spezifischen Energiehöhe bezogen auf die Flußsohle NN + 97,5 m abgeschätzt. Aus Gleichung (1.27) folgt

$$(H_o)_1 = y_1 + \frac{Q^2}{B^2 y_1^2 2g} = y_1 + \frac{24^2}{3^2 (2) 9{,}81 \, y_1^2} = 10 \text{ m}$$

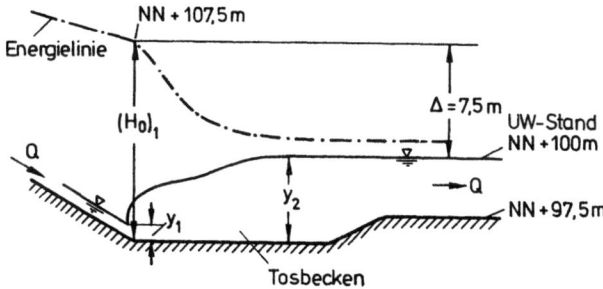

Bild 2.33   Systemskizze für ein Tosbecken

woraus sich $y_1 = 0,59$ m ergibt. Die zugehörige Geschwindigkeit ist nach Gleichung (1.3)

$$V_1 = \frac{Q}{By_1} = \frac{24}{3 \times 0,59} = 13,6 \text{ m/s}$$

und die Froude-Zahl nach Gleichung (2.4)

$$Fr_1 = \frac{V_1}{\sqrt{gy_1}} = \frac{13,6}{\sqrt{9,81 \times 0,59}} = 5,7$$

Wie am Ende des Abschnitts 1.2.3 erläutert wurde, ist nach den Studien des U.S. Bureau of Reclamation (1964) ein stationärer, voll ausgebildeter Wechselsprung bei Froude-Zahlen von 4,5 bis 9 anzustreben, d.h. man liegt bei einer Breite von 3 m bereits im günstigen Bereich. Trotzdem soll die Schußrinne in allmählichem Übergang auf 6 m vor dem Tosbecken verbreitert werden (vgl. Bild 5.28). Wird der Energieverlust in diesem Bereich zur Sicherheit vernachlässigt, so erhält man analog zur obigen Berechnung für B = 6 m

$$y_1 = 0,29 \text{ m}, \quad V_1 = 13,8 \text{ m/s} \quad \text{und} \quad Fr_1 = 8,2.$$

Hiermit wird erreicht, daß die Tosbeckensohle - entsprechend der geringeren konjugierten Wassertiefe y_2 (vgl. Bild 1.20) - nicht so tief unter der Flußsohle angeordnet werden muß.

Da die Froude-Zahl im Bereich zwischen 4,5 und 9 liegt und die Geschwindigkeit V_1 kleiner als 15 m/s ist, wird der Tosbeckentyp III gemäß USBR (1964) gewählt (Bild 2.23b).

Bei der Festlegung der Tiefe der Tosbeckensohle ist darauf zu achten, daß sich der Wasserstand am Ende des Tosbeckens bei keinem der möglichen Abflußzustände jemals höher als der zur jeweiligen Abflußmenge zugehörige Unterwasserstand einstellt. Meist ist bei dieser Untersuchung der maximale Abfluß maßgebend. Es sind aber durchaus Fälle denkbar, in denen die Unterwassertiefe diskontinuierlich mit dem Abfluß zunimmt, so daß auch andere Abflüsse getestet werden müssen. Im vorliegenden Fall sei beispielhaft nur das Bemessungshochwasser $Q = 24$ m³/s betrachtet.

Ausgangspunkt der Untersuchung ist die geometrische Beziehung

$$(H_o)_1 = \Delta + y_2$$

worin $\Delta = 7,5$ m der vorgegebene Höhenunterschied zwischen Unterwasserstand und Energieniveau am Ende der Schußrinne ist. Unter Verwendung von Gleichung (1.27) folgt daraus

$$\Delta = y_1 + \frac{Q^2}{B^2 y_1^2 2g} - y_2$$

Ersetzt man hierin y_1 durch die Gleichung für die konjugierte Wassertiefe (Gleichung 1.36)

$$y_1 = \frac{y_2}{2}\left(\sqrt{1 + 8 Fr_2^2} - 1\right)$$

so ergibt sich:

$$\Delta = \frac{y_2}{2}\left(\sqrt{1 + \frac{8Q^2}{B^2 y_2^3 g}} - 1\right) + \frac{Q^2}{B^2 \frac{y_2^2}{4}\left(\sqrt{1 + \frac{8Q^2}{B^2 y_2^3 g}} - 1\right)^2 2g} - y_2$$

Nach Einsetzen der bekannten Größen in diese Gleichung erhält man auf iterativem Wege oder unter Verwendung eines Nomogramms (U.S. Bureau of Reclamation, 1961) schließlich:

$$y_2 = 3,29 \text{ m} \cong 3,3 \text{ m}.$$

Damit kann die Oberkante der Tosbeckensohle auf NN + 100 - 3,3 = NN + 96,7 m festgelegt werden, vorausgesetzt, daß sich $Q = 24$ m³/s als der maßgebliche Abfluß herausstellt (siehe oben). Mit der Kenntnis von y_2 ist die spezifische Energiehöhe am Tosbeckenanfang festgelegt

$$(H_o)_1 = \Delta + y_2 = 7,5 + 3,3 = 10,8 \text{ m}$$

und man erhält in bekannter Weise

$$y_1 = 0,28 \text{ m}, \quad V_1 = 14,3 \text{ m/s} \quad \text{und} \quad Fr_1 = 8,6.$$

Zum Abschluß seien die Abmessungen im Tosbecken unter Verwendung von Bild 2.23c, d festgelegt. Das 6 m breite Bauwerk erhält eine Länge von $2,68 \times y_2 = 8,84 \cong 9$ m (Bild 2.23c). Für die Bemessung der Strahlteiler, Prallkörper und der Endschwellen ist in jedem Fall der größtmögliche Abfluß maßgeblich und zwar auch dann, wenn für die Festlegung der Tosbeckensohle ein kleinerer Abfluß herangezogen wurde. Nach Bild 2.23 erhalten die Strahlteiler eine Höhe von $h_1 = 0,30$ m, die Prallkörper von $h_3 = 2,1 \times y_1 = 0,59 \cong 0,60$ m und die Endschwelle von $h_4 = 1,5 \times y_1 = 0,42$ m. Die Breite und der Abstand der Prallkörper untereinander beträgt 0,45 m, der Abstand von der äußeren Wand mindestens 0,23 m. Sie werden in einer Reihe im Abstand von $0,8 \times y_2 = 2,64$ m vom Tosbeckenanfang angeordnet. Die Prallkörper selbst sind nach U.S. Bureau of Reclamation (1969) für eine Kraft

$$F = 2\gamma A_B (H_o)_1$$

zu bemessen. A_B ist die angeströmte Prallkörperfläche, und die Zahl 2 stellt einen Widerstandsbeiwert dar (vgl. Gleichung 2.12).

BEISPIEL 2.3

Zur Erläuterung der Bemessung eines Trog-Tosbeckens entsprechend Bild 2.14 sei hier lediglich ein Abflußzustand mit Q = 700 m³/s exemplarisch behandelt. (Für die tatsächliche Bemessung eines solchen Tosbeckens wäre es erforderlich, die folgende Berechnung für alle vorkommenden Abflußverhältnisse durchzuführen.) Die Breite der Schußrinne und des Trog-Tosbeckens sei mit B = 20 m festgelegt. Bei dem gegebenen Abfluß Q stellt sich der Unterwasserstand bei NN + 1000 m und das Energieniveau am Ende der Schußrinne nach einer Berechnung gemäß Kapitel 6 bei NN + 1026 m ein.

Die Geschwindigkeitshöhe des ins Tosbecken eintretenden Strahles beträgt, in der Höhe des Unterwasserstands, 26 m. Daraus folgt

$$V_1 = \sqrt{2g \times 26} = 22{,}6 \text{ m/s} \quad ; \quad y_1 = \frac{Q}{BV_1} = \frac{700}{20 \times 22{,}6} = 1{,}55 \text{ m}$$

und die Froude-Zahl errechnet sich zu

$$Fr_1 = \frac{V_1}{\sqrt{gy_1}} = \frac{22{,}6}{\sqrt{9{,}81 \times 1{,}55}} = 5{,}8 \; .$$

Damit kann die für das Tosbecken wichtigste Kenngröße, der Radius R der Mulde, bestimmt werden. Aus Bild 2.16a erhält man

$$\left(\frac{R}{y_1 + V_1^2/2g} \right)_{min} = 0{,}29$$

woraus sich der minimale Radius zu

$$R_{min} = (1{,}55 + \frac{22{,}6^2}{2 \times 9{,}81}) \times 0{,}29 = 8{,}0 \text{ m}$$

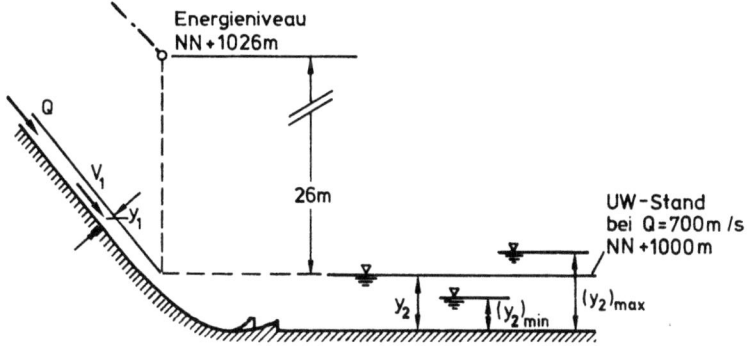

Bild 2.34   Systemskizze für ein Trog-Tosbecken

ergibt. Im folgenden soll davon ausgegangen werden, daß die Untersuchung verschiedenster Abflußverhältnisse schließlich die Wahl eines Radius von

$$R = 10 \text{ m}$$

nahelegt. Damit ist

$$\frac{R}{y_1 + V_1^2/2g} = \frac{10}{1,55 + 22,6/(2 \times 9,81)} = 0,36$$

und man erhält die minimal bzw. maximal zulässige Unterwassertiefe aus Bild 2.16b bzw. c zu

$$\left(\frac{y_2}{y_1}\right)_{min} = 9,0 \quad , \quad (y_2)_{min} = 13,95 \text{ m}$$

$$\left(\frac{y_2}{y_1}\right)_{max} = 18,5 \quad , \quad (y_2)_{max} = 18,68 \text{ m}$$

vorausgesetzt, daß die Unterwassersohle um $0,05 R = 0,5$ m tiefer liegt als die Abschlußkante des Trog-Tosbeckens.

In analoger Weise müßten nun die minimalen und maximalen y_2-Werte auch für andere Abflußverhältnisse ermittelt werden. Die Sohlenhöhe des Troges wird danach so festgelegt, daß die jeweils maßgeblichen Unterwassertiefen innerhalb des Bereichs der extremalen Wassertiefen für y_2 liegen. Damit wäre dann nach den umfangreichen Untersuchungen des U.S. Bureau of Reclamation (1961) sichergestellt, daß das Tosbecken das unterwasserseitige Flußbett bei allen Abflußzuständen ausreichend schützt (vgl. Bild 2.15). Für die im Beispiel vorgegebenen Abfluß- und Unterwasserverhältnisse würde z.B. eine Höhe von NN + 985 m für den tiefsten Punkt der Tosbeckenmulde den Anforderungen genügen, da mit $y_2 = 15$ m die Unterwassertiefe innerhalb der oben ermittelten Grenzwerte liegt.

2.3 Wechselsprung und Luftbeimengung

2.3.1 Einfluß der Vorbelüftung auf den Wechselsprung

Wie in Abschnitt 6.3.2 noch auszuführen sein wird, kommt es bei längeren Schußrinnen zu einer Selbstbelüftung des Abflusses (vgl. Bild 6.3). Für die Bemessung eines Tosbeckens am Ende einer solchen Schußrinne ist deshalb die Frage zu klären, welchen Einfluß die eingetragene Luft auf den Wechselsprung und die darin stattfindende Energiedissipation hat.

Durch Luftbeimengung wird die Wassertiefe einer Gerinneströmung von y_W (der sogenannten Klarwassertiefe) auf y_{WL} (Tiefe des Wasserluftgemisches - entspricht y_{90} in Abschnitt 6.3.2) vergrößert. Da das spezifische Gewicht der Luft γ_L vernachlässigt werden kann, bleibt der Sohlendruck dennoch gleich (vgl.

Herbrand, 1969), $p_s = \gamma_W y_W$. Die Druckverteilung über die Tiefe läßt sich mittels der örtlichen Luftkonzentration c bzw. des örtlichen spezifischen Gewichtes des Wasserluftgemisches γ_{WL} und der Eulergleichung wie folgt angeben (vgl. Bild 2.35):

$$\frac{dp}{dz} = -\gamma_{WL} = -(1-c)\gamma_W \tag{2.21}$$

$$p = \gamma_W y_W - \gamma_W \int_0^z (1-c)\, dz = \gamma_W [\, y_W - z(1-\bar{c})\,] \tag{2.22}$$

wobei $\bar{c} = \int c\, dz / y_{WL}$ die über die Tiefe gemittelte Luftkonzentration ist. Aus der Randbedingung $p = 0$ für $z = y_{WL}$ folgt aus Gleichung (2.22):

$$y_W = (1 - \bar{c})\, y_{WL} \tag{2.23}$$

Berücksichtigt man, daß die Wassergeschwindigkeit (im Mittel V_W) durch die Luftbeimengung kaum verändert wird, so läßt sich mit Gleichung (2.22) für den Wasserabfluß pro Breiteneinheit $q = y_W V_W$ die Stützkraft S_o nach Gleichung (1.33) wie folgt anschreiben:

$$S_o = \frac{\gamma_W}{2(1-\bar{c})} y_W^{\,2} + \rho_W q\, \beta^* V_W \tag{2.24}$$

wobei nach Wood (1987) β^* geringfügig von $\bar{c}$ abhängt (vgl. Gleichung 7.37 und Bild 7.17b). Sowohl die Druckkraft P in einem Querschnitt als auch die Stützkraft S_o wird also durch Luftbeimengung größer.

Die Auswirkung dieses Sachverhalts auf das Verhältnis $\eta = y_{W_2}/y_{W_1}$ der konjugierten Tiefen des Wechselsprungs wurde von Herbrand (1969) untersucht. Mit $\beta^* \approx 1$ ergibt sich aus der Kontinuitäts- und Impulsgleichung:

$$\eta^3 - \eta\left[\frac{1-\bar{c}_2}{1-\bar{c}_1} + 2\,\text{Fr}_1^{\,2}(1-\bar{c}_2)\right] + 2\,\text{Fr}_1^{\,2}(1-\bar{c}_2) = 0 \tag{2.25}$$

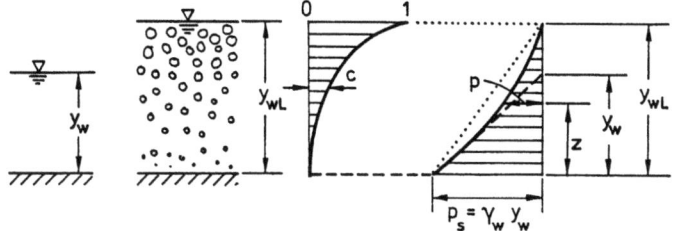

Bild 2.35 Verteilung der Luftkonzentration c und des Druckes p über die Tiefe in einem Wasserluftgemisch (vgl. Bild 6.28)

mit $Fr_1 = V_{W_1}/\sqrt{gy_{W_1}}$. Hieraus lassen sich folgende Sonderfälle ableiten:

(a) Gleiche mittlere Luftkonzentration am Anfang und Ende des Wechselsprungs ($\bar{c}_1 = \bar{c}_2 > 0$)

$$\eta = \frac{y_{W_2}}{y_{W_1}} = \frac{1}{2}\left[\sqrt{(1 - \bar{c}_1)\,8\,Fr_1^2 - 1} - 1\right] \tag{2.26}$$

(b) Belüfteter Eingangsstrahl, luftfreier Endquerschnitt ($\bar{c}_1 > 0$, $\bar{c}_2 = 0$)

$$2\,Fr_1^2 = \frac{\eta^3 - \eta(1 - \bar{c}_1)^{-1}}{\eta - 1} \tag{2.27}$$

Vergleicht man diese Ergebnisse mit Gleichung (1.36), so stellt man fest, daß sich im Fall (a) Tiefenverhältnisse ergeben, die günstiger sind als bei einem unbelüfteten Abfluß. Günstiger besagt, daß zur Bildung eines stabilen Wechselsprungs für eine vorgegebene Klarwassertiefe y_{W_1} des Schußstrahls eine kleinere Unterwassertiefe y_{W_2} erforderlich ist als im Normalfall. Im Fall (b) ergibt sich eine geringe Veränderung zur ungünstigen Seite hin, das heißt, hier wird η geringfügig größer als für den normalen Wechselsprung. Herbrand (1969) konnte jedoch zeigen, daß die Abweichungen selbst bei größeren Luftkonzentrationen ($\bar{c}_{1max} = 0{,}7$) trotz der anders scheinenden Aussagen von Rajaratnam (1967) vernachlässigbar klein sind.

Da nun im strömenden Bereich unterstrom des Wechselsprungs die beigemengte Luft nach relativ kurzer Strecke entweicht (vgl. Abschnitt 2.3.2), kommt Fall (b) der Realität näher. Untersuchungen für praktisch relevante Fälle (Herbrand, 1969) haben erwiesen, daß Luftbeimengungen zur Bestimmung der konjugierten Tiefen nicht berücksichtigt zu werden brauchen. Starker Lufteintrag erfordert lediglich konstruktive Maßnahmen wegen der höher gelegenen Oberfläche des Wasserluftgemisches im Tosbecken (Gleichung 2.23).

2.3.2 Luft- und Sauerstoffeintrag im Wechselsprung

Auch ohne Vorbelüftung kommt es zu Lufteintrag in einem Wechselsprung, und zwar in einem Bereich, der typisch das in Bild 2.36 wiedergegebene Aussehen hat. Mit anderen Worten, das Wasserluftgemisch erstreckt sich ins Unterwasser bis auf einige Entfernung vom nominalen Ende des Wechselsprungs. Dies führt dazu, daß die Tiefe y_2^* größer ist als die vom Unterwasser kontrollierte Tiefe y_2 (vgl. Gleichung 2.23).

Aus den Laboruntersuchungen des Lufteintrags im Wechselsprung (Rajaratnam,

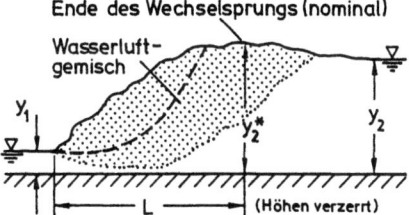

Bild 2.36 Typischer Lufteintrag in einem Wechselsprung nach Rajaratnam

1962; Schröder, 1963; Leutheusser et al., 1972, 1973; siehe auch Rao, Kobus, 1975; sowie Haindl, 1984) geht übereinstimmend hervor, daß die tiefengemittelte Luftkonzentration $\bar{c}$ kurz unterstrom des Wechselsprungfußes ein Maximum erreicht und danach stetig abnimmt. Ein Großteil der am Fuße des Wechselsprungs eingetragenen Luft entweicht bereits im Bereich der Deckwalze, und nicht weit entfernt vom nominalen Ende des Wechselsprungs ist der Abfluß wieder luftfrei.

Bild 2.37 zeigt zwei typische Verteilungen der Luftkonzentration ϕ gemäß Leutheusser et al. (1973), die wie folgt definiert wurde: $\phi = t_L/(t_L + t_W)$ mit t_L = Meßzeit, während der sich die verwendete Meßsonde in Luft befand, und t_W = die Meßzeit in Wasser. Man erkennt deutliche Unterschiede je nach Anströmverhältnissen - ähnlich wie in Bild 1.21b.

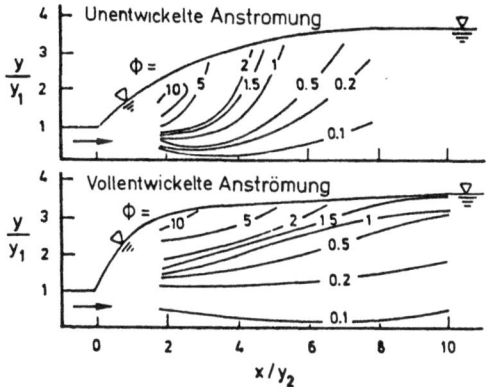

Bild 2.37 Verteilung der Luftkonzentration ϕ (void ratio, %) in einem Wechselsprung mit $Fr_1 = 2,85$

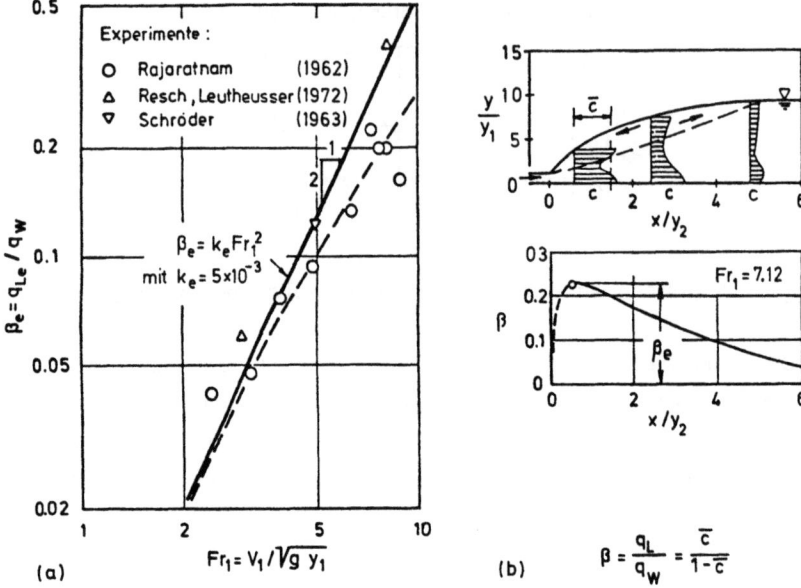

Bild 2.38   Lufteintrag in einem Wechselsprung

Sieht man einmal von diesem Einfluß der Anströmverhältnisse ab, so sollte die pro Breiten- und Zeiteinheit maximal eingetragene Luftmenge q_{Le} für den hier betrachteten Fall lediglich von folgenden Größen abhängen (vgl. Rao, Kobus, 1975 und Renner, 1974):

$$q_{Le} = f(V_1, \rho_w, \gamma_w) \tag{2.28}$$

Mit $\gamma_w/\rho_w = g$ folgt aus einer Dimensionsanalyse hieraus

$$\frac{q_{Le}}{V_1^3/g} = \text{const} \tag{2.29}$$

oder, nach Substitution von $q_w = V_1 y_1$ und $Fr_1 = V_1/\sqrt{gy_1}$,

$$\frac{q_{Le}}{q_w} \equiv \beta_e = k_e Fr_1^2 \tag{2.30}$$

wobei k_e = const. Tatsächlich wird die Gültigkeit dieser Beziehung, wie Bild

2.38a zeigt, durch die von Renner ausgeweiteten Meßergebnisse von Resch, Leutheusser (1972) bestätigt. Nach den Untersuchungen an einer Modellfamilie von Renner (1974) läßt dies darauf schließen, daß Gleichung (2.30) mit $k_e = 5 \times 10^{-3} \pm 20\%$ (Bild 2.38a) auf Naturverhältnisse übertragbar ist.

Die relativ großen Luftmengen, die in einem Wechselsprung eingetragen werden können (Bild 2.38a), lassen darauf schließen, daß jeder Abfluß mit Wechselsprung zur Sauerstoffanreicherung führt. Tatsächlich tragen mehrere Begleiterscheinungen - so etwa die Erzeugung sehr kleiner Luftblasen und deren Transport in Bereiche hohen Druckes - dazu bei, daß durch einen Wechselsprung Sauerstoff besonders wirkungsvoll eingetragen wird (Leutheusser, 1973; Hanisch, Kobus, 1980; Johnson, 1984). Der Sauerstoffeintrag wird üblicherweise durch das Defizitverhältnis $r = (C_s - C_1)/(C_s - C_2)$ angegeben, wobei C die Konzentration des gelösten Sauerstoffs ist, und zwar C_s bei Sättigung (also 100%), C_1 im Bereich oberstrom und C_2 im Bereich unterstrom des Wechselsprungs. Nach Untersuchungen von Avery, Novak (1978) in einer 10 cm breiten Versuchsrinne ergab sich für den Bereich $2 < Fr_1 < 9$, $12\,700 < Re < 70\,700$, $10\% < C_1 < 70\%$ und $14°C < T < 18°C$ die folgende Beziehung:

$$r_{15°C} \equiv \left[\frac{C_s - C_1}{C_s - C_2} \right]_{T=15°C} \cong 1 + k_1 \left(\frac{\Delta H}{y_1} \right)^{0,8} Re^{0,75} \qquad (2.31)$$

Hierin ist $r_{15°C}$ das auf die Temperatur $T = 15°C$ bezogene Defizitverhältnis, ΔH der Energiehöhenverlust im Wechselsprung (Gleichung 1.38), $Re = q/\nu$ die Reynoldszahl und $q = y_1 V_1$ der Wasserabfluß pro Breiteneinheit. Der Koeffizient k_1 ist, wie aus der Auftragung der Versuchsergebnisse in Bild 2.39 zu ersehen ist, abhängig vom Salzgehalt des Wassers bzw. - allgemein ausgedrückt - von der Einwirkung oberflächenaktiver Stoffe. Wie Bild 2.39 zeigt, wächst der Sauerstoffeintrag mit zunehmender Salzkonzentration, was auf eine Reduktion der mittleren Blasengröße d_b mit wachsendem Salzgehalt zurückgeht (vgl. Tabelle in Bild 2.39). Nähert man die Abhängigkeit der Größe $\Delta H/y_1$ von der Froude-Zahl $Fr_1 = V_1/\sqrt{gy_1}$ innerhalb des untersuchten Bereichs durch eine Potentialfunktion an, so folgt aus Gleichung (2.31)

$$r_{15°C} - 1 \cong k_2 \, Fr_1^{2,1} Re^{0,75} . \qquad (2.32)$$

Das heißt, auch für $r - 1$ ergibt sich eine Abhängigkeit von der Froude-Zahl ähnlich wie für den Belüftungsbeiwert β (Gleichung 2.30).

Es braucht hier wohl nicht besonders betont zu werden, daß die Exponenten in

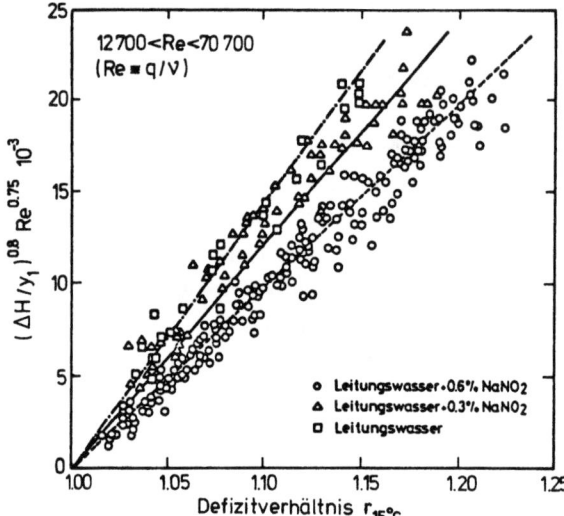

Bild 2.39 Sauerstoffeintrag in einem Wechselsprung nach Avery, Novak (1978), gemessen am Defizitverhältnis r

den Gleichungen (2.31, 32) genau genommen nur innerhalb des Untersuchungsbereichs gelten. Insbesondere wäre anzuzweifeln, daß r - 1 auch für sehr große Reynolds-Zahlen Re >> 10^5 proportional $Re^{0,75}$ anwächst, statt möglicherweise von Re unabhängig zu werden.

Der Sauerstoffeintrag im Wechselsprung ist solange von Vorteil hinsichtlich der Wasserqualität, als das in den Wechselsprung eintretende Wasser sauerstoffarm ist ($C_1 \ll C_s$). Ist das Wasser schon sauerstoffgesättigt, dann führt die Selbstbelüftung im Wechselsprung durch das Eintragen von Mikrobläschen zu einer S a u e r s t o f f ü b e r s ä t t i g u n g ($C_2 > C_s$), die vor allem dann große Schäden verursachen kann, wenn turbulenter Massenaustausch im Unterwasser nicht zu einem raschen Abbau dieser Übersättigung führt. Besonders gefährdet sind deshalb turbulenzarme Gewässer unterstrom von Tosbecken, die von sauerstoffgesättigtem Wasser beaufschlagt werden.

Sauerstoffübersättigung tötet Insekten sowie Klein- und Flußkrebse (Nebeker et al, 1976), vor allem aber Fische, bei denen sie die sogenannte Gasblasenkrankheit hervorruft (Nebeker, Brett, 1976; Weitkamp, Katz, 1973). Bild 2.40 zeigt typische Ergebnisse von Versuchen zur Bestimmung der tödlichen Konzentrationsgrenzwerte für den Wasserfloh Daphnia magna, der ein ähnliches Über-

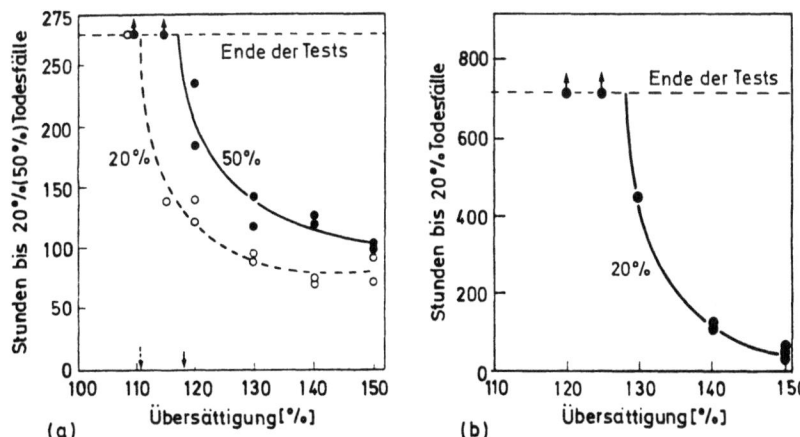

Bild 2.40   Tödliche Konzentrationsgrenzwerte für Sauerstoffübersättigung bei (a) Daphnia magna und (b) Pacifastacus leniusculus

lebensverhalten wie Forellen zeigt, sowie für den Flußkrebs Pacifastacus leniusculus (Nebeker et al., 1976). Die Sauerstoffübersättigung, bei der 50% der Daphnia-Population starb, lag in diesen Versuchen bei 118%, während die Übersättigung, bei der weniger als 20% getötet wurden - ein Wert, der dem zulässigen Grenzwert nahe sein dürfte - etwa 111% betrug. Für die untersuchten Flußkrebse lag der letztere Grenzwert nahe 130%. Die Sauerstoffübersättigung sollte nach dieser Untersuchung 110% möglichst nicht überschreiten.

Unter den konstruktiven Maßnahmen zur Vermeidung gefährlicher Sauerstoffübersättigung unterstrom von Schußrinnen mit Endtosbecken haben sich Deflektoren unmittelbar vor dem Tosbecken als besonders vorteilhaft erwiesen (Johnson, 1976; Pickering, Murray, 1979). Mit Hilfe von Modellversuchen sind solche Deflektoren so auszubilden und zu dimensionieren, daß sie kleinere, bezüglich der Kolkbildung ungefährliche Abflußmengen an die Wasseroberfläche leiten, während sie oberhalb einer kritischen Abflußmenge einfach umströmt werden. Das heißt, bei Überschreiten der kritischen Abflußmenge sollte am Deflektor ein getauchter Strahl entstehen, so daß der schießende Abfluß normal ins Tosbecken eintritt und die Energiedissipation voll wirksam wird.

3. BEMESSUNG VON KONTROLLBAUWERKEN

3.1 Kontrollbauwerke und Abfluß: Anmerkungen zur Koeffizientenhydraulik

Bis vor einer Generation waren Ingenieure gezwungen, hydraulische Berechnungen weitgehend auf empirische Kenntnisse zu stützen. Es mußten Formeln verwendet werden, die auf der Grundlage von Messungen und stark vereinfachten theoretischen Betrachtungen entwickelt worden waren, obwohl diese oft nicht nur im Widerspruch zu physikalischen Gesetzen standen, sondern häufig nicht einmal dimensionshomogen waren. Mit den fortschreitenden Erkenntnissen wurden mehr und mehr Beiwerte oder Koeffizienten eingeführt, um die Abweichungen der berechneten von den gemessenen Werten zu korrigieren, und zwar selbst dort, wo die Diskrepanz durch den physikalisch falschen Aufbau der Formeln bedingt war. Angesichts der Wirklichkeitsferne der klassischen Hydrodynamik jener Tage ist es nicht verwunderlich, daß die Ingenieure den Fortschritten der Wissenschaft damals sehr skeptisch gegenüber standen. Und so entwickelte sich eine verhängnisvolle Spaltung zwischen dem praktisch tätigen Ingenieur und dem nach idealisierten Theorien suchenden Wissenschaftler, die bis in unsere Tage hineinwirkt.

Inzwischen aber ist es Ingenieurwissenschaftlern gelungen, durch Abwendung von der Theorie der idealen Fluide und Ausrichtung ihrer Forschung auf die Belange der Praxis einerseits und durch eine neue Methodik des wechselseitigen Einsatzes von Theorie und Experiment andererseits diesen Antagonismus abzubauen. Damit wurden zunächst große praktische Erfolge auf dem Gebiet der Aeronautik möglich. Aber auch im Wasserbau hat man erkannt, daß der praktische Ingenieur gut daran tut, seine empirischen Formeln durch rationalere Methoden der Strömungsforschung zu ersetzen. Dieser Wandel ist einer Anzahl von Ingenieurwissenschaftlern zu verdanken, in erster Linie aber Hunter Rouse, auf dessen Schriften deshalb in diesem Buch in besonderem Maße Bezug genommen wird.

Es gibt kaum einen Bereich der Technischen Hydraulik, in dem überholte Formeln so reichlich in der Literatur (selbst in der modernen!) zu finden sind, wie den Bereich "Ausfluß- und Abflußsteuerung". Tatsächlich kommen wir gerade in diesem Bereich auch heute noch nicht ohne Beiwerte oder Koeffizienten aus. Dennoch gibt es eine wichtige Unterscheidung zwischen den heute gebräuchlichen Beiwerten - etwa dem Abflußbeiwert C_q - und den Koeffizienten oder "Korrektur"-Beiwerten der empirischen Formeln, und wir können durch Umstellung auf die neue Darstellungsweise nur gewinnen. Selbst wenn uns nicht mehr als die Be-

freiung von dem Ballast der zahlreichen Pseudoableitungen gelänge, wäre das
schon ein großer Gewinn.

Es soll für die Zwecke dieser Abhandlung ausreichen, die Bedeutung der gebräuchlichen Abflußbeiwerte kurz auf der Grundlage der jedermann geläufigen Energie- oder Bernoulli-Gleichung zu zeigen. Für einen beliebigen Punkt in einer Strömung und einen Referenzpunkt (mit Index o gekennzeichnet) lautet diese unter den in Abschnitt 1.1.3 genannten Annahmen a, b, c (vgl. Gleichung 1.9):

$$z + \frac{p}{\gamma} + \frac{v^2}{2g} = z_o + \frac{p_o}{\gamma} + \frac{v_o^2}{2g} \qquad (3.1)$$

oder nach Einführung der piezometrischen Höhe $h = z + p/\gamma$ und nach Umstellung

$$\frac{h - h_o}{v_o^2/2g} = 1 - \left(\frac{v}{v_o}\right)^2 \qquad (3.2)$$

wobei gemäß der Kontinuitätsgleichung (1.1)

$$\frac{v}{v_o} = \frac{dA_o}{dA} \qquad (3.3)$$

das Geschwindigkeitsverhältnis v/v_o lediglich von der Geometrie des Stromlinienbilds abhängt, da ja dA_o/dA mit dieser Geometrie fixiert ist. Das aber bedeutet, daß auch die linke Seite von Gleichung (3.2) nur eine Funktion der Stromliniengeometrie ist,

$$\frac{h - h_o}{v_o^2/2g} = \frac{\Delta h}{v_o^2/2g} = \text{Fkt}[\text{Stromliniengeometrie}] \qquad (3.4)$$

bzw. eine Funktion von jenen Parametern, die die Stromliniengeometrie beeinflussen. Man braucht nicht viel über Strömungsmechanik zu wissen, um einzusehen, daß zu diesen Parametern vor allem Längenverhältnisse und Winkel gehören, welche die g e o m e t r i s c h e n   R a n d b e d i n g u n g e n der betrachteten Strömung beschreiben. (Hierzu gehören z.B. für die in Bild 3.1 dargestellte Strömung die Größen b/B und θ; genau genommen gehört aber für den Fall rauher Strömungsberandung auch k/B dazu, wenn k eine typische Rauhigkeitserhebung bezeichnet, sowie geometrische Parameter, welche die Anströmungsbedingungen beschreiben). Bei Strömungen mit freier Oberfläche gehören darüberhinaus d i e   R a n d b e d i n g u n g e n   e n t l a n g   d e r   f r e i e n   O b e r f l ä c h e dazu (etwa die Größe des Luftdrucks, der ja nicht zwingend an jeder Stelle dem Atmosphärendruck gleich sein muß). Und schließlich gehören Strömungsparameter wie Froude-Zahl Fr, Reynolds-Zahl Re, Weber-Zahl We, Kavitationszahl Ka dazu, je nachdem welche der mit diesen Parametern berücksichtigten Kräftearten bzw. Fluideigenschaften die Strömungsgeometrie beeinflussen. Das heißt:

$$\frac{\Delta h}{v_o^2/2g} = \text{Fkt [Randgeometrie und Randrauheit,} \qquad (3.5)$$
Anströmungsbedingungen,
Randbedingung entlang der freien Oberflächen,
Fr, Re, We, Ka, u.a.]

(Vgl. hierzu Abhandlungen über Dimensionsanalyse, z.B. Rouse, 1961, Kobus, 1974 oder Naudascher, 1984. Durch Einbeziehung der Strömungsparameter in die Untersuchung der Abhängigkeit nach Gleichung 3.5 lassen sich übrigens die einschränkenden Annahmen, die bei der Ableitung der Gleichung 3.2 getroffen wurden, überwinden.)

Durch die eingeführten Strömungsparameter werden folgende Einflüsse berücksichtigt:

$Fr = \dfrac{v_o}{\sqrt{gL}}$, Einfluß der Schwere auf den Verlauf der freien Oberflächen der Strömung, der natürlich entfällt, wenn die zu untersuchende Strömung keine freien Oberflächen aufweist ($g = \gamma/\rho$ = Erdbeschleunigung, L = eine die Strömungsberandung charakterisierende Länge).

$Re = \dfrac{v_o L}{\nu}$, Einfluß der Zähigkeit, der sich vor allem in der Form von Strömungsablösungen und Energieverlusten bemerkbar macht ($\nu = \mu/\rho$ = kinematische Zähigkeit),

$We = \dfrac{v_o}{\sqrt{\sigma/\rho L}}$, Einfluß der Kapillarität, die bei Strömungen mit stark gekrümmten freien Oberflächen eine Rolle spielt (σ = Oberflächenspannung),

$Ka = \dfrac{p_o - p_v}{\rho v_o^2/2}$, Einfluß des Dampfdrucks, der sich durch die Ausbildung von Kavitation oder dampfgefüllten Zonen auf den Stromlinienverlauf und die Druckverteilung auswirken kann (p_v = Dampfdruck, p_o = Referenzdruck).

Bei allen diesen Parametern oder Kennzahlen kann gezeigt werden, daß der jeweilige Einfluß umgekehrt proportional zum Zahlenwert wächst und bei größer werdenden Zahlenwerten verschwindet. Hinsichtlich der Froude-Zahl Fr wäre noch hinzuzufügen, daß es Strömungen mit freier Oberfläche gibt, bei denen die Stromliniengeometrie - und damit die Größe $\Delta h/(v_o^2/2g)$ - selbst dann unbeeinflußt von der Schwere bleibt, wenn Fr kleine Zahlenwerte annimmt. Diese Strömungen zeichnen sich dadurch aus, daß $\Delta h/(v_o^2/2g)$ nicht unabhängig von Fr verändert werden kann; d.h. die Froude-Zahl ist hier keine unabhängige Variable mehr und kann deshalb auf der rechten Seite der Gleichung (3.5) gestrichen werden. Alle in den folgenden Abschnitten zu diskutierenden Strömungen haben diese Eigenschaft, so daß hier Froude-Einflüsse nicht zu erwarten sind. Es ist diese Eigenschaft und die Tatsache, daß unter bestimmten Bedingungen auch der Einfluß der anderen Strömungsparameter vernachlässigbar klein ist, der die zu behandelnden Bauwerke zu K o n t r o l l b a u w e r k e n macht: d.h. zu Bauwerken, mit denen bei vorgegebenem Δh der Abfluß pro Breiteneinheit $q = v_o L$ oder bei vorgegebenem Abfluß q die Größe Δh festgelegt ist.

Die vorausgehenden Aussagen lassen sich nun verallgemeinern. Sie sind nicht auf Größen von der Form $\Delta h/(v_o^2/2g)$ beschränkt (Gleichung 3.5), sondern lassen sich unmittelbar auf den sogenannten A b f l u ß b e i w e r t

$$C_q \equiv \frac{q}{L\sqrt{2g\Delta h}} \qquad (3.6)$$

übertragen, der sich ja durch Potenzierung des reziproken Werts $v_o^2/(2g\Delta h)$ mit dem Exponenten 1/2 und durch Erweiterung mit L ergibt. Man kann also anstelle der Gleichung (3.5) auch schreiben:

C_q = Fkt [- Randgeometrie und Rauheit des Randes, (3.7)
- Anströmbedingungen,
- Randbedingung entlang der freien Oberflächen (bei Abweichungen von atmosphärischen Bedingungen),
- Fr (bei Strömungen mit freien Oberflächen, wenn der Fr-Wert klein ist, es sei denn Fr ist nicht unabhängig von C_q veränderlich),
- Re (bei kleinen Re-Werten und wenn Energieverluste oder Ablösungen eine Rolle spielen),
- We (bei kleinen We-Zahlen, wenn starke Oberflächenkrümmungen vorkommen),
- Ka (bei Ka < Ka_{cr}, wobei Ka_{cr} den Ka-Wert für Kavitationsbeginn darstellt), u.a.]

oder für Kontrollbauwerke im oben definierten Sinn, d.h. sofern der Einfluß der diversen Strömungsparameter verschwindend klein ist und auch Rauheit und Anströmbedingungen vernachlässigbaren Einfluß haben:

$$C_q = \text{Fkt [Randgeometrie, Randbedingung entlang der freien Oberflächen]} \tag{3.8}$$

Nach diesen dimensionsanalytischen Vorüberlegungen geht es nunmehr um die Ermittlung des funktionellen Zusammenhangs nach Gleichungen (3.7) oder (3.8), und es ist im Grunde genommen gleichgültig, ob man hierbei analytisch oder experimentell vorgeht. Da die analytische Bestimmung bis auf wenige sehr einfach gelagerte Sonderfälle nicht oder nicht ohne unverhältnismäßig großen Aufwand zum Ziel führt, ist der Ingenieur auf experimentelle Untersuchungen angewiesen. Sofern diese auf dimensionsanalytischen Ansätzen wie den oben gezeigten basieren und nicht - wie bisher üblich - auf die empirische Ermittlung dimensionsbehafteter Größen, hat man jedoch die Sicherheit, daß solche Untersuchungen allgemeingültige Resultate liefern. Gleichgültig, wie groß etwa die Zahlenwerte von q, L und Δh bei der Bestimmung des Abflußbeiwerts $C_q = q/L(\sqrt{2g\Delta h})$ gewählt werden: da es nach den vorausgehenden Überlegungen nur auf die dimensionslose Kombination dieser Größen ankommt, sowie auf die dimensionslosen Parameter der Gleichungen (3.7) oder (3.8), von denen C_q abhängt, deshalb kann die so ermittelte funktionale Anhängigkeit auf beliebige Größen von q, L und Δh übertragen werden.

Diese Schlußfolgerung zeigt deutlich, weshalb der funktionale Zusammenhang nach Gleichung (3.7) oder (3.8) vorteilhafterweise in dimensionslosen Diagrammen unter Verwendung der in diesen Gleichungen vorkommenden Parameter dargestellt werden sollte: Es erübrigt sich so die meist sehr komplizierte Umrechnung vom Modellversuch auf die Naturausführung oder, anders ausgedrückt, man erhält so allgemeingültige Ergebnisse. Außerdem erklären sich auf diese Weise die häufig zitierten, mysteriösen " M a ß s t a b s e f f e k t e ": Sofern sich in einer Untersuchung der Beziehung nach Gleichung (3.8) in Laborversuchen bei Verwendung unterschiedlicher Maßstäbe unterschiedliche Ergebnisse einstellen, so liegt dies offensichtlich daran, daß der Einfluß eines oder mehrerer der in Gleichung (3.7) aufgeführten Parameter bei diesen Versuchen n i c h t vernachlässigbar war, wie man angenommen hatte.

Funktionale Zusammenhänge von der Art der Gleichung (3.7) kann man auch für andere wichtige Strömungscharakteristika aufstellen - beispielsweise für die im Kapitel 4 behandelten Verlustbeiwerte. Als Anwendungsbeispiel sei jedoch nachfolgend der Abflußbeiwert C_q für den Ausfluß aus einer blenden- oder schlitzförmigen Öffnung einer vertikalen Wand am Ende eines sehr breiten Stollens der Höhe B behandelt. Wie man sich anhand der Skizze in Bild 3.1 leicht

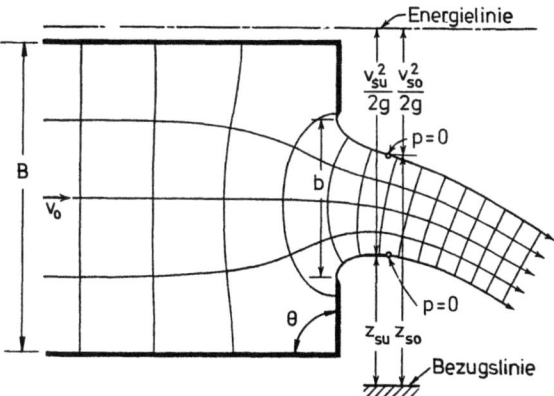

Bild 3.1 Ausfluß aus einer düsen- bzw. schlitzförmigen Öffnung (ideale
Strömungsverhältnisse) (Entn. aus Rouse "Engineering Hydraulics", 1950, m.
frdl. Gen. v. John Wiley & Sons)

klarmachen kann, hat hier die Froude-Zahl $Fr = v_o/\sqrt{gb}$ ganz offensichtlich einen Einfluß auf das Stromlinienbild insofern, als für kleiner werdende Fr-Werte die Energielinie immer tiefer rückt und damit die Unterschiede in den Geschwindigkeiten am oberen (v_{so}) und unteren Rand (v_{su}) des Abflußstrahls immer größer werden. Verbunden mit diesen Geschwindigkeitsunterschieden ist eine Krümmung des Ausflußstrahls und damit der mittleren Stromlinie. Wird die Froude-Zahl sehr groß ($Fr \to \infty$), so verläuft die Energielinie sehr hoch über der Stollendecke, und es verschwinden sowohl die Unterschiede zwischen v_{so} und v_{su} als auch die Krümmung des Ausflußstrahls. Nur in diesem letzteren Fall also kann genau genommen die Abhängigkeit des Abflußbeiwerts C_q von Fr vernachlässigt werden.

Ähnliche Überlegungen müßten hinsichtlich der anderen Parameter in Gleichung (3.7) angestellt werden, um die Bedingungen zu ergründen, unter denen schließlich nur noch die g e o m e t r i s c h e n Parameter einen Einfluß auf C_q ausüben. Man erhält für diese Sonderfälle eine Beziehung

$$C_q \equiv \frac{q}{b\sqrt{2g\Delta h}} = C_q \left(\frac{b}{B}, \theta\right) \tag{3.9}$$

die, wie von Mises (1917) zeigte, mittels der Potentialtheorie mit sehr guter Genauigkeit bestimmt werden kann, wenn man mit Hilfe der Kontinuitäts- und der Energiegleichung die Beziehung zwischen C_q und dem E i n s c h n ü -
r u n g s b e i w e r t C_c einführt:

$$C_q = \frac{C_c}{\sqrt{1 - C_c^2 (a/A)^2}} \quad \text{mit} \quad C_c = C_c \left(\frac{b}{B}, \theta\right) \tag{3.10}$$

Hierin ist $C_c = b_s/b$; $a/A = b/B$ ist das Flächenverhältnis; und b_s ist die Breite des eingeschnürten Strahls, dessen Achse gemäß der Voraussetzung Fr → ∞ krümmungsfrei verläuft. Die Abhängigkeiten für C_q und C_c gemäß den Gleichungen (3.9) und (3.10) sind in Bild 3.2 dargestellt. (Während C_c auch für den Austritt aus runden Düsen gilt, ist C_q auf schlitzförmige Düsen beschränkt. Für runde, axialsymmetrische Düsen müßte $Q = C_q a \sqrt{2g\Delta h}$ und $a/A = b^2/B^2$ in Gleichungen 3.9 und 3.10 eingeführt werden.)

Die Randbedingung entlang des Strahlrandes für diesen Fall mit geradliniger Strahlachse, die für den Verlauf der Randstromlinie sehr wichtig ist, lautet v = const, da wegen Fr → ∞ (und der damit unendlich hoch gelegenen Energielinie) die in Zusammenhang mit Bild 3.1 erläuterten Unterschiede in den Geschwindigkeiten verschwindend klein werden. Diese gleiche Randbedingung v = const stellt sich auch beim sogenannten g e t a u c h t e n S t r a h l ein, d.h. für den Fall, daß der Fluidstrahl (z.B. Gas- oder Flüssigkeitsstrahl) in gleichartiges Fluid (z.B. Gas oder Flüssigkeit gleicher Dichte) austritt. Gemäß den Gleichungen (3.7) bzw. (3.8) kann somit erwartet werden,

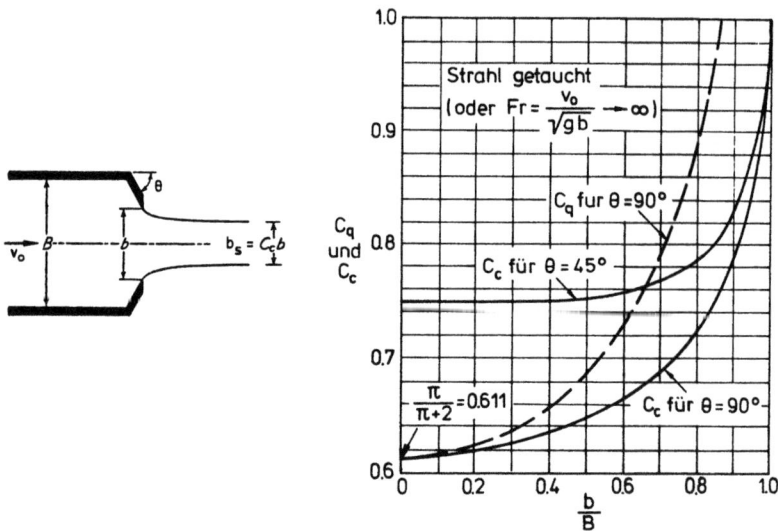

Bild 3.2 Abfluß- und Einschnürungsbeiwerte für den Ausfluß aus einer schlitzförmigen Öffnung gemäß von Mises (1917) (Entn. aus Rouse "Engineering Hydraulics", 1950, m. frdl Gen. v. John Wiley & Sons)

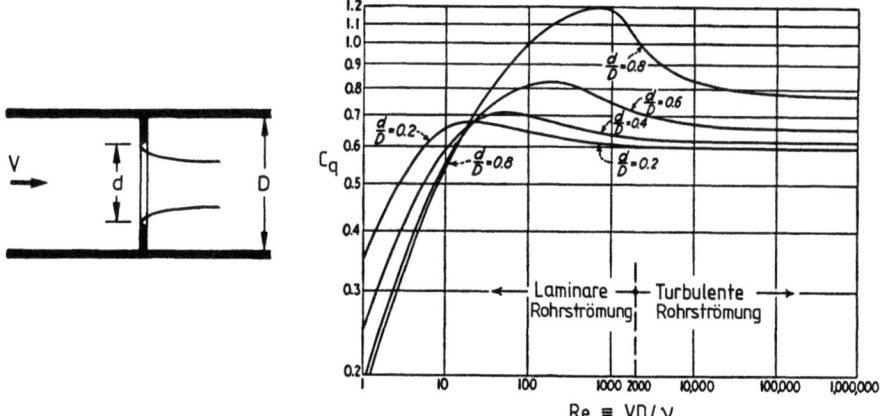

Bild 3.3   Abflußbeiwert für eine Blende in einem geraden, glatten Rohr in Abhängigkeit von der Reynolds-Zahl (Entn. aus Rouse "Fluid Mechanics for Hydraulic Engineers", 1961, m. frdl. Gen v. Dover Publications)

daß C_q für Strahlen mit $Fr \to \infty$ und für getauchte Strahlen identisch sind. (Genaugenommen gilt dieses nur unter der Voraussetzung, daß man von den Veränderungen der Randbedingungen entlang des Strahlrands, die beim getauchten Strahl durch die Turbulenzentwicklung und die umgebende Walzenströmung verursacht werden (vgl. Bild 2.12), absehen kann. Im Fall des getauchten Flüssigkeitsstrahls wäre außerdem zu fordern, daß das umgebende Flüssigkeitspolster einen horizontalen - also keinen gewellten - Wasserspiegel aufweist, da sonst durch die stehende Welle ein zusätzlicher Froude-Einfluß entsteht.)

Nach Gleichung (3.7) ist zu erwarten, daß die in Bild 3.2 für ideale Strömungsverhältnisse (Potentialströmung) abgeleiteten Daten nicht ohne weiteres auf jede reale Strömung anwendbar sind. So zeigt beispielsweise Bild 3.3, daß die Reynolds-Zahl für Werte von $VD/\nu < 10^4$ tatsächlich einen Einfluß auf den Abflußbeiwert $C_q \equiv Q/a\sqrt{2g\Delta h}$ hat ($a = \pi d^2/4$). Die Anströmbedingung entspricht hier der ausgebildeten Strömung in einem geraden glatten Rohr.

Ersetzt man die axiale Ebene des Strahls in Bild 3.2 durch eine ebene Sohle, so erhält man die in Bild 3.4 dargestellten Strömungen. Selbst bei k l e i - n e n Froude-Zahlen bzw. relativ tief gelegenen Energielinien (Bild 3.4a) ist die Froude-Zahl hier kein unabhängiger Parameter mehr. Allerdings ist jetzt die R a n d b e d i n g u n g entlang des freien Strahles eine andere als für den Fall $Fr \to \infty$, nämlich p = const statt v = const. Wie sich herausstel-

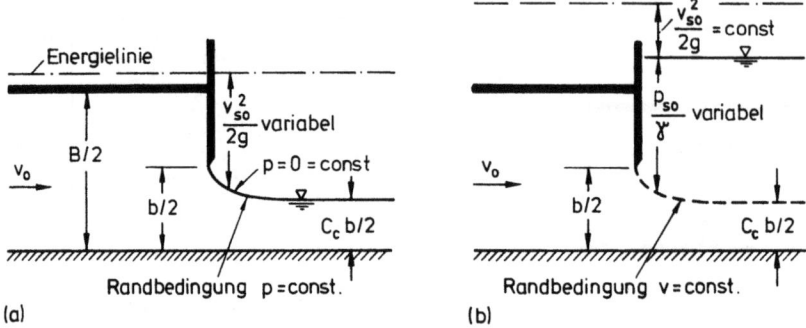

Bild 3.4 Randbedingung entlang der Strahloberfläche unterstrom einer düsenförmigen Öffnung (a) für den freien Strahl bei kleiner Froude-Zahl und (b) für den getauchten Strahl

len wird, hat diese veränderte Randbedingung in einem bestimmten Bereich kleiner Froude-Zahlen sehr wohl einen Einfluß auf C_q bzw. C_c (einen Einfluß, der, obwohl er von der Randbedingung entlang der freien Oberfläche herrührt, mit Hilfe der Froude-Zahl beschrieben werden kann, vgl. Bild 3.5).

3.2 Unterströmte Bauwerke

3.2.1 Tiefschütze

Der Abfluß unter Schützen kann entweder f r e i oder r ü c k g e s t a u t erfolgen. Der freie Abfluß ist gekennzeichnet durch einen belüfteten Strahl unterstrom des Schützes mit der Randbedingung p = const (vgl. Bild 3.4a). Wie bereits beschrieben, führt diese Randbedingung zu einer Abhängigkeit des Einschnürungsbeiwerts C_c von der Froude-Zahl, die nur selten beachtet wird, obwohl die entsprechende Variation von C_q, wie Bild 3.5 zeigt, beträchtlich sein kann. Erst bei größeren Froude-Zahlen $Fr \equiv V_c/\sqrt{gC_c s} > 10$ wird C_c unabhängig von Fr und nimmt Werte an, die der Randbedingung entlang des Strahlrandes v = const (vgl. Bild 3.4b) entspricht - einer Randbedingung, die sowohl den Fall des getauchten Strahls als auch den Fall des freien Strahls mit $Fr \to \infty$ charakterisiert. Bei Tiefschützen ist die Froude-Zahl meist sehr viel größer als 10, so daß hier der Einfluß der Schwere (bzw. von Fr) nicht beachtet zu werden braucht. Die Daten in Bild 3.5 stammen aus einer potentialtheoretischen Untersuchung (Rouvé, Khader, 1969) und sind deshalb frei von Zähigkeitseinflüssen. In Bezug auf diese Einflüsse entsprechen sie deshalb den

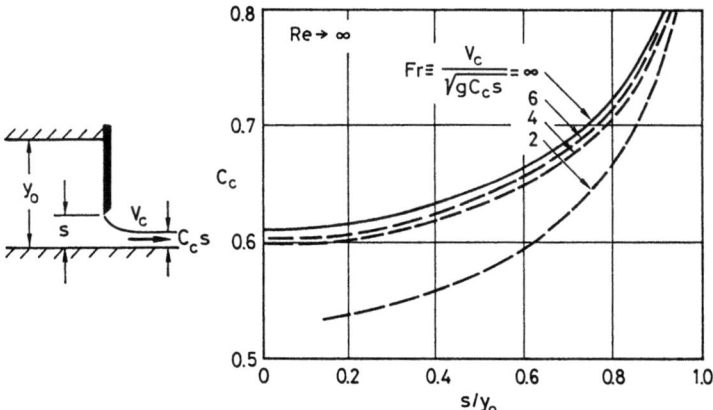

Bild 3.5 Einschnürungsbeiwert C_c in Abhängigkeit von der Froude-Zahl für ein scharfkantiges Stollenschütz auf horizontaler Sohle bei freiem Abfluß (ideale Strömungsverhältnisse)

Verhältnissen in der Naturausführung, für die meist sehr große Reynolds-Zahlen vorliegen (Re → ∞).

Die Abflußberechnung kann nun entweder mit einem Abflußbeiwert C_q oder mit dem Einschnürungsbeiwert C_c durchgeführt werden. Unter Verwendung des letzteren erhält man

$$q = C_c s V_c = C_c s \sqrt{2g(H - H_e - C_c s - \Delta p/\gamma)} \quad (3.11)$$

für den freien Abfluß und

$$q = C_c s V_c = C_c s \sqrt{2g(H - H_e - h)} \quad (3.12)$$

für den rückgestauten Abfluß. Hierbei bedeutet H die Energie- oder Stauhöhe, H_e die Energiehöhenverluste oberstrom des Schützes, Δp die Differenz zwischen dem Druck über dem freien Strahlrand und dem Atmosphärendruck, die von den Belüftungsverhältnissen abhängt, und h die piezometrische Höhe im Querschnitt des eingeschnürten Strahls (Bild 3.6).

Faßt man die Energieverluste oberstrom des Tiefschützes mit einem einzigen Verlustbeiwert ζ_e zusammen

$$H_e = \zeta_e \frac{V_o^2}{2g} \quad (3.13)$$

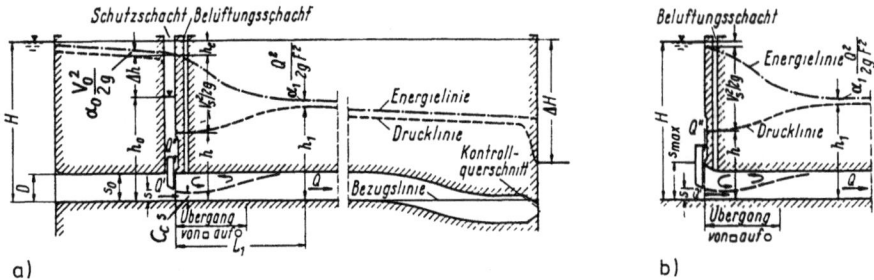

Bild 3.6 Schematische Darstellung (a) eines Stollenschützes und (b) eines Einlaufschützes bei jeweils rückgestautem Abfluß.

und führt zwei Beiwerte C und C_o in der Form

$$V_c = C\sqrt{2g\Delta H} \quad \text{und} \quad Q_{max} = C_o A\sqrt{2g\Delta H} \tag{3.14}$$

ein, so erhält man mit Hilfe der Kontinuitäts-, der Energie- und der Impulsgleichung (Naudascher, 1964) eine Lösung für die Abflußmenge $Q = C_c sbC\sqrt{2g\Delta H}$, die in ihrer einfachsten Form in Bild 3.7 graphisch dargestellt wurde. Hierin ist A die Querschnittsfläche des Stollens und b die Breite der Schützöffnung. Da C_o meist vorgegeben ist, erlaubt Bild 3.7 zusammen mit Bild 3.8 eine Abschätzung der Abflußmenge in Abhängigkeit von der Schützstellung. Genauere Vorhersagemethoden können dem Beitrag von Naudascher (1964) entnommen werden. Man beachte, daß die strichpunktierten Kurven dem freien Abfluß und die durchgezogenen Kurven dem rückgestauten Abfluß entsprechen. Welche der Kurven für gegebene Verhältnisse von ζ_e, C_o und $\Delta H/H$ maßgebend sind, folgt aus der Bedingung, daß V_c (und damit C) bei rückgestautem Abfluß stets kleiner ist als bei freiem Abfluß.

Die Abhängigkeit des Einschnürungsbeiwerts C_c von der Geometrie des Tiefschützes wurde in Windkanalversuchen (Naudascher, Kobus, Rao, 1964) bestimmt, in denen darauf geachtet wurde, daß die Reynolds-Zahl groß genug ist ($dV_c/\nu > 10^5$), um eine Übertragbarkeit der Ergebnisse auf Naturverhältnisse zu gewährleisten (vgl. Abschnitt 3.2.2.3). Die wichtigsten Ergebnisse dieser Untersuchung sind in Bild 3.8 zusammengestellt.

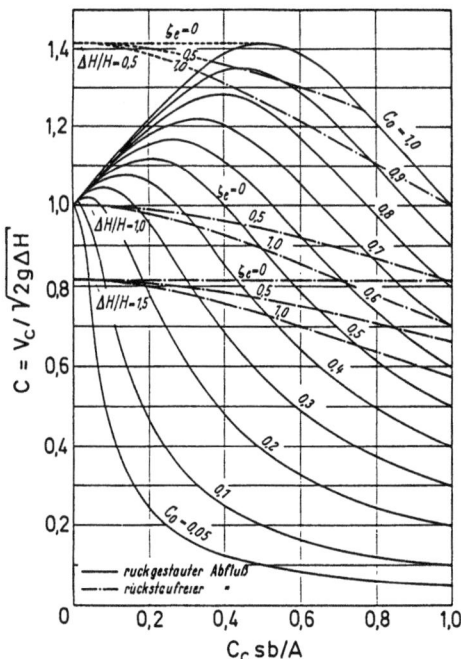

Bild 3.7 Abhängigkeit des Beiwerts C von der relativen Schützöffnung

Von besonderer Bedeutung hinsichtlich der Abflußberechnung bei Tiefschützen ist die Tatsache, daß die eindimensionale Strömungsanalyse für sehr große Spaltweiten $s/y_o \to 1,0$ ungültig wird. Der Grund dafür liegt darin, daß in diesem Bereich die Einflüsse der Stromlinienkrümmung unterstrom des Schützes und der Geschwindigkeitsverteilung oberstrom nicht mehr vernachlässigt werden können (vgl. Bild 3.9). Nach Naudascher et al. (1986) empfiehlt es sich, die Strömungsverhältnisse für diesen Fall (Bild 3.9) in Anlehnung an die Umströmung einer mehr oder weniger schräg gestellten "Platte" der Höhe y in einer Wandgrenzschicht der Dicke δ zu be-

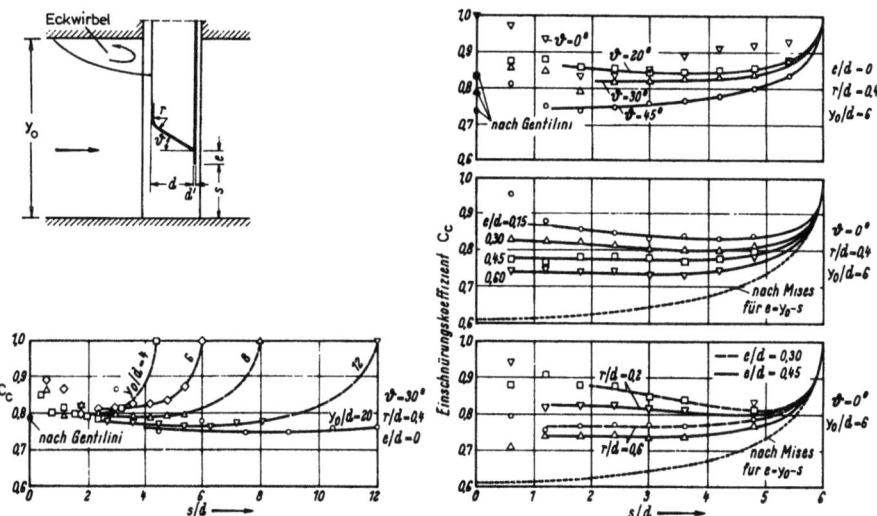

Bild 3.8 Einschnürungsbeiwert C_c für rückgestauten Abfluß in Abhängigkeit von der Geometrie des Tiefschützes (Re $\equiv dV_c/\nu > 10^5$)

handeln: Wenn y/δ so klein ist, daß das Schütz ganz innerhalb der "Wandgesetz-Zone" der Wandgrenzschicht liegt, dann lassen sich die zu berechnenden Größen ΔH und Δh in Abhängigkeit von einem einzigen Grenzschichtparameter beschreiben. Für den Fall einer glatten Stollendecke lautet dieser Parameter yv_*/ν, und man erhält

$$\frac{\Delta H}{v_*^2/2g} \; , \; \frac{\Delta h}{v_*^2/2g} \; \cong \; f_{1,2} \, (\, \frac{yv_*}{\nu} \, , \, \text{Schützgeometrie}) \quad (3.15)$$

Hierin bedeutet $v_* = \sqrt{\tau_o/\rho}$ die Schubspannungsgeschwindigkeit, die für den Fall der voll entwickelten Stollenströmung ($\delta = y_o/2$) durch den Widerstandsbeiwert λ nach Darcy-Weisbach (Gleichung 5.7) ausgedrückt werden kann:

$$\frac{v_*}{v_o} = \sqrt{\frac{\lambda}{8}} \quad \text{mit} \quad \frac{1}{\sqrt{\lambda}} = 2 \log_{10} \frac{2y_o v_o}{\nu} \sqrt{\lambda} - 0{,}96 \quad (3.16)$$

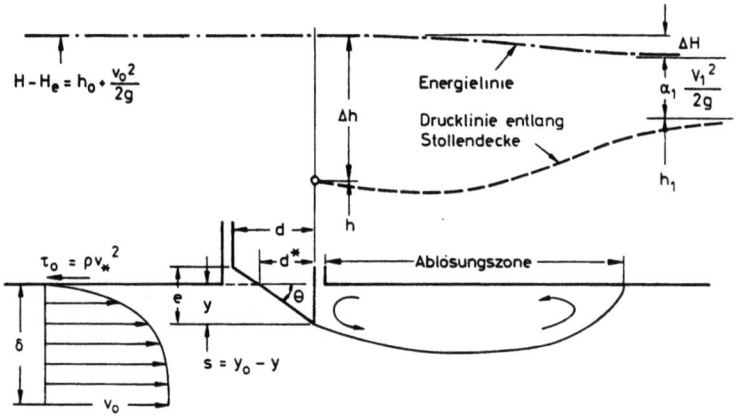

Bild 3.9   Schemaskizze der Strömungsverhältnisse für extrem große Spaltweiten ($s/y_o \to 1{,}0$)

Berücksichtigt man nun, daß die Energieverlusthöhe ΔH der auf diese "Platte" wirkenden Widerstandskraft F_D über die Energiegleichung zugeordnet ist

$$\gamma Q \Delta H = F_D v_o \quad (3.17)$$

dann läßt sich nach Substitution von $Q = v_o b y_o$ und der Definitionsgleichung

$$C_D = \frac{F_D/by}{\rho v_o^2/2} = \left(\frac{v_*}{v_o}\right)^2 C_D^* \quad (3.18)$$

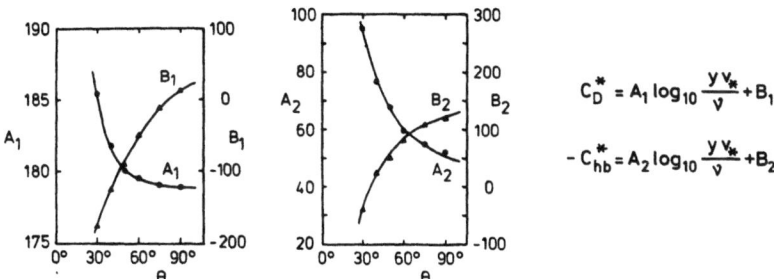

Bild 3.10 Empirische Daten für die Beiwerte C_D^* und C_{hb}^*, gültig für $y/\delta < 0,7$.

der örtliche Verlustbeiwert wie folgt beschreiben

$$\frac{\Delta H}{v_o^2/2g} = C_D \frac{y}{y_o} = C_D^* \left(\frac{v_*}{v_o}\right)^2 \frac{y}{y_o} \tag{3.19}$$

Die gleichfalls wichtige Größe Δh läßt sich mit dem Beiwert für die piezometrische Höhe h unterstrom der "Platte"

$$C_{hb} = \frac{h - h_o}{v_o^2/2g} = \left(\frac{v_*}{v_o}\right)^2 C_{hb}^* \tag{3.20}$$

verknüpfen in der Form

$$\frac{\Delta h}{v_o^2/2g} = 1 - C_{hb} = 1 - \left(\frac{v_*}{v_o}\right)^2 C_{hb}^* \tag{3.21}$$

Für die Beiwerte C_D^* und C_{hb}^* aber lassen sich, sofern man von der Störung der zweidimensionalen Anströmverhältnisse bei kleinen Breiten-Höhen-Verhältnissen b/y_o absieht, mit guter Näherung die in Bild 3.10 dargestellten Ergebnisse von Sakomoto et al.(1975, 1977) heranziehen.

3.2.2 Freispiegelschütze mit freiem Abfluß

3.2.2.1 Das unterströmte Schütz. Vergleicht man das Stromlinienbild für ein unterströmtes Schütz (Bild 3.11) mit dem der durchströmten düsenförmigen Öffnung (Bild 3.1) für Fr → ∞ (Strahlachse geradlinig), so ergibt sich eine weitgehende Übereinstimmung mit im wesentlichen nur drei Unterschieden. Erstens ist beim Schütz die Randbedingung entlang des freien Strahlrandes anders als bei der Düse; zweitens ist der obere feste Strömungsrand vor dem Schütz durch eine freie Oberfläche ersetzt; und drittens tritt anstelle der Axialebe-

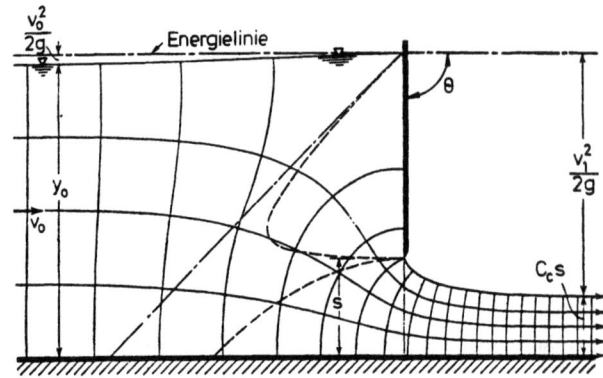

Bild 3.11 Freier Abfluß unter einem Schütz und Druckverteilung im Ausflußquerschnitt (ideale Strömungsverhältnisse) (Entn. aus Rouse "Engineering Hydraulics", 1950, m. frdl. Gen. v. John Wiley & Sons)

ne eine feste Sohle. Während die Konsequenzen des erstgenannten Unterschieds bereits im Zusammenhang mit Bild 3.5 diskutiert wurden, bewirkt der zweitgenannte eine eindeutige Zuordnung von relativer Schützöffnung s/y_o und Froude-Zahl Fr. Mit anderen Worten, die Froude-Zahl ist nun keine unabhängige Variable mehr, so daß der Einschnürungsbeiwert C_c eindeutig von s/y_o abhängt, sofern man ideale Strömungsverhältnisse voraussetzt, d.h. insbesondere sofern man den Einfluß der Sohle vernachlässigt (Bild 3.12).

In Bild 3.12 wurde der Abflußbeiwert C_q wie folgt definiert

$$C_q = \frac{q}{s\sqrt{2g\ y_o}} \quad \text{mit} \quad q = \frac{Q}{b} \qquad (3.22)$$

Das heißt, in die Definitionsgleichung (3.6) wurde für Δh die Wassertiefe y_o und für L die Spalthöhe s eingesetzt. Selbstverständlich hätte für Δh auch die Differenz der Wasserspiegel $(y_o - C_c s)$ oder der Abstand von der Energiehöhe $(y_o + v_o^2/2g - C_c s)$ eingesetzt werden können, und man findet diese anderen Definitionen auch tatsächlich in der Literatur. In jedem Fall aber, dieses ist wichtig zu erkennen, ergibt sich eine eindeutige funktionale Beziehung gemäß Gleichung (3.7), und nur die Zahlenwerte für C_q variieren vom einen Fall zum anderen. Wichtig für die Anwendung dieser Größen ist also nur die konsequente Verwendung der zu den C_q-Diagrammen jeweils gehörenden Definitionen.

Wie noch näher auszuführen sein wird (vgl. Abschnitt 3.2.2.2), kommen die in Bild 3.12 zugrundegelegten idealen Strömungsbedingungen den Verhältnissen für

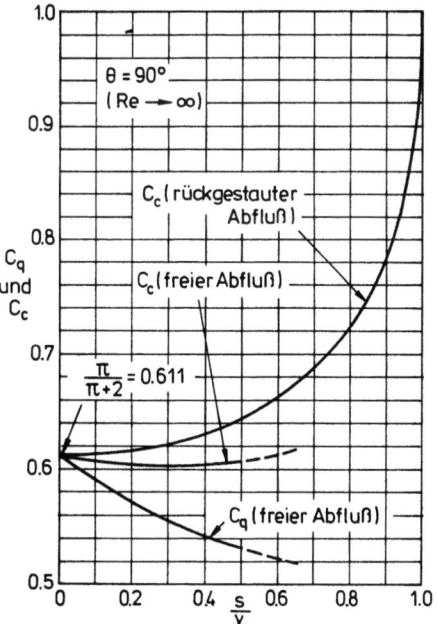

Bild 3.12 Abfluß- und Einschnürungsbeiwert für das unterströmte Schütz (ideale Strömungsverhältnisse)
(Entn. aus Rouse "Engineering Hydraulics", 1950, m. frdl. Gen. v. John Wiley & Sons)

die meisten Fälle der Praxis interessanterweise sehr nahe. Nur bei Untersuchungen im Modell kann zum Beispiel der Einfluß der Reynolds-Zahl, der sich besonders entlang der Sohle auswirkt, nicht vernachlässigt werden. Ohne Berücksichtigung dieses Einflusses erhält man aus Energie- und Kontinuitätsgleichung (3.25, 3.26) die Beziehung

$$C_q = \frac{C_c}{\sqrt{1 + C_c s/y_o}} \qquad (3.23)$$

und aus Gleichung (3.7) für den Fall des freien Abflusses (Randbedingung entlang der freien Oberfläche: Atmosphärendruck)

$$C_q = C_q\left(\frac{s}{y_o}, \theta\right) \text{ und}$$

$$C_c = C_c\left(\frac{s}{y_o}, \theta\right) \qquad (3.24)$$

Diese funktionale Abhängigkeit von C_c wurde für $\theta = 90°$ erstmals von Pajer (1937) analytisch ermittelt. Wie die Auftragung Pajers Ergebnisse in Bild 3.12 zeigt, kann hiernach C_c über einen größeren Bereich von s/y_o-Werten als nahezu konstant ($C_c \cong 0{,}61$) angenommen werden. Interessant ist ein Vergleich dieser Werte mit denen von v. Mises aus Bild 3.2, die gemäß den Ausführungen in Abschnitt 3.1 als gute Näherung für den Fall des rückgestauten Abflusses verwendet werden dürfen (mit Ausnahme kleiner Rückstauhöhen, bei denen der Wasserspiegel über der Vena contracta gewellt verläuft).

Wie Bild 3.12 weiter zeigt, ist der Abflußbeiwert C_q für $s/y_o = 0$ gleich dem C_c-Wert von 0,611 und nimmt mit wachsendem s/y_o ab. Der Grenzwert $s/y_o = 1$ entspricht dem Abfluß bei völlig gezogenem Schütz. Wie aus Bild 1.14 ersichtlich, geht hier der Schütz-Abfluß wegen der Bedingung der Rückstaufreiheit über in den Abfluß mit Grenztiefe $y_o = y_{gr} = 2(v_o^2/2g)$. Der entsprechende Abflußbeiwert ergibt sich hier zu 0,707. Im Bereich größerer Werte von s/y_o nahe diesem Grenzwert ist der Schütz-Abfluß extrem instabil. Dieser Bereich ist deshalb von geringer praktischer Bedeutung.

Voraussetzungsgemäß gelten die in Bild 3.12 dargestellten Ergebnisse nur für zweidimensional-ebene Abflußvorgänge, d.h. für große Gerinnebreiten b >> s. Bei kleineren Gerinnebreiten wird der Abfluß vermehrt durch ein Geschwindigkeitsdefizit nahe dem Oberwasserspiegel und dem dadurch verursachten Eckwirbel (vgl. Bild 3.13) sowie durch die in den Ecken zwischen Seitenwänden und Schütz sich bildenden Wirbelzöpfe gestört, was natürlich auch auf den Abflußbeiwert einen geringen Einfluß ausübt (Naudascher, 1984; siehe auch Bild 1.4). Zusätzliche Störungen können durch Schütznischen entstehen.

3.2.2.2 <u>Einfluß der Reynolds-Zahl</u>. Obwohl der Einfluß der Reynolds-Zahl auf C_q bzw. C_c in den meisten Fällen der Ingenieurpraxis wegen Re $\to \infty$ vernachlässigbar ist, sei er wegen seiner Bedeutung für die Ermittlung solcher Beiwerte in Modellversuchen hier kurz diskutiert. Da solche Versuche meist nach dem Froudeschen Modellgesetz durchgeführt werden, d.h. bei gleicher Froude-Zahl Fr wie in der Natur, ist die Reynolds-Zahl im Modell Re_M wesentlich kleiner als in der Natur. Bei einem Modellmaßstab von 1 : 25 beispielsweise wäre $Re_M = Re_N/125$. Das aber bedeutet, daß Zähigkeitseffekte im Modell eine größere Rolle spielen als in der Natur.

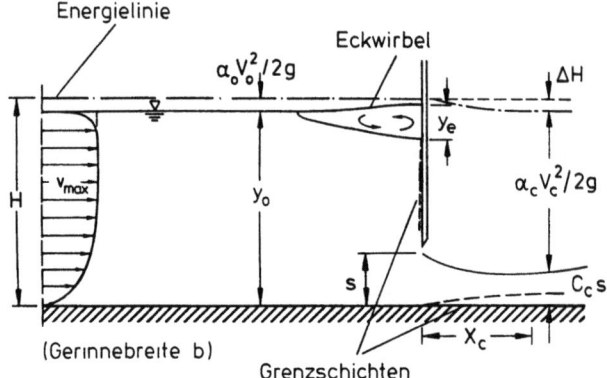

<u>Bild 3.13</u>   Skizze zur Diskussion der Reynolds-Zahl-Einflüsse

Neben den bereits erwähnten Veränderungen in den Anströmbedingungen (ungleichmäßige Geschwindigkeitsverteilung, Eckwirbelbildung) verursacht die Zähigkeit einen Energiehöhenverlust ΔH zwischen Oberwasser und Vena contracta sowie ein leichtes Anwachsen der Wassertiefe im freien Strahl infolge der Grenzschichtentwicklung (Bild 3.13). Gemäß den Definitionen in Bild 3.13 lautet die Energiegleichung

$$y_o + \alpha_o \frac{V_o^2}{2g} = C_c s + \alpha_c \frac{V_c^2}{2g} + \Delta H \qquad (3.25)$$

und man erhält für die mittlere Geschwindigkeit in der Vena contracta

$$V_c = \frac{1}{\sqrt{\alpha_c}} \sqrt{2g(y_o - C_c s - \Delta H) + \alpha_o V_o^2}$$

Der Abfluß pro Breiteneinheit q ist nach der Kontinuitätsgleichung

$$q = Q/b = y_o V_o = C_c s V_c \quad \text{mit} \quad C_c = C_c\left(\frac{s}{y_o}, \theta, \text{Re}\right) \qquad (3.26)$$

Zur Abschätzung des Effekts der Reynolds-Zahl wurden von Naudascher (1984) Experimente von Brooke Benjamin (1956) mit Hilfe einer überschläglichen Grenzschichtbetrachtung analysiert. Hierbei wurde ΔH aufgespalten in einen Anteil ΔH_e zufolge Eckwirbelverluste und ΔH_s zufolge Verluste in der Sohlengrenzschicht

$$\Delta H = \Delta H_e + \Delta H_s$$

und die Reduktion der Einschnürung durch den Eckwirbel wurde dadurch berücksichtigt, daß s/y_o durch $s/(y_o - y_e)$ ersetzt wurde (mit Werten von y_e nach Rajaratnam, 1982). Die entsprechende Extrapolation der Modellversuchsdaten auf naturnahe Verhältnisse (Re → ∞, kein Eckwirbel) ist in Bild 3.14 für eine Versuchsreihe dargestellt. Bedenkt man, daß die Korrektur für den Einfluß von ΔH_e noch fehlt, so erscheint das Ergebnis befriedigend. (Man beachte, daß bei Weber-Zahlen We, die noch kleiner sind als in der in Bild 3.14 dargestellten Versuchsreihe, zusätzliche Einflüsse der Oberflächenspannung σ berücksichtigt werden müßten, vgl. Bild 3.48).

Wie Bild 3.14 deutlich zeigt, können durch den Einfluß der Zähigkeit bzw. der Reynolds-Zahl unter Umständen größere Fehler bei der Übertragung von Modellversuchsdaten auf die Natur entstehen, sofern diese nicht wie hier gezeigt abgeschätzt und beachtet werden. Ähnliches gilt in Bezug auf den Einfluß der übrigen Strömungsparameter in Gleichung (3.7), wie in den Abschnitten 3.2.2.3 und 3.3.1.5 ausgeführt wird. Darüberhinaus erweist Bild 3.14, daß die Skepsis, die oft theoretischen Ergebnissen gegenüber gehegt wird, nicht berechtigt ist. Wie die vorangehende Betrachtung zeigt, ist die theoretische Lösung identisch mit der Extrapolation der gemessenen Kurven für die Bedingung Re → ∞, d.h. gültig für Verhältnisse, wie sie für ausgeführte Wehrverschlüsse vorliegen.

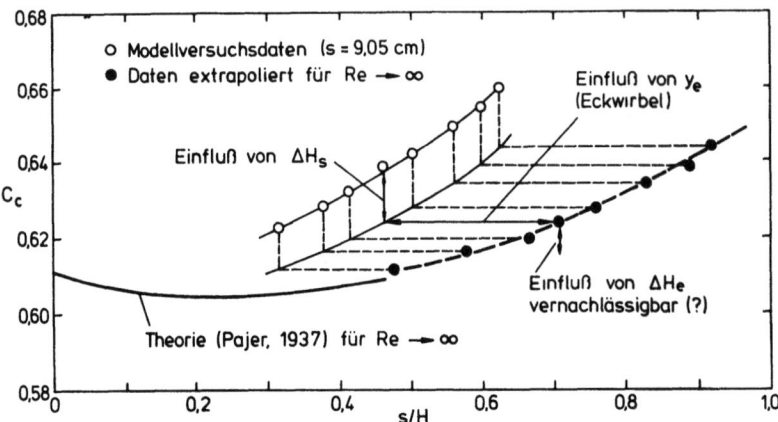

Bild 3.14 Zähigkeitseinflüsse auf den Einschnürungsbeiwert C_c für den freien Abfluß unter einem scharfkantigen Schütz ($\theta = 90°$, $b/s = 3,9$, $We = V_c/\sqrt{\sigma/\rho C_c s} \geq 36,8$).

3.2.2.3 Maßstabseffekte. Wie in Abschnitt 3.1 bereits ausgeführt wurde, ist es üblich, systematische Abweichungen von Meßwerten aus Versuchen mit unterschiedlichen Modellmaßstäben vage mit "Maßstabseffekt" zu bezeichnen, obwohl aufgrund dimensionsanalytischer Betrachtungen gezeigt werden kann, daß sie in Wirklichkeit Parametern zuzuordnen sind, die im Modellversuch einfach nicht beachtet wurden (vgl. Gleichung 3.7). Zu solchen Maßstabseffekten gehören insbesondere Abweichungen, die auf Ungenauigkeiten oder Diskrepanzen in der Darstellung (a) der Geometrie und der Rauheit, (b) der Reynolds-Zahl, (c) der Anströmbedingungen und (d) der Instationarität im Modell gehören (vgl. Naudascher, 1984).

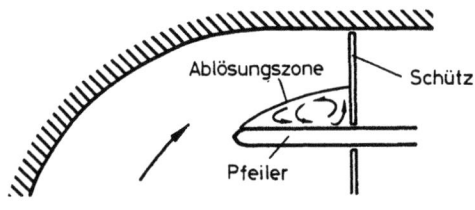

Bild 3.15 Draufsicht einer Schützanlage in einer Gerinnekrümmung

(a) Einfluß der Geometrie und der Rauheit. Ein typischer Fall, für den Abweichungen von den bisher zitierten Daten für die Abflußbestimmung erwartet werden müssen, ist in Bild 3.15 dargestellt. Der abflußmindernde Einfluß der hier gezeigten Ablösungszone kann in solchen Fällen nur durch Modellversuche

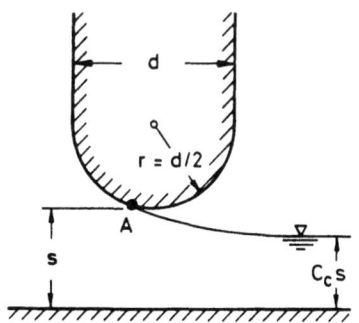
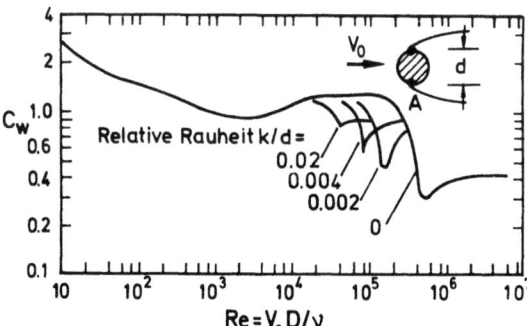

Bild 3.16 Schütz mit kreisrund geformter Unterseite (A = Linie, entlang der sich der Strahl ablöst)

Bild 3.17 Einfluß der Rauheit und der Reynolds-Zahl auf die Ablösungslinie A und damit auf den Widerstandsbeiwert C_w

geklärt werden, bei denen Sorge getragen wird, daß ein ausreichend großer Bereich oberstrom des Schützes modellähnlich dargestellt wird. Ein mit der Geometrie verbundener Maßstabseffekt liegt jedoch auch dann vor, wenn beispielsweise der den Abfluß störende Einfluß von Schütznischen nicht berücksichtigt wird oder wenn geometrische Ungenauigkeiten an Stellen vorliegen, die den Abfluß empfindlich beeinflussen. So hat beispielsweise das Maß der Abrundung oder eine Verletzung der Schützunterkante einen großen Einfluß auf den Einschnürungsbeiwert C_c (vgl. Keutner, 1935, und Cheng et al., 1981).

Aber auch die Rauheit der Oberfläche kann bei bestimmten Formgebungen des Schützes eine Rolle spielen, so zum Beispiel bei der Form gemäß Bild 3.16. Dies kann aus der Abhängigkeit des Widerstandsbeiwerts C_w eines Kreiszylinders von der Rauheit geschlossen werden, die nach Fage und Warsap (1929) für einen bestimmten Reynolds-Zahl-Bereich besteht (Bild 3.17). Der in Bild 3.17 dargestellte plötzliche Sprung von großen zu kleinen C_w-Werten ist ja bekanntlich mit einer Verschiebung der Ablösungslinie A nach unterstrom verbunden. Eine ganz ähnliche Verschiebung der Linie, entlang der sich der Strahl vom Schütz ablöst (A in Bild 3.16), ist für den Fall einer kreiszylindrisch ausgebildeten Schützunterseite zu erwarten. Aus Bild 3.17 kann somit geschlossen werden, daß für $Re = v_o d/\nu$ zwischen etwa 10^4 und 4×10^5 die Oberflächenrauheit einen Einfluß auf den Einschnürungsbeiwert C_c hat: einer Verkleinerung von C_w entspricht hierbei eine Vergrößerung von C_c.

(b) <u>Einfluß der Reynolds-Zahl</u>. Einflüsse der Zähigkeit bzw. der Reynolds-Zahl wurden in Abschnitt 3.2.2.2 diskutiert. Auch der oben beschriebene Rauheitseffekt kann als ein solcher Einfluß bezeichnet werden. Ganz allgemein läßt sich festellen, daß Reynolds-Zahl-Einflüsse besonders dort auftreten, wo die Ablösungslinie (A in Bild 3.16) nicht durch eine scharfe Kante eindeutig festgelegt ist.

(c) <u>Einfluß der Anströmbedingungen</u>. Gemäß den Messungen von Fage, Warsap (1929) hat der Turbulenzgrad der Anströmung einen Einfluß auf den C_w-Wert eines Kreiszylinders ähnlich dem der Rauheit (vgl. Bild 4.3a): Je größer der Turbulenzgrad v'/v_o, bei umso kleineren Reynolds-Zahlen erfolgt die stromabwärts gerichtete Verschiebung der Ablösungslinie A mit der zugehörigen Verringerung von C_w bzw. Vergrößerung von C_c (vgl. Bild 3.16).

Die Turbulenz der Anströmung hat jedoch, wie Bild 3.18 zeigt, auch einen Einfluß auf die Umströmung k a n t i g e r Körper. Je größer die Turbulenz, umso stärker die Krümmung der Ablösungsstromlinie (Bild 3.18 b, c). Mit der vergrößerten Krümmung wird hier der Basisdruck reduziert bzw. der Widerstand gesteigert (Bild 3.18b), es sei denn, die Ablöselinie kommt zum Wiederanliegen am umströmten Körper bei großen Werten von d/h (Bild 3.18c). Die zugehörige Beeinflussung des C_w-Werts ist aus Bild 3.18a zu entnehmen (Laneville et al., 1975). Nach den Ausführungen zu den Bildern 3.16 und 3.17 kann man hieraus schließen, daß es einen dem Bild 3.18a entsprechenden analogen Einfluß auch auf C_c für ein Schütz mit entsprechend kantiger Formgebung gibt. Allerdings gilt dies nur für rückgestaute Verhältnisse.

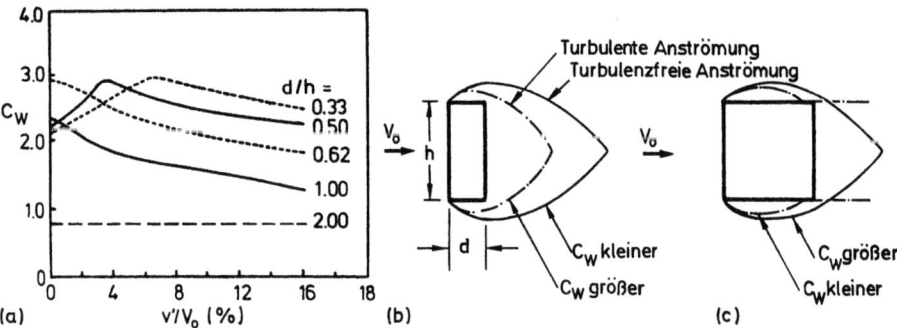

Bild 3.18   Einfluß des Turbulenzgrads v'/V_o der Anströmung auf (a) den Widerstandsbeiwert C_w und (b, c) den Verlauf der Ablösungsstromlinie eines umströmten Prismas

  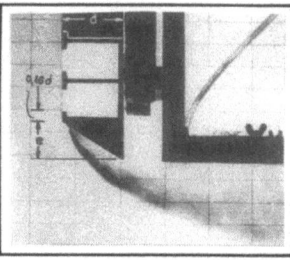

(a) Geringe Turbulenz (b) Hohe Turbulenz (c) Geringe Turbulenz
C_c = 0,79 C_c = 0,92 C_c = 0,71

Bild 3.19 Einfluß der Anströmbedingungen (a, b: glattes Schütz; c: Schütz mit Riegeln) auf den rückgestauten Abfluß unter einem Einlaufschütz (e/d = 0,6, s/d = y_o/d = 6, vgl. Bild 3.8)

Der Beweis dafür, daß die Anströmungsbedingungen tatsächlich einen so großen Einfluß auf C_c haben, wird in Bild 3.19 für den Fall eines Einlaufschützes (Bild 3.6b) mit rückgestautem Abfluß geliefert. Besonders interessant ist hier der Einfluß der Schützriegel (Bild 3.19c) deshalb, weil er nicht dem Effekt erhöhter Rauheit, sondern einem geometrischen "Borda-Effekt" entspricht (vgl. Thang, Naudascher, 1983).

(d) <u>Einfluß der Strömungsbedingungen im Unterwasser</u>. Eine Beeinflussung der Meßgenauigkeit, die im allgemeinen kaum beachtet wird, obwohl sie alles andere als vernachlässigbar ist, steht in Verbindung mit der Geschwindigkeitsverteilung in dem Querschnitt, in dem der Unterwasserstand gemessen wird. Wie aus den Bildern 2.1 und 2.12 zu ersehen ist, wird die logarithmische Geschwindigkeitsverteilung des Normalabflusses erst in relativ großen Abständen vom Kontrollbauwerk erreicht. Je nachdem, wie stark die Verhältnisse im Meßquerschnitt von dieser Verteilung abweichen, stellt sich ein Fehler der gemessenen Unterwassertiefe y_2 um Δy ein (vgl. Bild 3.20a). Sieht man von der Beeinflussung durch Reibungsverluste ab, so läßt sich diese Differenz Δy aus der Impulsgleichung berechnen:

$$\frac{\gamma}{2}({y_2'}^2 - y_2^2) = \rho q (\beta_2 V_2 - \beta_2' V_2') \qquad (3.27)$$

mit $q = y_2' V_2' = y_2 V_2$, $y_2' = y_2 - \Delta y$ und β = Beiwert gemäß Gleichung (1.16). Führt man außer den letzteren Beziehungen die Froude-Zahl des Abflusses im Unterwasser ($Fr_2 = V_2/\sqrt{gy_2}$) ein, so erhält man aus Gleichung (3.2) ein Polynom dritten Grades:

$$\left(\frac{\Delta y}{y_2}\right)^3 - 3\left(\frac{\Delta y}{y_2}\right)^2 + 2\left(1 - \beta_2 Fr_2^2\right)\frac{\Delta y}{y_2} + 2Fr_2^2\left(\beta_2 - \beta_2'\right) = 0 \qquad (3.28)$$

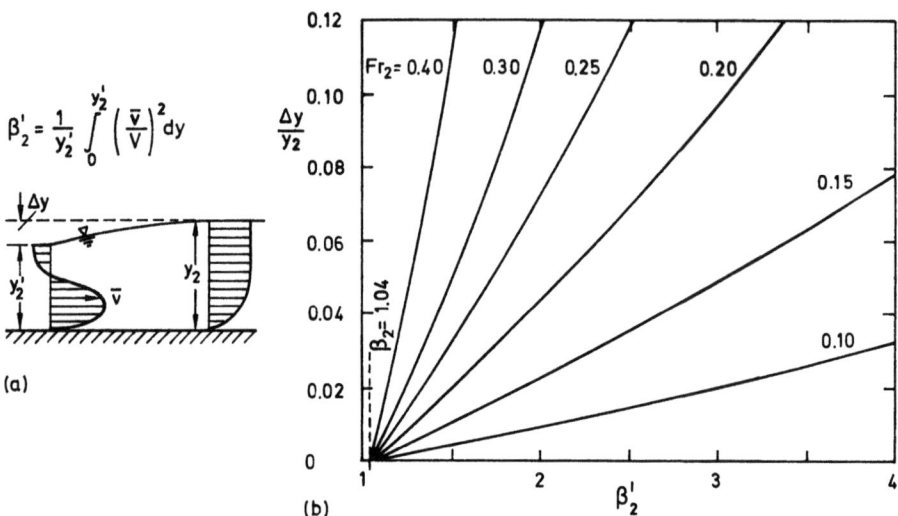

Bild 3.20   Einfluß der ungleichförmigen Geschwindigkeitsverteilung auf die Wassertiefe

Die Lösung dieser Gleichung für $\beta_2 = 1{,}04$ (vgl. Bild 1.4e) ist in Bild 3.20b dargestellt. Bedenkt man, daß für die in Bild 2.12 gezeigten Verhältnisse selbst in großen Abständen vom unterströmten Schütz noch stark ungleichförmige Geschwindigkeitsverteilungen mit entsprechend hohen β-Werten vorliegen (z.B. $\beta_2' \cong 2{,}5$ für $x/s = 18$ bei $Fr_2 = 0{,}25$ oder $\beta_2' \cong 3{,}5$ für $x/s = 35$ bei $Fr_2 = 0{,}0884$), so erkennt man, daß Δy in der Tat von beachtlicher Größe sein kann (z.B. $\Delta y/y_2 = 0{,}078$ bzw. $0{,}027$ für die gerade zitierten Fälle).

Selbstverständlich kann Bild 3.20b auch dazu verwendet werden, den Einfluß ungleichförmiger Geschwindigkeitsverteilung im Oberwasser abzuschätzen.

(e) <u>Einfluß von Instationarität und Schwingungen.</u> Wenn Schütze mit einer gewissen Geschwindigkeit ds/dt bewegt werden, dann ist der von ihnen kontrollierte Abfluß instationär und kann nicht mehr mit den Gleichungen für stationäre Strömung berechnet werden. Nur wenn ds/dt extrem klein im Vergleich zu einer charakteristischen Strömungsgeschwindigkeit wie etwa V_c ist oder wenn, anders ausgedrückt, der Parameter

$$Un \equiv \frac{V_c}{ds/dt} \tag{3.29}$$

sehr groß ist, läßt sich die Strömung auch dann noch genau genug quasi-stationär behandeln, das heißt als zeitliche Folge von jeweils stationären Zuständen. Diese Bedingung aber ist bei den meisten Wehranlagen erfüllt. (Ein Ausnahmefall wird von Naudascher, 1984, dargestellt.)

Eine andere Art der Instationarität, die bislang kaum beachtet wurde, entsteht durch Schwingungen des umströmten Bauwerkes. Wie stark eine solche Schwingung den Widerstand bzw. den Basisdruck eines umströmten Zylinders beeinflussen kann, zeigt das Bild 4.10. Aber nicht nur das Ausmaß dieses Einflusses ist bemerkenswert, sondern ebenso die Tatsache, daß je nach Querschnittsform des Zylinders der Widerstand entweder erhöht (Kreisform) oder reduziert werden kann (Quadratform). Dieses aber bedeutet nach den Ausführungen zu Bild 3.17 und 3.18, daß bei einem unterströmten Schütz auch mit größeren Veränderungen des Abflußbeiwerts C_q gerechnet werden muß, wenn es zu Schützschwingungen kommt. Je nach der Form der Schützunterseite kann C_q hierbei entweder verkleinert oder vergrößert werden.

3.2.2.4 <u>Unterströmte Freispiegelschütze besonderer Bauart</u>. Für Freispiegelschütze mit geneigter oder gekrümmter Stauwand oder mit komplizierter Geometrie gilt grundsätzlich das im Zusammenhang mit den Gleichungen (3.24) und (3.26) diskutierte, nur daß hier zur Beschreibung der Randgeometrie weitere Parameter erforderlich sind. So wären für die Freispiegelschütze in Bild 3.21a und b beispielsweise die Abhängigkeiten

$$C_q = C_q \left(\frac{s}{y_o}, \theta, \frac{d}{y_o} \right) \qquad (3.30)$$

und

$$C_q = C_q \left(\frac{s}{y_o}, \frac{y_o}{r}, \frac{a}{r} \right) \qquad (3.31)$$

von Interesse, sofern auch hier angenommen werden darf, daß Maßstabseffekte (insbesondere Zähigkeitseinflüsse) vernachlässigbar sind. Weitere geometrische Parameter kämen hinzu, wenn die Sohle im Bereich unter dem Verschluß nicht bis mindestens jenseits der Vena contracta (also bis etwa 3s unterstrom der Unterkante des Verschlusses) horizontal ist.

Leider gibt es für solche komplizierte Geometrien keine ausreichend gesicherten Angaben über die Abflußbeiwerte C_q und Einschnürungsbeiwerte C_c. Allenfalls kann C_c für die Verhältnisse von Bild 3.21a nach den Angaben in Bild 3.8 abge-

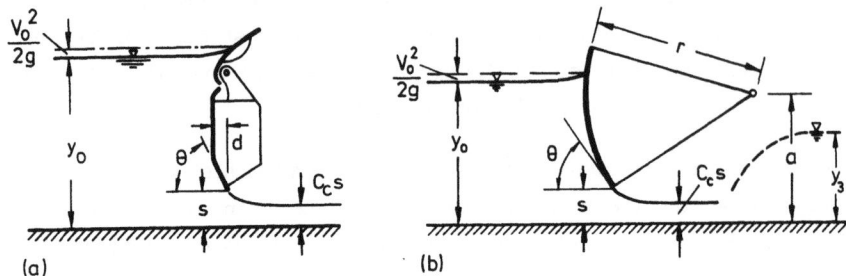

Bild 3.21   Schemaskizze zweier unterströmter Wehrverschlüsse

schätzt werden. (Schwierigkeit bereitet hier der unbekannte Einfluß des Eckwirbels auf die Daten in Bild 3.8.)

In Bild 3.22 sind die Abflußbeiwerte $C_q = q/(s\sqrt{2gy_o})$ für geneigte, ebene Stauwände graphisch dargestellt, die Gentilini (1941) experimentell ermittelt hat. Seine im Bereich 3 cm < s < 9 cm gemessenen C_q-Werte zeigten nur wenig Streuung; dennoch kann nach Abschnitt 3.2.2.2 nicht ausgeschlossen werden, daß diese Werte von der Zähigkeit (bzw. der Reynolds-Zahl) beeinflußt sind. Gentilinis ebenfalls experimentell bestimmte Abflußbeiwerte für einen Segmentverschluß sind in Bild 3.23 wiedergegeben. Auch hier wurde s in den Grenzen 3 cm bis 9 cm variiert bei einem Radius von r = 50 cm. Es stellte sich heraus, daß im untersuchten Bereich die zwei Parameter a/y_o und r/a durch einen einzigen ersetzt werden konnten, nämlich den mit der Horizontalen gebildeten Neigungswin-

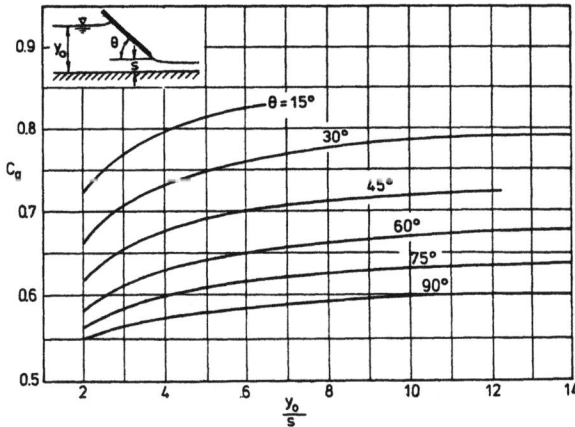

Bild 3.22   Abflußbeiwerte für Freispiegelschütze mit geneigter Stauwand und freiem Abfluß

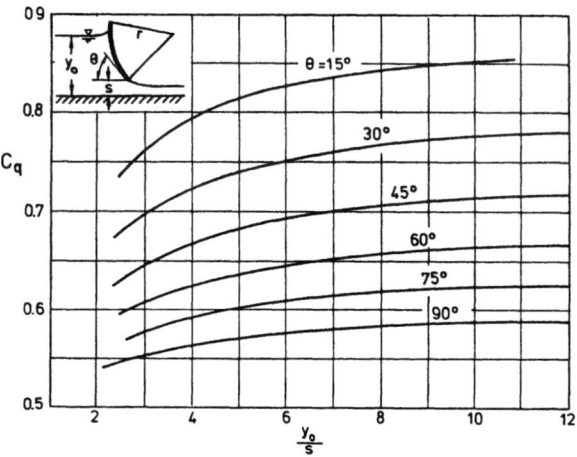

Bild 3.23   Abflußbeiwerte für Segmentwehre bei freiem Abfluß

kel der Abströmkante θ. Man darf deshalb annehmen, daß Bild 3.23 auch für Walzenwehre mit angesetztem Stauschnabel verwendet werden kann.

Weitere Abflußbeiwerte für Segmentwehre können aus den Bildern 1.25 und 3.24 entnommen werden. Letztere stammen aus einer experimentellen Untersuchung von Toch (1955) mit einem Segmentradius von r = 66 cm und einer Höhe des Lagers über der Sohle von a = 43,3 cm. Im Gegensatz zu der Auftragung in Bild 3.23 wurden hier die geometrischen Parameter s/r, y_o/r und a/r verwendet. Auch

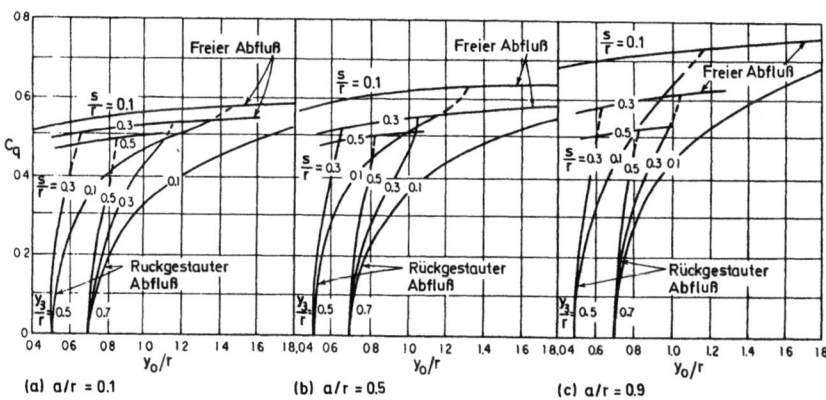

Bild 3.24   Abflußbeiwerte für Segmentwehre (vgl. Bild 3.21b)

Toch fand ebenso wie Gentilini, daß der Abströmwinkel θ den wichtigsten Parameter darstellt. Wenn es nur auf eine Abschätzung des Abflusses ankommt, bei der Fehler von ± 5% in Kauf genommen werden können, so läßt sich nach Tochs Ergebnissen q wie folgt berechnen:

$$q = C_q s \sqrt{2gy_o} = \frac{C_c}{\sqrt{1 + C_c s/y_o}} s\sqrt{2gy_o}$$

mit

$$C_c \approx 1 - 0{,}75 \frac{\theta°}{90} + 0{,}36 \left(\frac{\theta°}{90}\right)^2 \quad, \quad \theta \leq 90° \qquad (3.32)$$

wobei die θ-Werte in Grad einzusetzen sind.

Es sei auch hier nochmals ausdrücklich darauf verwiesen, daß sich sämtliche Angaben über C_q und C_c auf zweidimensional-ebene Strömungsverhältnisse beziehen (b >> s), daß aber die diesen Angaben zugrundeliegenden Modellversuche in relativ schmalen Gerinnen durchgeführt wurden (vgl. Diskussion zum Eckwirbel in Bild 3.13).

3.2.3 Freispiegelschütze mit rückgestautem Abfluß

Der rückgestaute Abfluß (auch unvollkommener Abfluß genannt) eines unterströmten Freispiegelschützes wurde in einem Beispiel im Anschluß an den Abschnitt 1.2.3 bereits behandelt. Wie dort gezeigt wurde, kann die Abflußmenge pro Breiteneinheit q = Q/B mit Hilfe der Energiegleichung

$$y_o + \frac{q^2}{2gy_o^2} = y_2 + \frac{q^2}{2g(C_c s)^2} \qquad (3.33)$$

und der Kontinuitätsgleichung zu

$$q = C_c s \sqrt{2g(y_o - y_2 + V_o^2/2g)} \qquad (3.34)$$

ermittelt werden, wenn man - was hier durchaus statthaft ist - Zähigkeitseinflüsse zwischen den Querschnitten (1) und (2) und zusätzlich die Abweichungen von der statischen Druckverteilung im letzteren Querschnitt vernachlässigt (vgl. Bild 3.25). Eine Bestimmungsgleichung für y_2 folgt, wie in dem zitierten Beispiel gezeigt wurde, aus der Impulsgleichung

$$\gamma \frac{y_2^2}{2} + \rho \frac{q^2}{C_c s} = \gamma \frac{y_3^2}{2} + \rho \frac{q^2}{y_3}$$

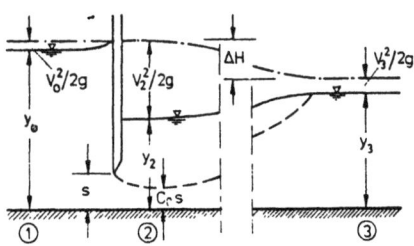

Bild 3.25 Rückgestauter Abfluß unter einem Planschütz

und C_c kann mit umso größerer Genauigkeit aus Bild 3.12 ermittelt werden, je kleiner die Wasserspiegeldifferenz $y_0 - y_2$ und damit die Wellung der Wasseroberfläche ist.

Eine Abflußberechnung in dieser Form ist allerdings ohne Iteration nicht möglich. Sehr viel bequemer ist es deshalb auch hier, die Berechnung unter Verwendung des Abflußbeiwerts C_q (Definitionsgleichung 3.22) durchzuführen, der wegen Rückstaus von der Größe y_3/s (oder y_3/r) abhängt.

Genau diese Abhängigkeit des Abflußbeiwerts C_q wird in den Bildern 1.24, 1.25 und 3.24 für unterschiedliche geometrische Verhältnisse des Wehrverschlusses dargestellt. Einer direkten Abflußbestimmung steht demnach nichts mehr im Wege, sofern nur die Form des Wehrverschlusses, für den der Abfluß berechnet werden soll, in den aufgeführten Diagrammen repräsentant ist. Der Vorteil dieser Methode liegt nicht nur in der Vereinfachung der Berechnung, sondern in einer Erhöhung der Genauigkeit. Der letztere Vorteil ist damit begründet, daß die experimentell ermittelten Kurven für C_q die Einflüsse der nicht-hydrostati-

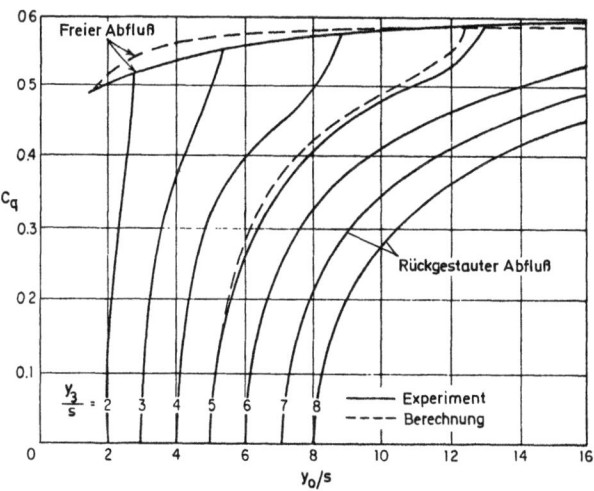

Bild 3.26 Abflußbeiwert für rückgestauten Abfluß unter einem Planschütz (vgl. Bild 3.25)

schen Druckverhältnisse und der Oberflächenwellung in Querschnitt (2) bereits
enthalten. Wie der in Bild 3.26 wiedergegebene Vergleich zwischen Versuchsergebnissen von Henry (1950) und Ergebnissen der Berechnung mit den obigen Gleichungen zeigt, sind die Abweichungen allerdings nicht groß. Weitere Bestätigungen der Berechnung nach den Gleichungen (3.33) und (3.34) sind aus Messungen von Rao und Rajaratnam (1963) zu entnehmen.

3.3 Überströmte Bauwerke

3.3.1 Wehre und Schwellen mit vollkommenem Überfall

3.3.1.1 Scharfkantige Wehre und Schwellen. Beim Ausfluß aus einer schlitzförmigen Öffnung (Bild 3.1) wurde gezeigt, daß die Größe der Froude-Zahl
$Fr = v_o/\sqrt{gb}$ mit der Höhe der Energielinie zusammenhängt, die unabhängig von
der Größe von $C_q = q/(b\sqrt{2g\Delta h})$ variiert werden konnte. Läßt man nun aber die
Energielinie in Bild 3.1 so weit absinken, daß die freie Oberfläche den oberen
Teil der mit Schlitz versehenen Wand nicht mehr berührt, dann erhält man den
in Bild 3.27 dargestellten Abfluß über ein scharfkantiges Wehr, bei dem Fr und
C_q nicht mehr unabhängig voneinander sind. Die für den Abfluß maßgebende Län-
gendimension b verliert hier nämlich ihre Bedeutung und muß durch die variable
Größe h ersetzt werden. Die Definitionsgleichungen für Fr und C_q müssen deshalb in $Fr = v_o/\sqrt{gh}$ oder $v_o/\sqrt{g(w+h)}$ und

$$C_q \equiv \frac{q}{\frac{2}{3}\sqrt{2g}\, h^{3/2}} \quad \text{oder} \quad C_q^* \equiv \frac{q}{\frac{2}{3}\sqrt{2g}\, H^{3/2}} \tag{3.35}$$

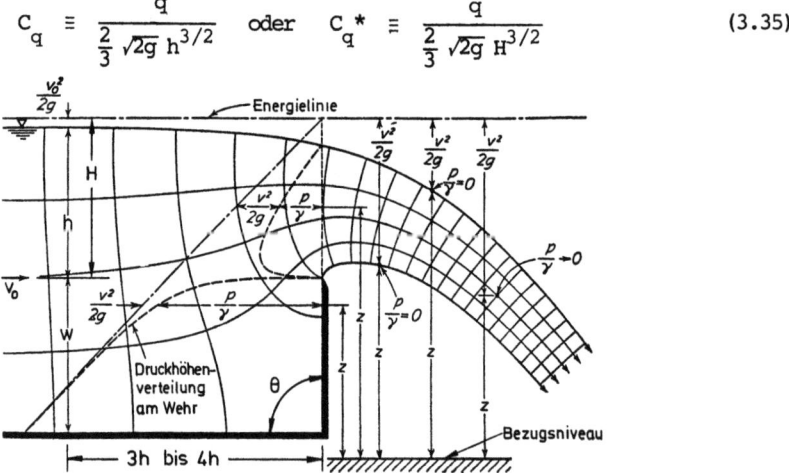

Bild 3.27   Abfluß über ein scharfkantiges Wehr und Druckverteilung im Ausflußquerschnitt (ideale Strömungsverhältnisse) (Entn. aus Rouse "Engineering
Hydraulics", 1950, m. frdl Gen. v. John Wiley & Sons)

umgewandelt werden. Man erkennt daraus sofort, daß wegen $v_o = q/(w + h)$ nunmehr tatsächlich die Froude-Zahl Fr mit C_q funktional zusammenhängt.

Als typische Differenz Δh von piezometrischen Höhen wurde in der Definitionsgleichung (3.9) für C_q ein Vielfaches der Überströmungshöhe h so gewählt, daß mit Gleichung (3.35a) eine Beziehung entsteht, die in der Literatur häufig gebraucht wird. (Im Grunde genommen kann der Faktor 2/3 in dieser Beziehung durch jeden beliebigen anderen Faktor ersetzt werden, solange die entsprechend veränderte Definition von C_q konsequent in der Auftragung von Meßergebnissen und in deren Verwendung bei Berechnungen beachtet wird.) Die Überströmungshöhe h sollte im Abstand 3h bis 4h oberhalb der Überfallkante gemessen werden, wo einerseits die Strömungskrümmung keinen Einfluß mehr hat und andererseits Energieverluste noch vernachlässigbar sind.

Zur Berechnung des Abflusses pro Breiteneinheit q ist es nun erforderlich, die Abhängigkeit gemäß Gleichung (3.7) experimentell zu ermitteln. Die Einflüsse der Reynolds-Zahl Re und der Weber-Zahl We können für das scharfkantige Wehr vernachlässigt werden, sofern die Versuche nicht in extrem kleinen Maßstäben durchgeführt werden. Beschränkt man sich weiterhin auf eindeutige, a t m o s p h ä r i s c h e   R a n d b e d i n g u n g e n entlang der freien Oberflächen (vollkommener Überfall), so verbleiben in Gleichung (3.7) nur noch die geometrischen Parameter, d.h. für das scharfkantige Wehr nach Bild 3.27:

$$C_q \equiv \frac{q}{\frac{2}{3}\sqrt{2g}\, h^{3/2}} = C_q\left(\frac{h}{w}, \theta\right) \tag{3.36}$$

Diese Beziehung ist in Bild 3.28a für $\theta = 90°$ gemäß den Untersuchungen von Kandaswamy, Rouse (1957) dargestellt.

Für kleine relative Überströmungshöhen h/w kann nach dieser Untersuchung in Anlehnung an die von Rehbock empirisch entwickelte Formel mit guter Näherung die Beziehung

$$C_q = 0{,}61 + 0{,}08\, \frac{h}{w} \quad \text{für} \quad \frac{h}{w} < 6 \tag{3.37}$$

verwendet werden. Für kleine relative Wehrhöhe w/h dagegen stellen sich im Extremfall, wie von Böss (1929) gezeigt wurde, die Grenzabflußverhältnisse ein, das heißt

$$q = y_{gr} v_{gr} = \sqrt{g}\, y_{gr}^{3/2} = \sqrt{g}\, (w + h)^{3/2} \tag{3.38}$$

Wird diese Beziehung in die Gleichung (3.35) eingeführt, so erhält man für den

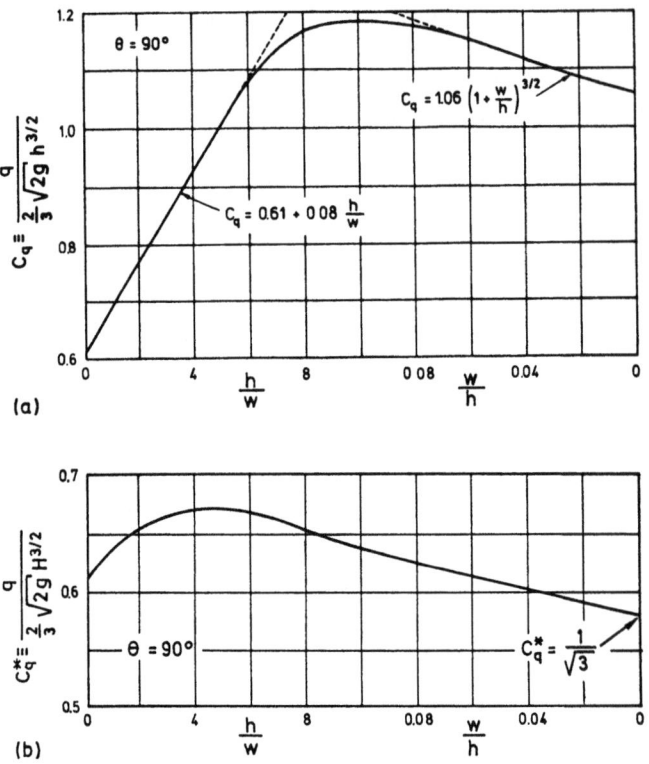

Bild 3.28 Abflußbeiwerte für belüftete scharfkantige Wehre und Schwellen

Bereich kleiner w/h, d.h. für scharfkantige S c h w e l l e n , die Beziehung

$$C_q = 1{,}061 \left(1 + \frac{w}{h}\right)^{3/2} \quad \text{für} \quad \frac{w}{h} < 0{,}06 \tag{3.39}$$

Wie Bild 3.28a zeigt, gibt es zwischen diesen beiden Kurven einen kontinuierlichen Übergang mit einem Maximum für C_q bei etwa h/w = 10. Man kann deshalb diesen Wert von h/w auch als Grenze zwischen Wehr- und Schwellenströmung ansehen. Außerdem kennzeichnet dieser h/w-Wert die Strömungsverhältnisse mit größter Strahlablenkung, wie die folgenden zwei Bilder zeigen. Mit anderen Worten, sowohl bei Wehr- als auch bei Schwellenüberströmung hebt und verstärkt sich der Überfallstrahl, wenn sich h/w dem Wert 10 nähert.

Trägt man die Information aus Bild 2.38a mittels des Abflußbeiwertes C_q^* gemäß Gleichung (3.35b) auf, wobei $H = h + v_o^2/2g$ bedeutet (vgl. Bild 3.27), so er-

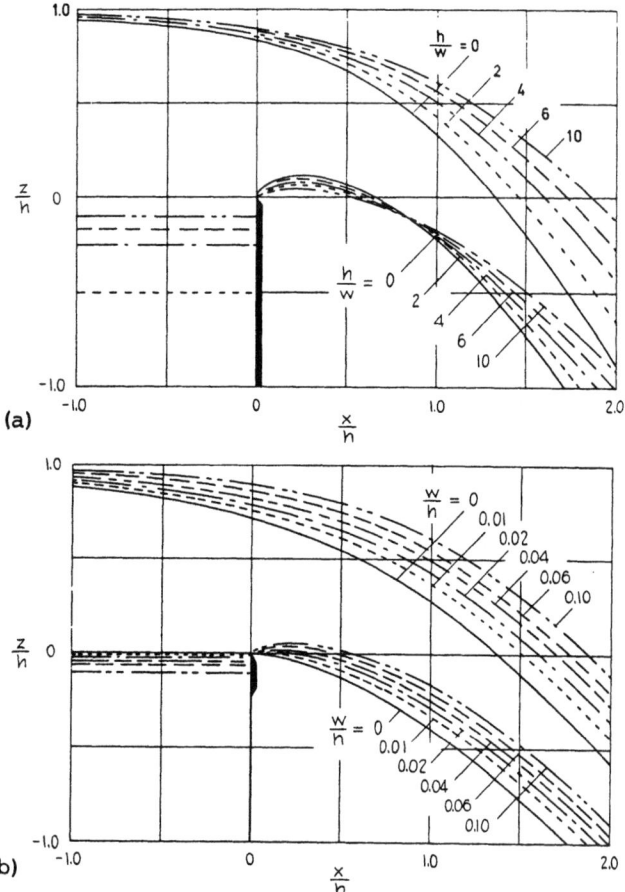

Bild 3.29 Überfallstrahlprofile für (a) belüftete scharfkantige Wehre und
(b) belüftete scharfkantige Schwellen (Entn. aus Rouse "Engineering
Hydraulics", 1950, m. frdl. Gen. v. John Wiley & Sons)

hält man Werte, die nur sehr geringfügig variieren ($0{,}577 < C_q^* < 0{,}67$). Diese geringe Variation in C_q^* hat den großen Vorteil, daß sich Fehler in der Abschätzung von h/w kaum auf die Bestimmung des Abflusses auswirken. Die Abflußberechnung sollte deshalb nach Möglichkeit mit C_q^* nach Bild 3.28b vorgenommen werden (vgl. Abschnitt 3.4).

Die von Kandaswami, Rouse (1957) ermittelten Profile des Überfallstrahls für belüftete scharfkantige Wehre und Schwellen sind in dimensionsloser, und damit unmittelbar übertragbarer Form in Bild 3.29 dargestellt. Für den Entwurf von Wehren mit Überfallrücken besonders wichtig ist die Kontur des unteren Strahl-

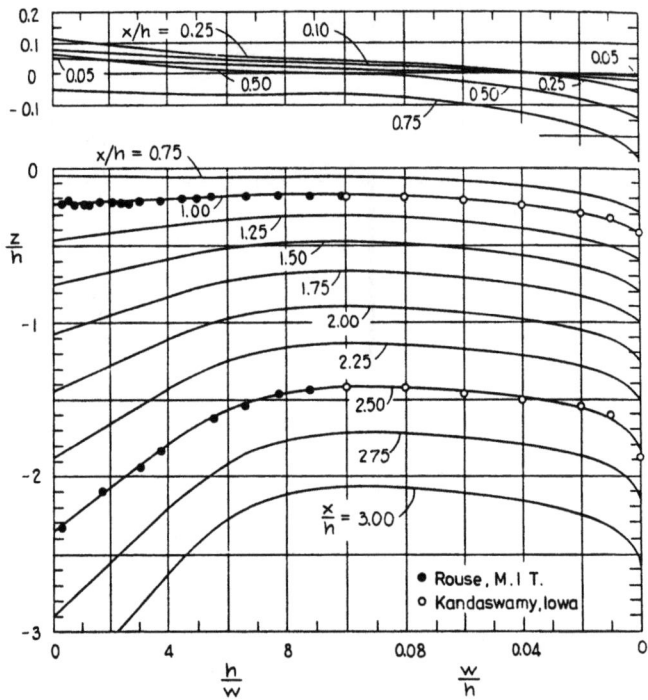

Bild 3.30 Normalisierte Koordinaten des unteren Strahlrands belüfteter scharfkantiger Wehre und Schwellen

rands, wie im folgenden Abschnitt noch näher ausgeführt wird. Diese wird deshalb in Bild 3.30 nochmals in verallgemeinerter Form angegeben.

Eine Voraussetzung für die Anwendbarkeit der hier präsentierten Daten sind, wie mehrfach erwähnt wurde, die atmosphärischen Randbedingungen entlang der freien Strahloberflächen. Werden diese Randbedingungen entweder dadurch geändert, daß die Unterseite des Überfallstrahls nicht belüftet wird (Bild 3.31b) oder daß der Überfallstrahl vom Unterwasser eingestaut wird (Bild 3.31c, d), dann ändert sich auch C_q bzw. C_q^*. Im ersteren Fall wird, wie Bild 3.31b zeigt, die Druckverteilung im Überfallstrahl derart verändert, daß wegen des Unterdrucks an der Unterseite des Strahls, $p_U < 0$, die Abflußleistung und damit C_q vergrößert wird. Im zweiten Fall tritt durch Rückstau, $h_U > 0$, umgekehrt eine Verringerung der Abflußleistung und damit von C_q auf. Als zusätzliche Parameter zur Beschreibung dieses Effekts der "Randbedingung entlang der freien Oberflächen" (vgl. Gleichung 3.37) sind demnach für p_U und h_U dimensionslose Verhältniswerte in Gleichung (3.36) aufzunehmen:

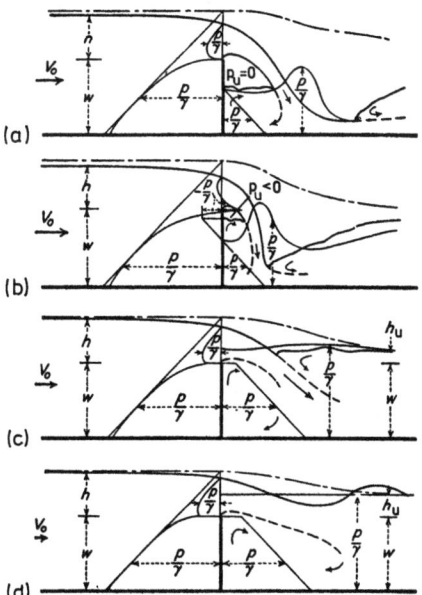

Bild 3.31 Änderung des Abflusses am überströmten Wehr mit den Unterwasserverhältnissen (Entn. aus Rouse "Fluid Mechanics for Hydraulic Engineers", 1961, m. frdl. Gen. v. Dover Publications)

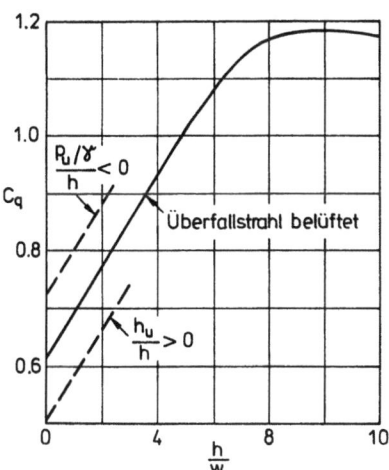

Bild 3.32 Schematische Darstellung des Einflusses der Unterwasserverhältnisse

$$C_q = C_q \left(\frac{h}{w}, \theta, \frac{p_u/\gamma}{h}, \frac{h_u}{h} \right) \quad (3.40)$$

Die Auswirkung dieses Effekts der unterwasserseitigen Randbedingungen sind in Bild 3.32 s c h e m a - t i s c h dargestellt. Zu beachten ist allerdings, daß die Überfallströmung bei Unterdruck (Bild 3.31b) leicht instabil wird und daß der Rückstaueffekt schon eintritt, b e - v o r der Unterwasserstand die Überfallkante erreicht. Steigt der Unterwasserstand weiter an, so verläuft ab einem bestimmten Wert von h_u/h der Überfallstrahl gewellt nahe der Wasseroberfläche, wie in Bild 3.31d gezeigt. (Näheres über den Rückstaueffekt wird in Abschnitt 3.3.2 ausgeführt.)

3.3.1.2 Wehr mit Überfallrücken. Beim Entwurf von Wehrkronen mit Überfallrücken (Bild 3.33) ist es üblich, das Profil des Bauwerks der Kontur des freien Überfallstrahles anzupassen, der sich für ein belüftetes scharfkantiges Wehr bei entsprechender Überfallhöhe einstellen würde. Der Grund dafür liegt darin, daß man Instabilitäten, wie sie oben erwähnt wurden (hier u.U. verbunden mit instabiler Strömungsablösung), und vor allem Unterdruck mit der Gefahr von Kavitationsbildung entlang des Überfallrückens vermeiden möchte. Tatsächlich haben Versuche gezeigt, daß sich an Überfallrücken, deren Form den in Bild 3.30 dargestellten Daten angepaßt werden, bei der zugrunde gelegten Überfall-

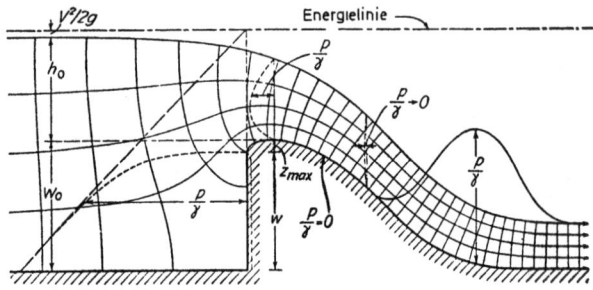

Bild 3.33   Abfluß und Druckverteilung bei Überströmung eines Wehres mit Überfallrücken (ideale Strömungsverhältnisse)   (Entn. aus Rouse "Engineering Hydraulics", 1950, m. frdl Gen. v. John Wiley & Sons)

höhe (im folgenden mit Ausbauüberfallhöhe h_o bezeichnet) Wanddrücke gleich dem Atmosphärendruck entwickeln (vgl. Bild 3.33). Die Tatsache, daß sich nun im Gegensatz zu der entsprechenden Strömung mit freiem unteren Strahlrand eine Grenzschicht entlang des Wehrrückens ausbildet, hat hierauf keinen meßbaren Einfluß (vgl. Abschnitt 3.3.1.5).

Wird die Überfallhöhe von der Oberkante der Wehrkrone (und nicht von der fiktiven Kante des zugrunde gesetzten scharfkantigen Wehres, die um z_{max} tiefer liegt, vgl. Bild 3.33) gemessen, so muß nun der Abflußbeiwert umdefiniert werden. Man findet in der Literatur für feste Wehre zumeist die Definition eines Abflußbeiwerts in der Form

$$Q = qB = C_Q \sqrt{g}\, B\, h_o \qquad (3.41)$$

Der Zusammenhang zwischen C_Q und C_q lautet nach Gleichung (3.35)

$$C_Q = C_q \frac{2}{3} \sqrt{2} \left(1 + \frac{z_{max}}{h_o}\right)^{3/2} \qquad (3.42)$$

wobei z_{max} den Vertikalabstand zwischen den Oberkanten des festen und des scharfkantigen Wehres bezeichnet, der sich aus der obersten Kurve in Bild 3.30 ermitteln läßt. Das Ergebnis der Umrechnung auf der Grundlage der C_q-Werte in Bild 3.28a ist in Bild 3.34 dargestellt.

Beim Entwurf von Überfall- oder Wehrrücken muß besonders darauf geachtet werden, daß die Strömung sehr empfindlich auf geringste Änderungen der Krümmung im gesamten Bereich der Wehrkrone reagiert. Wird beispielsweise die Strahlkon-

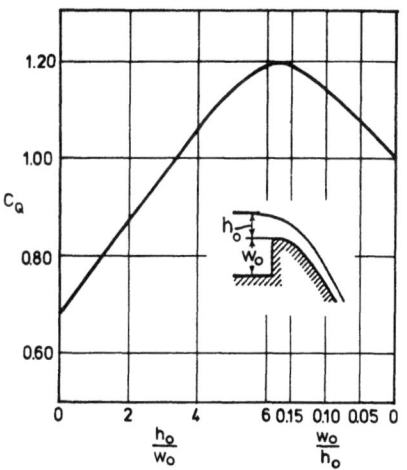

Bild 3.34 Abflußbeiwert C_Q für Wehrrücken mit atmosphärischem Wanddruck

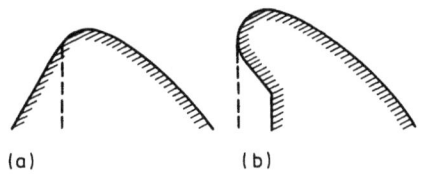

Bild 3.35 Typische Abweichungen von der Standardform

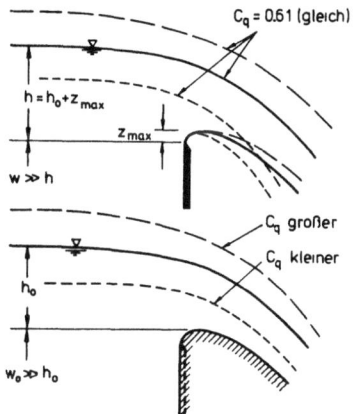

Bild 3.36 Skizze zur Erläuterung des Einflusses von h/h_o auf den Abflußbeiwert

tur durch mehrere Kreisbögen angenähert, so muß mit größeren Abweichungen des Wanddrucks vom atmosphärischen Druck gerechnet werden. Wird dagegen die Wehrkontur in Zonen kleiner Geschwindigkeit geändert wie in Bild 3.35 gezeigt, so hat dies relativ geringe Auswirkung auf die Druckverteilung und den Abflußbeiwert.

Wehrrücken werden natürlich auch bei kleineren oder größeren Überfallhöhen als der Ausbauüberfallhöhe h_o überströmt. Wie man sich anhand der Skizzen in Bild 3.36 klarmachen kann, bewirkt die Anwesenheit des Überfallrückens bei einer Verringerung des Verhältnisses h/h_o unter den Wert 1, daß der Überfallstrahl im Vergleich zu den Verhältnissen bei scharfkantigem Wehr nach oben "gedrückt" wird. Das aber bedeutet eine Erhöhung des Drucks entlang des Wehrrückens und eine Verringerung der Abflußleistung. Bei $h/h_o > 1$ ist es umgekehrt (vgl. Cassidy, 1965).

Wie aus Untersuchungen dieser Gesetzmäßigkeiten für sehr hohe Wehre ($h/w_o \cong 0$) von Dillmann sowie Rouse und Reid (vgl. Rouse, 1950, S. 535) hervorgeht, kann bei sorgfältig nach Angaben des Bildes 3.30 geformten Wehrkronen das Verhältnis h/h_o um etwa 300% erhöht werden, bevor sich die Strömung vom Wehrrücken ablöst. Diese in Bild 3.37 dargestellten Untersuchungen zeigen jedoch auch, wie stark das Minimum des zeitlich gemittelten Wanddrucks p_{min} mit wachsenden Werten von $h/h_o > 1$ ab-

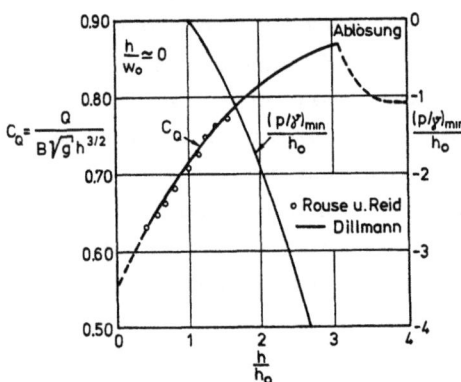

Bild 3.37 Werte von C_Q und $(p/\gamma)_{min}/h_0$ in Abhängigkeit von h/h_0 (Entn. aus Rouse "Engineering Hydraulics", 1950, John Wiley & Sons)

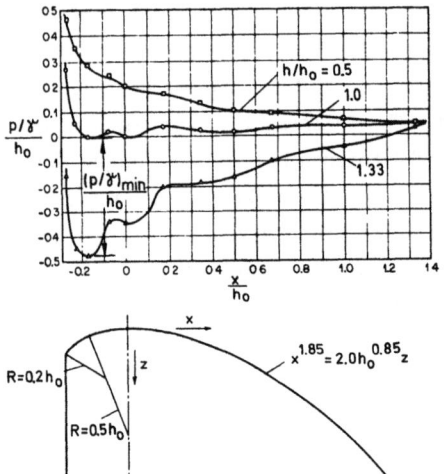

Bild 3.38 Druckverteilungen entlang eines Wehrrückens gemäß WES-Profil

sinkt. Will man also die Leistungssteigerung durch Zulassung von h/h_0-Werten größer als 1 ausnützen, so muß geprüft werden, inwiefern diese Druckreduktion zu Kavitationserscheinungen führt (vgl. Cassidy, 1965, Ball, 1976).

Eine Bestätigung dieser Gesetzmäßigkeiten ist aus Bild 3.38 zu ersehen, in dem man Meßergebnisse der U.S. Army Engineers Waterways Experiment Station (1952) dargestellt findet. Hinsichtlich des Einflusses von Pfeilern, die bei der Anordnung beweglicher Wehrverschlüsse auf der Wehrkrone erforderlich werden, auf die Druckverteilung sei hier auf die gleichen Untersuchungen verwiesen (siehe auch Chow, 1959). Eine starke Beeinflussung der Druckverteilung entlang des Wehrrückens ergibt sich natürlich auch beim Betrieb solcher beweglicher Wehrverschlüsse. Angaben über Abflußbeiwerte für Wehrrücken mit Schützen in Abhängigkeit von der der Schützöffnung findet man bei Kirkpatrick (1955).

Der Einfluß von Pfeilern auf der Wehrkrone auf den Abfluß durch Grenzschicht- und Kontraktionseffekte wird im allgemeinen über eine Veränderung der effektiven Abflußbreite B angegeben

$$B = B_0 - K n H \qquad (3.43)$$

Hierin bezeichnet B_0 die lichte Weite zwischen den Pfeilern, K den Kontraktionsbeiwert, n die Zahl der Kontraktionen (n = 2 für eine Öffnung zwischen

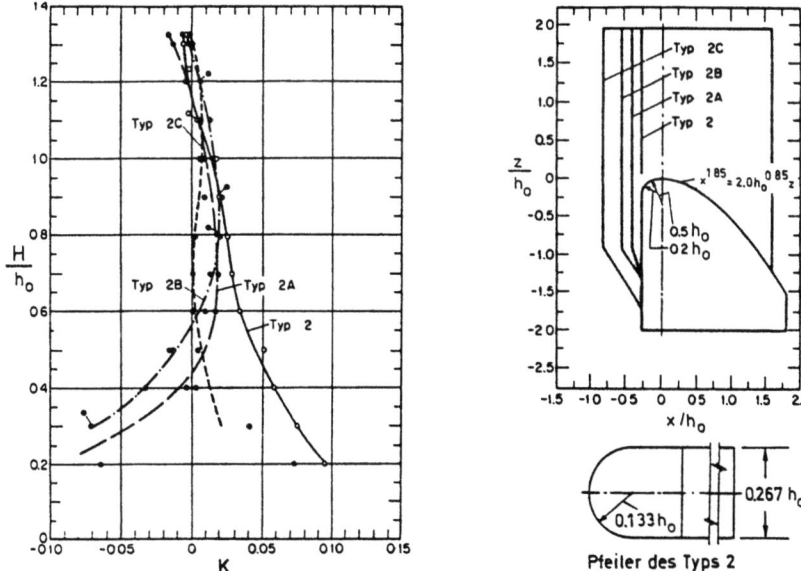

Bild 3.39 Einfluß von Pfeilern auf Wehrkronen auf die effektive Abflußbreite
$B = B_o - KnH$ (U.S. Army Engineers WES, 1952)

zwei Pfeilern) und $H = h + v_o^2/2g$ die Energiehöhe über der Überfallkante. Als Anhaltswert für K werden von Creager und Justin (1950) Werte zwischen 0,1 für stumpfe und 0,04 für schlanke bzw. 0,035 für abgerundete Pfeiler angegeben; diese Werte beziehen sich auf Pfeiler, deren Breite etwa ein Drittel der Ausbauüberfallhöhe h_o beträgt. Für einen Pfeiler zwischen einem geschlossenen und einem geöffneten Feld steigt K auf etwa das 2,5fache.

Genau genommen spielt neben den hier diskutierten Einflüssen auch die Lage der Vorderkante des Pfeilers in bezug auf die Oberkante der Wehrkrone eine Rolle, wie die in Bild 3.39 wiedergegebenen Versuchsergebnisse der U.S. Army Engineers Waterways Experiment Station (1952) bestätigen.

3.3.1.3 Überströmte Wehrverschlüsse besonderer Bauart. Wenn es um die Berechnung des Abflusses über bewegliche Wehrverschlüsse wie Klappen, Sektor- und Trommelwehre geht, wird die Bestimmung des Abflußbeiwerts dadurch erschwert, daß hierzu eine größere Zahl geometrischer Parameter gebraucht wird und daß es in der Literatur nur spärliche Angaben über die Abhängigkeit des Abflußbeiwerts von diesen Parametern gibt. Die Angaben, die man findet, sind entweder unvollständig oder nur ganz spezielle Parameterkombinationen betreffend, und meist enthalten sie eine Reihe unbekannter Maßstabseffekte (vgl. Ab-

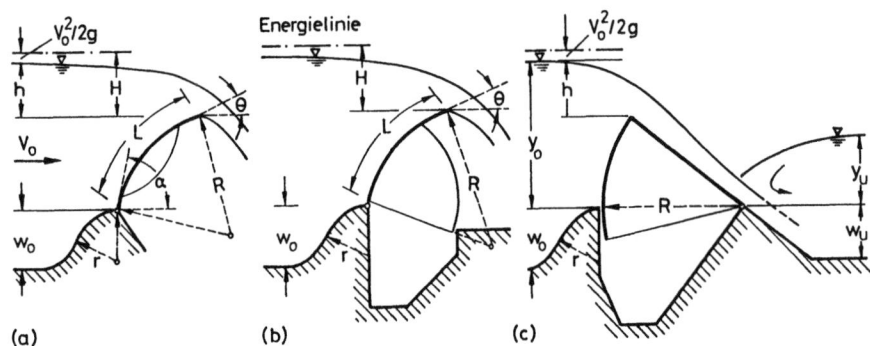

Bild 3.40   Schemaskizzen eines (a) Klappenwehrs, (b) Trommelwehrs und (c) Sektorwehrs

schnitt 3.3.1.5). Da jedoch bei Entwurfsarbeiten häufig Schätzwerte ausreichen - vor allem dann, wenn ohnehin Modellversuche vor der Festlegung des endgültigen Entwurfs erforderlich sind, seien nachfolgend wenigstens einige wenige Untersuchungsergebnisse zum Einfluß der Form des beweglichen Wehrverschlusses wiedergegeben.

Wie Bild 3.40 zeigt, sind die geometrischen Parameter des Klappen- und Trommelwehrs einander gleich, so daß diese gemeinsam behandelt werden können. Wie Castro (1983) gezeigt hat, sind die in der Literatur meist verwendeten C_q-Daten von Bradley in Abhängigkeit von θ und H/R viel zu stark vereinfacht, als daß sie allgemeingültig sein können. Es seien deshalb hier einige Ergebnisse aus Castros Arbeit berichtet. Man beachte, daß der Abflußbeiwert hier auf die Energiehöhe H über der Überfallkante bezogen ist; gemäß einer dimensionsanalytischen Betrachtung hängt er bei vollständig belüfteten Verhältnissen von folgenden g e o m e t r i s c h e n Parametern ab:

$$C_q^* \equiv \frac{q}{\frac{2}{3}\sqrt{2g}\,H^{3/2}} = C_q^*\left(\theta,\,\frac{H}{L},\,\frac{W_o}{L},\,\frac{r}{W_o},\,\frac{R}{L}\right) \qquad (3.44)$$

In Bild 3.41 sind die Ergebnisse von Castro (1983) für eine voll belüftete, ebene scharfkantige Klappe zusammengestellt. In all seinen Versuchen betrug L = 15 cm und damit $Re_L = L\sqrt{gL}/\nu \cong 1{,}6 \times 10^5$. Die Ergebnisse für eine gekrümmte Stauwand sind aus Bild 3.42 zu ersehen. In all diesen Diagrammen ist zu beachten, daß H die Energiehöhe über dem h ö c h s t e n Punkt des Wehrverschlusses darstellt, und dies ist für negative oder kleine Werte von α nicht

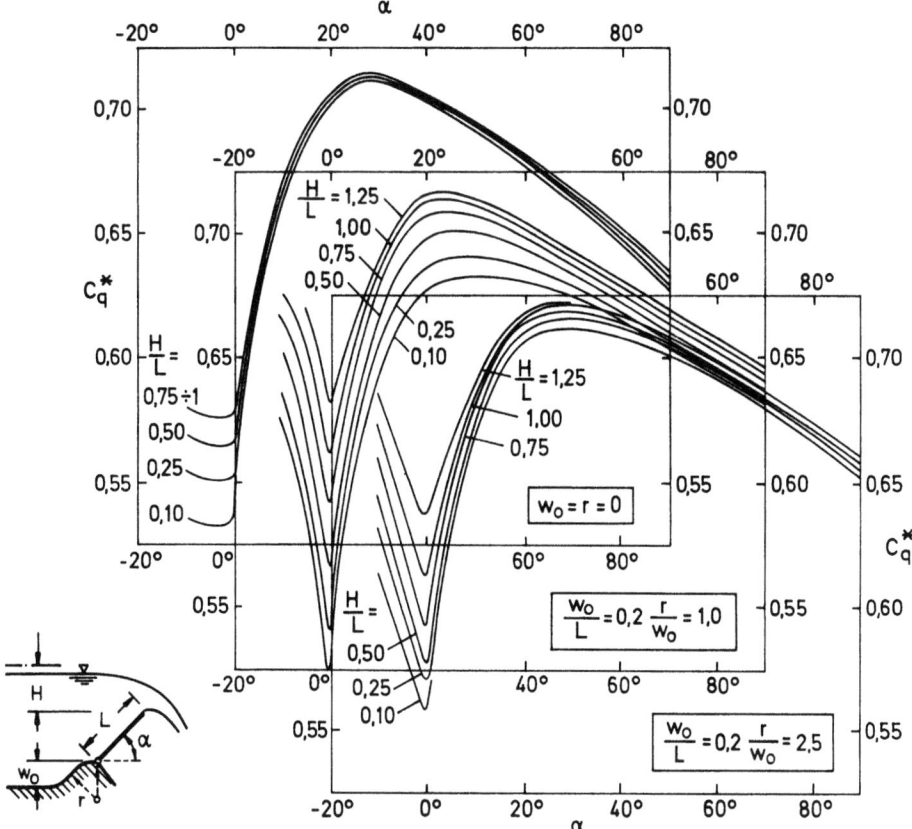

Bild 3.41 Abflußbeiwert C_q^* für einen voll belüfteten Wehrverschluß mit ebener Stauwand ($R/L = \infty$)

der Klappenendpunkt!

Zum Schluß seien noch einige Angaben zum Abflußbeiwert C_q (nach Gleichung 3.35) für ein Sektorwehr (Bild 3.40) gemacht, die aus systematischen Modellversuchen von Böss (1958) stammen. Den Versuchen lag ein Sektorwehr mit $R = 30$ cm bzw. $Re_o = y_o \sqrt{gy_o}/\nu \geq 2 \times 10^6$ von folgender Formgebung zugrunde: $w_o/R = w_u/R = 0{,}205$, oberwasserseitige Rampe 1 : 1,5 abgeschrägt. Die in Bild 3.43 wiedergegebenen C_q-Werte wurden für jeweils konstant gehaltene Wassertiefen y_o ermittelt. Im Bereich $0 < y_u/y_o < 0{,}65$ stellt sich rückstaufreier Abfluß (vollkommener Überfall) ein. Man beachte, daß sich die Abflußverhältnisse für $h/y_o = 1{,}0$ und kleine Werte von y_o/R denen der Überströmung eines breitkronigen Wehres nähern (vgl. Bild 3.44b). Über den Einfluß des Turbulenzgrads der Anströmung wird in Abschnitt 3.3.1.5 berichtet.

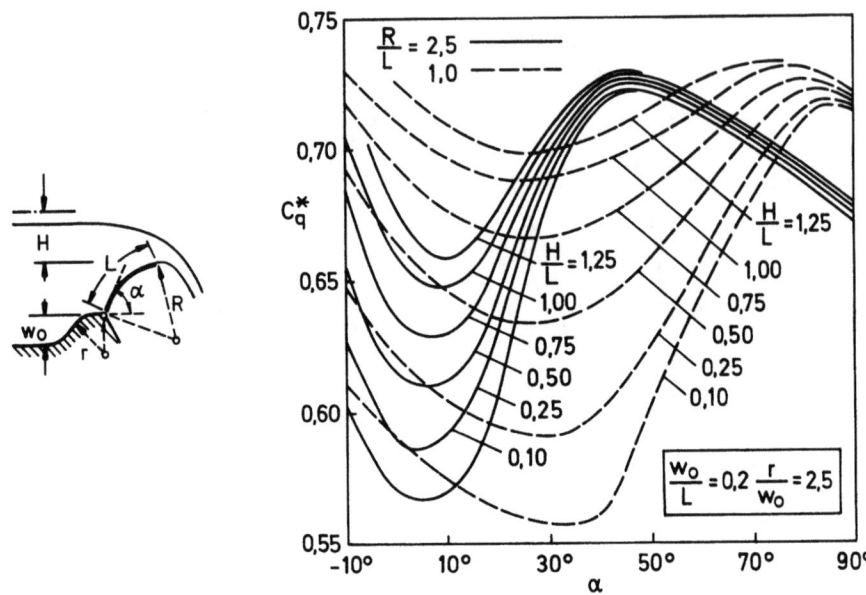

Bild 3.42 Abflußbeiwert C_q^* für einen vollbelüfteten Wehrverschluß mit gekrümmter Stauwand

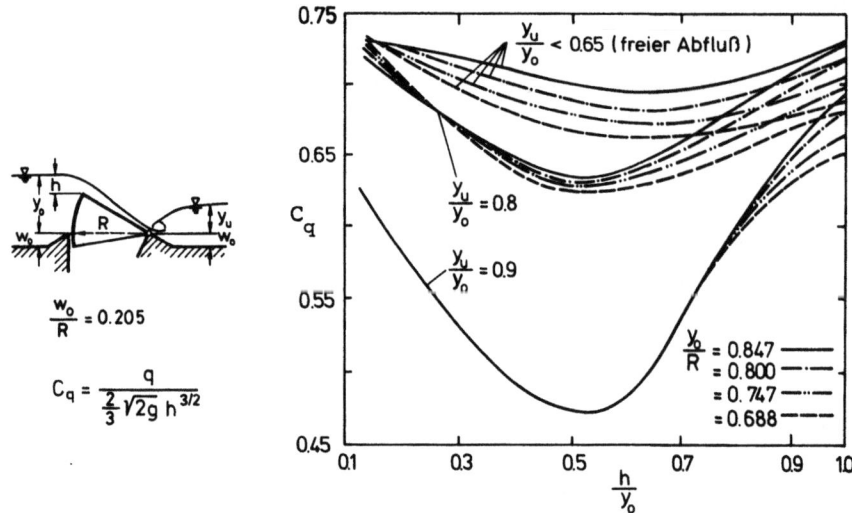

Bild 3.43 Abflußbeiwert C_q für freien und rückgestauten Abfluß über ein Sektorwehr

3.3.1.4 Breitkroniges Wehr, Venturikanal. Ein überströmtes Wehr von besonderer Form, über das relativ viel Information vorliegt, ist das sogenannte b r e i t k r o n i g e   W e h r . An dieser Stelle soll nur so viel berichtet werden, als zum physikalischen Verständnis der Abflußvorgänge bei solchen festen Wehren nötig ist. Wie Bild 3.44 deutlich macht, entspricht das obere Ende einem Kanaleinlauf und das untere Ende einem freien Überfall oder Absturz (vgl. Bild 2.10). Die Strecke dazwischen ist meist so lang, daß Grenzschichteffekte berücksichtigt werden müssen, aber nicht lang genug, daß man von den Einflüssen der mit den gekrümmten Stromlinien zusammenhängenden Beschleunigungen absehen könnte. Für hohe Unterwasserstände (Bild 3.44a) erfolgt der Abfluß über das Wehr strömend und ist somit ganz vom Unterwasser und nicht vom Wehr kontrolliert. Bei sinkendem Unterwasser stellt sich auf der Wehrsohle schließlich der Grenzzustand mit $y = y_{gr}$ und $H = (H_o)_{min}$ ein (vgl. Abschnitt 1.2.1), womit die Abflußkontrolle auf das Wehr übergeht: Sinkt der Unterwasserstand weiter ab, so bleibt der Abfluß über dem Wehr unverändert.

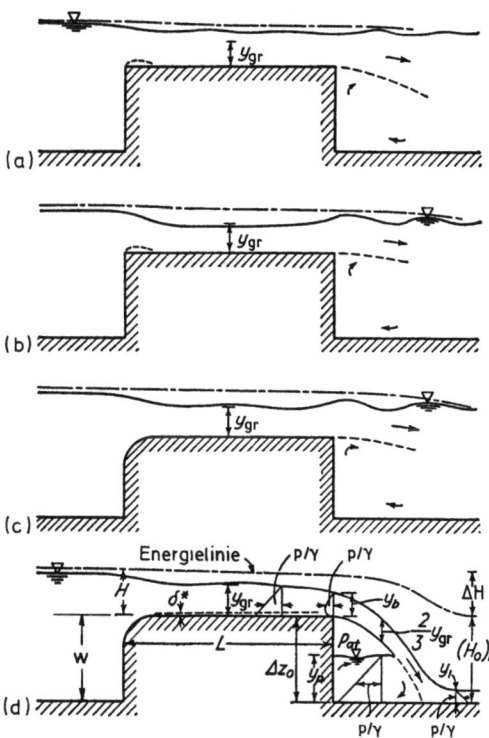

Bild 3.44 Charakteristika des Abflusses über ein breitkroniges Wehr (Entn. aus Rouse "Engineering Hydraulics", 1950, m. frdl. Gen. v. John Wiley & Sons)

Die Lage des Kontrollquerschnitts hängt von der Formgebung des breitkronigen Wehres ab. Ist die oberwasserseitige Kante nicht abgerundet (Bild 3.44b), so löst sich dort die Strömung ab, und der Kontrollquerschnitt geht durch den Scheitelpunkt der Ablösungsstromlinie, in dem die spezifische Energiehöhe (H_o) ein Minimum wird. Der Abfluß unterstrom dieses Querschnitts ist dann leicht schießend. (Das bedeutet, daß die Verhältnisse im Einlaufquerschnitt unverändert bleiben, auch wenn die Wehrsohle eine abfallende Neigung besitzen würde.) Ist dagegen die oberwasserseitige Kante abgerundet (Bild 3.44c), dann stellt sich $(H_o)_{min}$ am unteren Ende ein (es sei denn, die Wehrsohle ist ausreichend geneigt). Der Abfluß über den Wehrrücken ist in diesem Fall gerade noch strömend und damit leicht gewellt. In beiden Fällen ist der Abfluß vom Wehr kontrolliert und bleibt über dem Wehr und oberstrom unbeeinflußt vom Unterwasserstand (Bild 3.44d).

Der Abfluß über ein breitkroniges Wehr der Breite B und Länge L beträgt bei einer Energielinienhöhe im Anfangsquerschnitt von H über der Wehrsohle ohne Berücksichtigung von Zähigkeitseinflüssen (Ablösung, Grenzschichteffekten)

$$Q = B\, y_{gr} V_{gr} = B\, \frac{2}{3} H \sqrt{\frac{2}{3} g H} = 0{,}544\, \sqrt{g}\, B\, H^{3/2} \qquad (3.45)$$

Der Zähigkeitseinfluß kann bei horizontaler Wehrsohle und abgerundeter oberwasserseitiger Kante dadurch erfaßt werden, daß man die sogenannte Verdrängungsdicke δ^* der Grenzschicht zur Sohlenhöhe und Position der Seitenwände hinzurechnet:

$$Q = 0{,}544\, \sqrt{g}\, (B - 2\,\delta^*)(H - \delta^*)^{3/2}$$

oder

$$Q = C\, 0{,}544\, \sqrt{g}\, B\, H^{3/2} \quad \text{mit}\quad C = \left(1 - 2\frac{\delta^*}{B}\right)\left(1 - \frac{\delta^*}{H}\right)^{3/2} \qquad (3.46)$$

Für die Verdrängungsdicke δ^* können hierbei folgende Ausdrücke verwendet werden: Bei laminarer Grenzschicht, d.h. bis zu Reynolds-Zahlen von etwa $Re_L = VL/\nu \simeq 3 \times 10^5$,

$$\frac{\delta^*}{L} = \frac{1{,}73}{\sqrt{Re_L}} \qquad (3.47)$$

und bei turbulenter Grenzschicht auf glatter Sohle für $Re_L > 3 \times 10^5$

$$\frac{\delta^*}{L} \simeq \frac{0{,}037}{Re_L^{1/5}} \qquad (3.48)$$

Für die Ermittlung von C reicht es aus, die Geschwindigkeit auf der Wehrsohle konstant mit $V_{gr} = \sqrt{2gH/3}$ anzunehmen. Ergebnisse einer solchen Berechnung für ein Breiten-zu-Längen-Verhältnis von B/L = 0,2 ist in der nachfolgenden Tabelle angegeben. Man erkennt hier wieder deutlich die typische Eigenschaft des Zähigkeitseinflusses, daß dieser nämlich mit größer werdendem Maßstab verschwindet: Tatsächlich nähert sich der Beiwert C mit wachsendem L dem Wert 1 für zähigkeitsfreie Verhältnisse. (Weitere Angaben über den Einfluß der Zähigkeit, der Oberflächenspannung und der Stromlinienkrümmung bei kleinen Werten von L/H finden sich in Ranga Raju, 1981.)

Als Kontrollquerschnitt, das ist der Querschnitt, in dem H_o den Minimalwert

Tabelle 3.1 C-Werte für breitkronige Wehre mit B/L = 0,2

Länge des Wehres L [m]	H/L				
	0,05	0,075	0,10	0,125	0,15
0,61	0,883	0,923	0,941	0,953	0,960
1,83	0,923	0,946	0,958	0,966	0,971
3,05	0,932	0,953	0,964	0,970	0,975
15,25	0,953	0,967	0,975	0,979	0,982

erreicht, kann bei den in Bild 3.44d skizzierten Bedingungen der Wehrendquerschnitt angenommen werden, obwohl sich dort wegen des Effekts der Stromlinienkrümmung eine kleinere Wassertiefe als y_{gr} einstellt, und zwar nach Messungen von Rouse $y_b = 0,715\ y_{gr}$. Will man also durch Messung der Wassertiefe über der Absturzkante y_b den Abfluß ermitteln, so hat man Gleichung (3.45) wie folgt umzuschreiben:

$$Q = B\,y_{gr}\sqrt{g\,y_{gr}} = B\sqrt{g}\left(\frac{y_b}{0,715}\right)^{3/2} = 1,65\sqrt{g}\ B\ y_b^{3/2} \qquad (3.49)$$

Wird jedoch die Länge des Wehrrückens L zu kurz, so daß der Einfluß der Stromlinienkrümmung in einem mittleren Bereich nicht mehr vernachlässigt werden darf, dann verlieren die Gleichungen (3.46) und (3.49) ihre Gültigkeit. Je kleiner das Verhältnis L/H, umso mehr nähert sich das breitkronige Wehr einem rundkronigen (Bild 3.33), und die Druckverteilung im Kontrollquerschnitt, die beim breitkronigen Wehr hydrostatisch ist, wandelt sich um zu der in Bild 3.33 dargestellten. Auf diese Weise wächst die Abflußleistung bzw. der Abflußbeiwert, und man hat überzugehen von einer Abflußbestimmung nach Gleichung (3.46) zu einer solchen mittels der Bilder 3.37 und 3.52. Genaugenommen müßte für diesen Übergangsbereich der Abflußbeiwert experimentell in Abhängigkeit von allen relevanten Parametern einschließlich L/H ermittelt werden (vgl. Ranga Raju, 1981).

Information über solche Verhältnisse findet man in der Literatur im Zusammenhang mit sogenannten V e n t u r i k a n ä l e n (Bild 3.45). Solche Kanäle mit Querschnittseinengungen werden häufig zu Meßzwecken eingesetzt. Sie haben gegenüber den Meßwehren mit scharfkantigem Wehr den Vorteil, daß der Transport von Sediment nicht gestört wird und daß relativ kleine Energiehöhendifferenzen ΔH zwischen Ober- und Unterwasser zu einer eindeutigen Abflußbestimmung ausreichen. An dieser Stelle sei lediglich auf die einschlägige Literatur verwiesen, die beispielsweise von Schmidt (1957) und Chow (1959) sehr ausführlich wiedergegeben wird. (Einige Information über den in Bild 3.45b dargestellten Fall ist in Bild 3.43 für $h/y_o = 1,0$ enthalten.)

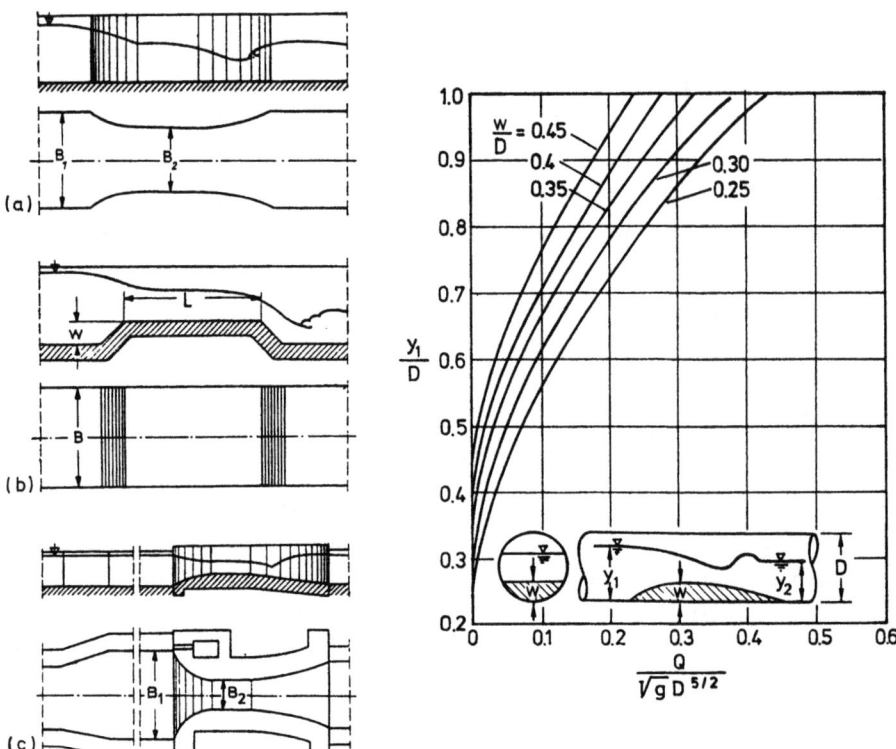

Bild 3.45 Venturikanäle mit Einengung (a) der Breite, (b) der Tiefe, (c) der Breite und Tiefe

Bild 3.46 Abflußkennlinie für einen venturiartigen Wehreinbau in einem Kreisrohr
(Entn. aus Ven Te Chow "Open Channel Hydraulics", 1959, m. frdl. Gen. v. McGraw-Hill Book Co.)

Venturiartige Wehreinbauten können auch in Kreisrohren mit Freispiegelabfluß geplant werden. Die von Stevens (1936) gemessenen Werte für den Abflußbeiwert $Q/(\sqrt{g}D^{5/2})$ eines solchen Einbaus sind in Bild 3.46 dargestellt.

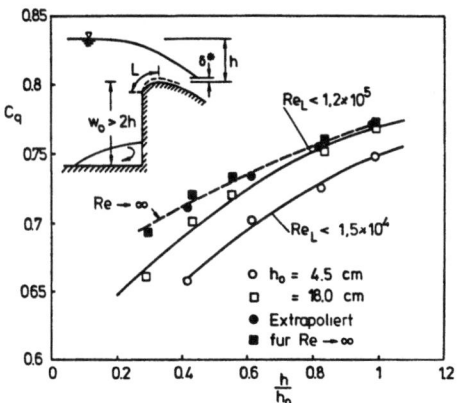

Bild 3.47 Grenzschicht-Korrektur von Versuchsergebnissen aus einer Modellfamilie

3.3.1.5 Maßstabseffekte. Nach der ausführlichen Beschreibung von Maßstabseffekten in den Abschnitten 3.2.2.2 und 3.2.2.3 seien hier nur noch solche genannt, die dort zu kurz kamen oder spezifisch ü b e r - s t r ö m t e Bauwerke betreffen.

(a) <u>Einfluß der Reynolds-Zahl</u>. Der Zähigkeitseinfluß auf die Abflußbeiwerte überströmter Wehrverschlüsse kann ähnlich abgeschätzt werden, wie dies in Abschnitt 3.2.2.2 für ein unterströmtes Schütz oder mit den Gleichungen (3.46) bis (3.48) für ein breitkroniges Wehr getan wurde. So zeigt Bild 3.47 das Ergebnis einer Extrapolation von Versuchsergebnissen aus zwei unterschiedlich großen Modellen (Bretschneider, 1971) auf Naturverhältnisse (Re → ∞). Der durch Zähigkeit verursachte Grenzschichteffekt wurde hier für eine äquivalente gleichförmige Strömung entlang einer glatten Platte von der Länge L = 0,5 h_o näherungsweise berechnet, wobei h_o die Ausbauüberfallhöhe bedeutet (Naudascher, 1984). Trotz dieser sehr groben Vereinfachung scheint das Ergebnis das Extrapolationsverfahren zu rechtfertigen, da die auf Re → ∞ extrapolierten Daten (Daten ohne Grenzschichteinfluß) nahezu zusammenfallen. Das Ergebnis wird außerdem durch die Untersuchung einer Familie von fünf Modellen eines Überfallrückens von Varschney (1977) bestätigt, wonach C_q-Werte aus Modellversuchen dann keiner Grenzschicht-Korrektur mehr bedürfen, wenn $Re_L = L\sqrt{gH}/\nu > 5 \times 10^5$. Der Einfluß des Eckwirbels wurde bislang noch nicht untersucht.

(b) <u>Einfluß der Weber-Zahl</u>. Über den Einfluß der Oberflächenspannung σ bzw. der Weber-Zahl (Gleichung 3.5) auf den Abflußbeiwert kann für einen Sonderfall eine exakte Vorhersage gemacht werden, nämlich für den Fall einer überströmten, völlig umgelegten ebenen Klappe am Ende eines horizontalen Gerinnes. Für diesen Sonderfall läßt sich die Energiegleichung unter Einschluß des Oberflächenenergieflusses $\sigma \beta_o V$ pro "Gewichtsfluß" γVh wie folgt schreiben (Maxwell, Weggel, 1969):

$$H = h + \alpha \frac{q^2}{2gh^2} + \beta_o \frac{\sigma}{\gamma h} \qquad (3.50)$$

Hierin ist β_o ein Korrekturbeiwert für die Oberflächenenergie, der gleich ist dem Verhältnis von Oberflächengeschwindigkeit zu mittlerer Geschwindigkeit V = q/h. Wird nun der Abfluß weder vom Unter- noch vom Oberwasser beeinflußt, so muß H für eine gegebene Abflußmenge q ein Minimum werden. Die Bedingung hierfür lautet $\partial H/\partial h = 0$. Sieht man vom Einfluß der Zähigkeit ab ($\alpha = \beta_o = 1$), so erhält man damit aus Gleichung (3.50)

$$\frac{q^2}{gh^3} = 1 - \frac{\sigma}{\gamma h^2} \quad \text{oder} \quad Fr^2 = 1 - \frac{1}{We^2} \tag{3.51}$$

Hierin bedeutet $Fr = q/\sqrt{gh^3}$ die Froude-Zahl und $We = h/\sqrt{\sigma/\gamma}$ die Weber-Zahl. Der Abflußbeiwert C_q ergibt sich damit zu

$$C_q \equiv \frac{q}{\frac{2}{3}\sqrt{2g}\, h^{3/2}} \equiv \frac{3Fr}{2\sqrt{2}} = \frac{3}{2\sqrt{2}}\sqrt{1 - \frac{1}{We^2}} \tag{3.52}$$

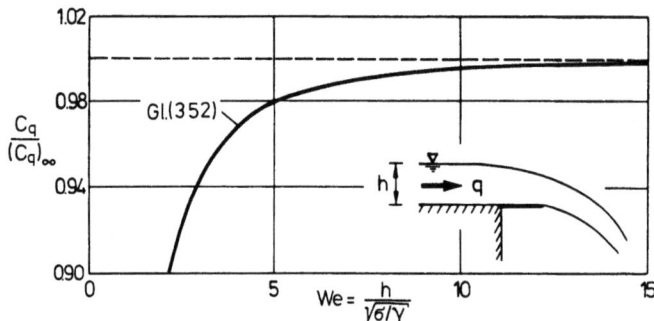

Bild 3.48   Einfluß der Weber-Zahl auf C_q für einen freien Überfall (ohne Zähigkeitseffekt)

Aus der graphischen Darstellung dieser Beziehung in Bild 3.48 ersieht man, daß eine Ungenauigkeit von 1% dann überschritten wird, wenn die Weber-Zahl We den Wert 7,5 unterschreitet; dies aber ist bei Wasser von 20°C gleichbedeutend mit h = 2,1 cm.

Der gleichzeitige Einfluß von Oberflächenspannung und Zähigkeit auf den Abfluß über scharfkantige Wehre wurde von Ranga Raju, Asawa (1977) untersucht. Definiert man die Weber-Zahl wieder mit $We \equiv h/\sqrt{\sigma/\gamma}$ und die Reynolds-Zahl mit $Re \equiv h\sqrt{gh}/\nu$, so macht sich dieser kombinierte Einfluß bemerkbar, wenn

$$Re^{0.2} We^{1.2} < 900 \tag{3.53}$$

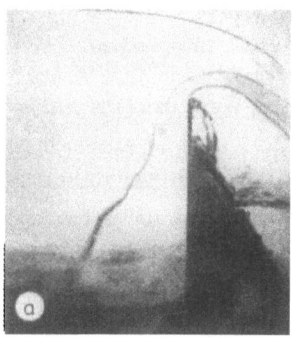

Bild 3.49 Sekundärströmungseffekte an einem überströmten Wehr endlicher Breite nach Rouse. (a) Seitliche Wirbelbildung, durch Farbkristalle im Sandbett sichtbar gemacht. (b) Sandformation oberstrom des Wehrs infolge dieser Wirbelbildung. (Entn. aus Rouse "Fluid Mechanics for Hydraulic Engineers", 1961, m. frdl. Gen. v. Dover Publications)

bzw., bei Wasser von 20°C, wenn h < 11 cm wird. (Rehbock gibt für den gleichen Fall h = 9 cm als die Grenze an, bei deren Unterschreitung der Einfluß von Oberflächenspannung und Zähigkeit auf den Abfluß größer wird als 1%. Näheres hierüber und über den Einfluß der Gerinnerauheit ist aus Schoder et al., 1929, und Ranga Raju, 1981, zu entnehmen.)

Bei der Übertragung dieser Abschätzungen auf andere Wehrverschlüsse ist zu beachten, daß der Einfluß der Oberflächenspannung mit der Krümmung zunimmt.

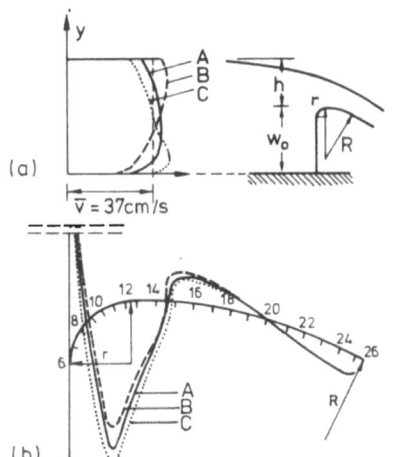

Bild 3.50 Einfluß der Geschwindigkeitsprofile im Zulaufgerinne (a) auf die Druckverteilung an der Wehrkrone (b)

(c) <u>Einfluß der Anströmbedingungen</u>. Je kleiner die Breite eines Wehres, umso mehr sind die Abflußbeiwerte und Abflußcharakteristika wie die in Bild 3.31 dargestellten von Störungen durch die Seitenwände des Zulaufgerinnes beeinträchtigt. Der wichtigste Störungseinfluß besteht in der Bildung seitlicher Wirbel, wie aus den Fotos in Bild 3.49 ersichtlich ist.

Über den Einfluß der Geschwindigkeitsverteilung des Zulaufgerinnes gibt Bild 3.50 Auskunft. Nach Poggensee (1942) macht sich ein solcher Einfluß auf die Druck-

verteilung an der Wehrkrone - und damit auf den Abfluß - bemerkbar, wenn die
Überströmungsverhältnisse der Bedingung $h/w_o > 0,67$ entsprechen.

Auf den Einfluß des Turbulenzgrads der Anströmung wurde bereits hingewiesen.
Nach den Ausführungen zu den Bildern 3.18 und 3.19 wird es einleuchten, daß
besonders der Abfluß über ein Sektorwehr (Bild 3.43) von der Turbulenz beein-
flußbar ist, da sich der Überfallstrahl hier zunächst an der scharfen Kante
des Sektorwehrs ablöst, um sich weiter unterstrom am Wehrrücken wiederanzule-
gen. Die eingeschlossene Ablösungszone nimmt einen umso kleineren Druck an, je
größer der Turbulenzgrad der Anströmung ist. Diesem geringeren Druck aber entspricht eine vergrößerte Abflußleistung! Nähere Information über die entsprechenden Veränderungen der Abflußbeiwerte in Bild 3.43 ist nicht bekannt. Genauso wenig wurde bisher der Einfluß von Wehrschwingungen untersucht (vgl. Abschnitt 3.2.2.3d).

3.3.2 Wehre mit unvollkommenem Überfall

Der Einfluß des Rückstaus vom Unterwasser auf den Abfluß über Wehre wurde bereits wiederholt erwähnt, so vor allem im Zusammenhang mit den Bildern 3.31,
3.43 und 3.44. Wird die Abflußmenge durch den Rückstau verändert, so bezeichnet man den Abfluß als unvollkommen. Der Abflußbeiwert wird in diesem Fall
zusätzlich von einem Parameter abhängig, der wie etwa h_u/h in Gleichung (3.40),
die Höhe des Unterwasserstandes in Relation zu einer charakteristischen Länge
der Überströmung setzt.

Nun gibt es jedoch auch einen Rückstaueffekt, der nicht vom Unterwasserstand,
sondern von der Tiefe der Unterwassersohle unter der Wehroberkante w_U verursacht wird, wenn w_U einen bestimmten kritischen Wert unterschreitet. Dieser
Rückstaueffekt wird dadurch ausgelöst, daß der Überfallstrahl durch die Umlenkung eine Druckerhöhung erfährt (Bild 3.33), die dem Kontrollquerschnitt an
der Wehrkrone umso näher rückt und umso größere Werte annimmt, je höher die
Unterwassersohle angeordnet wird. Der Rückstau spielt bei allen Schwellen eine Rolle, die nicht oberhalb eines Absturzes angeordnet sind, so beispielsweise
auch bei der sogenannten Jamborschwelle.

Umfangreiche Untersuchungen über den unvollkommenen Überfall wurden vom U.S.
Bureau of Reclamation (1948) durchgeführt. Hierbei wurde hinsichtlich der Unterwasserverhältnisse zwischen vier Strömungszuständen unterschieden, nämlich
(a) schießender Abfluß, (b) strömender Abfluß mit Wechselsprung, (c) Abfluß

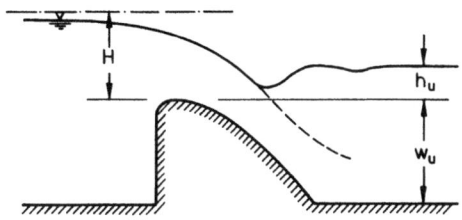

Bild 3.51 Schemaskizze für den unvollkommenen Überfall

mit rückgestautem Wechselsprung und getauchtem Strahl und (d) Abfluß mit abgelöstem Strahl nahe der Oberfläche. In Bild 3.52, das auf einer Erweiterung dieser Untersuchungen durch die U.S. Army Engineers Waterways Experiment Station (1952) basiert, sind die Bereiche dieser Strömungszustände in Abhängigkeit von den maßgebenden Parametern gekennzeichnet. Weiterhin sind in diesem Bild die Werte für den Abminderungsfaktor

$$\frac{C_q - (C_q)_{rückst}}{C_q} = \frac{C_Q - (C_Q)_{rückst}}{C_Q} \qquad (3.54)$$

in Prozent angegeben, die sich für die Abflußbeiwerte C_q bzw. C_Q (Gleichung 3.42) in Bezug auf den vollkommenen Überfall ergeben. Das Diagramm gilt für Wehrprofile sowohl des USBR- als auch des WES-Typs (vgl. Bild 3.38). Es enthält für sehr große Werte des Parameters w_U/H Angaben über den erstgenannten Effekt auf den Abflußbeiwert infolge des rückstauenden Unterwassers (siehe Schnitt A-A) und für sehr kleine bzw. negative Werte des Parameters h_U/H Angaben über den zweitgenannten Effekt infolge Umlenkung des Überfallstrahls an der Unterwassersohle (siehe Schnitt B-B). Für mittlere Werte von w_U/H und h_U/H sind beide "Rückstau"-Einflüsse wirksam.

Wenn ein Wehr zur Abflußmessung eingesetzt wird, sollte es nach Möglichkeit frei vom Rückstau aus dem Unterwasser bleiben, weil, wie Bild 3.52 zeigt, geringste Änderungen im Unterwasserstand die bei bestimmten Oberwasserverhältnissen abgeführte Wassermenge stark beeinflussen. Hinzu kommt, daß die Strömung bei unvollkommenem Überfall relativ unruhig ist. Über die Auswirkungen des Rückstaus auf den Wasserspiegel- und Druckverlauf am Wehrrücken geben die bereits genannten Untersuchungen des USBR (1948) Auskunft (siehe auch Chow, 1959, S. 387). Über die einschlägige deutsche Literatur unterrichtet vor allem Schmidt (1957).

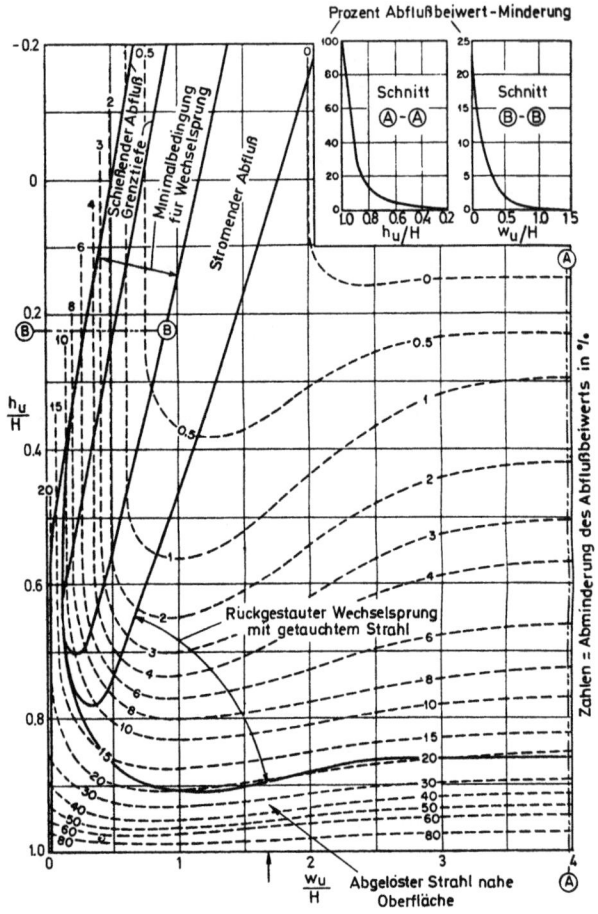

Bild 3.52 Abminderung des Abflußbeiwerts durch Rückstaueffekte (Erläuterung der Symbole in Bild 3.51) (Entn. aus Ven Te Chow "Open Channel Hydraulics", 1959, m. frdl. Gen. v. McGraw-Hill Book Co.)

3.3.3. Wehre besonderer Art

Es würde zu weit führen, hier auch detailliert auf solche Kontrollbauwerke wie Schachtüberfälle, Streichwehre, Bodenauslässe (Tiroler Wehr), Heberwehre, etc. näher einzugehen. Nur die Streichwehre und Bodenauslässe sollen wegen ihrer Zugehörigkeit zur Gerinnehydraulik näher behandelt werden. Da in diesen Fällen jedoch Reibungsverluste im Gerinne eine Rolle spielen, sollen sie nicht hier, sondern in Abschnitt 7.4 abgehandelt werden.

BEISPIEL 3.1

Zur Hochwasserentlastung eines Stausees soll ein Wehr mit festem Überfallrücken dienen. Seeseitig fällt die Staumauer 9 m vertikal bis zur Sohle des Stausees ab. Der Abfluß erfolgt rückstaufrei in eine Schußrinne. Man bestimme die Breite des Wehres für einen Abfluß von $Q = 50$ m³/s bei einer Ausbauüberfallhöhe von $h_o = 1,50$ m. Ferner ermittle man die Abflußkurve für das feste Wehr.

Gemäß Abschnitt 3.3.1.2 ist die Ausbauüberfallhöhe h_o maßgebend für die Formgebung eines festen Wehres. Wird diese dem unteren Strahlrand eines belüfteten, scharfkantigen Wehres mit entsprechender Überfallhöhe nachgebildet, so läßt sich Q mit Hilfe von Gleichung (3.41) und Bild 3.34 berechnen. Mit $h_o/w_o = 1,5/9 = 0,17$ erhält man aus Bild 3.34: $C_Q = 0,69$. Die Wehrbreite B folgt somit aus Gleichung (3.41) zu:

$$B = \frac{Q}{C_Q \sqrt{g} \, h_o^{3/2}} = \frac{50}{0,69 \times \sqrt{9,81} \times 1,5^{3/2}} \cong 12,6 \text{ m}$$

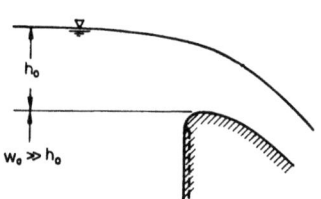

Systemskizze

Die Abflußkurve läßt sich mit Hilfe von Bild 3.37 bestimmen. Für $h = 3$ m erhält man beispielsweise $h/h_o = 3/1,5 = 2$, $C_Q = 0,815$ und

$$\frac{(p/\gamma)_{min}}{h_o} = -1,9 \;,$$

$$p_{min} = -1,9(9,81)1,5 = -28,0 \text{ kN/m}^2$$

Dieses Ergebnis gilt für $h_o/w_o = 0$. Da sich für $h_o/w_o = 0,17$ weniger gekrümmte Stromlinien einstellen, wird der Unterdruck tatsächlich kleiner sein als berechnet. Bedenkt man jedoch, daß die geringsten Abweichungen von der idealen Wehrform sowie die kleinsten Unebenheiten des Wehrrückkens größere Unterdrücke erzeugen können (Naudascher, 1982), so ist eher ein größerer Unterdruck als -28 kN/m² in Ansatz zu bringen.

h [m]	$\frac{h}{h_o}$	C_Q	Q [m³/s]	
3,0	2,0	0,815	167,1	) Unterdruck auf
2,25	1,5	0,77	102,6	} dem Wehrrücken
1,5	1,0	0,69	50,0	
0,75	0,5	0,65	16,7	) Überdruck auf
0,25	0,17	0,59	2,9	} dem Wehrrücken

Die Berechnung einiger Punkte der Abflußkurve wurde mit Hilfe von Bild 3.37 in der obenstehenden Tabelle durchgeführt.

BEISPIEL 3.2

Man bestimme die Breite eines Wehres mit festem Überfallrücken, das aus einem See bei Stauziel NN + 700 m eine Hochwassermenge von Q = 50 m³/s abführen soll. Zum Wehr, dessen Oberkante auf NN + 698,5 m liegt, führt ein 30 m langer Kanal mit einer Sohlenhöhe von NN + 697,9 m. Direkt unterstrom des Wehres schließt sich eine Schußrinne auf zunächst gleichem Niveau an. Es ist dafür zu sorgen, daß sich unterstrom des Wehres kein Fließwechsel einstellt.

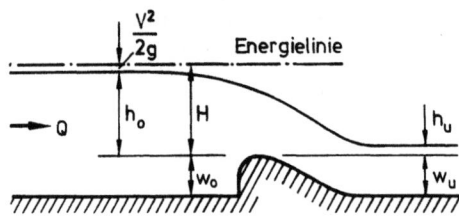

Systemskizze

Aus einer Voruntersuchung wurden die Geschwindigkeitshöhe und die Energieverlusthöhe im oberwasserseitigen Kanal zu $v_o^2/2g = 0,17$ m und $\Delta H = 0,04$ m ermittelt. Damit bleiben für die Ausbauüberfallhöhe h_o von der ursprünglichen Differenz von 1,5 m zwischen Stausee und Wehrkrone nur noch

$$h_o = 1,5 - 0,17 - 0,04 = 1.29 \text{ m}$$

übrig. Aus Bild 3.34 folgt mit $h_o/w_o = 1,29/0,6 = 2.15$ der Abflußbeiwert C_Q zu 0,89, sofern wieder wie in Beispiel 3.1 davon ausgegangen werden darf, daß die Wehrkontur der Form des unteren Strahlrandes eines belüfteten, scharfkantigen Wehres nachgebildet ist. Mit $w_u = 0,6$ m oder

$$\frac{w_u}{H} = \frac{0,06}{1,5 - 0,04} = 0,41$$

läßt sich der Rückstaueffekt zufolge des unterwasserseitigen Gerinnes aus Bild 3.52 ermitteln. Da schießender Abfluß in diesem Gerinne gefordert ist, muß $h_u/H \leq 0,1$ betragen (siehe Bild 3.52), und die Abminderung von C_Q ergibt sich zu 3%, d.h.

$$C_Q = 0,97 \times 0,89 = 0,86$$

Die Bedingung $h_u/H \leq 0,1$ bedeutet, daß die Schußrinne so gestaltet sein muß, daß die Normalabflußtiefe kleiner als

$$w_u + h_u = 0,6 + 0,1 \times 1,46 = 0,75 \text{ m}$$

ist. Die erforderliche Wehrbreite folgt aus Gleichung (3.41) zu

$$B = \frac{Q}{C_Q \sqrt{g} \, h_o^{3/2}} = \frac{50}{0,86 \times \sqrt{9,81} \times 1,29^{3/2}} = 12,67 \text{ m}$$

3.4 Gleichzeitig über- und unterströmte Bauwerke

Eine Reihe von Wehrverschlüssen, so zum Beispiel sogenannte Hakenschütze und Schütze mit Aufsatzklappe, können nicht nur über- oder unterströmt (Bild 3.21a), sondern auch gleichzeitig über- und unterströmt werden (Bild 3.53). Ein Berechnungsverfahren für den Abfluß in diesem Fall wird zur Zeit von Naudascher und Peissner entwickelt. Das Prinzip dieses Verfahrens soll hier anhand Bild 3.53 erläutert werden.

Sind die Strömungsverhältnisse angenähert zweidimensional (Breite $b \gg y_o$), so läßt sich eine Trennstromlinie definieren, die die oben (q_a) und unten (q_b) abgeführte Abflußmenge pro Breiteneinheit voneinander trennt:

$$q_a = (h + w^*)V_o \quad \text{und} \quad q_b = y_o^* V_o \qquad (3.55)$$

und die Kontinuitätsgleichung lautet

$$q = q_a + q_b = y_o V_o \qquad (3.56)$$

Vernachlässigt man zunächst, daß die Trennstromlinie kurz oberstrom des Wehrverschlusses nach oben oder unten abgelenkt wird, je nachdem, ob q_a/q_b größer oder kleiner als 1,0 ist, so können die Größen q_a und q_b berechnet werden, als handle es sich um

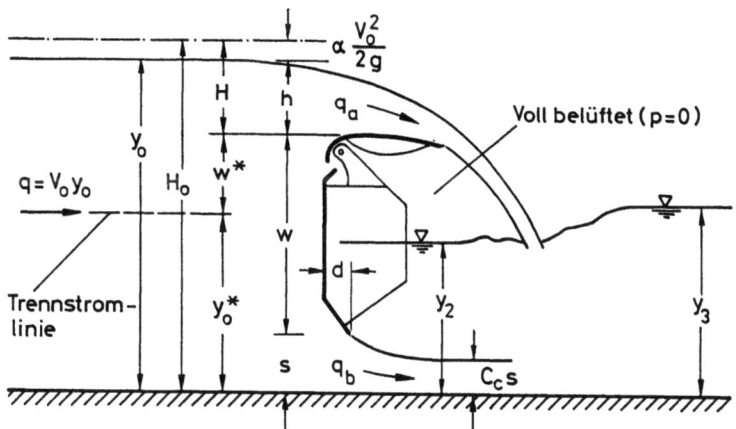

Bild 3.53 Schematische Darstellung eines gleichzeitig über- und unterströmten Wehrverschlusses (hier Schütz mit Aufsatzklappe)

(a) eine Überströmung eines Verschlusses der Höhe w* und

(b) eine Unterströmung eines Verschlusses in einem Stollen der Höhe y_o^*.

Gemäß den Abschnitten 3.2.1 und 3.3.1.3 kann deshalb näherungsweise geschrieben werden:

$$q_a = \frac{2}{3} C_q^* \sqrt{2g} \, H^{3/2} \tag{3.57}$$

und

$$q_b = C_c s \, V_c = C_c s \sqrt{2g(H_o - y_2)} \tag{3.58}$$

wobei der Abflußbeiwert C_q^* aus den Bildern 3.41, 3.42 und der Einschnürungsbeiwert C_c aus Bild 3.8 zu bestimmen ist.

Wie eine erste Überprüfung dieses Berechnungsverfahrens für gleichzeitig über- und unterströmte Bauwerke gezeigt hat, ist es außerordentlich wichtig, in der Gleichung für die überströmende Abflußmenge q_a den Abflußbeiwert C_q^* gemäß Gleichung (3.35b) und nicht C_q nach Gleichung (3.35a) zu verwenden. Dies liegt darin begründet, daß die Variablen H und h (vgl. Bild 3.53) hier nicht mehr eindeutig einander zugeordnet sind wie bei der reinen Überströmung und daß für die Größe von q_a die Energiehöhe H maßgebend ist; diese Höhe H aber nimmt bei konstanter Überströmungshöhe h mit größer werdender Teilabflußmenge q_b zu.

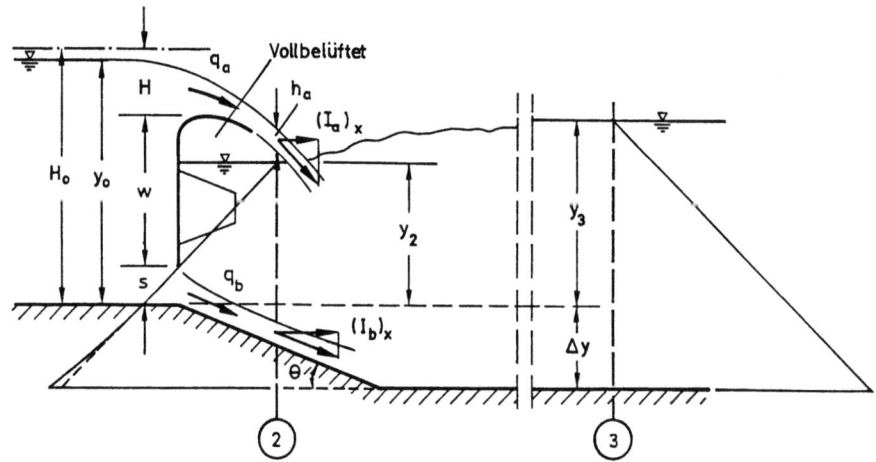

Bild 3.54   Schemaskizze zur Berechnung von $y_3 - y_2$

Die Wassertiefe y_2 bzw. die den Teilabfluß q_b kontrollierende piezometrische Höhe unterstrom des Wehrverschlusses läßt sich näherungsweise aus der Impulsgleichung zwischen den Querschnitten (2) und (3) berechnen (vgl. Bild 3.54):

$$P_2 - P_3 = \rho q V_3 - \rho q_a (V_a)_x - \rho q_b V_b \cos\theta \qquad (3.59)$$

Nimmt man für den Raum zwischen den Strahlen hydrostatische Druckverteilung an, so läßt sich für die Druckkraft P_2 im Querschnitt 2

$$P_2 = \frac{\gamma}{2}(y_2 + \Delta y)^2 + \rho q_b V_b (1 - \cos\theta) \qquad (3.60)$$

schreiben, wenn man in P_2 auch die Erhöhung des Druckes infolge Strahlumlenkung am Ende der geneigten Sohle berücksichtigt, die sich aus einer gesonderten Impulsbetrachtung abschätzen läßt. Setzt man nun für $V_b = q_b/C_c s$ und für $(V_a)_x = q_a/h_a$ ein, worin $h_a = C_a H$ die vertikale Höhe des freien Überfallstrahls bedeutet, so folgt mit Gleichung (3.60) aus Gleichung (3.59) schließlich:

$$\frac{\gamma}{2}(y_2 + \Delta y)^2 - \frac{\gamma}{2}(y_3 + \Delta y)^2 = \rho \frac{(q_a + q_b)^2}{y_3 + \Delta y} - \rho \frac{q_a^2}{C_a H} - \rho \frac{q_b^2}{C_c s} \qquad (3.61)$$

Zusammen mit den Gleichungen (3.57) und (3.58) kann hieraus y_2 als Funktion von H_o, H, s, y_3 und Δy ermittelt werden. Nach Bild 3.29 zu schließen, könnte hierbei für C_a ein konstanter Wert gewählt werden, der für ein scharfkantiges Wehr zwischen 0,45 und 0,57 (also nahe 0,5) liegt.

Bild 3.55 zeigt einige Modellversuchsergebnisse (Naudascher, 1959) für eine Wehranlage mit Über- und Unterströmung. Die den Teilabfluß q_b kontrollierende piezometrische Höhe unterstrom des Wehrverschlusses y_2 wurde hier aus Druckmessungen an der schrägen Fläche des Unterschützes bestimmt. Die Vergleichsrechnung für den Fall $s/w = 0,457$ und $h/w = 0,571$ bzw. 0,857 ergab recht gute Übereinstimmung mit den Meßergebnissen, wie Bild 3.55b zeigt. Für $s/w = 0,32$ und große Werte von y_o/y_3 dagegen ergab die Rechnung geringfügig höhere Werte von $(y_3 - y_2)/y_3$ als gemessen. Diese Diskrepanz kann allerdings aus einer Fehlmessung von y_3 herrühren, die mit der ungleichförmigen Geschwindigkeitsverteilung im Meßquerschnitt (3) zusammenhängt; wie in Bild 3.20 gezeigt wurde, bedingt diese Ungleichförmigkeit (die übrigens in einem gegebenen Querschnitt mit y_3/s zunimmt), daß z u k l e i n e Tiefen y_3 gemessen werden.

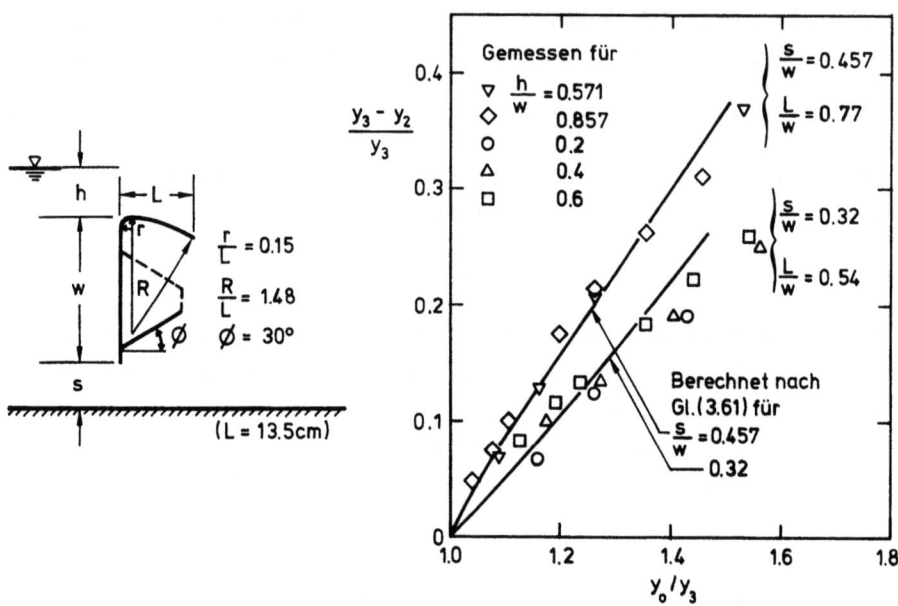

Bild 3.55 Unterwasserverhältnisse (vgl. Bild 3.54) bei einem gleichzeitig über- und unterströmten Wehrverschluß.

4. ÜBERGANGSBAUWERKE UND EINBAUTEN IN GERINNEN

4.1 Örtliche Energieverluste

4.1.1 Allgemeine Bemerkungen

Wie jedes Fluid besitzt auch Wasser eine endliche Zähigkeit. Bei jeder Strömung kommt es daher in dem Maße zur Umwandlung von kinetischer Energie in Wärme, wie von den Zähigkeitskräften Arbeit geleistet wird. Da Wärme eine Form der Energie ist, die für das mechanische System als verloren betrachtet werden kann, nennt man in der Hydromechanik die umgewandelte Energie auch Energieverlust (Dissipation).

Man unterscheidet zwei Arten des Energieverlusts, den örtlich konzentrierten (örtlicher Verlust genannt) und den kontinuierlich verteilten (irreführenderweise auch Reibungsverlust genannt). Der örtliche Energieverlust wird vorwiegend in lokal begrenzten Zonen von Strömungsablösung durch innere Schubspannung erzeugt, während der Reibungsverlust von Schubspannungen, die von glatten oder rauhen Wänden ausgehen, hervorgerufen wird. In diesem Kapitel soll vor allem vom örtlichen Energieverlust und im Kapitel 6 vom Reibungsverlust die Rede sein.

Auf örtliche Verluste ist bereits mehrfach hingewiesen worden, so z.B. mit Bild 1.6 und im Zusammenhang mit dem Wechselsprung. In Bild 4.1 werden typische Strömungskonfigurationen gezeigt, die zu einem solchen Energieverlust führen. Es sei vorausgesetzt, daß die Reynolds-Zahl der Strömung so groß ist, daß sich die Zähigkeitswirkung des in die Strömung zwischen zwei parallelen Wänden eingebrachten zylindrischen Körpers auf eine dünne Zone nahe der umströmten Berandung - d.h. auf die sogenannte G r e n z s c h i c h t - beschränkt. Man kann für diesen Fall durch einfache Überlegungen zeigen, daß die Strömung in der Grenzschicht wegen des Abbaus der Geschwindigkeit bis auf Null an der Wand (Haftbedingung zäher Fluide) die Verzögerung durch Druckanstieg im stromabgelegenen Teil des Körpers nicht mitmachen kann, ohne daß es zur Geschwindigkeitsumkehrung und damit zur S t r ö m u n g s a b l ö s u n g kommt. Die Strömungsablösung wiederum schafft freie Scherflächen, die instabil sind und zu erhöhter Turbulenzerzeugung und damit zu hohen inneren Schubspannungen Anlaß geben, verbunden mit Energieumsetzung bzw. Energieverlusten.

Es ist üblich, den auf eine gewisse Strecke unterstrom des verlusterzeugenden

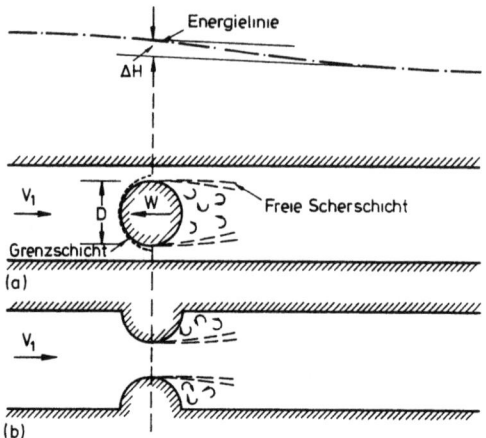

Bild 4.1   Schemaskizze eines Beispiels für örtlichen Verlust

Bauwerks verteilten zusätzlichen Energieverlust konzentriert in einem Querschnitt zum Ansatz zu bringen, so wie dies in Bild 4.1 gezeigt wird. Durch Verlängerung der durch Reibungsverluste geprägten (und deshalb geneigten) Energielinie bis zur Störstelle ergibt sich auf diese Weise ein Sprung um die Energieverlusthöhe ΔH.

Gleichzeitig bewirkt nun die Strömungsablösung eine Veränderung der Wanddruckverteilung, die bei dem in Bild 4.1a dargestellten Kreiszylinder eine Widerstandskraft W hervorruft - eine Kraft, die auf das umgebende Fluid entgegen der Strömungsrichtung wirkt und damit pro Zeiteinheit eine Arbeit von der Größe $-WV_1$ leistet. Dieser negativen Arbeit steht eine gleich große Abnahme der Energie des Systems gegenüber. Es gilt also

$$\gamma V_1 A_1 \Delta H = W V_1 \qquad (4.1)$$

wobei A_1 die durchflossene Querschnittsfläche im ungestörten Bereich, $V_1 A_1$ die Volumenmenge pro Zeiteinheit oder Abflußmenge, die am zylindrischen Körper vorbeiströmt, und $\gamma V_1 A_1 \Delta H$ den Energieverlust pro Zeiteinheit darstellen.

Es ist üblich, Information über die örtliche Energieverlusthöhe ΔH in Form eines **V e r l u s t b e i w e r t s** ζ und Information über den Widerstand W in Form eines **W i d e r s t a n d s b e i w e r t s** C_W darzustellen gemäß den Definitionsgleichungen

$$\Delta H = \zeta \frac{V_1^2}{2g} \qquad (4.2)$$

und

$$W = C_W A_\perp \frac{\rho V_1^2}{2} \qquad (4.3)$$

Hierin bezeichnet $A_\perp$ die senkrecht zur Strömungsrichtung projizierte Fläche des Störkörpers. Substituiert man diese Beziehungen in Gleichung (4.1), so stellt man fest, daß die zwei Beiwerte in einem festen Verhältnis zueinander stehen. Für den in Bild 4.1a dargestellten Fall gilt:

$$\zeta = \frac{A_\perp}{A_1} C_W \qquad (4.4)$$

Das aber bedeutet, daß die gesamte Literatur über den Strömungswiderstand unmittelbar übertragbar ist auf den örtlichen Energieverlust, und zwar sowohl hinsichtlich der physikalischen Zusammenhänge als auch hinsichtlich der Zahlenwerte für C_W. Wie diese Tatsache genutzt werden kann, um aus der viel reichhaltigeren Literatur über den Strömungwiderstand Angaben über den Verlustbeiwert ζ zu gewinnen, wird im folgenden Abschnitt 4.1.2 demonstriert. Hier sei zunächst allgemein diskutiert, welche Abhängigkeiten man für ζ im Lichte des hier dargelegten erwarten darf.

Wie man aus jedem Buch über Strömungsmechanik entnehmen kann, läßt sich der Strömungswiderstand W eines Körpers aufteilen in einen Anteil, der durch Wandschubspannungen an der Körperoberfläche verursacht wird (den sogenannten Oberflächenwiderstand) und einen Anteil, der aus der meist durch Ablösung beeinflußten Druckverteilung resultiert (den sogenannten Formwiderstand). Bei stumpfen Körpern überwiegt der letztere Anteil. Für den G e s a m t widerstand wird ein Widerstandsbeiwert C_W nach Gleichung (4.3) definiert. Nach physikalischen und dimensionsanalytischen Überlegungen (vgl. Abschnitt 3.1) hängt dieser Beiwert - und gemäß Gleichung (4.4) somit auch der Verlustbeiwert ζ - von den folgenden wichtigsten Einflußgrößen ab:

$$C_W \propto \zeta = \text{Fkt} \ [\ - \text{ Randgeometrie und Randrauheit,} \qquad (4.5)$$
- Anströmbedingungen,
- Re (bei kleinen Re-Werten und wenn bei Körpern mit abgerundeten Formen der Ablösungspunkt von Re beeinflußt wird),
- Fr (bei Strömungen mit freier Oberfläche, wenn stehende Wellen die Druckverteilung beeinflussen), u.a.]

Hierin ist ∝ das Zeichen für "proportional", und die Randgeometrie beinhaltet
- wie in den Gleichungen (3.5) und (3.7) - neben Längenverhältnissen und Winkeln, welche die für C_W bzw. ζ relevante Geometrie der Strömungsränder beschreiben, auch geometrische Parameter für die Form und die Lage von Nachbarkörpern.
Die Reynolds-Zahl Re, gebildet mit relevanten Größen der untersuchten Strömung
(also etwa $V_1 D/\nu$ für den in Bild 4.1 skizzierten Fall), verliert bei größeren
Werten von Re, wie sie für die praktische Gerinnehydraulik fast ausschließlich
vorliegen, dann ihren Einfluß auf C_W bzw. ζ, wenn die umströmten Ränder des betrachteten Körpers oder Bauwerks kantig sind (vgl. Bild 4.3a). Die Froude-Zahl Fr (also etwa $V_1/\sqrt{gy}$ für den Fall, daß Bild 4.1 eine Draufsicht auf ein
offenes Gerinne mit der Wassertiefe y zeigt) in Gleichung (4.5) bestimmt jenen
Anteil von C_W bzw. ζ, der durch stehende Wellen bzw. eine verformte Wasseroberfläche verursacht wird - mit anderen Worten, den Wellenwiderstand. Wenn Wellen oder Oberflächendeformationen keinen Einfluß auf den Widerstand bzw. die
örtlichen Verluste haben, sind C_W bzw. ζ von Fr unabhängig (vgl. Bild 4.3e).

Im allgemeinen geht man nun so vor, daß man für ein Rohr- oder Gerinnesystem
die örtlich konzentrierten Verluste (zu berechnen mittels ζ-Werten) und die kontinuierlich verteilten Reibungsverluste (zu berechnen mittels λ- oder k_{St}-Werten, wie in Kapitel 6 gezeigt wird) voneinander trennt und den Gesamtenergieverlust durch Superposition ermittelt. Für komplexe Systeme (etwa für einen
Fluß) ist dieses genaugenommen nicht möglich. Der Leser sei in diesem Zusammenhang auf den Aufsatz von Rouse (1965) hingewiesen.

Schließlich sei nicht versäumt, hier ausdrücklich darauf aufmerksam zu machen,
daß es zum Thema Verlustbeiwerte eine Fülle überholter und zum Teil fehlerhafter Literatur gibt. So sind durch Verwendung unzureichender Information erst
in jüngster Zeit folgenschwere Fehler bei Entwurf und Dimensionierung wasserbaulicher Anlagen entstanden. (Als Beispiel seien hier die Angaben in Rössert
(1964) zu Verzweigungsverlusten genannt.) Umfangreiche Information über Verlustbeiwerte sind in dem ins Englische übersetzten Buch von Idelchik (1986)
sowie bei Hörner (1965) und Miller (1978) zu finden, selbstverständlich aber
auch in den Lehr- und Handbüchern der Hydraulik und Gerinnehydraulik.

4.1.2 Verlust bei Einbauten (Pfeilerstau)

4.1.2.1 <u>Allgemeines</u>. Es ist nach dem Vorausgesagten unverständlich, weshalb
der eindeutige Zusammenhang zwischen Verlustbeiwert ζ und Widerstandsbeiwert C_W

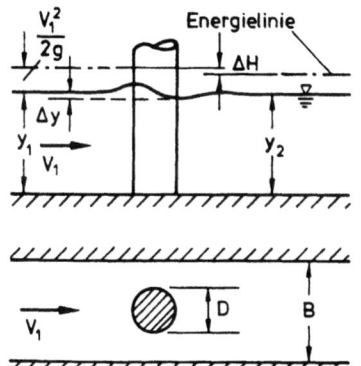

nicht häufiger genutzt wird, um die lükkenhaften Kenntnisse über örtliche Energieverluste zu erweitern. Der Gewinn der möglichen Informationsübertragung läßt sich am besten am Beispiel eines in ein Rechteckgerinne der Breite B eingebauten zylindrischen Pfeilers der Dicke D (gemessen quer zur Strömungsrichtung) demonstrieren.

Mit den Bezeichnungen von Bild 4.2 und der Definitionsgleichung

Bild 4.2 Strömungsverhältnisse in einem Gerinne mit eingebautem Pfeiler

$$\Delta H = \zeta \frac{V_1^2}{2g} \qquad (4.6)$$

läßt sich aus Energie- und Kontinuitätsgleichung folgende Beziehung für den sogenannten P f e i l e r s t a u Δy ableiten:

$$\frac{\Delta y}{y_1} = N - \sqrt{N^2 - \zeta}, \qquad N = \frac{gy_2}{V_1^2} - 1 \qquad (4.7)$$

Sowohl der durch den Einbau verursachte Energiehöhenverlust ΔH als auch der Pfeilerstau Δy läßt sich also bestimmen, wenn der Verlustbeiwert ζ bekannt ist. Der letztere steht gemäß Gleichung (4.4) in direkter Beziehung zum Widerstandsbeiwert C_W:

$$\zeta = \frac{D}{B} C_W \qquad (4.8)$$

Die in Gleichung (4.5) allgemein dargestellte Abhängigkeit des Verlustbeiwerts von den diversen Einflußparametern sei nun mit Hilfe unserer Kenntnisse über C_W im Detail kurz dargestellt. Eine Zusammenfassung der zu diskutierenden Einflüsse zeigt das Bild 4.3.

4.1.2.2 <u>Einfluß der Form und der Reynolds-Zahl</u>. Der zweidimensional-ebene Fall der Umströmung eines zylindrischen Bauwerks gehört zu den gründlichst erforschten Problemen. Einige experimentelle Ergebnisse für unverbaute Verhältnisse sind in Bild 4.4 dargestellt. Obwohl hier wegen $B = \infty$ die Gleichungen (4.4) und (4.8) ihre Bedeutung verlieren (für den Fall in Bild 4.2 geht mit $B \to \infty$, $\Delta H \to 0$), sind im Zusammenhang mit Abschnitt 4.1.2.5 direkte Rückschlüsse aus dem Diagramm in Bild 4.4 auf die Abhängigkeit des Verlustbei-

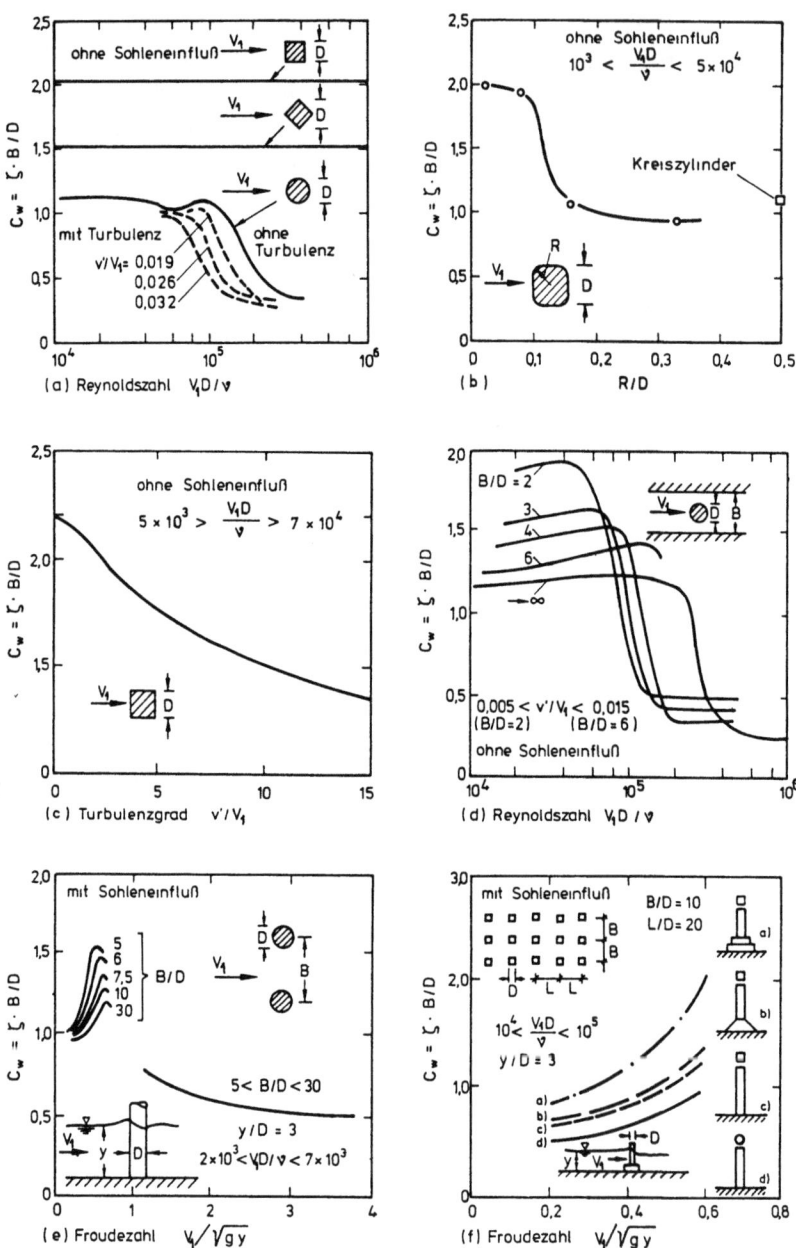

Bild 4.3 Widerstands- bzw. Verlustbeiwerte für Pfeiler und Stützen (zusammengestellt von Kobus et al., 1979)

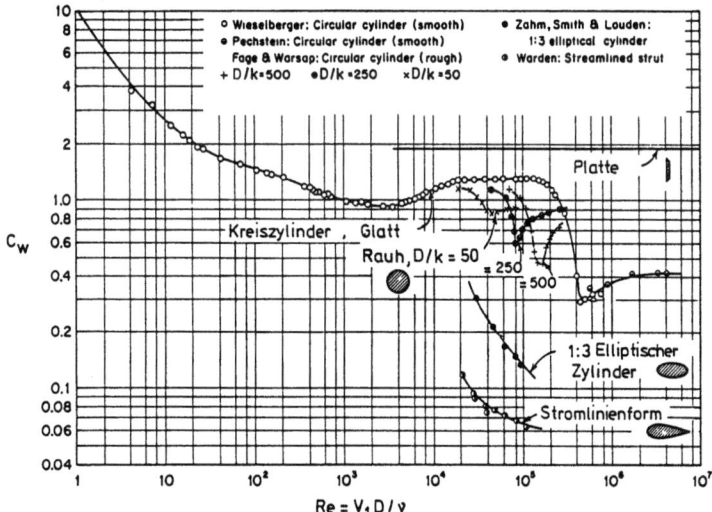

Bild 4.4 Widerstandsbeiwert für zylindrische Körper

werts $\zeta = c_W D/B$ von der Querschnittsform des Zylinders und der Reynolds-Zahl
$Re = V_1 D/\nu$ zulässig.

Eine Reihe von Gesetzmäßigkeiten, die alle verallgemeinert werden können, verdienen hier hervorgehoben zu werden: Wie Bild 4.4 zeigt, läßt sich der Strömungswiderstand durch stromlinienförmige Gestaltung des Zylinderquerschnitts um eine Größenordnung und mehr reduzieren. Gleichzeitig wird der Widerstand hierdurch stärker von der Reynolds-Zahl abhängig. Für einen umströmten Körper mit scharfen Kanten - wie etwa eine ebene Platte oder ein Zylinder mit quadratischem Querschnitt (Bild 4.3.a) - wird der Strömungswiderstand von Re unabhängig, zumindest im Bereich großer Reynolds-Zahlen, der für das Pfeilerproblem allein von Interesse ist.

Die starke Abhängigkeit des Widerstands - und damit des Energieverlusts - von der Strömungsform hängt natürlich unmittelbar mit der Art der Strömungsablösung zusammen (Bild 4.5). Sehr wichtig hinsichtlich der Erzeugung schwingungserregender Kräfte am Zylinder und erhöhter Kolkwirkung unterstrom durch Sohlenerosion bei Pfeilern auf Sand- oder Kiesbett ist die nahezu periodische Wirbelablösung von Zylindern mit stumpfer Querschnittsform. Jeweils ein Momentanzustand der sich hierbei bildenden Wirbelstraße ist aus den Bildern 4.5b und c ersichtlich.

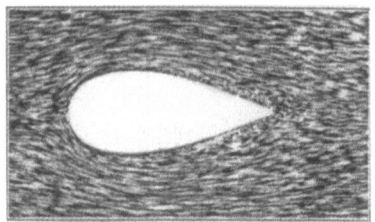

(a)

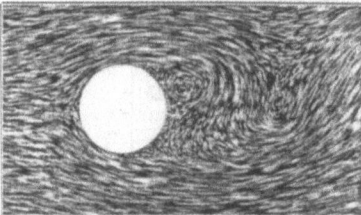

(b)

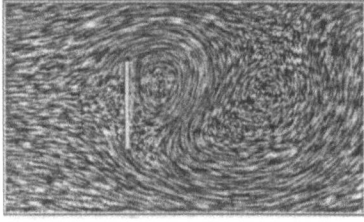

(c)

Bild 4.5 Vergleich der Strömungsablösungen bei unterschiedlichen Querschnittsformen nach Rouse (Entn. aus Rouse "Fluid Mechanics for Hydraulic Engineers", 1961, m. frdl. Gen v. Dover Publications)

Nun darf jedoch nicht übersehen werden, daß schon geringste Modifikationen der Querschnittsform große Veränderungen von C_W bzw. ζ hervorrufen können. Dies wird in Bild 4.3b illustriert. Interessanterweise wurde von Delaney und Sorenson (1953) festgestellt, daß mit Abrundungsverhältnissen der Kanten von R/D = 0,16 bereits eine sprunghafte Verkleinerung des C_W-Werts von rund 1,2 auf 0,6 festzustellen war, bei R/D = 0,02 dagegen noch keine. Näheres über diesen Grenzschichteffekt wird im folgenden Abschnitt ausgeführt.

Information über den Einfluß verschiedener Querschnittsformen von B r ü k - k e n p f e i l e r n findet man bei Yarnell (1934) sowie bei Chow (1959), S. 501 ff.

4.1.2.3 Rauheits- und Turbulenzeinflüsse. Für den Fall des Kreiszylinders stellt sich bei einer bestimmten Reynolds-Zahl ein Sprung im C_W-Wert ein, der durch einen Umschlag von laminaren zu turbulenten Strömungsbedingungen in der Grenzschicht entlang der Zylinderoberfläche (vgl. Bild 4.1a) bedingt ist. Mit Turbulenz löst sich diese Grenzschicht weiter unterstrom ab, so daß das Ablösungsgebiet - und damit auch der Strömungswiderstand - verkleinert wird. Wie Bild 4.4 zeigt, ist diese Reduktion relativ groß (von $C_W \cong 1,2$ auf rund 0,4 bei störungsfreier Anströmung). Von besonderem Interesse hinsichtlich dieser Gesetzmäßigkeit ist ihre Abhängigkeit von den Anströmverhältnissen. Wird die Anströmung dadurch gestört, daß die umströmte Oberfläche aufgerauht wird (vgl. Bild 4.6) oder daß die Anströmung turbulent ist, dann erfolgt der Umschlag von laminarer zu turbulenter Grenzschicht - und damit auch der Widerstandssprung - bei kleineren Reynolds-Zahlen. Außerdem wird dann die Funktion des Widerstandsbeiwerts C_W

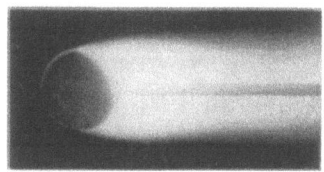
(a)

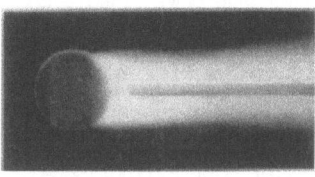
(b)

Bild 4.6 Vergleich der Ablösungszonen bei (a) glatter und (b) rauher Kugel für die gleiche Reynolds-Zahl nach Rouse (Entn. aus Rouse "Elementary Mechanics of Fluids", 1946, m. frdl. Gen. v. John Wiley & Sons)

in Abhängigkeit von der Reynolds-Zahl zusätzlich von Parametern beeinflußt, die diese Störung beschreiben - also etwa D/k im Fall eines Zylinders mit mittleren Rauhigkeitserhebungen k (Bild 4.4) oder v'/V im Fall turbulenter Anströmung mit einem Effektivwert der Geschwindigkeitsschwankungen v' (Bild 4.3a).

Der Turbulenzeinfluß der Anströmung ist jedoch nicht auf den Kreiszylinder beschränkt. Wie in Bild 3.18 gezeigt wurde, hat der Turbulenzgrad v'/V der Anströmung auch großen Einfluß auf den Widerstand von Zylindern mit rechteckigem bzw. quadratischem Querschnitt (siehe auch Bild 4.3c). Auch hier ist die Erklärung für die c_w-Wert-Veränderungen in der Tendenz der Ablösestromlinien zu suchen, sich bei Turbulenz rascher zu schließen. Die Ergebnisse in Bild 3.18 demonstrieren deutlich, daß Modellversuche mit inkorrekten Anströmungsverhältnissen nicht nur Fehler in der Bestimmung der absoluten Werte von c_w und ζ, sondern sogar falsche Vorhersagen des Trends eines bestimmten Einflusses verursachen können - so etwa hier des Einflusses des Seitenverhältnisses d/h. Man beachte die Reduktion von c_w - und damit des Verlustbeiwerts ζ mit wachsenden d/h-Werten, die bei etwa d/h = 2 ihre Grenze hat (vgl. Naudascher, 1984).

4.1.2.4 Sohlen- und Endeinflüsse. Was den Pfeiler in einer Gerinneströmung mit freier Oberfläche von den bisher diskutierten umströmten Zylindern in erster Linie unterscheidet, das sind die Einflüsse der Sohle und der gewellten Wasseroberfläche. Die Sohle verändert nicht nur die Geschwindigkeitsverteilung der Anströmung, sondern sie gibt Anlaß zu einer komplizierten Sekundärströmung - einem System von Wirbeln, wie sie in Bild 4.7 durch Stromlinien an der Wirbeloberseite (rechts) und an der Sohle (links) skizziert sind. Von besonders großer Intensität ist der um den Pfeiler sich erstreckende, sogenannte Hufeisenwirbel. Selbstverständlich sind diese Veränderungen der Umströmung nicht ohne Einfluß auf c_w, obwohl hier die widerstandsvermindernde Wirkung der veränderten Geschwindigkeitsverteilung die widerstandserhöhende Wirkung der Wirbelerzeugung teilweise kompensiert.

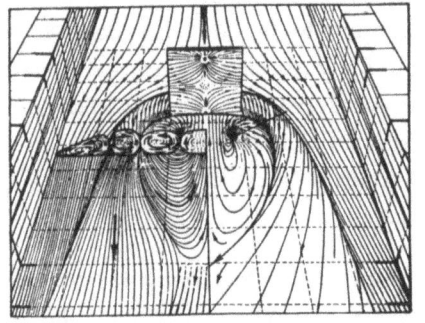

Wichtiger aber ist die Auswirkung des Hufeisenwirbels auf die Kolkbildung für den Fall einer beweglichen Sohle. Wie in Bild 4.8 nach Neill (1973) gezeigt wird, bildet sich der tiefste Kolk o b e r s t r o m des Pfeilers aus, wobei die Kolktiefe a nicht nur von der Strömungsgeschwindigkeit und den Eigenschaften des Sohlmaterials, sondern auch von der Pfeilerform abhängt.

Bild 4.7   Sekundärströmung um eine in Gerinnemitte aufgestellte Platte nach Kopp

Wird der Pfeiler oder zylindrische Einbau ü b e r s t r ö m t , so treten zu den in Bild 4.7 skizzierten Sekundärströmungen weitere nahe dem umströmten Ende hinzu. Zu den sogenannten Endeffekten, die durch eine Umströmung des Zylinderendes hervorgerufen werden, gehört eine Reduktion des C_w-Werts. Als Anhaltspunkt für diese Reduktion mag die Tabelle 4.1 dienen, in der allerdings Sohlen- und Welleneinflüsse nicht beachtet sind.

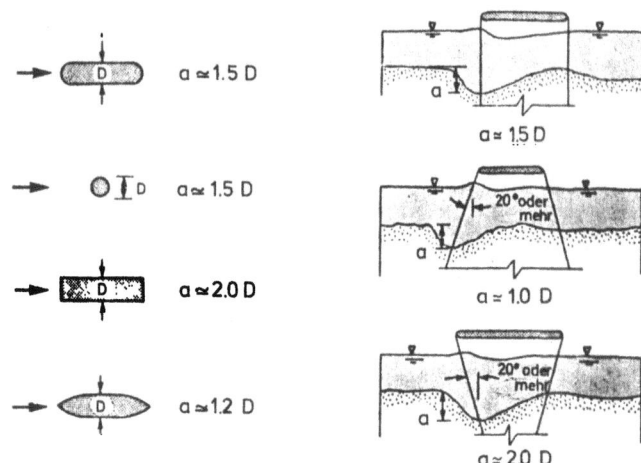

Bild 4.8   Einfluß der Pfeilerform auf die Kolktiefe für typische Strömungs- und Sedimentverhältnisse (nach Neill, 1973)

Tabelle 4.1 Widerstandsbeiwert einer rechtwinklig angeströmten scharfkantigen Platte von der Länge L für Re > 10^3

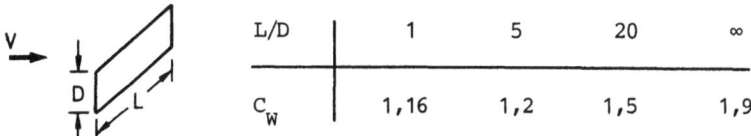

L/D	1	5	20	∞
c_W	1,16	1,2	1,5	1,9

4.1.2.5 **Welleneinfluß.** Die stehende Welle, die sich bei jeder Pfeilerumströmung bildet, beeinflußt den Widerstand und damit die Energieverluste dadurch, daß zu den bisher diskutierten Widerstandsanteilen ein Wellenwiderstand hinzukommt. Da es sich hier um Schwerewellen handelt, deren Eigenschaften durch die Froude-Zahl Fr charakterisiert sind, kann dieser Welleneffekt nur mit Hilfe von Fr als zusätzlichen Parameter beschrieben werden. Bild 4.9 gibt eine solche Abhängigkeit für eine typische Pfeilerform wieder (Rouse, 1965). Weitere Darstellungen des Welleneinflusses sind nach Untersuchungen von Hsieh (1964) und Kobus et al. (1979) in Bild 4.3e, f gegeben.

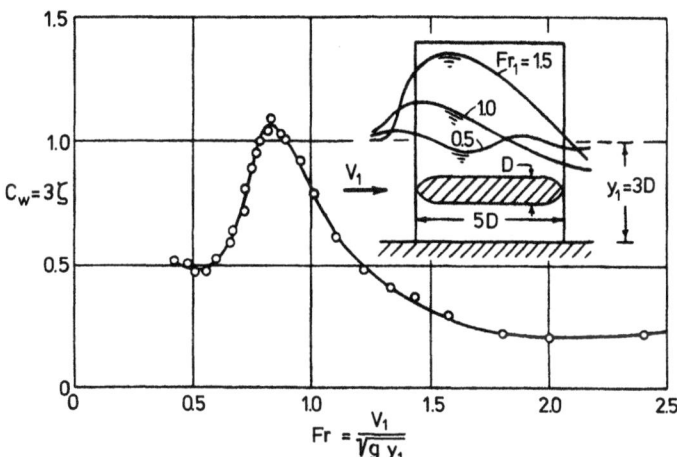

Bild 4.9 Einfluß der stehenden Welle auf C_W und ζ für einen typischen Brückenpfeiler in einem sehr breiten Gerinne nach Kobus und Newsham

4.1.2.6 **Einfluß von Bauwerksschwingungen.** Ein bisher kaum beachteter Einfluß auf Widerstand und Energieverlust ist der Einfluß von Bauwerksschwingungen. Er hängt damit zusammen, daß die alternierend sich ablösenden Wirbel

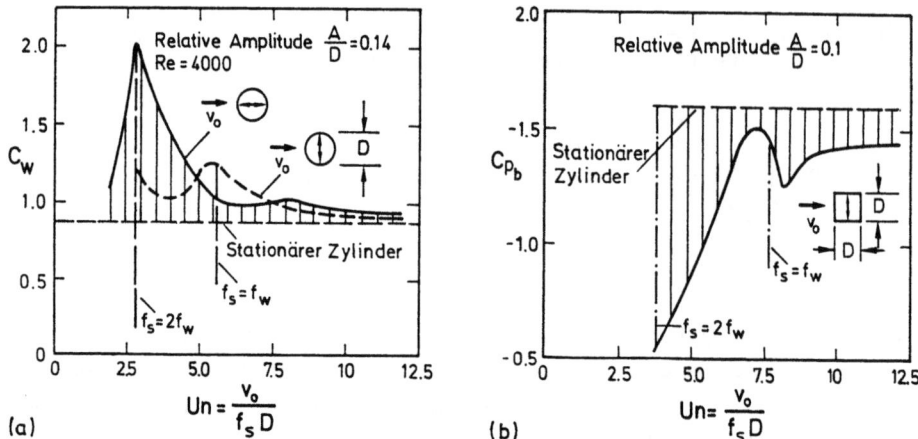

Bild 4.10 Einfluß von Schwingungen in und quer zur Strömungsrichtung (a) auf den mittleren Widerstand eines umströmten Kreiszylinders und (b) auf den mittleren Basisdruck eines umströmten Prismas.

(Bild 4.5b, c) von der Schwingung gesteuert, verstärkt und in ihrem Entstehungsort verändert werden. Bild 4.10 zeigt, daß die hiermit verbundene Änderung des Widerstandsbeiwerts C_W bzw. des Basisdruckbeiwerts C_{pb} (Basisdruck = Druck unterstrom des Körpers) sehr groß sein kann, besonders bei einer Schwingungsfrequenz f_s, die gleich der doppelten Wirbelfrequenz f_w ist. Für Kreiszylinder, die in Strömungsrichtung schwingen, kann sich der C_W-Wert hier verdoppeln, wenn die Schwingungsamplitude A groß genug ist, (Tanida et al., 1973), während der C_W-Wert für quadratische Prismen auf 50% reduziert werden kann (Bearman et al., 1982). Der die Instationarität beschreibende Parameter $Un = v_o/f_s D$ wird auch reduzierte Geschwindigkeit genannt.

4.1.2.7 Verbauung und Nachbarbauten. Als letztes sei hier auf die Beeinflussung des Widerstands- und Verlustbeiwerts umströmter Pfeiler durch seitliche Verbauung und durch Nachbarpfeiler hingewiesen. Wie die Versuchsergebnisse von Richter et al. (1976) in Bild 4.3d zeigen, vergrößert der Verbauungsgrad D/B den Widerstandsbeiwert C_W und erst recht den Verlustbeiwert ζ, da letzterer das D/B-fache des ersteren ist (siehe Gleichung 4.8). Wie nicht anders zu erwarten, ist der Einfluß des Parameters D/B auch von der Reynolds-Zahl (Bild 4.3d) und der Froude-Zahl (Bild 4.3e) abhängig.

Als Beispiel für die gegenseitige Beeinflussung von Nachbarkörpern sind in Bild 4.11 die C_W-Werte für zwei hintereinander angeordnete Zylinder nach Untersuchungen von Kuzniecow (1931) angegeben. Man ersieht hieraus deutlich,

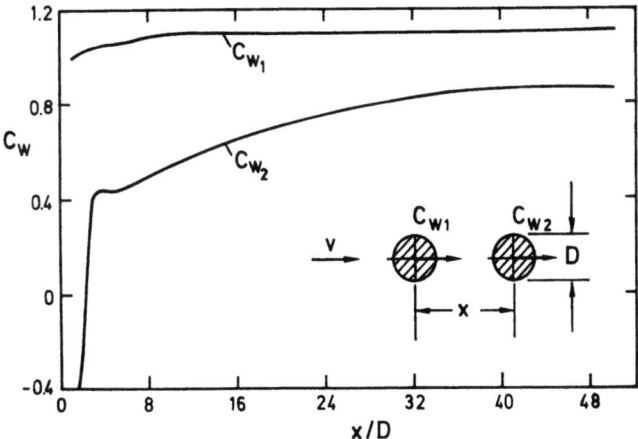

Bild 4.11 Widerstandsbeiwert eines Kreiszylinders in Gegenwart eines Nachbarzylinders bei Re = 2,8 x 10⁴

daß es falsch wäre, die Verlustbeiwerte, die ja c_w direkt proportional sind, einfach zu addieren. Der Gesamtverlustbeiwert bleibt selbst bei einem Abstand der Zylinder von 50 Zylinderdurchmessern um 10% kleiner als die Summe der Einzelwerte, und bei Achsabständen kleiner als 2D wird der Gesamtverlust sogar k l e i n e r als der Verlust des einzelstehenden Zylinders. Im letzteren Fall verhält sich das Zylindertandem wie ein Zylinder mit in Längsrichtung gestrecktem Profil.

Ein weiteres Beispiel für den Einfluß von Nachbarpfeilern, das für die Berechnung der Energieverluste in durchströmten Becken (z.B. Kühlturmtassen) relevant ist, wird in Bild 4.3f dargestellt.

Wenn an dieser Stelle ältere empirische Formeln zur Berechnung des Pfeilerstaus oder des Rechenverlusts, der letztlich auch durch Umströmung zylindrischer Körper hervorgerufen wird, nicht aufgeführt werden, dann deshalb, weil hierzu ausreichend Angaben in der einschlägigen Literatur zu finden sind. Tatsächlich liefert z.B. die Rehbocksche Pfeilerstauformel recht gut zutreffende Ergebnisse.

Wird ein Gerinne durch Einbauten so stark eingeengt, daß der Abfluß vom Strömen zum Schießen mit nachfolgendem Wechselsprung übergeht, so läßt sich der Aufstau natürlich nicht mehr mit Hilfe der Gleichungen (4.6) und (4.7) bestimmen. In einem solchen Fall wird der Gerinneeinbau zum Kontrollbauwerk, und der Aufstau errechnet sich aus einem Ansatz der minimalen spezifischen Energiehöhe im eingeengten Querschnitt (siehe Press, Schröder, 1966, S. 239, und Chow, 1959, S. 499).

4.1.3 Verlust bei Querschnittsänderungen (strömender Abfluß)

4.1.3.1 Allgemeines. Wie die Strömungsaufnahmen in Bild 4.12 illustrieren, sind Querschnittsänderungen in Rohren oder Gerinnen immer dann mit Strömungsablösungen verbunden, wenn die Übergänge abrupt erfolgen. Nach den Erläuterungen in Abschnitt 4.1.1 muß an solchen Übergangsstellen deshalb mit einem örtlichen Energiehöhenverlust ΔH gerechnet werden.

Der Verlustbeiwert ζ zur Bestimmung von ΔH wird in der Literatur unterschiedlich definiert. Es ist deshalb wichtig, ζ stets konsistent gemäß der jeweiligen Definition zu verwenden. So ist es beispielsweise üblich, ζ für Querschnittserweiterungen mit Hilfe der Anströmgeschwindigkeit V_1 und für Querschnittsverengungen mit der Abströmgeschwindigkeit V_2 zu definieren.

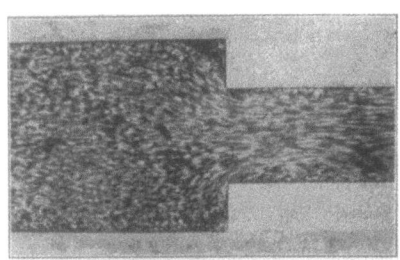
(a)

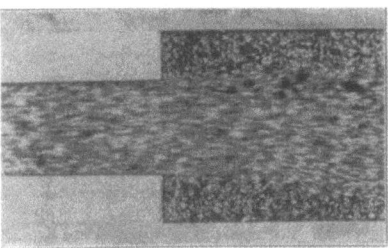
(b)

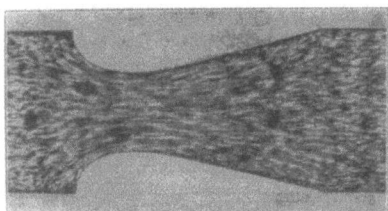
(c)

Sofern es sich um kantige Strömungsränder handelt wie in den Bildern 4.12a, b, ist der Verlustbeiwert ζ von der Reynolds-Zahl unabhängig. Bei Formen wie der in Bild 4.12c dagegen nimmt der Reynolds-Einfluß auf ζ mit größer werdenden Reynolds-Zahlen ab, ohne jedoch je ganz zu verschwinden.

Die nachfolgenden Betrachtungen beschränken sich auf strömenden Abfluß. Schießender Abfluß in Gerinnen mit Querschnittsveränderungen wird in Kapitel 5 behandelt.

Bild 4.12 Aufnahmen von Strömungen mit Querschnittsänderungen nach Rouse (Entn. aus Rouse "Elementary Mechanics of Fluids", 1946, m. frdl. Gen. v. John Wiley & Sons)

4.1.3.2 Querschnittserweiterungen. Eine plötzliche R o h r e r w e i t e -

r u n g wurde bereits in dem Beispiel am Ende des Abschnitts 1.1.5.2 behandelt. Der Energiehöhenverlust läßt sich in diesem Fall mittels der Kontinuitäts-, Energie- und Impulsgleichung zu

$$\frac{\Delta H}{V_1^2/2g} = \zeta = \left[1 - \frac{A_1}{A_2}\right]^2 \tag{4.9}$$

berechnen, wobei A_1 und A_2 die Querschnittsflächen ober- und unterstrom des Übergangsquerschnitts bezeichnen. Wie Vergleiche der nach dieser Gleichung berechneten ΔH-Werte mit gemessenen zeigen, liefert diese Beziehung eine verläßliche Berechnungsbasis.

Für den Fall einer "unendlichen" Strömungserweiterung, d.h. für den Fall des A u s t r i t t s eines Rohres oder Gerinnes in ein ruhendes Wasserpolster, folgt aus Gleichung (4.9) mit $A_2 \to \infty$ die Energieverlusthöhe zu $\Delta H = V_1^2/2g$. Tatsächlich wird bei einem solchen Auslauf (vgl. Bild 1.16b) die gesamte kinetische Energie im anschließenden Wasserbecken durch turbulente Verwirbelung dissipiert. (Da jedoch diese Dissipation nicht im Rohr- oder Gerinnesystem stattfindet, ist es unrichtig, von einem "Austrittsverlust" zu sprechen. Von diesem System aus betrachtet ist $V_1^2/2g$ vielmehr die am Systemende noch vorhandene kinetische Energie.)

Der Einfluß des Erweiterungswinkels θ und des Flächenverhältnisses A_1/A_2 auf den örtlichen Energieverlust für allmähliche Rohrerweiterungen wurde u.a. von Gibson (1912) untersucht. Anstelle des Verlustbeiwerts ζ ist in Bild 4.13 der aus dieser Untersuchung gewonnene Faktor K gemäß der erweiterten Gleichung (4.9)

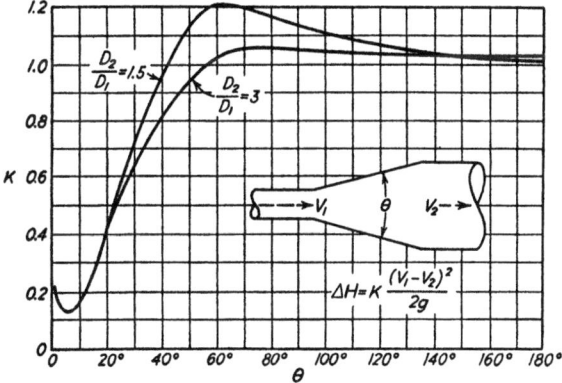

Bild 4.13 Verlustbeiwert für konische Rohrerweiterungen (Entn. aus Rouse "Engineering Hydraulics", 1950, m. frdl. Gen. v. John Wiley & Sons)

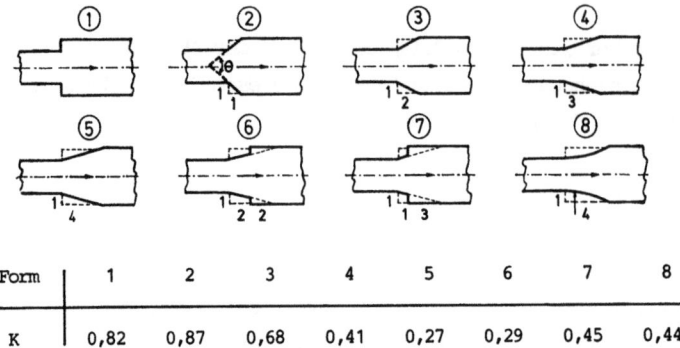

Form	1	2	3	4	5	6	7	8
K	0,82	0,87	0,68	0,41	0,27	0,29	0,45	0,44

<u>Bild 4.14</u> Verschiedene Formen von Gerinneerweiterungen und zugehörige K-Werte nach Gleichung 4.10 (Entn. aus Ven Te Chow "Open Channel Hydraulics", 1959, m. frdl. Gen. v. McGraw-Hill Book Co.)

$$H = \zeta \frac{V_1^2}{2g} = K\left(1 - \frac{A_1}{A_2}\right)^2 \frac{V_1^2}{2g} = K \frac{(V_1 - V_2)^2}{2g} \qquad (4.10)$$

aufgetragen.

Bei Querschnittsänderungen in Gerinnen ergeben sich gegenüber dem Rohr Komplikationen dadurch, daß sich diese aus Änderungen der Gerinnebreite und der Sohlenhöhe zusammensetzen können (vgl. Chow, 1959, S. 461 ff). Beschränkt man sich auf Fälle mit ebener Sohle, d.h. auf Breitenänderungen allein, so kann nach Untersuchungen von Formica (1955) der K-Wert gemäß Gleichung (4.10) je nach der Form der Gerinneerweiterung näherungsweise aus den Angaben in Bild 4.14 ermittelt werden.

4.1.3.3 <u>Querschnittsverengungen</u>. Bei einer plötzlichen Querschnittsverengung gemäß Bild 4.12a löst sich die Strömung ab, bildet einen eingeschnürten Strahl im Querschnitt (0) und macht von dort eine Erweiterung bis (2) durch. Formuliert man hierfür einen Kontraktionsbeiwert

$$C_c = \frac{A_o}{A_2}$$

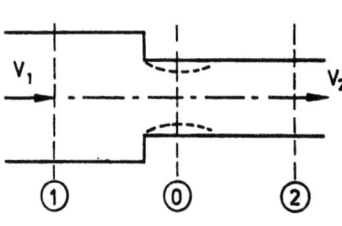

Definitionsskizze

und verwendet, unter Vernachlässigung des geringen Verlusts in der Beschleunigungsstrecke zwischen den Querschnitten (1) und (0), die Gleichung (4.9) für den Expansionsverlust unterhalb (0), so erhält man mit der Kontinuitätsgleichung $V_o C_c A_2 = V_2 A_2$ das

Ergebnis

$$\Delta H = \left(\frac{1}{C_c} - 1\right)^2 \frac{V_2^2}{2g} = \zeta \frac{V_2^2}{2g} \qquad (4.11)$$

Der Verlustbeiwert ζ ist hier also offensichtlich eine Funktion des Kontraktionsbeiwerts, der wiederum vom Flächenverhältnis A_2/A_1 abhängt (vgl. auch Bild 3.2). Führt man C_c-Werte nach Weisbach ein, so ergeben sich für die Verengung eines Kreisrohrs näherungsweise folgende Verlustbeiwerte:

Tabelle 4.2   Verlustbeiwert für plötzliche Rohrverengung

A_2/A_1	0	0,1	0,2	0,3	0,4	0,5	0,6	0,7	0,8	0,9	1,0
ζ	0,50	0,48	0,45	0,41	0,36	0,29	0,21	0,13	0,07	0,01	0

Aus den Versuchsergebnissen von Formica (1955) werden in Bild 4.15 einige Vergleichswerte für ein Gerinne mit ebener Sohle wiedergegeben. Ein Vergleich des Werts $\zeta = 0,1$ mit dem entsprechenden Wert in Tabelle 4.2 für das gleiche Flächenverhältnis zeigt den Trend zu kleineren Verlustbeiwerten, der mit dem Übergang von axialsymmetrischen zu dreidimensionalen Strömungsverhältnissen beim Gerinne erklärt werden kann.

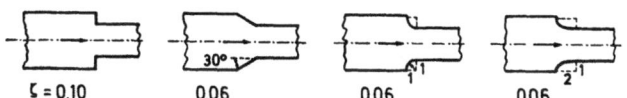

Bild 4.15   Verschiedene Formen von Gerinneverengungen ($B_2/B_1 = 0,58$) mit zugehörigen ζ-Werten (Gleichung 4.11)

4.1.3.4   <u>Einlaufverlust</u>. In Tabelle 4.2 ist mit $A_1 \to \infty$ oder $A_2/A_1 \to 0$ der Fall eines vollständig eingestauten E i n l a u f s eines Rohres mit Rechteckkanten enthalten, für den in der Literatur meist der Wert $\zeta = 0,5$ angegeben wird. Die größte Strahleinschnürung und damit ζ_{max} ergibt sich für den Einlauf eines Rohres, das ein Stück weit in das oberwasserseitige Becken hineinragt (Borda-Einlauf). Hierfür kann $\zeta = 1,0$ angenommen werden. Für trompetenförmige Einläufe schließlich variiert ζ in den Grenzen von etwa 0,01 bis 0,05.

Über den Verlustbeiwert für Gerinneeinläufe gibt Press, Schröder (1966) an:

(a) $0,5 < \zeta < 0,6$ für scharfkantigen, rechtwinkligen Gerinneeinlauf mit senkrechter Vorderwand,

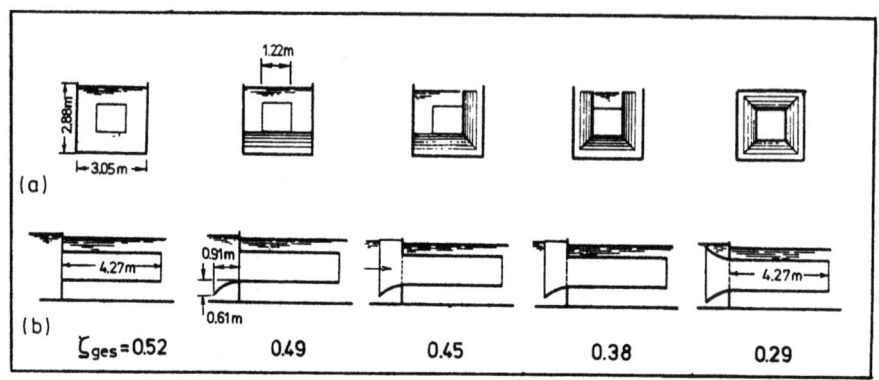

Bild 4.16 Verlustbeiwerte für kurze Stollen bei unterschiedlichen Einlaufbedingungen: (a) Frontansicht, (b) Querschnitt (U.S. Bureau of Reclamation, 1961)

(b) $0,3 < \zeta < 0,4$ für Gerinneeinlauf mit senkrechter Vorderwand, aber leicht abgerundeten Kanten,

(c) $0,06 < \zeta < 0,1$ für gut ausgebildeten, trompetenförmigen Gerinneeinlauf, großzügig ausgerundet.

Hierbei wurde jeweils ein Anschluß des Gerinnes an ein tiefes Becken mit senkrechter Wand am Gerinneeinlauf vorausgesetzt.

Recht instruktiv hinsichtlich des Einflusses der Art des Anschlusses eines quadratischen Stollens an ein Becken mit senkrechter Wand sind die aus USBR (1961) entnommenen Angaben der University of Wisconsin in Bild 4.16. Hier ist allerdings zu berücksichtigen, daß der Verlustbeiwert ζ_{ges} die gesamte Energieverlusthöhe beschreibt, die außer dem Einlaufverlust den Reibungsverlust in dem 14 x 0,305 = 4,27 m langen und 1,22 m x 1,22 m großen Stollen beinhaltet.

Über Wirbelbildung und Lufteintrag an Einläufen wird in Knauss (1986) berichtet.

4.1.3.5 Brückenwiderlager und eingestaute Brücken. Hinsichtlich der Berechnung des Verlusts und des Rückstaus in strömendem Gerinneabfluß infolge seitlicher Einengung durch Brückenwiderlager verdienen die vom U.S. Bureau of Public Roads und vom U.S. Geological Survey empfohlenen Arbeiten von Bradley (1970), Kindsvater et al. (1953, 1955) und Tracy, Carter (1955) hervorgehoben zu werden - siehe auch Chow (1959), S. 476 ff sowie die Arbeiten von Cidarer (1977) und (1979).

Der Rückstau durch eingestaute Brücken wurde von Naudascher, Medlarz (1983) ausführlich behandelt. Wird mit F die senkrecht zur Brücke wirkende hydrodynamische Kraft auf die um das Höhenmaß h eingetauchte Brücke von der Länge L mit n Längsträgern bezeichnet, so gilt (vgl. Bild 4.17a):

$$F = \frac{nh}{\sin\alpha} \frac{\rho V^2}{2} \int_0^L (\frac{v_m}{V})^2 c_F dx \qquad (4.12)$$

und der Verlustbeiwert für den Energiehöhenverlust ΔH (vgl. Bild 4.17a) ist:

$$\zeta_B = \frac{\Delta H}{V^2/2g} = \frac{nh}{A} \int_0^L (\frac{v_m}{V})^2 c_F dx \qquad (4.13)$$

Hierin ist V die mittlere Geschwindigkeit im ungestörten durchflossenen Querschnitt A und v_m die tiefengemittelte Geschwindigkeit am Ort x vor der Brücke. Es konnte gezeigt werden, daß für $1/\sqrt{c_F}$ eine Beziehung ähnlich der Karman-Prandtl-Gleichung (6.5,6) abgeleitet werden kann. Bild 4.17b zeigt eine typische Serie der experimentellen Ergebnisse für den Fall, daß jeweils nur die Längsträger (und nicht die Fahrbahn) eintauchen. Während die Froude-Zahl Fr = $V/\sqrt{gA/B}$ (B = Gerinnebreite in Höhe des freien Wasserspiegels) im Bereich 0,1 < Fr < 0,5 nur geringen Einfluß auf $1/\sqrt{c_F}$ besitzt, vermindert sich dieser Wert bei schräger Anströmung α < 90° (Naudascher, Medlarz, 1983).

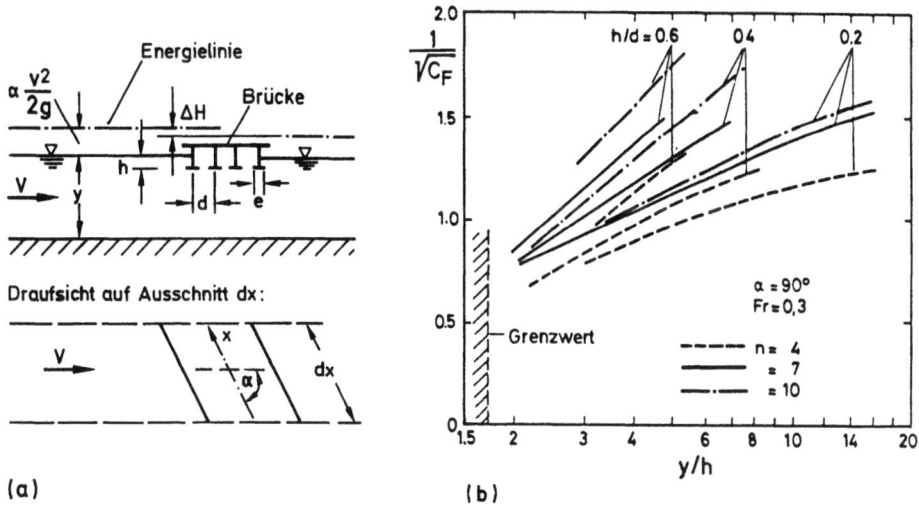

Bild 4.17 (a) Schemaskizze einer eintauchenden Brücke.
(b) Zugehörige C_F-Werte für e/d = 0,15.

4.1.4 Umlenk- und Verzweigungsverluste (strömender Abfluß)

4.1.4.1 Krümmungen.
Eine Umlenkung oder Krümmung in einer Gerinneströmung verursacht örtlich eine Veränderung der Geschwindigkeitsverteilung, verbunden mit einer Verlagerung des Wasserspiegels und der Erzeugung von Sekundärströmungen und örtlichen Energieverlusten. Die Änderung der Geschwindigkeitsrichtung erfordert eine zum Krümmungsmittelpunkt hin gerichtete Normalkraft, die bei offenen Gerinnen durch Erhöhung des Wasserspiegels am Außen- und durch Absenkung des Wasserspiegels am Innenufer erzeugt wird. Verbunden mit der Veränderung der Wasserspiegellage nimmt die Geschwindigkeit außen ab und innen zu, und zwar in Gerinnen mit Rechteckquerschnitt und bei vernachlässigbarer Zähigkeitswirkung in guter Übereinstimmung mit der Energiegleichung

$$y + \frac{v^2}{2g} = H \approx const$$

(vgl. Bild 4.18). Die Wasserspiegeldifferenz zwischen Außen- und Innenufer folgt hieraus für strömenden Abfluß in guter Näherung zu

$$\Delta(z_o + y) = \frac{2B}{r_m} \frac{v^2}{2g} \quad (4.14)$$

wenn B die Gerinnebreite, r_m den mittleren Radius des Gerinnekrümmers, $V = Q/(By_1)$ die mittlere Geschwindigkeit und z_o die geodätische Höhe der Sohle bezeichnen. (Die Verhältnisse bei schießendem Abfluß werden in Abschnitt 5.2 behandelt.)

Nun ist aber die Zähigkeitswirkung nicht vernachlässigbar. Berücksichtigt man den Einfluß der von V = const abweichenden Geschwindigkeitsverteilung der Anströmung, so ergibt sich eine etwas größere Überhöhung des Wasserspiegels als der Gleichung (4.14) entspricht. Selbst bei extremen Bedingungen sind die Abweichungen von die-

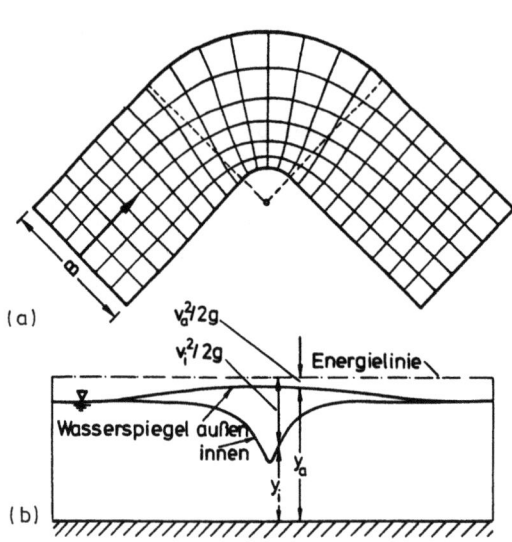

Bild 4.18 Stromlinienbild und Wasserspiegellage in einem Gerinnekrümmer bei Vernachlässigung der Zähigkeitswirkung nach Böss (1938)

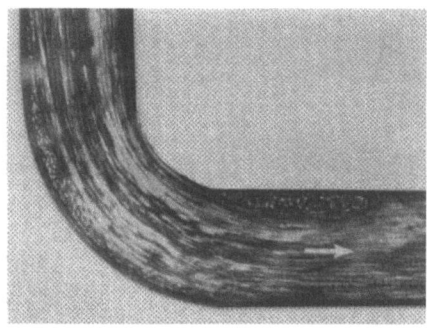

Bild 4.19 Ablösungen in einer Krümmerströmung (Entn. aus Press, Schröder "Hydromechanik im Wasserbau", 1966, m. frdl. Gen. v. W. Ernst & Sohn)

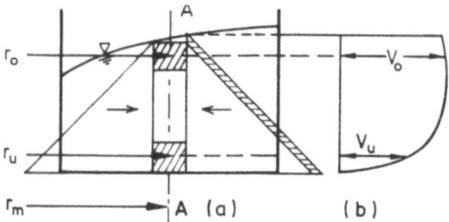

Bild 4.20 (a) Druckverhältnisse und (b) Geschwindigkeitsverteilung in der Vertikalen A-A eines Gerinnekrümmers bei strömendem Abfluß

ser Formel jedoch nicht größer als etwa 20%. Gravierender ist der Zähigkeitseinfluß hinsichtlich des Stromlinienverlaufs und der Energieverhältnisse. Infolge Zähigkeit nimmt die Geschwindigkeit sowohl an den Außenwänden als auch an der Sohle auf Null ab. Damit verbunden kommt es zu Sekundärströmungen und - sofern die Verzögerung der Strömung ein gewisses Maß überschreitet - zur Strömungsablösung (vgl. Bild 4.19).

Das Zustandekommen des wichtigsten Teils dieser Sekundärströmungen läßt sich anhand der Skizze in Bild 4.20 erklären. Wegen der nahezu hydrostatischen Druckverteilung in der Vertikalen wirkt auf jedes Wasserteilchen im Schnitt A-A die gleiche Zentripetalkraft, und es muß somit die Zentripetalbeschleunigung für ein Teilchen nahe der Oberfläche v_o^2/r_o genau so groß sein wie nahe der Sohle v_u^2/r_u. Da aber $v_o > v_u$ (Bild 4.20b), muß auch der Krümmungsradius der Stromlinie oben (r_o) größer sein als unten (r_u). Aus dieser Tatsache ergibt sich für die Stromlinien die Tendenz, sich an der Oberfläche dem Außenufer und an der Sohle dem Innenufer zu nähern. Das Endergebnis ist eine spiralförmige Strömung durch den Krümmer (Bild 4.21).

Die mit dieser Sekundärströmung verbundene Veränderung der Geschwindigkeitsverteilung wurde in Bild 1.5 bereits gezeigt. Von weit größerer praktischer Bedeutung ist die in Bild 4.21 erläuterte Wirkung der Sekundärströmung auf ein Gerinne mit alluvialem Bett. Erosion am Außen- und Verlandung am Innenufer führen hier zu einer Umbildung des Gerinnequerschnitts und damit zu einer Veränderung der Geschwindigkeitsverteilung. Sind, im Gegensatz zu den in Bild 4.21 dargestellten Verhältnissen, auch die Ufer erodierbar, so verursacht die Sekundärströmung eine laufend sich umgestaltende Mäandrierung des Gerinnelaufs.

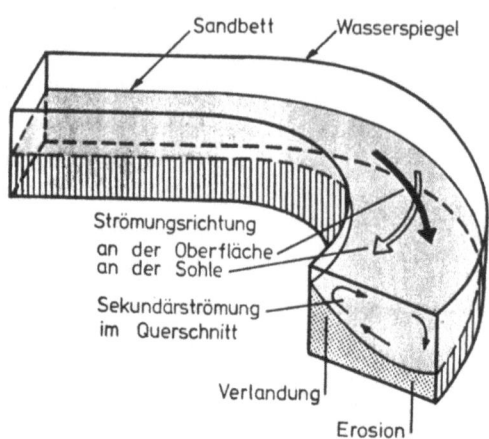

Bild 4.21 Sekundärströmung und Umbildung des Sandbetts in einem Gerinnekrümmer bei strömendem Abfluß

Es ist einleuchtend, daß Ablösungstendenz und Sekundärströmung zu erhöhten Energieverlusten führen. Beschreibt man den Energiehöhenverlust zufolge Krümmung abzüglich des Reibungsverlusts in Form eines Verlustbeiwerts $\zeta = \Delta H/(V^2/2g)$, so ist nach den Ausführungen in Abschnitt 4.1 zu erwarten, daß ζ von einer Reihe von Kenngrößen der Krümmerströmung abhängt (Gleichung 4.5). Leider findet man über diese Abhängigkeit wenig Information, zumindest was G e r i n n e krümmer anbelangt. Eine vielzitierte Untersuchung hierzu ist die von Shukry (1949) in glatten Rechteckgerinnen, deren Ergebnisse in Bild 4.22 aufgetragen sind. Es handelt sich hierbei um Verlustbeiwerte für den Gesamthöhenverlust in einem Gerinnekrümmer ΔH_k

$$\Delta H_k = \zeta_k \frac{V^2}{2g} \qquad (4.15)$$

wobei V die mittlere Fließgeschwindigkeit vor der Krümmung bedeutet. Wie die Diagramme in Bild 4.22 zeigen, ändert sich ζ_k beträchtlich mit den Parametern Re = VR/ν, r_m/B, y/B und $\theta°/180°$. (Hierin ist R = A/(B + 2y) der hydraulische Radius und θ der Zentriwinkel des Krümmers.) Die Diagramme können, wie das nachfolgende Beispiel zeigt, benützt werden, um ζ_k für glatte Recheckgerinne näherungsweise zu ermitteln. Man beginnt hierbei jeweils durch Festlegung von ζ_k in bezug auf zwei der angegebenen Parameter und paßt diesen ζ_k-Wert dann unter Berücksichtigung der zwei weiteren Parameter an.

Es wird häufig angenommen, die Froude-Zahl Fr = $V/\sqrt{gy}$ würde nur bei schießen-

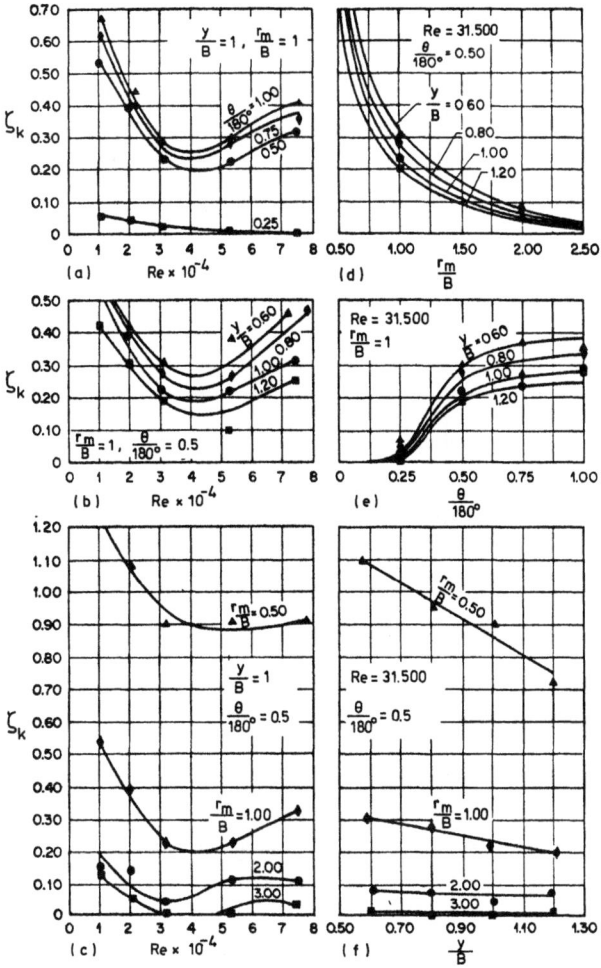

Bild 4.22 Krümmungsverlustbeiwerte für glatte Rechteckgerinne (Entn. aus Ven Te Chow "Open Channel Hydraulics", 1959, m. frdl. Gen. v. McGraw-Hill Book Co.)

dem Abfluß Einfluß auf die Strömungsverhältnisse in Gerinnekrümmern haben (vgl. Abschnitt 5.2.3). Nun kann tatsächlich gezeigt werden (Gleichung 5.24), daß sich Fr für einen bestimmten Gerinnekrümmer mit strömendem Abfluß nicht stark mit der Abflußmenge ändert, so daß für diesen der Krümmungsverlust mit Recht nur mit geometrischen Parametern in Verbindung gebracht wird. Werden jedoch zwei geometrisch ähnliche Krümmer mit unterschiedlichen Froude-Zahlen miteinander verglichen, dann muß man im allgemeinen mit Unterschieden des Ver-

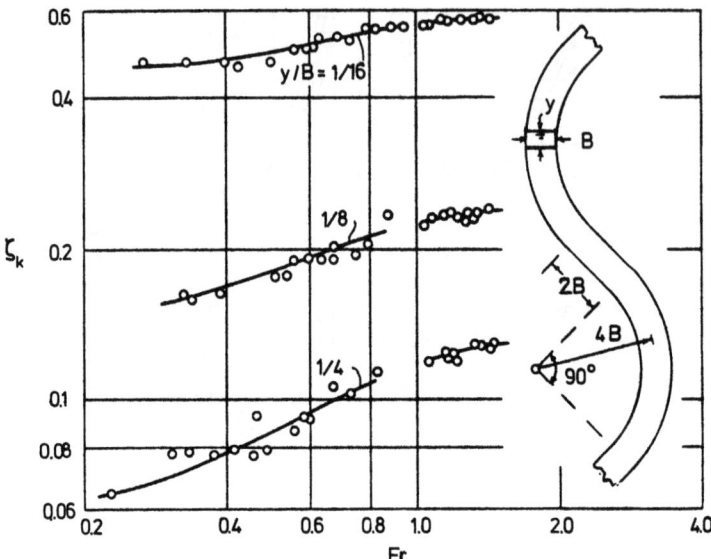

Bild 4.23 Krümmungsverlust in einem von einer Reihe aufeinanderfolgender Gerinnekrümmer nach Hayat und Rouse

lustbeiwerts rechnen, auch wenn der Abfluß strömend ist.

Da eine exakte Bestimmung des Energieverlusts in einem einzigen Gerinnekrümmer schwierig ist, und da häufig gerade eine mäandrierende Folge solcher Krümmer interessiert, wurden von Hayat sechs hintereinandergeschaltete 90°-Krümmer von Rechteckquerschnitt auf den Einfluß der Froude-Zahl untersucht (vgl. Rouse, 1965). Die Darstellung der Ergebnisse in Bild 4.23 zeigt deutlich, daß der durch die Froude-Zahl gekennzeichnete Schwere- oder Welleneffekt tatsächlich auch bei Fr < 1 vorhanden ist und nur mit kleiner werdendem Breiten-Tiefenverhältnis allmählich vernachlässigbar wird.

BEISPIEL 4.1

Man ermittle den Verlustbeiwert ζ_k für einen Gerinnekrümmer mit Rechteckquerschnitt für folgende Kenngrößen: Re = 55 500, r_m/B = 1,3, y/B = 0,8 und θ = 100°.

Lösung nach Chow (1959), S. 444: Wird zunächst y/B = 1,0 und θ/180° = 0,5 gewählt, so ergibt sich für Re = 55 500 und r_m/B =1,3: ζ_k = 0,20 (Bild 4.22c). Mit r_m/B = 1,0 und θ/180° = 0,5 folgt weiterhin für Re =

55 500 und y/B = 1,0: ζ_k = 0,23; und für Re = 55 500 und y/B = 0,8: ζ_k = 0,275 (Bild 4.22b). Zur Interpolation der Verhältnisse von y/B = 1,0 auf y/B = 0,8 verwendet man als Faktor das Verhältnis der entsprechenden ζ_k-Werte, und man erhält (0,275/0,23)0,20 = 0,239. Als nächstes hält man y/B = 1,0 und r_m/B = 1,0 konstant und ermittelt für Re = 55 500 und θ/180° = 100°/180° = 0,556 den Wert: ζ_k = 0,245 (Bild 4.22a). Eine Interpolation der Verhältnisse von θ/180° = 0,5 auf die von θ/180° = 0,556 führt schließlich zum Ergebnis (0,245/0,23)0,239 = 0,255. Der ζ_k-Wert beträgt also, aufgerundet,

$$\zeta_k \cong 0,26$$

Die einzelnen Schritte dieser ζ_k-Bestimmung sind in der folgenden Tabelle zusammengestellt.

Tabelle 4.3

Rechen-schritt	y/B	θ/180°	Re	r_m/B	ζ_k	Bemerkungen
(1)	1,00	0,50	55 500	1,30	0,200	Aus Bild 4.22c
(2)	1,00	0,50	55 500	1,00	0,230	Aus Bild 4.22b
(3)	0,80	0,50	55 500	1,00	0,275	Aus Bild 4.22b
(4)	0,80	0,50	55 500	1,30	0,239	1. Interpolation
(5)	1,00	0,556	55 500	1,00	0,245	Aus Bild 4.22a
(6)	0,80	0,556	55 500	1,30	0,255	2. Interpolation

4.1.4.2 Verzweigungen und Vereinigungen. Anders als bei Rohrströmungen kommt das Problem der Strömungsverzweigung oder Vereinigung bei offenen Gerinnen selten vor. Es gibt deshalb relativ wenig Information hierzu (Schmidt, 1957, S. 163 ff; Mock, 1960, Law, Reynolds, 1966; Press, Schröder, 1966, S. 171 ff). Leider ist diese Information auch noch zum Teil - wie Mock (1960) zeigen konnte - irreführend. Was das Problem gegenüber dem der Rohrströmungen stark verkompliziert, ist der Einfluß der Abflußarten Strömen und Schießen einschließlich der möglichen Fließwechsel. Bedenkt man, daß die Energieverluste darüberhinaus stark von der Geometrie der Gerinneverzweigung oder -vereinigung abhängen, so wird man einsehen, daß, sofern Genauigkeit geboten ist, individuelle Modellversuche nicht zu umgehen sind.

Um dennoch wenigstens eine Abschätzung der Verzweigungsverluste zu ermöglichen, sei hier die in Bild 4.24 dargestellte scharfkantige Verzweigung von Rechteckgerinnen gleicher Breite B für den am häufigsten vorkommenden Fall

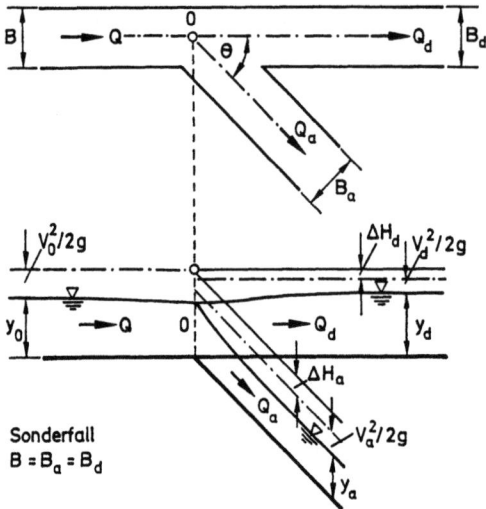

Bild 4.24   Schemaskizze einer Gerinneverzweigung

des durchgehend strömenden Abflusses behandelt (Mock, 1960). Entsprechend den Kontrollverhältnissen (vgl. Abschnitt 1.2.2) gilt es hier, die Rechnung vom Unterwasser beginnend stromaufwärts durchzuführen. Sind y_d und y_a die Wassertiefen im durchgehenden (d) und abzweigenden (a) Gerinne, die sich im Verzweigungspunkt ergeben würden, wenn die entsprechenden strömenden Abflüsse (Q_a, Q_d) ungestört verliefen (berechnet gemäß Abschnitt 7.1.1), so folgt aus den Energiegleichungen näherungsweise mit $Q = Q_d + Q_a$ und $\alpha \cong \alpha_d \cong \alpha_a \cong 1$:

$$y_d + Q_d^2/(2gy_d^2 B_d^2) + \Delta H_d = \qquad (4.16)$$

$$= y_a + Q_a^2/(2gy_a^2 B_a^2) + \Delta H_a = \qquad (4.17)$$

$$= y_o + V_o^2/2g = y_o + Q^2/(2gy_o^2 B_o^2)$$

Werden die Verzweigungsverluste wie folgt definiert

$$\Delta H_d = \zeta_d \frac{V_o^2}{2g} \;;\; \Delta H_a = \zeta_a \frac{V_o^2}{2g} \qquad (4.18)$$

so lassen sich nun die Verlustbeiwerte ζ_d und ζ_a in Abhängigkeit von Q_d/Q und von der Geometrie des Verzweigungsbauwerks experimentell ermitteln.

Bild 4.25 zeigt Ergebnisse für das in Bild 4.24 dargestellte Verzweigungsbau-

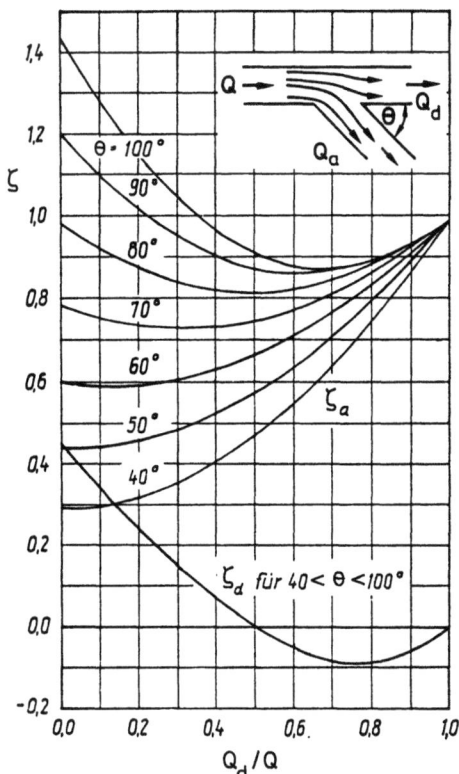

Bild 4.25 Verlustbeiwerte für eine Gerinneverzweigung nach Bild 4.24 mit $B_o = B_d = B_a$ (durchgehend strömender Abfluß)

werk nach Mock (1960) für Reynolds-Zahlen im Bereich $3 \times 10^4 < V_o(B_o + 2y_o)/\nu < 6 \times 10^4$ und Froude-Zahlen im Bereich $0,3 < V_o/\sqrt{gy} < 0,6$. Weder diese beiden Parameter noch das zwischen 0,3 und 2,0 variierte Verhältnis y_o/B hatten einen merklichen Einfluß auf die ζ-Werte, die alle innerhalb eines Streubereichs von ± 0,05 um die in Bild 4.25 dargestellten Mittelwerte lagen.

Die negativen Werte in Bild 4.25 für ζ_d lassen sich damit erklären, daß sich im durchgehenden Gerinne große α-Beiwerte (Gleichung 1.8) ergeben können, die hier jedoch zu 1,0 angesetzt waren. Es zeigt sich somit, daß die Annahme $\alpha_d = \alpha_a = 1$ in den Gleichungen (4.16, 17) nicht zulässig war. Darüberhinaus gilt hier, was im Zusammenhang mit Bild 3.55 ausgeführt wurde: Bei Laborversuchen, bei denen sich Ungleichmäßigkeiten in der Geschwindigkeitsverteilung bis weit ins Unterwasser hinein erstrecken, muß der Wahl des Meßquerschnitts für den Unterwasserstand bzw. der Korrektur der Meßwerte nach Bild 3.20 größte Aufmerksamkeit gewidmet werden. Dies wird bis heute nur selten beachtet. Auch für die in Bild 4.25 dargestellten Ergebnisse sind deshalb Fehler nicht auszuschließen.

Die Gleichungen (4.16) bis (4.18) gelten mit der genannten Einschränkung übrigens auch für andere Formen der Gerinneverzweigung, sofern der Abfluß durchgehend strömend bleibt. Lediglich die ζ-Werte weichen für Fälle, in denen $B_o \neq B_d \neq B_a$, für Fälle mit abgerundeten Kanten, oder für Fälle mit anderer Linienführung als der in Bild 4.24 gezeigten von denen in Bild 4.25 ab. Hinsichtlich der Komplikationen durch Fließwechsel sei auf Schmidt (1957), Mock (1960) und Law, Reynolds (1966) verwiesen.

BEISPIEL 4.2

Aus einem Recheckgerinne der Breite B = 4,0 m mit Abfluß Q = 10,0 m³/s sollen durch Regulierung eines Schützes im durchgehenden Gerinne (d) 30% des Abflusses seitlich abgezweigt werden. Die Gerinneverzweigung sei nach Bild 4.24 ausgelegt mit θ = 90°. Bei Q_a = 0,3 x 10 = 3 m³/s stellt sich im abzweigenden Gerinne strömender Abfluß mit y_a = 1,70 m ein. Man ermittle die Wassertiefe y_o des Hauptgerinnes im Abzweigpunkt 0, sowie die erforderliche Wasserstandshöhe y_d oberstrom des Schützes.

Mit Hilfe der Gleichungen (4.16) und (4.17) erhält man

$$y_o^3 - y_o^2 (H_o)_a = (\zeta_a - 1) Q^2 / (2gB^2)$$

Hierin ist ζ_a nach Bild 4.25 mit Q_d/Q = 0,7 und θ = 90°

$$\zeta_a = 0,87$$

und

$$(H_o)_a = y_a + Q_a^2 / (2gB^2 y_a^2) = 1,71 \text{ m}$$

Die Lösung der kubischen Gleichung lautet damit y_o = 1,70 m, und die Energiehöhe oberstrom des Abzweigs ist

$$H_o = y_o + Q^2 / (2gB^2 y_o^2) = 1,81 \text{ m}$$

Für das durchgehende Gerinne ergibt sich aus Bild 4.25 ζ_d = -0,08. Somit ist

$$(H_o)_d = H_o - \zeta_d V_o^2 / 2g = 1,82 \text{ m}$$

Das heißt, die Wassertiefe oberstrom des Schützes ist

$$y_d = (H_o)_d - Q_d^2 / (2gB^2 y_d^2) = 1,77 \text{ m}$$

Hieraus kann die erforderliche Schützstellung berechnet werden (vgl. Abschnitt 3.2).

4.2 Übergangsbauwerke für strömenden Abfluß

4.2.1 Allgemeine Bemerkungen

Eine häufig vorkommende Aufgabe für den Bauingenieur besteht im Entwurf eines Übergangs zwischen zwei Gerinnen unterschiedlicher Querschnittsform oder zwi-

schen einem Gerinne einerseits und einem Stollen oder Düker andererseits.
Als Kriterien für seinen Entwurf können vorgegeben sein: erstens, Minimierung
der Energieverluste durch wirtschaftlich vertretbare bauliche Maßnahmen; zweitens, Vermeidung größerer Wellen und Wirbel (z.B. bergen Einlaufwirbel die Gefahr des Lufteintrags, Knauss, 1986); drittens, Vermeidung von schwach durchströmten Zonen (z.B. bringen Ablösungszonen die Gefahr der Verlandung bei
schwebstoffhaltigem Wasser mit sich). Bei strömendem Abfluß können diese Kriterien im allgemeinen dadurch erfüllt werden, daß man die Übergangsbauwerke
unter Zuhilfenahme der in Abschnitt 1.2 abgeleiteten Beziehungen möglichst
stromlinienförmig ausbildet. Ganz anders verhält es sich bei schießendem Abfluß wegen der grundsätzlich veränderten Situation bezüglich Wellenbildung,
wie in Kapitel 5 noch näher ausgeführt wird. Das Problem der Wellenbildung
ist jedoch nicht auf Bauwerke mit schießendem Abfluß beschränkt. Stehende
Wellen bilden sich auch bei zu plötzlichen Richtungsänderungen in strömendem
Abfluß oder bei starken Änderungen der Sohlenhöhe aus. Im letzteren Fall kann
es bei Unachtsamkeiten im Entwurf zu Fließwechsel mit nachfolgendem Wechselsprung kommen (Chow, 1959, S. 314).

Wie weit man in der stromlinienförmigen Gestaltung von Übergangsbauwerken angesichts der Wirtschaftlichkeit gehen kann, hängt weitgehend von der Größe und
der Funktion des Bauwerks ab. Im Bestreben, für kleinere Anlagen besonders
ökonomische Formen zu entwickeln, wurden vom U.S. Department of Agriculture
(Scobey, 1933) umfangreiche Untersuchungen durchgeführt. Auch vom U.S. Bureau of Reclamation (1952) wurden Empfehlungen ausgearbeitet, mit der Tendenz
zu möglichst einfachen Formen. Zu den jüngsten Veröffentlichungen über Entwurfsgrundlagen für Übergangsbauwerke gehört die von Vittal, Chiranjeevi (1983).

In den hydraulischen Berechnungen für Übergangsbauwerke mit strömendem Abfluß
sind im allgemeinen folgende Annahmen zulässig:

(a) Die Energielinienneigung kann in der relativ kurzen Übergangsstrecke
als konstant angenommen werden und läßt sich bei Abwesenheit örtlicher Verluste (Abschnitt 4.1) genau genug mit Hilfe der Gauckler/
Manning/Strickler-Formel (Gleichung 6.20) schrittweise berechnen.

(b) Die Geschwindigkeit ändert sich hauptsächlich als Funktion des Abstands, und die Faktoren α und β (Gleichung 1.8 und 1.16) können
entweder gleich 1 gesetzt oder allein für die Endquerschnitte mit
Interpolation dazwischen ermittelt werden.

(c) Einflüsse der Strömungskrümmung sind vernachlässigbar, die Druckverteilungen sind somit hydrostatisch, und von Strömungsablösungen kann abgesehen werden.

Ein wertvolles Hilfsmittel in der hydraulischen Berechnung ist das Energiehöhen-Diagramm mit den H_o-y-Kurven. Es empfiehlt sich, für die vorgegebene Abflußmenge Q eine Schar solcher Kurven für eine Anzahl von Querschnitten des Bauwerks zu konstruieren, so wie es in Bild 4.26 für ein Beispiel gezeigt wird, in dem die Querschnittsänderungen des Übergangsbauwerks auf Änderungen in der Gerinnebreite B und der Sohlenhöhe beschränkt ist, so daß die aufeinanderfolgenden Querschnitte durch bestimmte Werte von $q = Q/B$ gekennzeichnet sind. (Ein allgemeineres Beispiel ist in Bild 1.10 dargestellt.)

Angenommen, die Querschnitte der ober- und unterwasserseitigen Gerinne, die das Bauwerk verbinden soll, seien ebenso wie die Abflußmenge, die Wassertiefe und Energielinienhöhe im Endquerschnitt und die Geometrie bekannt. Man geht bei dieser typischen Aufgabenstellung so vor, daß man zunächst die Lage der Energielinie grob ermittelt (vgl. Annahme (a) oben), womit dann auch die Wassertiefe im Anfangsquerschnitt festliegt. Die Abmessungen der vorgewählten Querschnitte des Bauwerks lassen sich danach auf zwei Arten bestimmen:

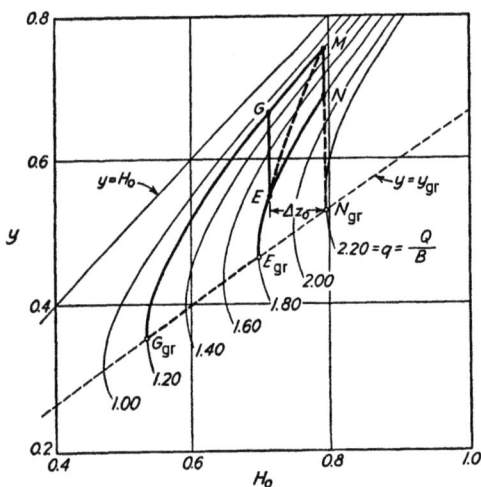

Bild 4.26 H_o-y-Kurven für ein Übergangsbauwerk mit Rechteckquerschnitten
(Entn. aus Rouse "Engineering Hydraulics", 1950, m. frdl. Gen. v. John Wiley & Sons)

(1) Es wird ein gleichmäßiger Wasserspiegelverlauf zwischen End- und Anfangsquerschnitt gewählt, womit auch die zwischenliegenden Geschwindigkeitshöhen festgelegt sind. Das aber bedeutet, daß für jede Kurve in Bild 4.26 - und damit für jeden Querschnitt - ein bestimmter Punkt (y, H_o) fixiert wird. Trägt man die so ermittelten H_o-Werte in den Längsschnitt des Übergangsbauwerks ein, so erhält man damit die zum gewählten Wasserspiegelverlauf gehörende Lage der Gerinnesohle.

(2) Es wird ein gleichmäßiger Ver-

lauf des Sohlenlängsschnitts zwischen den Endpunkten des Übergangsbauwerks gewählt. Damit sind die H_o-Werte für jeden Zwischenquerschnitt festgelegt, und man kann aus Bild 4.26 die jeweils zugehörigen Wassertiefen y ermitteln.

Bei der ersten Methode werden die erhaltenen Sohlenprofile und bei der zweiten die Wasserspiegelprofile möglicherweise nicht so gleichförmig ausfallen wie gewünscht. Es wird dann erforderlich sein, diese Rechenschritte nach geeigneten Anpassungen zu wiederholen, bis sich gleichförmige Übergänge für Sohle u n d Wasserspiegel dadurch ergeben, daß man deren Verlauf iterativ anpaßt oder aber die Querschnittsabstände bei vorgewählter Querschnittsform bzw. die Form selbst ändert.

Natürlich kann man hydraulische Berechnungen auch auf der Basis der Energiegleichungen ohne Hilfe von Diagrammen durchführen. Meist führt dieses jedoch zu einem sehr großen Rechen- bzw. Programmieraufwand. Außerdem gewinnt man durch Anwendung der graphischen Methode eine anschauliche Anleitung zu den erforderlichen baulichen Anpassungen. Dieses soll im folgenden gezeigt werden. Die Ausführungen basieren auf dem Beitrag von Ippen zu Engineering Hydraulics, herausgegeben von Rouse (1950).

4.2.2 Gerinneverengungen und Einlaufbauwerke

Die verschiedenen Möglichkeiten, eine Gerinneverengung zu entwerfen, können für den Fall eines Rechteckgerinnes mit Hilfe von Bild 4.26 illustriert werden. Die Reduktion des Querschnitts kann hier grundsätzlich auf zwei Arten erfolgen: Durch eine Verringerung der Wassertiefe y oder durch eine Verringerung der Gerinnebreite B. Angenommen der Punkt M in Bild 4.26 repräsentiert die vorgegebenen geometrischen und hydraulischen Verhältnisse am oberwasserseitigen Ende des Gerinnes. Der Übergang auf die durch Punkt E dargestellten Verhältnisse am unterwasserseitigen Ende läßt sich dann auf folgende Arten gestalten.

Entweder die Sohle wird im Übergangsbauwerk mit dem gleichen Gefälle fortgesetzt (so daß die spezifische Energiehöhe H_o annähernd konstant bleibt), und die Breite B wird reduziert. In diesem Fall können die zugehörigen Tiefenänderungen unmittelbar aus den Schnittpunkten der vertikalen Linie durch M mit den Kurven für größer werdende Q/B-Werte in Bild 4.26 abgelesen werden. Nachdem auf diese Weise eine bestimmte Breite im Punkt N erreicht ist, kann die weitere Querschnittsverminderung durch allmähliche Sohlenerhöhung bei gleichbleibender Gerinnebreite erzielt werden. Die zugehörige Differenz der Sohlenhöhen ergibt sich aus dem in Bild 4.26 bestimmten Wert von H_o nach entsprechender Korrektur für Energieverluste, und die Wasserspiegellage erhält man mit Hilfe der aus der Linie NE ermittelten Wassertiefen. Im allgemeinen ergeben sich entlang MNE kleinere Tiefenänderungen für eine vorgegebene Querschnittsverengung als entlang der Linie MGE.

Selbstverständlich lassen sich die Änderungen von Gerinnebreite und Sohlenhöhe in beliebiger Kombination gemeinsam vornehmen - etwa wie durch die gestrichelte Linie von M nach E in Bild 4.26 angegeben. Ganz allgemein empfiehlt es sich, die Seitenkontraktion durch gekrümmte Seitenwände in Bereichen großer Wassertiefen vorzunehmen. Deshalb wird ein Entwurf gemäß der Linie MNE zu kürzeren Bauwerkslängen mit kleineren Krümmungseffekten führen als ein Entwurf gemäß MGE. Solange beide Punkte, M und E, eindeutig im strömenden Bereich liegen (mit Froude-Zahlen unter 0,5), werden sich beim Entwurf kaum Komplikationen ergeben. Je mehr sich jedoch E der Grenztiefe y_{gr} nähert, umso steiler wird der Wasserspiegel innerhalb des Übergangsbauwerks verlaufen, und umso größer wird die Tendenz zur Bildung stehender Wellen.

Dieser letztere Fall sei anhand Bild 4.26 hier näher betrachtet. Mit zunehmender Seitenkontraktion wandert der Punkt N nach unten, bis er im Grenzfall N_{gr} erreicht. Die zugehörige geringste Gerinnebreite, für die der Abfluß von Q für das konstante H_o gerade noch bei $y = y_{gr}$ möglich ist, folgt aus Gleichung (1.29) zu

$$B_{gr} = \frac{Q}{y_{gr}\sqrt{gy_{gr}}} = \frac{Q}{\sqrt{g}\left(\frac{2}{3}H_o\right)^{3/2}} \qquad (4.19)$$

Jede weitere Seitenkontraktion würde zu einem Rückstau im Oberwasser führen. Das gleiche Ergebnis erhält man bei zu starker Sohlenerhöhung. So lassen sich beispielsweise die Grenzabflußbedingungen auch durch Anordnung einer breiten Sohlschwelle bei konstant bleibender Gerinnebreite erreichen, so daß der Punkt G schließlich die äußerste noch zulässige Lage in G_{gr} einnimmt. Die höchstzulässige Sohlenerhebung, die den Grenzabfluß bei konstanter Breite herbeiführt, ergibt sich aus der Differenz der H_o-Werte in M und G_{gr}. Da H_o im Punkt G_{gr} gleich $3/2(y_{gr}) = 3/2\sqrt[3]{Q^2/(gB^2)}$ ist, erhält man die Grenzschwellenhöhe $(\Delta z_o)_{gr}$ aus

$$\left(\frac{\Delta z_o}{y}\right)_{gr} = 1 + \frac{y_{gr}}{y}\left[\frac{1}{2}\left(\frac{y_{gr}}{y}\right)^2 - \frac{3}{2}\right] \qquad (4.20)$$

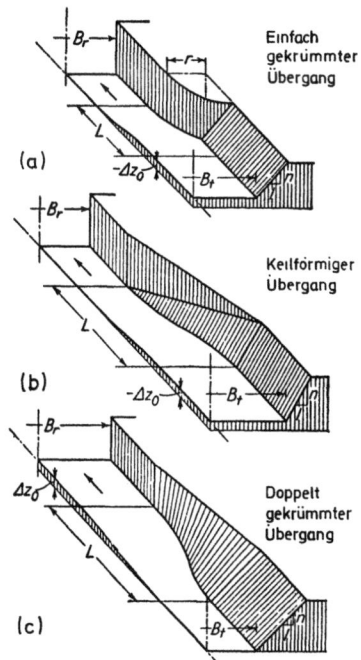

Bild 4.27 Typische Formen für Übergangsbauwerke bei strömendem Abfluß (Entn. aus Rouse "Engineering Hydraulics", 1950, m. frdl. Gen. v. John Wiley & Sons)

wobei y die Anfangstiefe im Punkt M ist. Wird der Grenzabfluß schließlich durch gleichzeitige Einengung von den Seiten und der Sohle her herbeigeführt, so erhält man in Bild 4.26 eine Verbindungslinie von M zur gestrichelten Gerade $y = y_{gr}$, die zwischen den Kurven MGG_{gr} und MNN_{gr} liegt, zum Beispiel die Linie MEE_{gr}.

Die Berücksichtigung der Energieverluste infolge Wandwiderstand bzw. Reibung führt bei Gerinneverengungen mit strömendem Abfluß im allgemeinen zu etwas geringeren Wassertiefen im Vergleich zu den Ergebnissen ohne Berücksichtigung der Verluste, wie auch durch Messungen des U.S. Army Corps of Engineers und des U.S. Bureau of Reclamation bestätigt wird. Hinds (1928) empfiehlt für Gerinneverengungen mit Winkeln möglichst kleiner als 12,5° zwischen Gerinneachse und den Seitentangenten durch die Wendepunkte den Ansatz eines Energieverlusts von

$$\Delta H = 0,1 \left(\frac{V_E^2}{2g} - \frac{V_M^2}{2g} \right) \qquad (4.21)$$

d.h. ein Verlust von einem Zehntel der Differenz der Geschwindigkeitshöhen in den Endquerschnitten des Übergangsbauwerks. Dieser Verlust sollte proportional zur örtlichen Änderung der Geschwindigkeitshöhe über die Länge des Bauwerks verteilt werden. Scobey (1933) bestätigt diese Empfehlung. Sein Beitrag gibt zusammen mit der Arbeit von Hinds eine auch heute noch gültige Darstellung von Entwurfskriterien für Übergangsbauwerke.

Es würde zu weit führen, hier diese Empfehlungen für den Entwurf im einzelnen aufzuführen. Zusammenfassend können die Übergangsbauwerke von Trapez- zu Rechteckgerinnen in drei Typen unterteilt werden: (a) den einfach gekrümmten, (b) den keilförmigen und (c) den doppelt gekrümmten Übergang (Bild 4.27). Die ersten beiden Formen sollten auf Fälle mit kleineren Fließgeschwindigkeiten beschränkt bleiben ($V/\sqrt{gy} < 0,5$), und keine der drei Formen eignet sich für

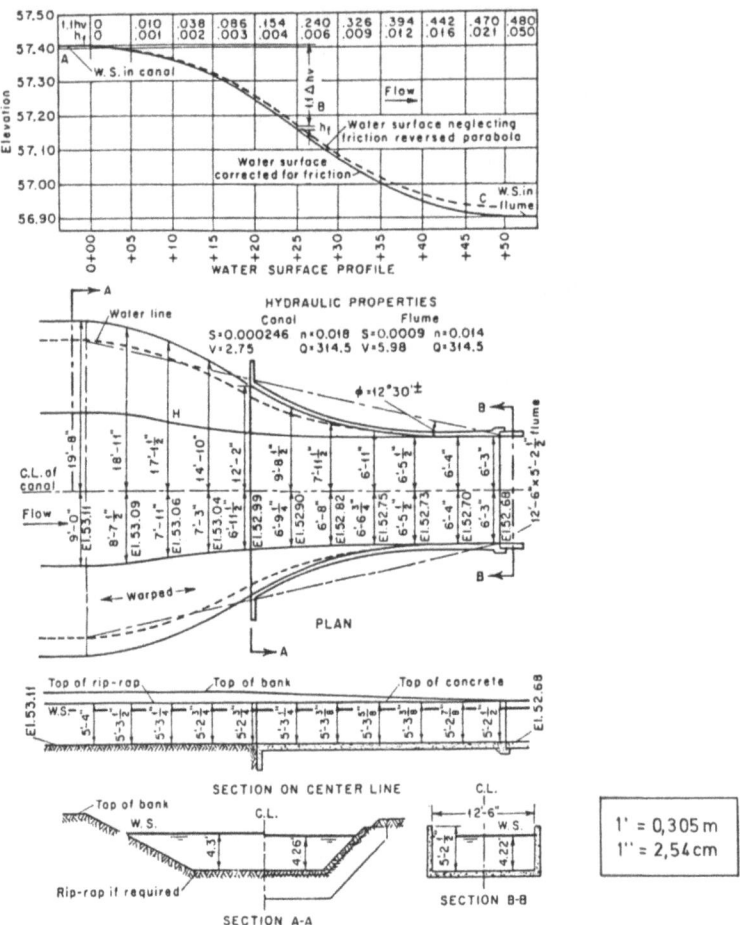

Bild 4.28 Typische Lösung für den Übergang von Trapez- zu Rechteckgerinne
(Entn. aus Rouse "Engineering Hydraulics", 1950, m. frdl. Gen. v. John Wiley & Sons)

schießenden Abfluß (vgl. Abschnitt 5.2.1). Der bauliche Aufwand wächst mit der gewählten Reihenfolge. Bei sehr großen Bauwerken empfiehlt sich der Typ (c) jedoch nicht nur aus hydraulischen Erwägungen, sondern auch deshalb, weil sich die doppelt gekrümmten Flächen dann durchaus wirtschaftlich herstellen lassen. Ein Beispiel für ein solches Übergangsbauwerk ist nach Hinds (1928) in Bild 4.28 wiedergegeben (vgl. auch Vital, Chiranjeevi, 1983).

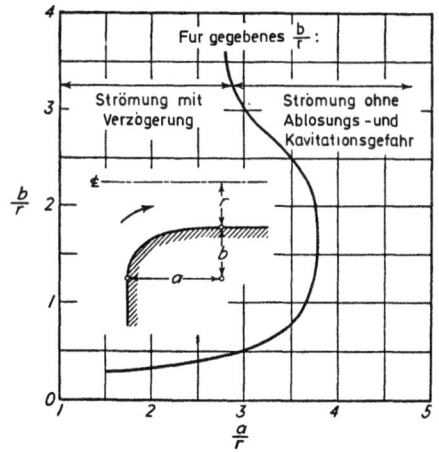

Bild 4.29 Empfehlungen für die Ausrundung eines Einlaufs nach Rouse
(Entn. aus Rouse "Engineering Hydraulics", 1950, m. frdl. Gen. v. John Wiley & Sons)

Da E i n l a u f b a u w e r k e von Gerinnen den Grenzfall einer Gerinneverengung darstellen, gelten für sie grundsätzlich die gleichen Entwurfskriterien. Ein Gerinneeinlauf ohne Ausrundung der Kanten sollte möglichst vermieden werden, es sei denn die Einsparungen in Konstruktionskosten bei kleineren Anlagen überwiegen die Vorteile der verbesserten Strömungsverhältnisse, die selbst bei unvollkommenen Stromlinienformen erzielt werden können. Für Anlagen mittlerer Größe sollten zwischen Staubecken und Gerinne möglichst einfach gekrümmte Übergänge an der Sohle und den Seiten angeordnet werden. Anhaltspunkte zu den Verhältniswerten von Ausrundungsradius zu Gerinnebreite bzw. -tiefe lassen sich aus Bild 4.29 ableiten, das ursprünglich für Rohreinläufe entwickelt wurde (vgl. auch Hubbard, Ling, 1952). Sollen Regulierschütze im Kopfbauwerk eines trapezförmigen Kanals installiert werden, so wäre an einen anfänglich rechteckförmigen Gerinneabschnitt ein Übergang nach Bild 4.27b oder c für die umgekehrte Fließrichtung anzuschließen.

Zum Einlaufverlust wurde in Abschnitt 4.1.3.4 bereits Stellung genommen. Nachzutragen wäre lediglich, daß selbst für einen perfekt stromlinienförmig ausgebildeten Gerinneeinlauf der Wasserspiegel im Gerinne um mindestens $\alpha V^2/2g$ unter dem Stauspiegel liegt, wobei der α-Beiwert (Gleichung 1.8) von den erhöhten Wandschubspannungen innerhalb der sich entwickelnden Grenzschichten abhängt. Rechnet man dennoch mit $\alpha = 1$, so beträgt der Fehler dieser Rechnung $(\alpha - 1)V^2/2g$; dies entspricht je nach Einlaufverhältnissen 5 bis 20 Prozent der Geschwindigkeitshöhe.

4.2.3 Gerinneerweiterungen und Auslaßbauwerke

Die Berechungsmethoden und Empfehlungen für den Entwurf, die im vorangehenden Abschnitt diskutiert wurden, können weitgehend auf Gerinneerweiterungen bei strömendem Abfluß angewandt werden. Ein fundamentaler Unterschied besteht allerdings in der praktisch begrenzten Möglichkeit des Rückgewinns kinetischer Energie bei expandierenden Strömungen wegen der Ablösungstendenz der verzögerten Strömung in Wandnähe. Aus diesem Grunde muß der Formgebung der Wände und der Ermittlung der Energieverluste hier größere Aufmerksamkeit geschenkt werden als bei Gerinneverengungen.

In Gerinne v e r e n g u n g e n mit nicht übermäßig starken lokalen Wandkrümmungen ist die Strömung ablösungsfrei und die Geschwindigkeit relativ gleichförmig über die Querschnitte verteilt - in guter Übereinstimmung mit den Annahmen der eindimensional vereinfachten Theorie. In Gerinne e r w e i t e r u n g e n dagegen führen bereits mäßige Wandkrümmungen zu einem starken Anwachsen der Zonen verzögerten Fluids; die Geschwindigkeitsverteilungen werden stark ungleichförmig, d.h. die Korrekturbeiwerte α und β nehmen größere Zahlenwerte an, und es kann schließlich zu Ablösungen der Strömung von den Wänden kommen.

Diese Ablösungstendenz wird verstärkt durch die geringsten Abwinkelungen in der Anströmung, die beispielsweise durch Krümmungen oder Pfeiler im Oberwasser ausgelöst werden können. Auf die Vermeidung solcher Strömungsablösungen muß vor allem dann geachtet werden, wenn bei schwebstoff- und geschiebehaltigem Wasser die Möglichkeit zur Verlandung der Übergangsbauwerke besteht oder wenn sich an diese Bauwerke Gerinne mit erodierbaren Sohlen und Böschungen anschließen. Wie Bild 4.30 (nach Hinds) andeutet, wird bei Ablösung die transportwirksame Strömung auf kleinere Fließquerschnitte begrenzt, und es entstehen dort größere Geschwindigkeiten als die vereinfachte Theorie voraussagt. Außerdem nimmt die Tendenz zu einer Asymmetrie der Strömung zu; bereits eine vorgeschaltete Krümmung reicht hier aus, um den Strom hoher Geschwindigkeit stets entlang der gleichen Wand verlaufen zu lassen, mit der Folge, daß ein

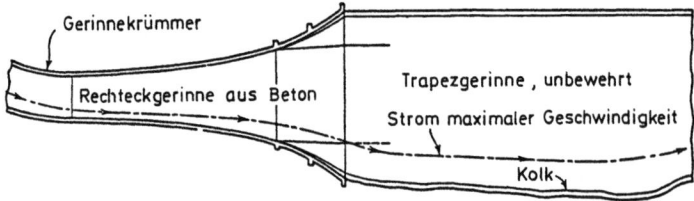

Bild 4.30 Ausbildung einer asymmetrischen Strömung in einer Gerinneerweiterung (Grundriß) (Entn. aus Rouse "Engineering Hydraulics", 1950, m. frdl. Gen. v. John Wiley & Sons)

- 169 -

unbewehrtes Gerinne im Unterwasser an dieser Seite auskolkt und auf der gegenüberliegenden Seite verlandet (Bild 4.30).

Eine Fülle von Hinweisen für den Entwurf von Gerinneerweiterungen finden sich bei Hinds (1928) und Scobey (1933). Die wichtigsten ihrer Empfehlungen lauten (vgl. auch Vittal, Chiranjeevi, 1983):

(a) Einfach gekrümmte und trichterförmige Übergänge mit Seitenwänden im Winkel von etwa 30° zur Gerinneachse erlauben einen Rückgewinn an kinetischer Energie von bis zu 2/3 der Änderung in der Geschwindigkeitshöhe.

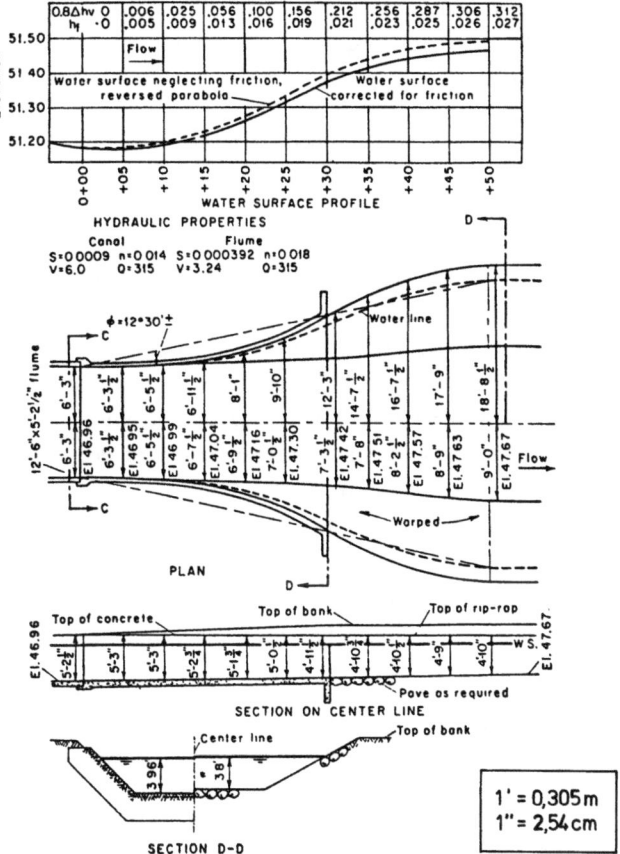

Bild 4.31 Typische Lösung für den Übergang von Rechteck- zu Trapezgerinne
(Entn. aus Ven Te Chow "Open Channel Hydraulics", 1959, m. frdl. Gen. v. McGraw-Hill Book Co.)

(b) Mit keilförmigen und doppelt gekrümmten Übergängen (Bild 4.27b, c) lassen sich rund 80 bis 90 Prozent der Änderung in der Geschwindigkeitshöhe rückgewinnen, sofern das Übergangsbauwerk so langgestreckt ausgeführt wird, daß eine Verbindungslinie zwischen den Wasserrändern im Anfangs- und Endquerschnitt keinen größeren Winkel als 12,5° mit der Gerinneachse einschließt.

(c) Besondere Vorkehrungen müssen bei Strömungen nahe den Grenzabflußbedingungen getroffen werden (vgl. Abschnitt 4.2.1).

(d) Da über die Gesetzmäßigkeit von Strömungen ohne freie Oberfläche mehr Information vorliegt als über Gerinneströmungen, empfiehlt es sich, bei Übergängen von Stollen zu offenen Gerinnen die Strömungserweiterung so weitgehend wie möglich im gedeckten Teil des Übergangsbauwerks vorzunehmen.

Ein typisches Beispiel für eine Gerinneerweiterung ist nach Hinds (1928) in Bild 4.31 dargestellt.

Während die Verwendung von L e i t w ä n d e n durchaus gebräuchlich ist, um Strömungsablösungen in Strömungen ohne freie Oberfläche zu verhindern, findet man diese Methode nur selten auf Strömungen in offenen Gerinnen angewandt. Wenn es darauf ankommt, die Energieverluste bei möglichst kleiner Bauwerkslänge zu minimieren, kann diese Methode jedoch auch hier in Erwägung gezogen werden (vgl. Bild 4.32a sowie folgendes Beispiel). Strömungsablösung läßt sich im allgemeinen verhindern, wenn der Erweiterungswinkel der Strömung unter 8° gehalten wird (vgl. Bild 4.13). Wie Bild 4.33 zeigt, kann diese Bedingung unter Reduktion der sonst notwendigen Baulänge dadurch erfüllt werden, daß man Leitwände mit eingeschlossenen Winkeln von jeweils 7° anordnet. Wichtig ist bei einer solchen Lösung, daß man eine gerade Zahl von Leitwänden verwendet, weil eine Wand entlang der Gerinneachse geringen Einfluß auf die Strömung hat.

Ebenso wie Einlaufbauwerke als Grenzfall von Gerinneverengungen behandelt werden können, so läßt sich ein A u s l a ß b a u w e r k als Grenzfall einer Gerinneerweiterung betrachten. Die vorangehenden Ausführungen lassen sich deshalb sinngemäß auch auf Gerinneauslässe übertragen. Es ist allerdings üblich, die Einmündungen von Gerinnen in Becken abrupt zu gestalten. Der Energieverlust im Becken entspricht in diesem Fall der Geschwindigkeitshöhe, und die Abnahme der Geschwindigkeit im Becken erfolgt nach den Gesetzmäßigkeiten getauchter turbulenter Strahlen. Mit größerer Wellenbildung in der Nähe von

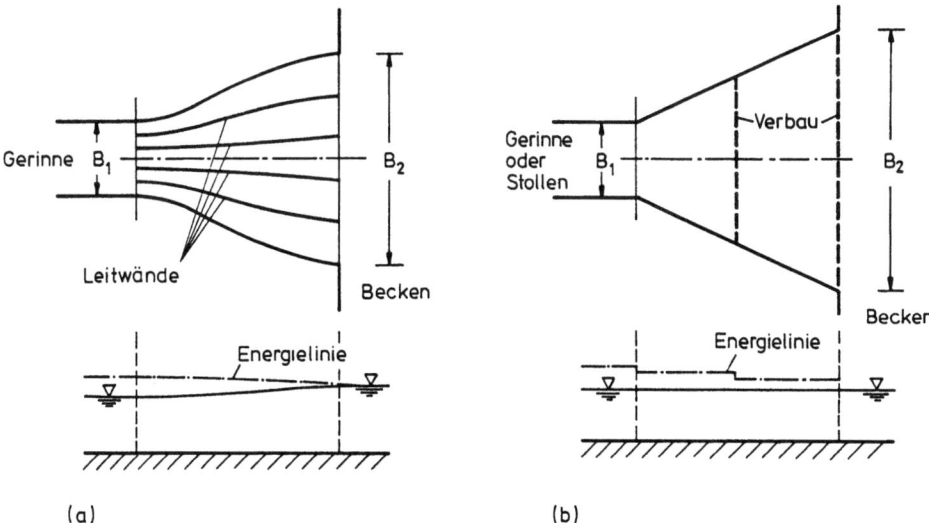

Bild 4.32 Schemaskizze von Auslaßbauwerken
(a) Prinzip: möglichst große Energierückgewinnung
(b) Prinzip: möglichst gleichmäßige Geschwindigkeitsverteilung im Endquerschnitt

Auslaßbauwerken ist zu rechnen, wenn sich der strömende Gerinneabfluß den Grenzabflußbedingungen (Fr = 1) nähert.

Besteht die Aufgabe des Auslaßbauwerks darin, bei möglichst gleichförmiger Geschwindigkeitsverteilung eine vorgegebene Höchstgeschwindigkeit an keiner Stelle des Endquerschnitts zu überschreiten (wie beispielsweise bei einer Einleitung in ein Hafenbecken), so empfiehlt sich eine Lösung nach dem Prinzip gemäß Bild 4.32b. Dieses Prinzip hat sich im Windkanalbau bewährt, wo es beim Entwurf von Diffusoren angewandt wird. Während der "Verbau" im Diffusor hier aus Gittern besteht, haben sich bei der Anwendung des Prinzips auf ein Auslaßbecken an einem Hafenbecken enggesetzte Pfeiler mit quadratischem Querschnitt bewährt (Richter, Naudascher, 1986). Das Verbauungsverhältnis ist in jedem Fall so zu wählen, daß die Summe der Energieverluste im Übergangsbauwerk mindestens gleich der Energiehöhe im Zustrom ist.

BEISPIEL 4.3

Wirtschaftliche Überlegungen schreiben eine möglichst geringe Baulänge für ein Übergangsbauwerk zwischen einem Rechteckgerinne aus Beton und einem trapezförmigen, unbewehrten Oberwasserkanal eines Kraftwerks vor, bei gleichzeitiger Minimierung der Energieverluste und der Tendenz zu Auskolkung und Verlandung. Man berechne die mögliche Reduktion der Baulänge, die durch Anordnung von Leitwänden erzielt werden kann, wenn das Rechteckgerinne 6 m breit und 6 m tief ist und das Trapezgerinne eine Sohlenbreite von 18 m und Böschungsneigungen von 1:2 hat.

Für einen Übergang mit zweifach gekrümmten Seitenwänden (Bild 4.27c) als Vergleichslösung ergibt sich ein Grundriß wie in Bild 4.33a gezeigt mit

$$L = \frac{18}{\tan 12,5°} \cong 81 \text{ m}$$

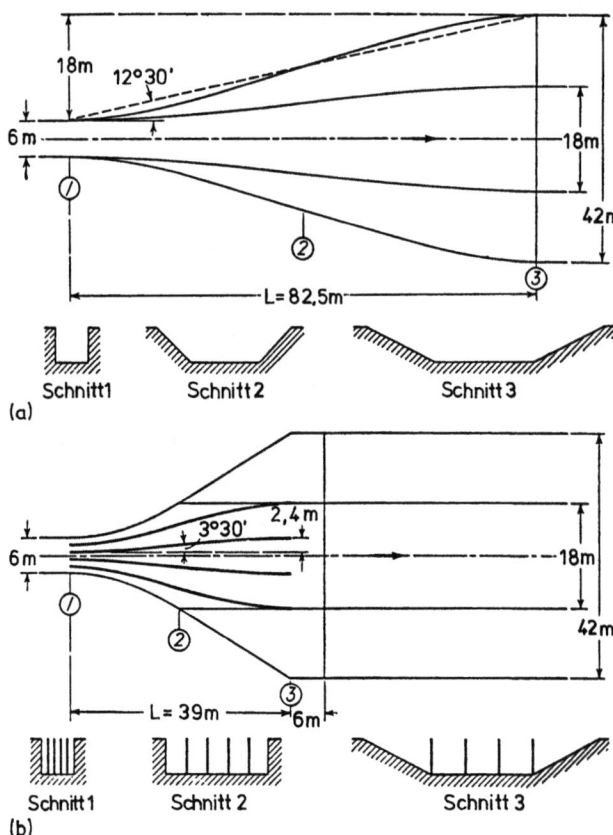

Bild 4.33   Gerinneerweiterung mit Leitwänden nach Rouse (Entn. aus Rouse "Engineering Hydraulics", 1950, m. frdl. Gen. v. John Wiley & Sons)

Werden andererseits 4 Leitwände unter jeweils 3,5° gegen die Achse eingesetzt, so erhält man gemäß dem Grundriß in Bild 4.33b eine Baulänge von

$$L = \frac{2,4}{\tan 3,5°} \cong 39 \text{ m}$$

Da die Wände eine ausreichende Konstruktionsdicke aufweisen müssen (etwa 0,3 bis 0,5 m), würde bei einer Anordnung von zusätzlichen Leitwänden der Fließquerschnitt des Rechteckgerinnes beträchtlich eingeengt werden, ohne daß hinsichtlich einer weiteren Bauwerksverkürzung viel gewonnen wäre.
In jedem Fall sollte die Sohle des Trapezquerschnitts auf rund 5 bis 8 m unterhalb des Endes der Leitwände gegen Auskolkung befestigt werden.

Modellversuche des Iowa Institute of Hydraulic Research, USA, (Rouse, 1950), haben ergeben, daß die Wirkungsweise des Entwurfs mit Leitwänden nach Bild 4.33b demjenigen nach Bild 4.33a eindeutig überlegen ist. Der letztere, konventionelle Entwurf erwies sich sogar als immer noch zu kurz, um Strömungsablösung zu verhindern; entsprechend wurde als Maximalgeschwindigkeit im Trapezgerinne das 2,5fache der berechneten mittleren Geschwindigkeit gemessen - gegenüber dem 1,1fachen für den Entwurf mit Leitwänden.

4.2.4 Gerinnekrümmungen

Es würde den Rahmen dieses Buches sprengen, wenn hier auch Fragen des Gerinne- beziehungsweise Gewässerausbaus behandelt werden würden, und zwar deshalb, weil in diesen Fragen die Zusammenschau der ingenieurwissenschaftlichen Belange mit denen des Naturschutzes und der Landschaftspflege von ausschlaggebender Bedeutung ist. Es möge deshalb ausreichen, an dieser Stelle auf einige Literatur zu verweisen. Über die ökologischen Aspekte bei Ausbau und Unterhaltung von Fließgewässern gibt das DVWK-Merkblatt 204/1 (1984) sowie der siebte DVWK-Lehrgang (1983) Auskunft. Im letzteren wurden auch hydraulische und konstruktive Gesichtspunkte der Ufersicherung ausführlich diskutiert. Die Grundrißgestaltung natürlicher Gerinne wurde auf den Fortbildungslehrgängen des DVWK über Gewässerausbau immer wieder behandelt, so zum Beispiel auf dem DVWK-Lehrgang (1977). Eine Übersicht über Maßnahmen zum Schutze von Uferböschungen - besonders im Bereich von Gerinnekrümmern - findet man unter anderem bei Jansen (1979) und U.S. Corps of Engineers (1981), (siehe auch Odgaard, Kennedy, 1984).

5. BEMESSUNG UND GESTALTUNG VON SCHUSSRINNEN

5.1 Richtungsänderungen bei schießendem Abfluß

5.1.1 Allgemeine Bemerkungen

In Abschnitt 4.2 wurde gezeigt, wie der s t r ö m e n d e Abfluß durch Gerinneverengungen und -erweiterungen auf der Grundlage der in Abschnitt 1.2 dargestellten eindimensionalen Betrachtungsweise berechnet werden kann. Ist der Abfluß s c h i e ß e n d , so liefert die eindimensionale Behandlung einer solchen Strömung nicht einmal näherungsweise richtige Ergebnisse. Der Grund dafür liegt darin, daß Änderungen in den seitlichen Begrenzungen eines schießenden Gerinneabflusses Störwellen erzeugen, die sich nicht nach oberstrom ausbreiten können. Es bilden sich deshalb stehende Wellen aus, die sich je nach Gerinnekonfiguration durch Reflexionen bis weit ins Unterwasser fortsetzen können. Im Gegensatz dazu erzeugen solche Änderungen der seitlichen Begrenzungen bei strömendem Abfluß allmähliche Veränderungen des Wasserspiegels, die zwar auch als das Resultat von Störwellen betrachtet werden können, die aber dennoch den Ergebnissen der eindimensionalen Betrachtungsweise gut entsprechen, weil sich hier die Störwellen - und damit die Anpassung des Wasserspiegels an die veränderten Verhältnisse - nach allen Seiten ausbreiten können. Wenn sich diese Störungen hier auch nicht mit unendlicher Störwellengeschwindigkeit im gesamten Strömungsgebiet auswirken, wie bei den Ableitungen in Abschnitt 1.2 stillschweigend angenommen wurde, so genügt doch die Bedingung, daß die Wellenfortpflanzungsgeschwindigkeit c größer als die Fließgeschwindigkeit v ist, um voraussetzen zu dürfen, daß bei strömendem Abfluß keine stehenden Wellen mit starken lokalen Änderungen der Wassertiefe und der Geschwindigkeit auftreten.

Gerade diese lokalen Änderungen aber, die bei schießendem Gerinneabfluß auftreten können, lassen sich natürlich mit den eindimensionalen Methoden des Abschnitts 1.2, in denen die Strömungsverhältnisse in jedem Querschnitt ja nur jeweils durch e i n e mittlere Tiefe und Geschwindigkeit beschrieben werden, unmöglich vorhersagen. Eine Ausnahme bilden allenfalls schießende Abflüsse durch Gerinne mit geradlinigen, parallelen Wänden. Mit anderen Worten, die Teile der Kurven in den Bildern 1.10 und 1.12, die den Bereich des schießenden Abflusses betreffen, können nur dann zur Berechnung der Wasserspiegellage eines stark ungleichförmigen Abflusses herangezogen werden, wenn die Veränderung der Wassertiefe durch eine Veränderung der Sohlenhöhe hervorgerufen wird. Bei einer Veränderung der Gerinnebreite muß die Gerinneströmung zweidimensional behandelt werden, so wie dies nachfolgend gezeigt wird.

Wirken auf eine Strömung weder Kräfte noch Störungen ein, so verläuft sie stationär und gleichförmig. Umgekehrt kann jede Veränderung des Geschwindigkeitsvektors als eine Störung betrachtet werden. Diese Störung breitet sich vom Störungsort mit einer Geschwindigkeit aus, die der Vektorsumme aus Fortpflanzungsgeschwindigkeit c der Störwelle und lokaler Fließgeschwindigkeit v entspricht.

Die Größe von c hängt, wie man leicht einsehen wird, von jenen Kräften ab, die bei der Wellenfortpflanzung die dominierende Rolle spielen. Man unterscheidet Schwerewellen, bei denen die Störung durch die Wirkung der Schwerkraft hervorgerufen wird, Kapillarwellen, bei denen infolge starker Krümmung der Oberflächenstörungen die Wirkung der Oberflächenspannung dominiert, und Druck- oder Schallwellen, bei denen die Störung von relativ starker Kompression des Fluids begleitet ist und somit die Fluidelastizität die maßgebende Rolle spielt. Die im folgenden zu behandelnden Wellenphänomene gehören wegen der untergeordneten Bedeutung von Kapillar- und Kompressibilitätseffekten eindeutig zur Gruppe der Schwerewellen.

Unabhängig davon jedoch, um welche Art von Wellen es sich handelt, die K i n e m a t i k der Wellenphänomene unterliegt in allen Fällen den gleichen Gesetzmäßigkeiten. Die Kenngröße zur Übertragung dieser Gesetzmäßigkeiten ist jeweils das Verhältnis von Strömungs- zu Wellenfortpflanzungsgeschwindigkeit v/c. Diese Kenngröße ist für den Fall von Flachwasserwellen (das sind Schwerewellen, deren Wellenlänge λ_w die Wassertiefe y um ein Vielfaches übersteigen) bei sehr kleinen Amplituden wegen $c = \sqrt{gy}$ gleich der Froude-Zahl

$$Fr = \frac{v}{\sqrt{gy}} \qquad (5.1)$$

Für Kapillarwellen erhält man mit $c = \sqrt{2\pi\sigma/(\rho\lambda_w)}$ ein Vielfaches der Weber-Zahl

$$We = \frac{v}{\sqrt{\sigma/(\rho y)}} \qquad (5.2)$$

und für Druck- oder Schallwellen ergibt sich als Kennzahl mit $c = \sqrt{E/\rho}$ für den Fall kleiner Dichteänderungen $\Delta\rho \ll \rho$ die Mach-Zahl

$$Ma = \frac{v}{\sqrt{E/\rho}} \qquad (5.3)$$

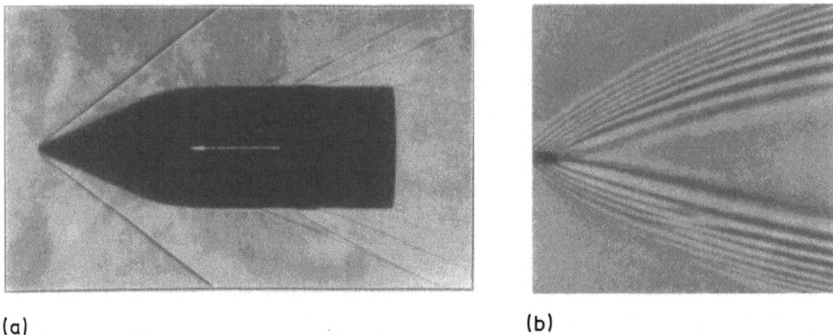

Bild 5.1 Störungslinien bei (a) einem Geschoß in Luft (Nahfeld) und (b) einem Pfeiler in einem offenen Gerinne (Fernfeld) (Entn. aus Rouse "Elementary Mechanics of Fluids", 1946, m. frdl. Gen. v. John Wiley & Sons)

Hierin bedeutet σ die Oberflächenspannung und E den Elastizitätsmodul des Fluids. Zu den analogen kinematischen Gesetzmäßigkeiten gehört in erster Linie die Ausbildung von Wellenfronten (im folgenden auch mit Störungslinien bezeichnet) in Fällen überkritischer Strömungen ($v > c$), wie in Bild 5.1 demonstriert ist. Tatsächlich wird diese Analogie zwischen Überschallströmung und schießender Gerinneströmung in der Aerodynamik verwendet, um die relative Strömung um Körper, die sich mit Überschallgeschwindigkeit bewegen, mittels eines dünnen schießenden Wasserstroms auf einer Glasplatte zu verdeutlichen. (Die Wellenfront ist nur bei absolut paralleler Strömung und bei Wellen konstanter Amplitude geradlinig. Da sich der Störungswinkel β aus den lokalen Größen v und c gemäß Gleichung (5.4) ergibt und c streng genommen eine Funktion der Wellenamplitude ist, sind Störungslinien im allgemeinen gekrümmt.)

Angenommen, eine Parallelströmung werde in einem Punkte A kontinuierlich ge-

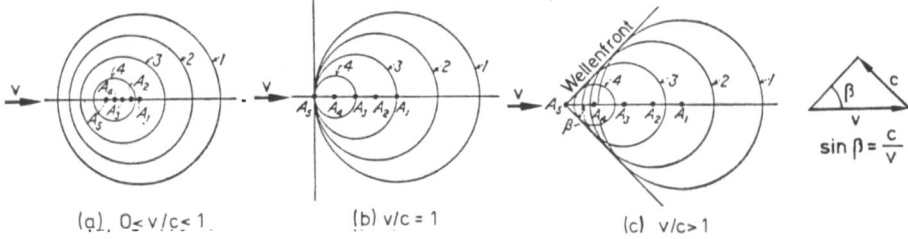

Bild 5.2 Ausbreitung von Störungen in einer (a) unterkritischen, (b) kritischen und (c) überkritischen Strömung

stört. Die Ausbreitung der hierbei verursachten Störwellen kann man sich in
diesem Fall klarmachen, indem man diese Störung als kontinuierliche Folge infinitesimaler Störimpulse betrachtet (Bild 5.2). Jeder dieser Impulse erzeugt
bei punktueller Störung eine kugelförmige und bei linienförmiger Störung eine
keilförmige Störungswelle, die sich mit der Wellengeschwindigkeit c relativ
zum Fluid ausbreitet. Hat dieses Fluid eine Fließgeschwindigkeit v, so bewegt
sich das Störzentrum einer jeden Welle mit dieser Geschwindigkeit weiter, und
es entstehen Wellenbilder wie in Bild 5.2 gezeigt. Erreicht oder überschreitet v die Größe c, so bildet sich eine ebene (v = c) oder konische (v > c)
Wellenfront aus, wobei der mit Strömungsrichtung gebildete Winkel dieser Wellenfront, der sogenannte S t ö r u n g s w i n k e l β, aus der Beziehung

$$\sin\beta = \frac{c}{v} \tag{5.4}$$

resultiert. Die Amplitude der Wellen hat nur entlang der Wellenfront die Größenordnung der sie hervorrufenden Störung; man nennt deshalb die Mantellinien
dieser Wellenfront auch S t ö r u n g s l i n i e n . Aus den Gleichungen
(5.4) sowie (5.1) und (5.3) ist sofort zu ersehen, daß Analogie im Wellen-
frontbild gleiche Kennzahlen erfordert, da im Fall von Schwerewellen sinβ =
1/Fr und im Fall von Schallwellen sinβ = 1/Ma ist.

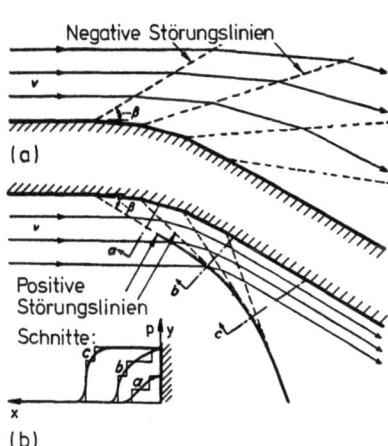

Bild 5.3 Wellenbild bei gekrümmter Wand: (a) Negative Störungslinien divergieren, (b) positive Störungslinien konvergieren. (Entn. aus
Rouse "Fluid Mechanics for Hydraulic Engineers",
1961, m. frdl. Gen v. Dover Publications)

Werden die Störungen von Richtungsänderungen einer Strömungsberandung oder
Wand hervorgerufen, so muß zwischen allmählicher und plötzlicher Richtungsänderung unterschieden werden. Eine a l l -
m ä h l i c h e Änderung der Strömungsrichtung wird beispielsweise durch eine
gekrümmte Wand verursacht. Denkt man
sich die gekrümmte Wand durch einen Polygonzug angenähert (Bild 5.3), so geht von
jeder Ecke oder Kante eine Störungslinie
aus, unterstrom welcher die Stromlinien
parallel dem nächsten Polygonelement ausgerichtet sind. Aus Gründen der Geometrie divergieren die Stromlinien entlang
einer konvexen Wand, wo die Störungen
"negativ" sind (Bild 5.3a), und sie konvergieren entlang einer konkaven Wand,

wo die Störungen "positiv" sind - d.h. wo im Fall von Schwerewellen Vergrößerungen der Wassertiefe y erzeugt werden (Bild 5.3b). Der Grund liegt darin, daß z.B. im letzten Fall mit der durch Störung verursachten Wasserspiegelerhöhung eine Vergrößerung der Wellengeschwindigkeit $c = \sqrt{gy}$ einhergeht, so daß aufeinanderfolgende Störungslinien immer größer werdende Störungswinkel β mit der jeweiligen Strömungsrichtung einschließen ($\sin β = \sqrt{gy}/v$). Eine wichtige Folgerung, die man aus dieser Gesetzmäßigkeit ableiten kann, besteht darin, daß sich bei positiven Störungen durch Überschneidung der konvergierenden Störungslinien eine stehende Welle bildet, die mit dem Abstand von der konkaven Wand immer steiler wird (vgl. auch die Schnitte a, b, c in Bild 5.3b). Dagegen bildet sich bei negativen Störungen wegen der in Strömungsrichtung abnehmenden Wassertiefe eine stehende Welle aus, die mit wachsender Entfernung von der Wand flacher wird.

Für den Fall einer p l ö t z l i c h e n Änderung der Strömungsrichtung gehen alle Störungslinien von einem Punkt aus. Man kann sich den Übergang von den Verhältnissen in Bild 5.3 zu denen in Bild 5.4 durch sukzessives Zusammenrücken der Knickpunkte des Polygonzugs in Bild 5.3 vorstellen. Hierbei ergibt sich das Bild nach wie vor divergierender Störungslinien für eine negative Störung der Kante (Bild 5.4a), und es entsteht eine mehr oder weniger geradlinige, abrupte Wellenfront von konstanter Höhe - eine sogenannte Stoßwelle - für eine positive Störung oder Ecke (Bild 5.4b). Im letzteren Fall wird wegen der endlichen Amplitude der Stoßwellenfront die Wellengeschwindigkeit c den Wert $\sqrt{gy}$, der nur für Elementarwellen von infinitesimaler Amplitude gilt, überschreiten, so daß $β = \arcsin(c/v) > \arcsin \sqrt{gy}/v$. Näheres hierzu soll im folgenden Abschnitt ausgeführt werden.

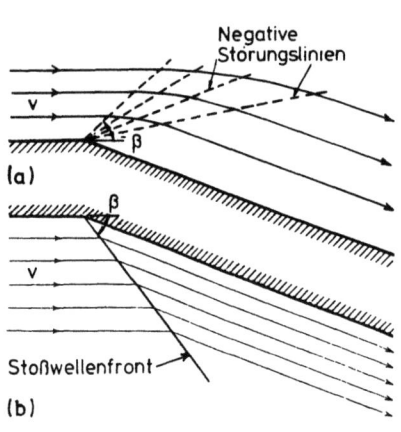

Bild 5.4 Wellenbild bei abgewinkelter Wand (Entn. aus Rouse "Fluid Mechanics for Hydraulic Engineers", 1961, m. frdl. Gen v. Dover Publications)

5.1.2 Plötzliche Richtungsänderung

Im Gegensatz zu Abschnitt 1.2 soll die Gerinneströmung hier nicht ein- sondern zweidimensional behandelt werden. Nach

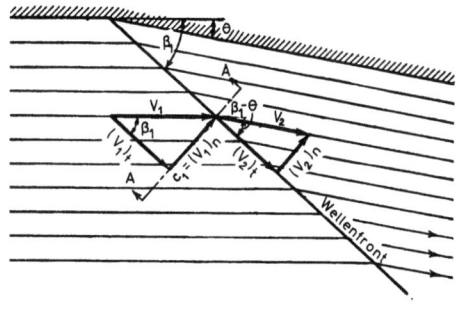

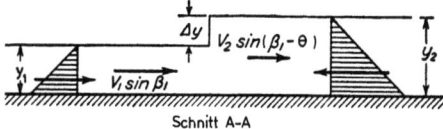

Bild 5.5 Stromlinienbild sowie Geschwindigkeits- und Tiefenverhältnisse für schießenden Abfluß entlang einer abgewinkelten Wand (Entn. aus Rouse "Engineering Hydraulics", 1950, m. frdl. Gen. v. John Wiley & Sons)

wie vor sollen jedoch auch weiterhin die Vertikalkomponenten der Geschwindigkeit und Beschleunigung vernachlässigt werden (Druckverteilung wird hydrostatisch angenommen). Außerdem soll vom Einfluß der Zähigkeit, der vor allem von Sohle und Wänden auf die Geschwindigkeitsverteilung ausgeübt wird, abgesehen werden. Mit V wird also in diesem Kapitel jeweils die tiefengemittelte Geschwindigkeit bezeichnet. Es wird hier im wesentlichen die Darstellung nach Ippen et al. (1951) gewählt (siehe auch Rouse, 1950, S. 547 ff, oder Schmidt, 1957, S. 130 ff).

Wie bereits ausgeführt, kann sich der Einfluß der Richtungsänderung einer Strömungsberandung bei schießendem Abfluß nicht nach oberstrom bemerkbar machen, und die Strömung wird nur unterhalb einer Störungslinie oder Wellenfront verändert. Bei einer plötzlichen Richtungsänderung um den endlichen, "positiven" Winkel θ bildet sich, gemäß den genannten vereinfachenden Annahmen, eine geradlinige Stoßwellenfront von der Höhe $\Delta y = y_2 - y_1$. (Der Wandwinkel θ wird als positiv bezeichnet, wenn er in bezug auf die Strömung eine Ecke, und negativ, wenn er eine Kante bildet.) Unterstrom dieser Wellenfront ist die Strömung allerseits parallel zur unterwasserseitigen Wand ausgerichtet, und Wassertiefe und Geschwindigkeit sind überall von y_1 auf y_2 und von V_1 auf V_2 verändert.

Zur Berechnung des Wassertiefenverhältnisses y_2/y_1 und des sogenannten Störungswinkels β_1 zwischen Wellenfront und ursprünglicher Fließrichtung löst man nunmehr ein beliebiges Kontrollvolumen nahe der Wellenfront heraus. Wie aus der Skizze in Bild 5.5 folgt, kann man hierfür ohne Schwierigkeit die Kontinuitätsgleichung

$$y_1(V_1)_n = y_2(V_2)_n \text{ mit } (V_1)_n = V_1 \sin\beta_1, (V_2)_n = V_2 \sin(\beta_1 - \theta) \quad (5.5)$$

die Impulsgleichung für die Richtung normal zur Wellenfront

$$\gamma \frac{y_1^2}{2} - \gamma \frac{y_2^2}{2} = \rho q [(V_2)_n - (V_1)_n] \tag{5.6}$$

(vgl. Gleichung 1.32) und die Impulsgleichung für die tangentiale Richtung

$$(V_1)_t = (V_2)_t \quad \text{mit} \quad (V_1)_t = \frac{(V_1)_n}{\tan \beta_1}, \quad (V_2)_t = \frac{(V_2)_n}{\tan(\beta_1 - \theta)} \tag{5.7}$$

anschreiben. Aus den Gleichungen (5.5) und (5.6) folgt das Wassertiefenverhältnis zu

$$\frac{y_2}{y_1} = \frac{1}{2}\left(\sqrt{1 + 8 \, Fr_1^2 \sin^2 \beta_1} - 1\right) \quad \text{mit} \quad Fr_1 = \frac{V_1}{\sqrt{gy_1}} \tag{5.8}$$

und für den Störungswinkel β_1 erhält man

$$\sin \beta_1 = \frac{1}{Fr_1} \sqrt{\frac{1}{2} \frac{y_2}{y_1}\left(\frac{y_2}{y_1} + 1\right)} \tag{5.9}$$

Für die Wellenfortpflanzungsgeschwindigkeit c_1 ergibt sich aus den Gleichungen (5.5) und (5.6):

$$c_1 = V_1 \sin \beta_1 = \sqrt{gy_1} \sqrt{\frac{1}{2} \frac{y_2}{y_1}\left(\frac{y_2}{y_1} + 1\right)} \tag{5.10}$$

Man ersieht hieraus, daß tatsächlich $\sin \beta_1 = c_1/V_1$, wie in Abschnitt 5.1.1 ausgeführt wurde.

Den Zusammenhang zwischen dem Wassertiefenverhältnis y_2/y_1 und dem Winkel der Richtungsänderung θ erhält man aus den Gleichungen (5.5) und (5.7):

$$\frac{y_2}{y_1} = \frac{\tan \beta_1}{\tan(\beta_1 - \theta)} \tag{5.11}$$

Mit Gleichung (5.8) folgt hieraus

$$\tan \theta = \frac{\tan \beta_1 \left(\sqrt{1 + 8 \, Fr_1^2 \sin^2 \beta_1} - 3\right)}{2 \tan^2 \beta_1 + \sqrt{1 + 8 \, Fr_1^2 \sin^2 \beta_1} - 1} \tag{5.12}$$

und für die Froude-Zahl unterstrom der Wellenfront $Fr_2 = V_2/\sqrt{gy_2}$ erhält man

$$Fr_2^2 = \frac{y_1}{y_2}\left[Fr_1^2 - \frac{1}{2}\frac{y_1}{y_2}\left(\frac{y_2}{y_1} - 1\right)\left(\frac{y_2}{y_1} + 1\right)^2\right] \tag{5.13}$$

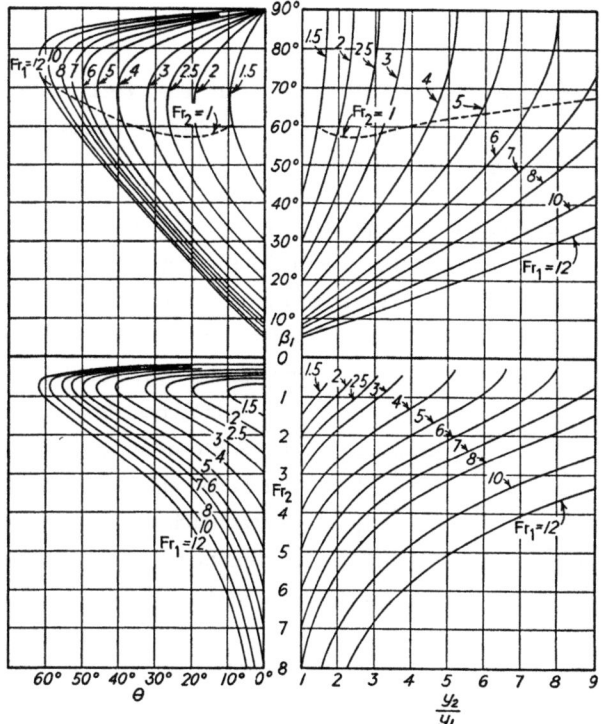

Bild 5.6 Beziehungen zwischen den Größen Fr_1, θ, β_1, y_2/y_1 und Fr_2 für plötzliche Richtungsänderungen ($\theta \gtrless 0$) (Entn. aus Rouse "Engineering Hydraulics", 1950, m. frdl. Gen. v. John Wiley & Sons)

In Bild 5.6 sind diese Beziehungen graphisch dargestellt. Man kann mit diesen Diagrammen, wie in den nachfolgenden Beispielen noch gezeigt wird, für vorgegebene Werte von Fr_1 und θ die Größen y_2/y_1 und Fr_2 ohne Mühen ermitteln. Folgende Besonderheiten sollten hierbei beachtet werden.

(a) Für jeden Wert der ursprünglichen Froude-Zahl Fr_1 gibt es einen maximalen Wert von θ. Nahe diesem Wert verläuft die Grenze zwischen schießendem und strömendem Abfluß ($Fr_2 = 1$). Mit anderen Worten: ist θ für einen vorgegebenen Wert von Fr_1 größer als dieser Maximalwert, so erfolgt Rückstau bzw. die Anströmung bleibt nicht schießend.

(b) Für alle Werte von θ außer dem Maximalwert erhält man nach Bild 5.6 zwei Werte für β. Von praktischem Interesse ist hierbei nur der β-Wert, für den $Fr_2 > 1$, der Abfluß also auch unterstrom schießend bleibt.

(c) Auch in bezug auf y_2/y_1 ergibt sich für jeden Wert von Fr_1 ein Maximum mit einem zugehörigen β von 90°. Dieses Maximum kennzeichnet den gewöhnlichen Wechselsprung.

Wie anfangs bereits erwähnt wurde, gelten die hier dargestellten Ableitungen unter der Voraussetzung, daß vertikale Beschleunigungen und die Ungleichförmigkeit der Geschwindigkeitsverteilung vernachlässigbar sind. Größere Abweichungen von diesen Voraussetzungen sind aber in der Nähe von Stoßwellenfronten zu finden (vgl. Bild 5.7) sowie nahe der seitlichen Wand, wo zum Einfluß der Sohlengrenzschicht der Einfluß der Wandgrenzschicht hinzukommt. Tatsächlich stellt sich statt der angenommenen steilen Wellenfront ein mit wachsender Wellenhöhe Δy immer stärker geneigter und im Unterwasser gewellt verlaufender Wasserspiegel ein, bis schließlich die Welle bricht und sich eine Deckwalze ausbildet, ähnlich, wie sie in Abschnitt 1.2.3 im Zusammenhang mit dem Wechselsprung diskutiert wurde.

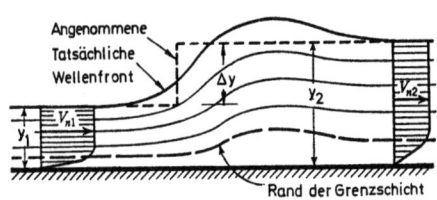

Bild 5.7 Schematische Darstellung der tatsächlichen und angenommenen Stoßwellenfront

Analysiert man die Gleichungen (5.8) und (5.9) näher und vergleicht sie mit den Gleichungen (1.36) und (1.35), so erhält man weitere Bestätigungen für eine Ähnlichkeit zwischen Stoßwellenfront und Wechselsprung. Tatsächlich kann man die Stoßwellenfront, die sich bei einer plötzlichen, positiven Richtungsänderung (θ > 0) eines schießenden Abflusses einstellt, als schrägen Wechselsprung bezeichnen, beziehungsweise als die Überlagerung eines Wechselsprungs in der Ebene normal zur Wellenfront (mit Geschwindigkeit $(V_1)_n = V_1 \sin\beta_1$ und Froude-Zahl $(Fr_1)_n = Fr_1 \sin\beta_1$) und einer Parallelströmung senkrecht dazu (mit Geschwindigkeit $(V_1)_t = V_1 \cos\beta_1$). Alle Erkenntnisse über den Wechselsprung können somit auf die hier behandelte Ausbildung stehender Wellen übertragen werden. Dies gilt insbesondere auch bezüglich der Formen der Stoßwellenfront (Bild 1.22) und hinsichtlich der guten Übereinstimmung zwischen berechneten und gemessenen Werten für y_2/y_1 (Bild 1.20) sowie für die sonstigen Charakteristiken dieser Wellenerscheinung wie u.a. Deckwalzenlänge L und Energiehöhen-

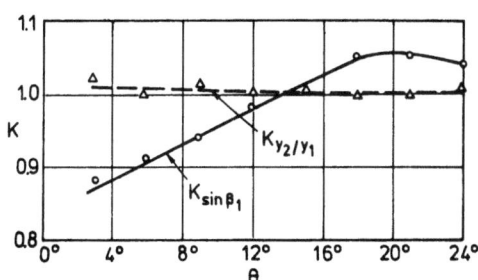

Bild 5.8 Verhältnis von gemessenen zu berechneten Werten für $Fr_1 = 3,86$

verlust ΔH (Bilder 1.20 und 1.21).

Eine Bestätigung dieser Aussage ist aus der in Bild 5.8 wiedergegebenen Untersuchung von Ippen et al. (1951) zu ersehen. K stellt hier das Verhältnis der gemessenen zu den berechneten Werten von y_2/y_1 und $\sin\beta_1$ dar. Der Störungswinkel wird hiernach für y_2/y_1 kleiner als etwa 2,0 zu groß vorhergesagt und umgekehrt. Weitere Vergleiche zwischen berechneten und gemessenen Wasserspiegellinien werden in Abschnitt 5.2 vorgestellt.

Wichtig ist, hier nochmals darauf zu verweisen, daß die weiter oben abgeleiteten Gleichungen und ihre graphische Darstellung in Bild 5.6 nur für positive, nicht aber negative Wandwinkel θ - oder, anders ausgedrückt, nur für Richtungsänderungen mit konvergierenden Stromlinien - gelten. Für einen negativen Wandwinkel kann sich wegen der Divergenz der Störungslinien keine steile Wellenfront bilden, wie mit Bild 5.4 bereits erläutert wurde. Lediglich nahe der Kante kommt es zu einer Konzentration der Störungslinien und damit zu theoretisch unendlich großer Stromlinienkrümmung. Abgesehen aber von diesem Bereich nahe der Kante verlaufen die Wasserspiegeländerungen allmählich, und sie lassen sich behandeln wie Wasserspiegeländerungen bei allmählicher Richtungsänderung (vgl. auch Bild 5.12).

5.1.3 Allmähliche Richtungsänderung

Erfolgen Richtungsänderungen in einer schießenden Strömung allmählich wie etwa bei einer gekrümmten Wand (Bild 5.3), so wird eine kontinuierliche Folge von Wellen von infinitesimaler Wellenhöhe dy erzeugt. An die Stelle der Gleichungen (5.9) und (5.10) treten in solchen Fällen die Beziehungen

$$c = \sqrt{gy} \qquad (5.14)$$

und

$$\sin\beta = \frac{c}{v} = \frac{1}{Fr} \tag{5.15}$$

wie aus der Substitution von $y_2/y_1 \cong 1,0$ - aber auch aus den Bemerkungen in Abschnitt 5.1.1 - unmittelbar folgt. Des weiteren kann für diese Fälle aus Bild 5.5 die geometrische Beziehung

$$\frac{\Delta V_n}{V_1} = \frac{\sin\theta}{\sin(90° - \beta_1 + \theta)}$$

abgeleitet werden, die für sehr kleine θ-Werte ($\theta \to 0$) auch

$$\frac{dV_n}{V} = \frac{d\theta}{\cos\beta} \tag{5.16}$$

geschrieben werden kann. Zusammen mit der Impulsgleichung in Differentialschreibweise

$$\gamma \, y \, dy = \rho \, y \, V_n \, dV_n \tag{5.17}$$

folgt aus Gleichung (5.16) mit $V_n = V \sin\beta$ und Gleichung (5.15)

$$\frac{dy}{d\theta} = \frac{V^2}{g} \tan\beta = \frac{V^2}{g} \frac{\sin\beta}{\sqrt{1 - \sin^2\beta}} = \frac{V^2}{g} \sqrt{\frac{gy}{V^2 - gy}} \tag{5.18}$$

oder, ausgedrückt durch die spezifische Energiehöhe $H_o = y + V^2/2g$:

$$\frac{dy}{d\theta} = \frac{2(H_o - y)\sqrt{y}}{\sqrt{2H_o - 3y}} \tag{5.19}$$

Integriert man diese Gleichung nun unter der plausiblen Annahme, daß angesichts der graduellen Wasserspiegeländerungen bei allmählichen Richtungsänderungen die Energieverluste ungefähr dem Sohlgefälle entsprechen, so daß für die sohlbezogene Energiehöhe H_o = const gilt, so erhält man mit $H_o/y = 1 + Fr^2/2$

$$\theta = \sqrt{3} \, \text{arc tan} \, \frac{\sqrt{3}}{\sqrt{Fr^2 - 1}} - \text{arc tan} \, \frac{1}{\sqrt{Fr^2 - 1}} - \theta_1 \tag{5.20}$$

wobei θ_1 eine Integrationskonstante ist, die der Bedingung $\theta = 0$ für $y = y_1$ entspricht.

Die graphische Darstellung der Gleichung (5.20) ist in Bild 5.9 wiedergegeben. Ausgehend von den vorgegebenen Anfangsbedingungen Fr_1 oder y_1/H_o kann man mit Hilfe dieses Diagramms zunächst die Integrationskonstante θ_1 und daraufhin die veränderten Werte von Fr oder y/H_o ermitteln, die sich nach erfolgten

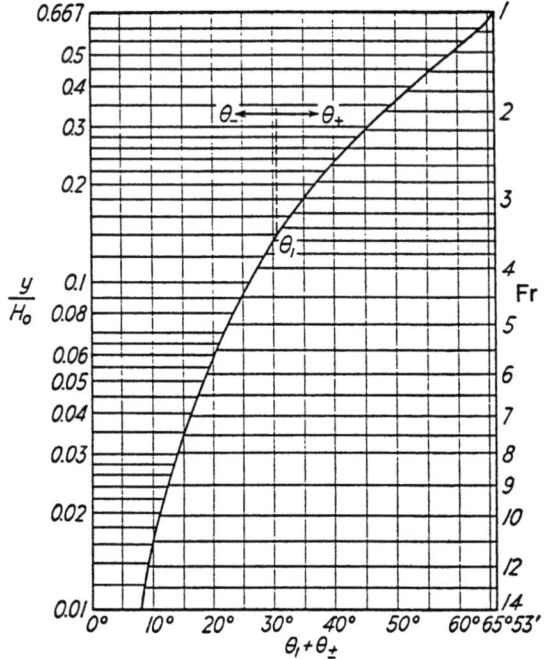

Bild 5.9 Beziehung zwischen den Größen Fr, θ und y/H_0 für allmähliche Richtungsänderungen (Entn. aus Rouse "Engineering Hydraulics", 1950, m. frdl. Gen. v. John Wiley & Sons)

Richtungsänderungen von +θ (z.B. konkave Wand, Bild 5.10 links) oder -θ (z.B. konvexe Wand, Bild 5.10 rechts) einstellen.

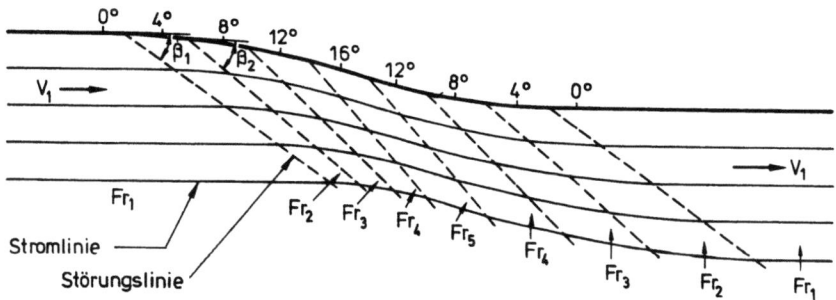

Bild 5.10 Schießende Strömung entlang einer aus zwei Kreiszylindern mit jeweils 16° Zentriwinkel zusammengesetzten Wand

Ein Beispiel für eine solche Anwendung des Diagramms in Bild 5.9 ist in den Bildern 5.10 und 5.11 dargestellt, und zwar für Strömungen mit der Froude-Zahl Fr_1 = 4 und 8. Die gekrümmte Wand wurde hier näherungsweise durch ebene Segmente ersetzt, die jeweils um einen kleinen konstanten Winkel $\Delta\theta$ - hier 4° - verschwenkt sind. Die sich hierbei ergebenden Störungslinien können, ausgehend von den Segmenträndern, sofort eingezeichnet werden, sobald die Störungswinkel β mit Hilfe von Gleichung (5.15) bestimmt sind, d.h. $\sin\beta_1$ = $1/Fr_1$, $\sin\beta_2$ = $1/Fr_2$ etc. Bei der Berechnung des Wasserspiegelverlaufs entlang der Wand spielt der Radius r des kreiszylindrischen Teils der Wand keine Rolle, wie auch aus dem Fehlen von r in Gleichung (5.20) zu entnehmen ist; auch die gesamte Änderung der Wassertiefe ist von r unabhängig und hängt allein vom Gesamtwinkel θ ab. Der Krümmungsradius bestimmt lediglich den Abstand der Punkte gleicher Wassertiefe entlang der gekrümmten Wand und somit die Wasserspiegelneigung.

In den in Bild 5.11a und b dargestellten Fällen war der Radius konstant. Dennoch ergaben sich hier unterschiedliche Wasserspiegellinien wegen der Unterschiede in der Froude-Zahl. Wie die Gegenüberstellung von Berechnung und Messung in Bild 5.11 zeigt, wird die maximale Wassertiefe an der gekrümmten Wand in beiden Fällen relativ genau vorhergesagt. Lediglich die Form des Wasserspiegelverlaufs weicht umso mehr vom rechnerisch ermittelten ab, je größer mit wachsender Froude-Zahl die Neigung und die Diskontinuität der Wasserspiegellinie werden. Der Grund hierfür liegt natürlich in der Vernachlässigung der vertikalen Beschleunigungen im Berechnungsverfahren.

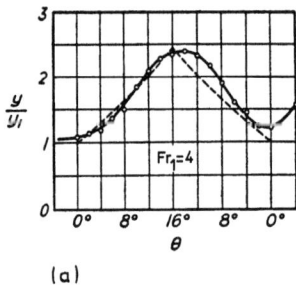
(a)

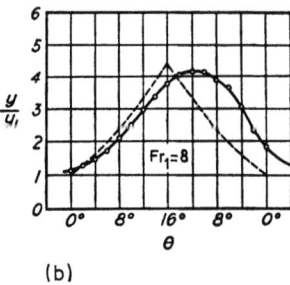
(b)

Bild 5.11   Berechneter (---) und experimentell ermittelter (———) Wasserspiegelverlauf entlang der in Bild 5.10 dargestellten Wand.
(Entn. aus Rouse "Engineering Hydraulics", 1950, m. frdl. Gen. v. John Wiley & Sons)

Eine etwas einfachere Berechnungsgrundlage erhält man, wenn man die Annahme H_o = const durch V = const ersetzt, - eine Annahme, die bei schwach gekrümmten Strömungsablenkungen und für die meisten praktischen Zwecke ausreichend genaue Ergebnisse liefert. Anstelle der Gleichung (5.20) erhält man hiernach

$$\frac{y}{y_1} = Fr_1^2 \sin^2(\beta_1 + \frac{\theta}{2}) \tag{5.21}$$

wobei für β nach wie vor die Gleichung (5.15) gilt.

BEISPIELE 5.1, 5.2

Ein Beispiel zur Wasserspiegelberechnung für schießenden Abfluß bei allmählicher Richtungsänderung wurde mit den Bildern 5.10 und 5.11 bereits angeführt. Es bleiben noch einige Zahlenwerte nachzutragen. Mit Fr_1 = 4 beispielsweise erhält man aus Bild 5.9 die Werte $\theta_1 \simeq 27°$ und y_1/H_o = 0,111. Der Winkel β_1 der ersten Störungslinie folgt aus Gleichung (5.15) zu β_1 = arc sin (1/4) = 14,5°. Die auf H_o bezogene Wassertiefe unterstrom dieser Störungslinie läßt sich mit $\theta_1 + \theta$ = 27° + 4° = 31° aus Bild 5.9 zu y_2/H_o = 0,140 und die Froude-Zahl zu Fr_2 = 3,5 ermitteln. Damit ergibt sich der Winkel β_2 zwischen dem ersten Segment und der zweiten Störungslinie zu β_2 = arc sin (1/3,5) = 16,6°. In der gleichen Art läßt sich der weitere Wasserspiegelverlauf bestimmen, - bis am Ende der gekrümmten Wand die ursprüngliche Richtung und damit auch die Anfangsbedingungen für Fr und y/H_o erreicht sind. Dies ist ein einleuchtendes Ergebnis unter der getroffenen Annahme, daß Energieverluste vernachlässigbar sind.

Als zweites Beispiel sei der Wasserspiegelverlauf für die in Bild 5.12 gezeigte Strömung entlang einer Wand mit plötzlicher Richtungsänderung um θ = -10° behandelt. Angenommen die Froude-Zahl der Anströmung sei Fr_1 = 5, dann ergeben sich nach Bild 5.9 die Werte θ_1 = 22,5° und y_1/H_o = 0,075. Mit $\theta_1 + \theta$ = 22,5 - 10 = 12,5° erhält man aus dem gleichen Bild y_2/H_o = 0,024 und Fr_2 = 9. Die Wassertiefe unterstrom der Störung y_2 verhält sich also zu y_1 wie y_2/y_1 = 0,024/0,075 = 0,32. Der Übergang von y_1 auf y_2 erfolgt zwischen den zwei Störungslinien mit Störungswinkel β_1 = arc sin (1/5) = 11,5° und β_2 = arc sin (1/9) = 6,4°, d.h. umso allmählicher, je größer die Entfernung von der Kante ist (Bild 5.12). Die Voraussetzungen für die Anwendung des Diagramms in Bild 5.9 sind als bis auf den Bereich nahe der Kante gut erfüllt.

Zur genaueren Bestimmung der Strömungsverhältnisse zwischen den in Bild 5.12 dargestellten zwei Störungslinien müßten weitere Störungslinien konstruiert werden. Die Stromlinenabstände Δn_2 unterstrom der Störung ergeben sich mit

$$\frac{V_1}{V_2} = \frac{Fr_1}{Fr_2}\sqrt{\frac{y_1}{y_2}}$$

aus der Kontinuitätsgleichung

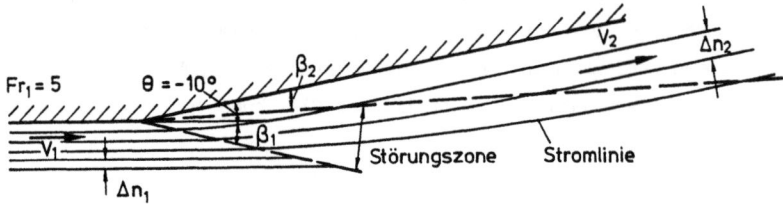

Bild 5.12 Schießende Strömung entlang einer Wand mit plötzlicher Richtungsänderung um $\theta = -10°$

$$\Delta n_2 y_2 V_2 = \Delta n_1 y_1 V_1$$

zu

$$\Delta n_2 = \frac{y_1}{y_2} \frac{V_1}{V_2} \Delta n_1 = \frac{Fr_1}{Fr_2} \left(\frac{y_1}{y_2}\right)^{3/2} \Delta n_2 = \frac{5}{9(0,32)^{3/2}} \cong 3,1 \, \Delta n_1$$

Mit diesen Angaben kann nunmehr auch der Stromlinienverlauf in Bild 5.12 eingezeichnet werden.

5.1.4 Reflexion und Interferenz stehender Wellen

Um die Betriebssicherheit von Schußrinnen beurteilen zu können, genügt es nicht, die Anfangsstörungen zu kennen. Sehr viel wichtiger ist hier die Kenntnis des Wellenverlaufs im gesamten Gerinne, der infolge von Reflexionen der Wellen an den Gerinnewänden und deren Interferenz im Gerinne unter Umständen sehr kompliziert sein kann. Nur mit dieser Kenntnis kann man beispielsweise beurteilen, ob die Freibordbedingung an jeder Schußrinne eingehalten wird oder ob die für die Wirksamkeit des Tosbeckens so wichtige Bedingung möglichst gleichförmiger Strömungsverhältnisse am Ende der Schußrinne erfüllt ist. Schneiden sich z.B. eine positive und eine negative Störungslinie, so heben sich die mit diesen Linien verbundenen Änderungen in y, V und in der Strömungsrichtung ganz oder teilweise auf, je nach der Größe dieser Änderungen. Schneiden sich dagegen Störungslinien der gleichen Art, so kommt es zu Superpositionen ihrer Wirkung. Mit anderen Worten, alle Gesetze von Wellenrefle-

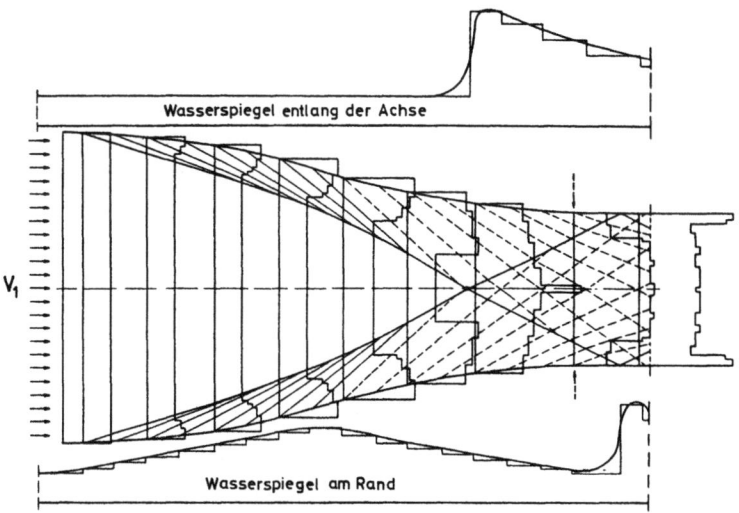

Bild 5.13 Störungslinien und Wasserspiegelverlauf in einer düsenförmig ausgebildeten Verengung eines Rechteckgerinnes

xion und -interferenz sind hier anwendbar. Bei Stoßwellen ist allerdings zu beachten, daß es keine exakte Entsprechung von positiven und negativen Wellen gibt (vgl. Bild 5.4 oder 5.12), so daß eine Überlagerung einer positiven und einer negativen Welle gleicher, endlicher Wellenhöhe strenggenommen nicht zu einer Aufhebung der Störung führt.

Das Bild der Strömung, das sich durch Reflexion und Interferenz von Störwellen ergibt, wenn die in Bild 5.10 dargestellte gekrümmte Wand Teil einer Gerinneverengung ist, kann aus Bild 5.13 entnommen werden. Es stammt aus einem Bericht von Täubert (1971) über ein Rechenprogramm, mit dessen Hilfe die weiter oben abgeleiteten Berechnungsgrundlagen in eine elektronische Rechenanlage eingegeben werden können. Wie auch im folgenden sind in diesem Bild die positiven Störungslinien, die durch Wandablenkungen in den Wasserstrom hinein entstehen und mit Wasserspiegelerhöhung verbunden sind, durchgezogen, und die negativen Störungslinien, die durch Wandablenkungen aus dem Wasserstrom heraus entstehen und mit Wasserspiegelsenkung verbunden sind, gestrichelt gezeichnet.

Zum besseren Verständnis der Reflexions- und Interferenzerscheinungen sei hier hervorgehoben, daß unter den getroffenen Voraussetzungen jede Einzelstörung sich entlang einer Störungslinie unverändert von einer Wand zur anderen fort-

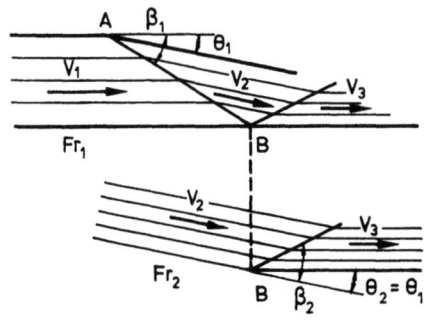

setzt und daß sie der Strömung an jedem Punkt entlang der Störungslinie die gleiche Veränderung in y, V und Strömungsrichtung aufprägt. Zu den wichtigsten Voraussetzungen gehören hierbei vertikale Seitenwände, eine ebene Sohle und ein hierzu paralleler Wasserspiegel in allen ungestörten Bereichen der Gerinneströmung.

Bild 5.14 Reflexion einer Wellenfront

Eine R e f l e x i o n ist am besten zu verstehen als das Ergebnis einer erneuten Richtungsänderung der Strömung an der Stelle, an der eine Störungslinie mit der Seitenwand zum Schnitt kommt. In Bild 5.14 ist dieses für den Fall demonstriert, daß die Wand, an der die vom Punkt A ausgehende Wellenfront reflektiert wird, zur ursprünglichen Strömungsrichtung parallel ist. Der Umlenkungswinkel θ_2 ist demnach gleich θ_1. Das bedeutet bei positiven Wellen mit vernachlässigbaren Energieverlusten eine Verdoppelung der Wellenhöhe - oder genauer eine Vergrößerung der Wassertiefe gemäß Bild 5.9 - und bei Wellen mit größeren Energieverlusten eine Veränderung der Wassertiefe und Geschwindigkeit gemäß Bild 5.6.

Bei einer K r e u z u n g zweier Wellenfronten setzt sich unterstrom des Schnittpunkts jede der Wellenfronten unter veränderten Strömungsbedingungen fort. Wie Bild 5.15 zeigt, erfolgt im Schnitt AB ein Übergang von Fr_1 auf Fr_2 und im Schnitt A'B ein Übergang von Fr_1 auf Fr_3 in Übereinstimmung mit den Ablenkungswinkeln θ und θ'. Die Strömungsverhältnisse unterstrom B sind unbekannt und müssen aus der Bedingung ermittelt werden, daß die Stromlinien in diesem Gebiet parallel sein müssen. Die Strömung unterhalb BC muß darüber hinaus die gleiche Tiefe, Geschwindigkeit und Froude-Zahl haben wie die Strömung unterhalb BC'. Sind Energieverluste vernachlässigbar, so läßt sich die neue Strömungsrichtung unterstrom B einfach aus der Differenz der Ablenkungswinkel θ in den Gebieten Fr_2 und Fr_3 ermitteln. Ein Sonderfall liegt vor, wenn sich zwei identische Wellenfronten kreu-

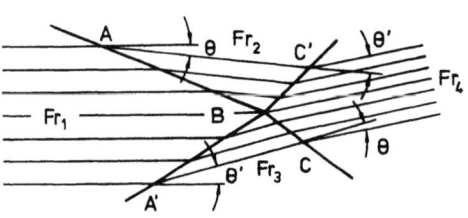

Bild 5.15 Kreuzung zweier Wellenfronten

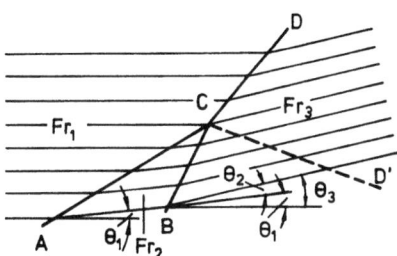

Bild 5.16 Vereinigung zweier Wellenfronten

zen wie z.B. auf der Mittelachse einer Schußrinne (Bild 5.13); in diesem Fall ist $Fr_2 = Fr_3$, und die Strömungsrichtung unterstrom B ist vorgegeben. (Die Kreuzung einer positiven und einer negativen Störungswelle ist in Bild 5.17 dargestellt.)

Bei einer V e r e i n i g u n g zweier konvergierender Wellenfronten ergibt sich das in Bild 5.16 dargestellte Bild, d.h. es entsteht vom Schnittpunkt C an eine einzige Wellenfront CD. Genau genommen bildet sich zusätzlich eine negative Welle CD' aus, wenn man berücksichtigt, daß die Summe der Energieverluste in den Wellenfronten AC und BC nicht exakt gleich dem Energieverlust in CD ist (Ippen et al., 1951). Vernachlässigt man jedoch diese Differenz in den Energieverlusten, so kann man von der Störungslinie CD' absehen und annehmen, daß sich im gesamten Bereich unterstrom BCD eine Parallelströmung gleicher Froude-Zahl Fr_3 einstellt. Die Berechnung der Werte von Fr_3 und θ_3 erfolgt ähnlich wie in Zusammenhang mit Bild 5.15 erläutert, und die Richtung der Wellenfronten folgt aus den entsprechenden Angaben zu Bild 5.6 bzw. Gleichung (5.4).

BEISPIEL 5.3

Die Auswirkung von Reflexion und Interferenz von Wellen sei am Beispiel eines leicht abgewinkelten Gerinnes nach Ippen et al. (1951) in Bild 5.17 gezeigt ($\Delta\theta$ sei klein genug, daß Energieverluste vernachlässigt werden den können). An den Knickpunkten A und B entstehen Störungen, die entlang der positiven Störungslinie AC und der negativen Störungslinie BC auf die Anströmung gleichermaßen übertragen werden. Im Bereich ABC bleibt die Strömung also noch unbeeinflußt, und unterstrom AC ist sie parallel zum unterwasserseitigen Gerinne, wobei $Fr_2 < Fr_1$. Auch entlang BC wird die Strömung um den Winkel $\Delta\theta$ abgelenkt, jedoch ist hier $Fr_2 > Fr_1$, d.h. die Wassertiefe nimmt ab. Jenseits C hat die negative Störungswelle die Tendenz, die Strömung wieder um $\Delta\theta$ abzulenken und die Wassertiefe zu verringern. Unterstrom CE ist also die Strömung gegenüber der ursprünglichen um den Winkel $2\Delta\theta$ umgelenkt und nimmt wieder die Anfangstiefe an mit $Fr = Fr_1$. Die Richtung der Störungslinie - ursprünglich im Winkel $\beta_1 = \arcsin (1/Fr_1)$ zur Achse des oberwasserseitigen Gerinnes - ändert sich jedoch in C, da es nun auf die umgelenkte Strömung mit veränderter Froude-Zahl bezogen wird. Ähnliches gilt für die positive Störungslinie. Wendet man darüber hinaus an, was in Abschnitt 5.1.4 über Reflexionen ausgeführt wurde, so erkennt man, daß sich die Störungen im gesamten unterwasserseitigen Gerinne fortsetzen würden, wenn diese nicht durch Energiedissipation allmählich abgedämpft werden würden.

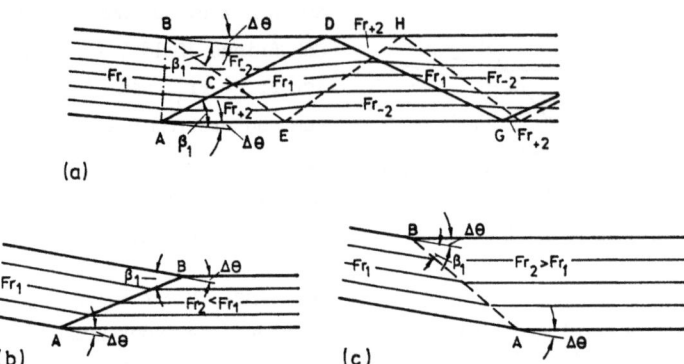

Bild 5.17 Schießender Abfluß in einem leicht abgewinkelten Gerinne

Eine Möglichkeit, die kreuzenden Wellen im abgewinkelten Gerinne zu verhindern, besteht darin, die Knickpunkte A und B in den Seitenwänden so anzuordnen, daß am weiter unterstrom gelegenen Knick keine neue Störung entsteht. Wie die Bilder 5.17b und c zeigen, läßt sich diese Entwurfsmodifikation auf zwei Arten realisieren, indem nämlich der weiter unterstrom gelegene Knick dort angeordnet wird, wo entweder eine positive oder eine negative Störungswelle die gegenüberliegende Wand schneidet. Bei Verwendung der positiven Störungswelle (Bild 5.17b) wäre das unterwasserseitige Gerinne schmäler, im anderen Fall (Bild 5.17c) wäre es breiter auszuführen.

Wie nachfolgend noch gezeigt wird, verdeutlicht dieses Beispiel ein Prinzip für den Entwurf störungsfreier Übergänge in Schußrinnen. Es ist allerdings zu beachten, daß ein solcher Entwurf die genaue Vorherbestimmung der Froude-Zahl voraussetzt und streng genommen auf einen bestimmten Wert von Fr_1 begrenzt ist (vgl. hierzu die zu den Gleichungen (5.23) und (5.24) gegebenen Erläuterungen).

5.2 Gerinnebauwerke für schießenden Abfluß

5.2.1 Gerinneverengungen und Einlaufbauwerke

Wie aus dem letzten Abschnitt hervorgeht, ist in Schußrinnen, die sich verengen, die Ausbildung von stehenden Wellen nicht zu vermeiden, es sei denn, das im letzten Beispiel angeführte Entwurfsprinzip ließe sich auf die vorliegenden Verhältnisse anwenden. Gerinneverengungen kommen vor allem in Einlaufbauwerken von Schußrinnen zur Hochwasserentlastung vor. Das hängt damit zusammen, daß die Überfallkrone von Hochwasserentlastungsanlagen ohne bewegliche Verschlüsse möglichst hoch angeordnet werden, um den Nutzraum des Staubeckens

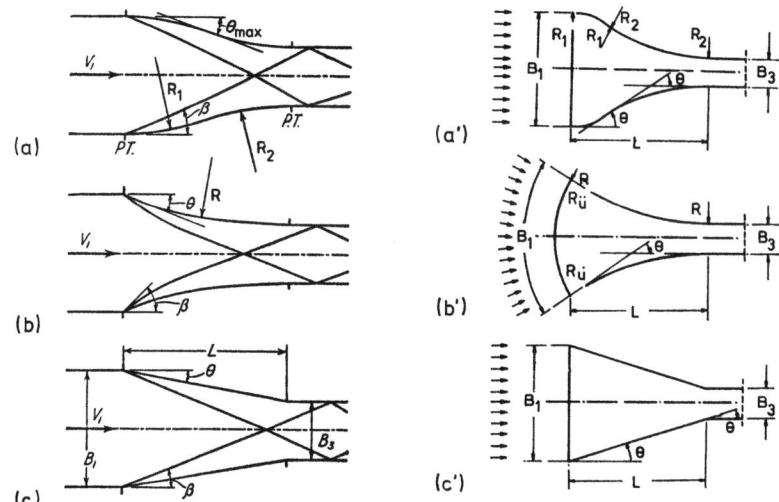

Bild 5.18 Grundsätzliche Typen für Verengungen in Gerinnen (a, b, c) und in Einlaufbauwerken (a', b', c'): (a, a') düsenförmig; (b, b') fächerförmig; (c, c') trichterförmig.

nicht unnötig zu reduzieren - was wiederum eine sehr große Überfallbreite zur Folge hat. Schließt sich nun die Schußrinne rechtwinklig zur Überfallkrone an wie in Bild 5.18 a', b', c' gezeigt, so muß diese aus wirtschaftlichen und topographischen Gründen meist unmittelbar unterstrom des Überfalls verengt werden.

Man kann diese Verengung auf dreierlei Arten ausbilden, nämlich düsenförmig, fächerförmig und trichterförmig. Ähnlich läßt sich auch die Verengung eines Rechteckgerinnes von der Breite B_1 auf die Breite B_3 auf eine dieser drei Arten kontruieren, wie in Bild 5.18 a, b, c zu sehen ist. Die bei schießendem Abfluß entstehenden Wellen unterstrom der Gerinneverengung sind bei gleicher Geometrie und Anfangs-Froude-Zahl prinzipiell die gleichen, unabhängig davon, ob es sich um eine Gerinneverengung im Einlaufbauwerk oder im Verlauf einer Schußrinne handelt, sofern die Überlaufkrone nur senkrecht zur Gerinneachse verläuft. Unterschiede ergeben sich lediglich bei kreis- oder segmentförmig angeordneten Überfallkronen (Bild 5.18 b'). Anhand der Skizze in Bild 5.19 kann man sich

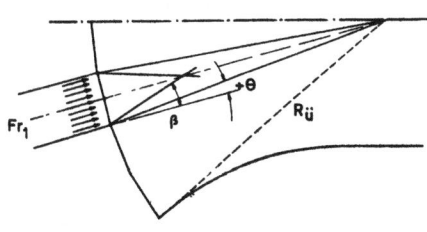

Bild 5.19 Wellenfronten im Einlaufbauwerk am Fuße eines kreisförmig angeordneten Überfalls

leicht klarmachen, daß in diesem Fall auch am Fuße des Überfalls Wellen entstehen. Stellt man sich nämlich die bogenförmige Überfallkrone als durch einen Polygonzug angenähert vor, dessen Segmente jeweils rechtwinklig abströmenden schießenden Abfluß erzeugen, so wird klar, daß diese Teilströme seitlich Ablenkungen nach innen um einen Winkel θ erfahren, dessen Größe vom Radius $R_ü$ des Kreisbogens abhängt.

Für fächerförmige Einlaufbauwerke mit kreisförmiger Überfallkrone hat Knauss (1967) umfangreiche Berechnungen und Modellversuche durchgeführt. Seine wichtigsten Bemessungsvorschläge sind: Begrenzung der Verengung auf maximal $B_1/B_2 = 3$ sowie Einschränkung des Fächerwinkels zwecks wirtschaftlicher Bauweise auf $θ_o ≅ 40°$. Außerdem sollen nur einfachste Konstruktionselemente, also Geraden und Kreisbögen, verwendet werden. Komplizierte Linienführungen bringen keine hydraulischen Vorteile, sondern nur bauliche Schwierigkeiten.

In den Bildern 5.18 a, b, c sind die jeweils ersten positiven Störungslinien schematisch dargestellt. Die zugehörigen Wellen können so hoch werden, daß sie die Dimensionierung der Seitenwände maßgeblich beeinflussen. Das Ziel bei der Gestaltung des Übergangs von der Gerinnebreite B_1 auf B_3 ist es deshalb, die ins Gerinne sich fortsetzenden Wellen möglichst klein zu halten, damit die Wände nicht unwirtschaftlich hoch ausgeführt werden müssen. Es ist wichtig, sich klarzumachen, daß der Entwurf von Gerinneverengungen bei schießendem Abfluß somit völlig anderen Kriterien unterliegt als bei strömendem Abfluß (vgl. Bild 4.27). Im letzteren Fall geht es meist darum, Strömungsablösungen zu verhindern und die Energieverluste möglichst gering zu halten. Von den in Bild 5.18 dargestellten Typen sind diese Bedingungen offensichtlich von (a) am besten und von (b) am zweibesten zu erfüllen. Bei schießendem Abfluß dagegen sind erhöhte Energieverluste meist ohne Bedeutung (wenn nicht sogar erwünscht), und es geht vordringlich um die Eindämmung der Wellenhöhen. Nach den Ausführungen in Abschnitt 5.1 aber ist die maximale Wellenhöhe (bzw. die Tiefenänderung y_2/y_1) allein abhängig vom maximalen Ablenkungswinkel $θ_{max}$. Vergleicht man nun die Formen (a), (b) und (c) in Bild 5.18 bei gleicher Bauwerkslänge L nach diesem Kriterium, so stellt man fest, daß die Düsenform (a) bei Verwendung zweier Kreisbögen mit $R_1 = R_2$ einen Winkel $θ_{max}$ aufweist, der doppelt so groß ist wie der Ablenkungswinkel bei der Trichterform (c). Auch die Fächerform (b) bedingt einen größeren Winkel $θ_{max}$; hier wirkt es sich jedoch gegenüber der Düsenform (a) vorteilhaft aus, daß die im gesamten Bereich des Trichters erzeugten negativen Störwellen die anfangs erzeugte positive Welle stark abbauen, so daß die maximale Höhe der in die Schußrinne hineinrei-

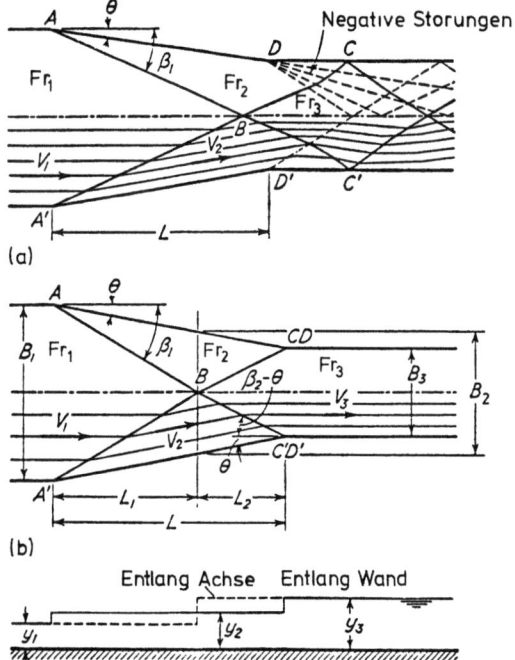

(c) Schematische Wasserspiegelprofile

Bild 5.20 Störungsausbildung in einer trichterförmigen Gerinneverengung; (a) allgemeiner Fall, (b) Fall mit geringster Störung im Unterwasser (Entn. aus Rouse "Engineering Hydraulics", 1950, m. frdl. Gen. v. John Wiley & Sons)

chenden Wellen kleiner ist als bei Form (a). Interessanterweise ist also hinsichtlich Gerinneverengungen mit schießendem Abfluß die Trichterform die günstigste und die Düsenform die ungünstigste - genau u m g e k e h r t wie beim strömenden Abfluß.

Der Verlauf der Störungslinien in einer trichterförmigen Gerinneverengung, der sich nach den in Abschnitt 5.1 dargestellten Grundlagen ermitteln läßt, ist in Bild 5.20 schematisch dargestellt (Ippen et al., 1951). Für den in Bild 5.20a willkürlich gewählten Wandwinkel θ und die vorgegebene Froude-Zahl Fr_1 werden die Werte β_1, y_2/y_1 und Fr_2 aus den Diagrammen in Bild 5.6 ermittelt. Hiermit kann der Schnittpunkt B der Stoßwellenfronten festgelegt werden. Unterstrom AB und A'B wird der weitere Verlauf der Wellenfronten auf der Grundlage der hier maßgebenden Froude-Zahl Fr_2 mit den gleichen Diagrammen bestimmt. Durch die Symmetrie liegt die Strömungsrichtung unterstrom B fest und damit auch die neuerliche Strömungsumlenkung: der Umlenkungswinkel beträgt erneut θ. Die entsprechenden Strömungscharakteristika y_3/y_2 und Fr_2 folgen wiederum aus Bild 5.6. Damit liegt die maximale Wasserspiegelerhöhung fest mit $(y_2/y_1)(y_3/y_2) = y_3/y_1$. Nun werden jedoch an den Kanten D und D' negative Störungswellen erzeugt (vgl. Beispiel 5.2), die diese Wasserspiegelerhöhung allmählich abbauen und die Strömung umlenken, so daß die positiven Störungslinien in diesem Bereich gebeugt werden und in C und C' schließlich kleinere Wassertiefen als y_3 vorliegen. Sowohl die positiven als auch die negativen Störungslinien setzen sich infolge der Reflexionen ins unterwasserseitige Gerinne fort, und es entsteht so ein rombenförmiges Muster

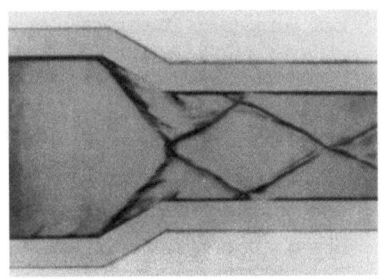

Bild 5.21 Foto der Wellenformation in einer Gerinneverengung nach Rouse

sich kreuzender Wellen (Bild 5.21). Diese Wellen klingen im Unterwasser nur langsam ab, und zwar in dem Maße, wie die seitlichen Geschwindigkeitskomponenten durch Wandreibung abgebaut werden. (Aus Bild 5.20 ist übrigens ersichtlich, daß die Symmetrieebene entlang der Gerinneachse wie eine Wand wirkt und deshalb auch als solche in der Wellenberechnung behandelt werden kann.)

Es ist nach dieser Erläuterung leicht einzusehen, daß sich ins Gerinne hinein erstreckende Wellenzüge weitgehend ausgeschaltet werden können, wenn die Länge L der trichterförmigen Gerinneverengung, wie in Bild 5.20b gezeigt, so gewählt wird, daß die Punkte C und D zusammenfallen. Auf diese Weise wird die durch Reflexion im Normalfall entstehende positive Störungswelle durch die an der gleichen Stelle erzeugte negative Störungswelle gemildert. (Von einer vollständigen Auslöschung kann wegen des unterschiedlichen Charakters der beiden Wellen nicht gesprochen werden.) Mit anderen Worten: Durch Verlegung des unteren Endes DD' der Gerinneverengung in den Schnittpunkt der Störungslinien BC bzw. BC' mit dem Gerinne der Breite B_3 wird erreicht, daß die Strömung an jeder Stelle unterstrom dieser Linien parallel zu den Gerinnewänden verläuft, so daß letztere keine erneuten Störungen auslösen können. Es muß allerdings dafür gesorgt werden, daß Fr_3 ausreichend über dem Wert 1 liegt, damit Rückstau vom Unterwasser mit Sicherheit ausgeschaltet bleibt. Dieses läßt sich dadurch gewährleisten, daß man die Sohle der Gerinneverengung vertieft, um Fr_1 zu vergrößern, oder daß man das Kontraktionsverhältnis B_1/B_3 verringert. Sind Fr_1 und B_1/B_3 festgelegt, so läßt sich die in Bild 5.20b empfohlene Lösung mit der aus der Kontinuitätsgleichung ableitbaren Beziehung

$$\frac{B_1}{B_3} = \left(\frac{y_3}{y_1}\right)^{3/2} \frac{Fr_3}{Fr_1} \tag{5.22}$$

durch iterative Anwendung der Diagramme von Bild 5.6 dimensionieren.

Zur Verifikation dieser Ausführungen wurden von Ippen et al. (1951) Versuche durchgeführt, deren Ergebnisse in Bild 5.22 dargestellt sind. Sie zeigen deutlich, daß sich mit dem Entwurf einer Gerinneverengung nach Bild 5.20b die Wellen im unterwasserseitigen Gerinne tatsächlich nahezu vermeiden lassen

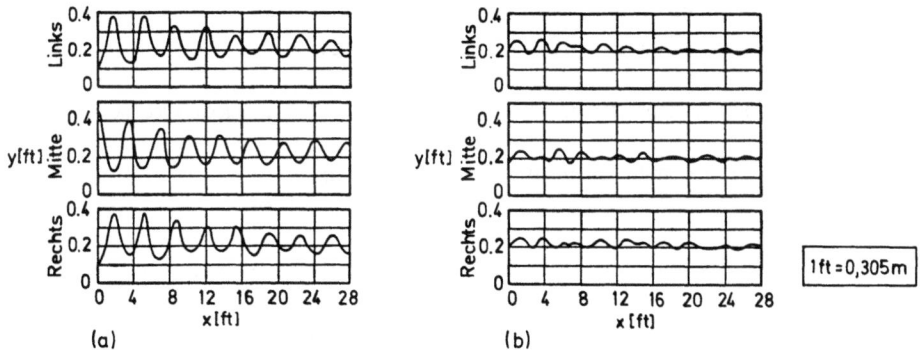

<u>Bild 5.22</u> Wassertiefen unterstrom zweier Gerinneverengungen von gleicher
Länge für $Fr_1 = 4$ und $y_1 = 0,10$ ft. (a) Düsenform mit Kreisbögen
von 16° Zentriwinkel, (b) Trichterform mit $\theta = 6°$ <small>(Entn. aus Rouse
"Engineering Hydraulics", 1950, m. frdl. Gen. v. John Wiley & Sons)</small>

(Bild 5.22b); jedenfalls ist die verbleibende Wellenbildung klein im Verggleich zu den Wellen in einer düsenförmigen Gerinneverengung von gleicher Länge (Bild 5.22a). Die Form der letzteren ist übrigens identisch mit der Form der zweifach gekrümmten Wand, für die in Bild 5.11 die Wasserspiegelprofile dargestellt wurden.

Gerinneverengungen für schießenden Abfluß werden manchmal oberhalb von Absturzbauwerken (Bild 2.10) angeordnet. Hierbei ist zu beachten, daß man in diesen Fällen die Baulänge reduzieren kann, indem man die Absturzkante in die Nähe des Schnittpunkts B der beiden positiven Störungslinien legt (vgl. Bild 5.20). Um Rückstau zu vermeiden, muß hier lediglich Fr_2 ausreichend über dem Wert 1 liegen.

Es wurde bereits darauf hingewiesen, daß man für Gerinnebauwerke mit schießendem Abfluß keine so allgemeingültigen Entwurfsunterlagen entwickeln kann, wie dies für strömenden Abfluß möglich ist. Vielmehr muß hier jeder Entwurf auf der Basis der in Abschnitt 5.1 entwickelten Grundlagen gesondert erarbeitet werden, wobei die Froude-Zahl der Anströmung Fr_1 eine maßgebende Rolle spielt. Im Grunde genommen kann ein Gerinnebauwerk für schießenden Abfluß nur für eine bestimmte Größe von Fr_1 optimiert werden. Meistens ist aber diese Größe entsprechend der Wassermenge $q_1 = y_1 V_1$, die pro Breiteneinheit durch das betrachttete Gerinnebauwerk fließt, veränderlich. Wie stark sich Fr_1 mit q_1 ändert, das hängt wesentlich von der Lage des betrachteten Bauwerks ab. Zur Illustration seien hier zwei Situationen betrachtet:

(a) am Fuße eines Überfallrückens der Höhe Z,

(b) in einem Gerinne mit gleichförmigem Abfluß.

Für diese zwei Fälle kann die Geschwindigkeit wie folgt ausgedrückt werden:

(a) $V \cong \sqrt{2gZ} \cong \text{const}$ (nahezu unabhängig von q)

(b) $V = k_{St} \sqrt{I} \, y^{2/3}$ (vgl. Gleichung 6.20 mit $R \cong y$)

Eingesetzt in die Definitionsgleichung für die Froude-Zahl ergibt sich hierfür

(a) $\text{Fr} = \dfrac{V}{\sqrt{gy}} = \dfrac{V^{3/2}}{\sqrt{gq}} = \dfrac{g^{1/4}(2Z)^{3/4}}{q^{1/2}} \cong \dfrac{\text{const}}{q^{1/2}}$ (5.23)

(b) $\text{Fr} = q^{1/10} \dfrac{(k_{St}\sqrt{I})^{9/10}}{\sqrt{g}} \cong \text{const} \, (q^{1/10})$ (5.24)

Nach diesen Gleichungen ist der Entwurf für eine Gerinneverengung nahe dem Einlaufbauwerk von Veränderungen in der Abflußmenge sehr viel empfindlicher abhängig als der Entwurf für eine Gerinneverengung innerhalb oder am Ende einer Schußrinne. Das gleiche gilt natürlich für Gerinneerweiterungen und Gerinnekrümmungen.

5.2.2 Gerinneerweiterungen und Auslaßbauwerke

Seitliche Gerinneerweiterungen bei schießendem Abfluß kommen häufig im Anschluß an Schußrinnen oder unterhalb von Schützen oder Grundablässen vor. Werden solche Erweiterungen mit großen Krümmungsradien ausgebildet, so entstehen hohe Baukosten. Erfolgt der Übergang dagegen zu rasch, so kommt es zu Verzögerungen der Strömung, die zu Strömungsablösungen führen können, so wie in Bild 5.23 nach Untersuchungen von Hom-ma und Shima (1952) dargestellt. Durch die Ablösung, die nicht tangential sondern stets unter einem bestimmten Winkel von der Oberfläche der seitlichen Wand erfolgt, entsteht am Ablösungspunkt eine p o - s i t i v e Störung, und die effektiv durchströmte Breite nimmt unterstrom dieses Querschnitts ab. Dadurch entstehen Kreuzwellen ähnlich wie bei einer Gerinneverengung, und die Strömung verläuft ungünstiger als bei einer plötzlichen Erweiterung.

Beim Entwurf von Gerinneerweiterungen und Auslässen für schießenden Abfluß gilt es somit, diejenige Form zu finden, die bei möglichst geringer Baulänge Strömungsablösungen von der in Bild 5.23 dargestellten Art vermeidet. Als Grund-

- 199 -

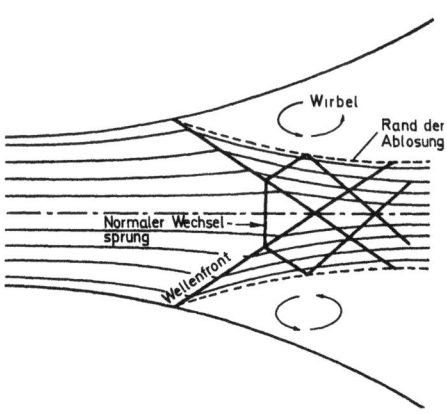

Bild 5.23 Strömungsablösung in einer Gerinneerweiterung

lage für den Entwurf können die experimentellen und theoretischen Untersuchungen von Rouse et al. (1951) herangezogen werden, über die auch in Rouse (1950) berichtet wird.
Bei der analytischen Behandlung wurden hierbei vertikale Seitenwände, horizontale Sohle, hydrostatische Druckverteilung und vernachlässigbare Energieverluste vorausgesetzt. Obwohl diese Bedingungen nur näherungsweise erfüllt sind, wurden recht gute Übereinstimmungen mit den Ergebnissen aus Modellversuchen erzielt.

Der extremste Fall einer Gerinneerweiterung ist die plötzliche Erweiterung (Bild 5.24). Durch die Geschwindigkeit V_1 und die Wassertiefe y_1 ist die Froude-Zahl Fr_1 und damit die Strömung im rechteckigen Zulaufkanal vorgegeben. Die Lage des Wasserspiegels in einem beliebigen Punkt mit den Koordinaten x, z innerhalb der Erweiterung, hängt dann nur noch von der Breite B_1 des Zulaufs und von der Form der Erweiterung ab und kann in folgender dimensionsloser Beziehung angegeben werden:

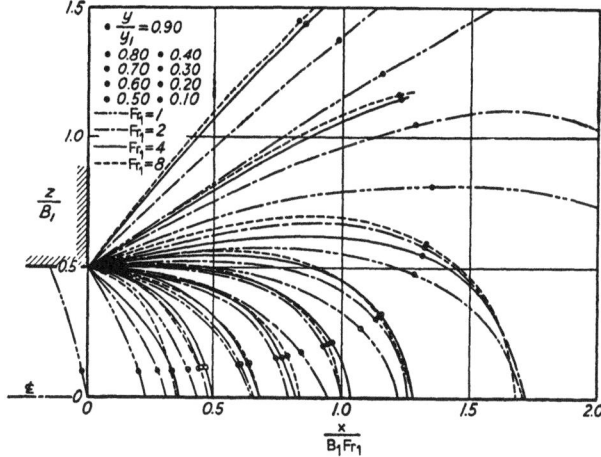

Bild 5.24 Verlauf der Oberfläche bei schießendem Abfluß durch eine plötzliche Erweiterung (Entn. aus Rouse "Engineering Hydraulics", 1950, m. frdl. Gen. v. John Wiley & Sons)

$$\frac{y}{y_1} = \text{Fkt}_1\left(\frac{x}{y_1}, \frac{z}{y_1}, \frac{B_1}{y_1}, Fr_1, \text{Form}\right) \qquad (5.25)$$

Die Untersuchungen ergaben, daß bei vorgegebener Form der Strömungsberandung diese Beziehung mit ausreichender Genauigkeit zu

$$\frac{y}{y_1} = \text{Fkt}_2\left(\frac{x}{B_1 Fr_1}, \frac{z}{B_1}\right) \qquad (5.26)$$

vereinfacht werden kann. Dadurch verringert sich die Zahl der unabhängigen Variablen auf zwei, und der Wasserspiegelverlauf kann für verschiedene Verhältnisse in einem einzigen Diagramm dargestellt werden. Bild 5.24 zeigt diesen Wasserspiegelverlauf bei einer plötzlichen Erweiterung für verschiedene Froude-Zahlen von $Fr_1 = 1$ bis $Fr_1 = 8$. Die Linien konstanter Wassertiefenverhältnisse y/y_1 sind hier in Abhängigkeit von den normierten Koordinaten z/B_1 und $x/(B_1 Fr_1)$ dargestellt. Die Froude-Zahl steht bei der zweiten Variablen im Nenner. Das bedeutet, daß der Wasserspiegelverlauf in x-Richtung bei einer Veränderung der Froude-Zahl lediglich geometrisch verzerrt wird, so daß z.B. bei einer Verdoppelung der Froude-Zahl derselbe Wert y/y_1 auf der Gerinneachse erst in doppelter Entfernung von der Erweiterung erreicht wird.

Jede der beiden Ecken einer plötzlichen Erweiterung kann als Ursprung einer unendlichen Zahl von infinitesimalen negativen Störungslinien betrachtet werden, von denen die erste die ankommende Strömung unter dem Winkel $\beta_1 = \arcsin(1/Fr_1)$ kreuzt (Bild 5.25). Seine stufenförmige Annäherung an den tatsächlichen Wasserspiegelverlauf erhält man, wenn man nacheinander die Störungslinien bestimmt, die durch mehrfache Umlenkungen um einen beliebigen Winkel $\Delta\theta$ entstehen. Im Beispiel 5.2 wurde der erste Schritt einer solchen Berechnung für eine plötzliche Richtungsänderung von $\Delta\theta = -10°$ schon durchgeführt. Das Ergebnis der Berechnung für eine Ecke einer plötzlichen Erweiterung ist aus Bild 5.25 zu ersehen. Überlagert man die Einflüsse, die von den beiden Ecken der Erweiterung ausgehen unter Berücksichtigung der in Abschnitt 5.1.4 erläuterten Gesetzmäßigkeiten, so erhält man schließlich den im oberen Teil von Bild 5.26 dar-

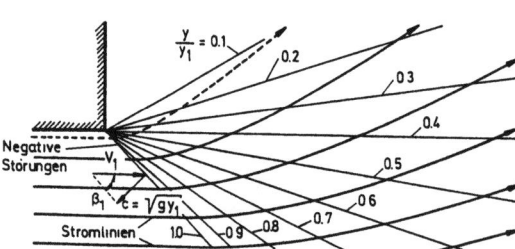

Bild 5.25 Analytisch ermittelte Stromlinien nahe der Ecke einer plötzlichen Erweiterung

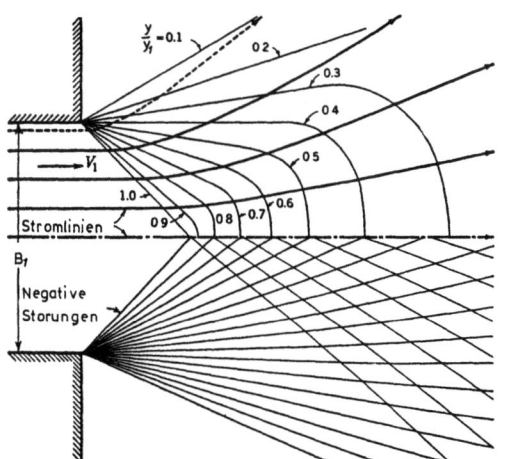

Bild 5.26 Überlagerung der von den beiden Ecken einer plötzlichen Erweiterung erzeugten Störungslinien

gestellten Wasserspiegelverlauf.

Eine Gerinneerweiterung für schießenden Abfluß kann dann als optimal bezeichnet werden, wenn die Strömung bei Vermeidung von Ablösungen möglichst rasch verbreitert und danach möglichst störungsfrei wieder parallel ausgerichtet wird. Das Ergebnis von Untersuchungen zur Entwicklung einer optimalen Gerinneerweiterung ist in den Bildern 5.27 und 5.28 dargestellt (Rouse et al., 1951). Die seitliche Erweiterung sollte hiernach gemäß folgender Beziehung vorgenommen werden:

$$\frac{B}{B_1} = \left(\frac{x}{B_1 Fr_1}\right)^{3/2} + 1 \qquad (5.27)$$

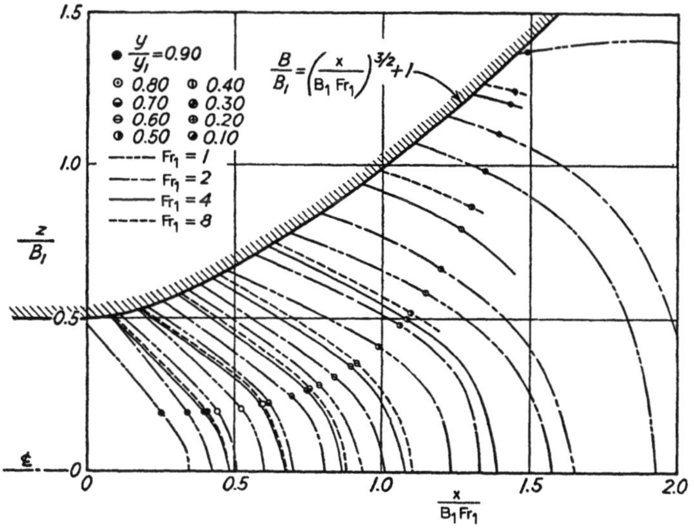

Bild 5.27 Verlauf der Oberfläche bei allmählicher Gerinneerweiterung

Die hierdurch beschriebene Kurve entspricht ungefähr dem Verlauf jener Stromlinien in einer plötzlichen Erweiterung, die rund 90% des Abflusses begrenzen.

Da auch der Ausdruck in Gleichung (5.27) die Froude-Zahl der Anströmung enthält, kann die optimale Formgebung strenggenommen nur auf einen ganz bestimmten Wert von Fr_1 ausgelegt werden. Je nach Aufgabenstellung variiert Fr_1 jedoch nur schwach mit der Abflußmenge pro Breiteneinheit q, wie weiter oben mit Gleichung (5.24) bereits gezeigt wurde. Die Änderungen der Wassertiefen quer zur Strömungsrichtung könnten durch Verkleinerung des Exponenten in Gleichung (5.27) noch verringert werden. Dadurch würde die Erweiterung aber länger und damit teurer. Mit der Form nach Gleichung und Bild 5.27 ist jedoch sichergestellt, daß Strömungsablösungen und damit verbundene Kreuzwellen, wie sie in Bild 5.23 gezeigt wurden, auf jeden Fall vermieden werden.

Die in Bild 5.27 angegebene Berandung divergiert kontinuierlich. Unterhalb der Erweiterung schließen jedoch in der Regel Gerinne mit parallelen Wänden an. Erfolgt der Übergang auf ein solches Gerinne im Anschluß an eine Gerinneerweiterung plötzlich, so würde eine positive Störung mit den damit verbundenen Kreuzwellen entstehen, die sich weit nach unterstrom fortpflanzen. Wenn es die örtlichen Verhältnisse erlauben, können solche Störungen durch einen Wechselsprung am Ende der Erweiterung verhindert werden. Allerdings muß hierbei beachtet werden, daß sich der Wechselsprung an den Gerinnewänden weiter stromaufwärts bildet als nahe der Gerinneachse. Zur Stabilisierung des Wechselsprungs in solchen Fällen sollte deshalb möglichst eine negative Sohlstufe eingebaut werden (vgl. Abschnitt 2.2.2).

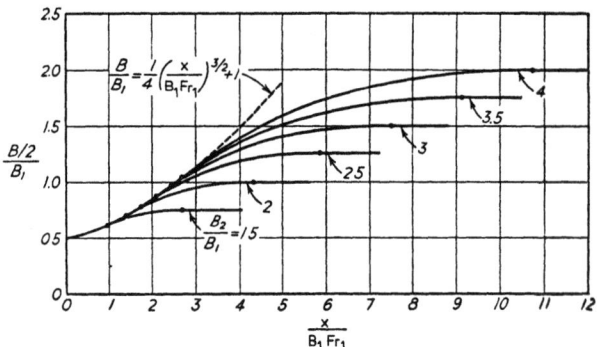

Bild 5.28 Analytisch bestimmte Übergangskurven für optimale Gerinneerweiterungen (Entn. aus Rouse "Engineering Hydraulics", 1950, m. frdl. Gen. v. John Wiley & Sons)

Soll im Gerinne im Anschluß an die Erweiterung der Abfluß schießend bleiben, so müssen die Wände am Ende der Erweiterung wieder allmählich in einen parallelen Verlauf übergeführt werden. Der Übergang sollte dabei so ausgebildet sein, daß sich positive und negative Störungen überlagern, so daß am Ende der Übergangsstrecke über die gesamte Gerinnebreite möglichst konstante Abflußverhältnisse ohne Tendenz zur Kreuzwellenbildung herrschen. Bild 5.28 zeigt Übergangskurven nach Rouse et al. (1951), die diese Bedingung gut genug erfüllen, ohne zu große und damit teure Entwicklungslängen zu erfordern.

5.2.3 Gerinnekrümmungen und -vereinigungen

5.2.3.1 Strömungsverhältnisse in Krümmungen. Auch Strömungen in Gerinnekrümmern unterscheiden sich wesentlich voneinander, je nachdem ob strömender oder schießender Abfluß herrscht. Bevor die Besonderheiten des schießenden Abflusses durch Gerinnekrümmer näher erläutert werden, sei jedoch noch einmal auf die Gleichgewichtsverhältnisse in einer Strömung mit Stromlinien entlang konzentrischer Kreise eingegangen, die übrigens bei strömendem und schießendem Abfluß gleich sind (Bild 5.29).

Unter dem Einfluß der Fliehkraft stellt sich hier ein nach außen ansteigender Wasserspiegel ein, der in jedem Punkt rechtwinklig zur Resultierenden aus Schwer- und Fliehkraft verläuft. Gemäß Bild 5.29a ergibt sich deshalb die Wasserspiegelneigung zu

$$\frac{dy}{dr} = \frac{v^2/r}{g} \qquad (5.28)$$

Bei verlustfreier Strömung gilt weiterhin die Energiegleichung

$$H = y + \frac{v^2}{2g} = \text{const} \qquad (5.29)$$

so daß wegen der nach außen zunehmenden Wassertiefe y die Geschwindigkeit v von der Innen- zur Außenseite des Krümmers abnehmen muß (Bild 5.29b). Das aber bedeutet, daß die Neigung des Wasserspiegels nach Gleichung (5.28) nicht konstant ist. Sofern jedoch die Gerinnebreite B klein im Vergleich zum mittleren Radius r_m des

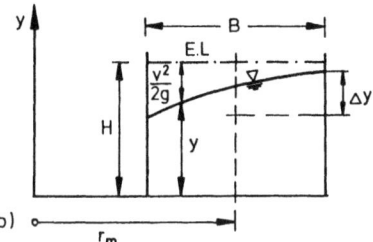

Bild 5.29 Überhöhung des Wasserspiegels in einer Gerinnekrümmung

Krümmers ist, so sind auch die Geschwindigkeitsänderungen über die Breite B
klein. Man kann dann die Geschwindigkeit näherungsweise der mittleren Geschwindigkeit V_o im geraden Zulauf zur Gerinnekrümmung gleichsetzen und erhält
damit aus Gleichung (5.28) für die Wasserspiegeldifferenz Δy zwischen Innen-
und Außenwand (vgl. Gleichung 4.14):

$$\Delta y = \frac{2B}{r_m} \frac{V_o^2}{2g} \qquad (5.30)$$

Nun können sich jedoch diese Gleichgewichtsverhältnisse in einem Gerinnekrümmer mit s c h i e ß e n d e m Abfluß nicht so rasch einstellen wie bei strömendem Abfluß, weil hier die Stromlinien geradlinig in den Krümmer eintreten
und erst unterstrom der Störungslinien allmählich abgelenkt werden. Mit anderen Worten, auch wenn die Gerinnewände konzentrische Kreisbögen darstellen, so
beschreibt deshalb das Fluid im Innern des Gerinnekrümmers noch keine Kreisbahnen. Die Verhältnisse nahe den Gerinnewänden sind vielmehr denen einer
allmählichen Richtungsänderung (Abschnitt 5.1.3) vergleichbar: An der Außenwand wird die Strömung eingeengt, und es entsteht eine Folge von infinitesimalen positiven Störungen; an der Innenwand wird der Strömungsbereich erweitert, und es bildet sich eine Folge infinitesimaler negativer Störungen aus.
Dadurch entsteht an der Außenwand ein in Strömungsrichtung ansteigender und an
der Innenwand ein abfallender Wasserspiegel. Wie sich die Überlagerung dieser
Störungen weiter unterstrom auf die Strömung auswirkt, wurde am Beispiel eines
leicht abgewinkelten Gerinnes im Beispiel 5.3 bereits gezeigt und braucht hier
nicht erneut ausgeführt werden.

In Bild 5.30 ist der Übergang von einem geraden Rechteckgerinne in einen
Kreiskrümmer schematisch dargestellt. Die Störungen an der Außenwand beginnen
in Punkt A und pflanzen sich entlang AB fort. Die Störungen infolge der Innenwand breiten sich entlang der Linie A'B aus. Der Bereich oberstrom ABA'
ist von Störungen unbeeinflußt. Unterstrom BC und BD verlaufen die Störungslinien unter dem Einfluß der Störungssuperposition nicht mehr gerade sondern
gekrümmt. Da in den Punkten C und D Reflexionen einsetzen, wird die größte
Wassertiefe an der Außenseite im Punkt C und die geringste Wassertiefe an der
Innenseite im Punkt D erreicht. Weitere Maxima stellen sich in allen Reflexionspunkten in der Fortsetzung der Linie A'BC, und weitere Minima in den Reflexionspunkten entlang der Fortsetzung von ABD ein. Auch im Anschluß an den
Übergang vom Krümmer in ein gerades Gerinne setzen sich diese Kreuzwellen
stromabwärts fort, es sei denn, dieses schließt sich in einem Querschnitt an,

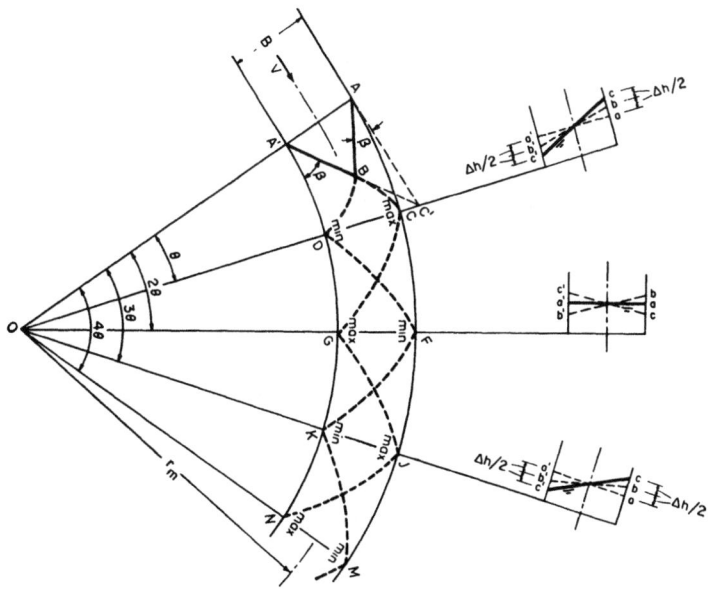

Bild 5.30 Entstehung von Kreuzwellen in einem Krümmer (Entn. aus Ven Te Chow "Open Channel Hydraulics", 1959, m. frdl. Gen. v. McGraw-Hill Book Co.)

in dem sich durch Überlagerung der positiven und negativen Störungen bereits ein horizontaler Wasserspiegel ausgebildet hat (z.B. in Schnitt FG im Bild 5.30).

Der maximale Störungswinkel θ_o zwischen den Tangenten in A und in C, der für die maximale Wassertiefe in C maßgebend ist, kann aus

$$\tan\theta_o = \frac{B}{(r_m + B/2)\tan\beta_1} \tag{5.31}$$

ermittelt werden, wenn man annimmt, daß AC ungefähr gleich AC' = $B/\tan\beta_1$ ist. Nach Bild 5.9 kann hieraus eine Wasserspiegelüberhöhung für den Querschnitt CD ermittelt werden, die ungefähr doppelt so groß ist wie der Betrag $v^2B/(gr_m)$ im Gleichgewichtszustand (Gleichung 5.30). Modellversuche von Knapp (1951) bestätigen dieses Ergebnis.

Man kann somit den Wechsel von Querschnitten mit doppelter Gleichgewichts-Wasserspiegelüberhöhung (in CD, JK etc.) zu Querschnitten mit horizontalem Wasserspiegel (in FG, MN etc.) als ein "Pendeln um die Gleichgewichtslage" betrachten. Im Schnitt CD in Bild 5.30 überlagern sich die Wirkungen infolge

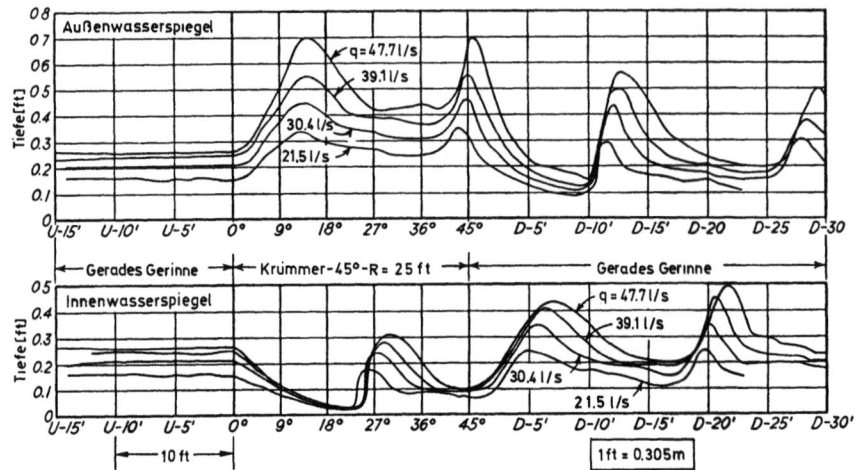

Bild 5.31   Wasserspiegelverlauf an der Innen- und Außenwand eines 45°-Krümmers für verschiedene schießende Abflüsse ($I_0 = 0,05$; B = 45,8 cm; $r_m = 762,5$ cm) (Entn. aus Rouse "Engineering Hydraulics", 1950, m. frdl. Gen. v. John Wiley & Sons)

Fliehkraftwirkung und Kreuzwellen, und es entsteht die maximale Wasserspiegelneigung. Im Schnitt FG ist die Wasserspiegelneigung infolge Fliehkraftwirkung und Kreuzwellen entgegengesetzt, so daß die Wasseroberfläche wieder ihre ursprüngliche horizontale Lage erreicht.

Der Abstand L' zwischen zwei aufeinanderfolgenden Maxima bzw. Minima entlang der Innen- und Außenwand beträgt

$$L' = \frac{2B}{\tan\beta_1} \qquad (5.32)$$

In Bild 5.31 ist der Verlauf des Wasserspiegels an der Innen- und Außenseite eines Rechteckkanals mit der Breite B = 45,8 cm und dem Radius r_m = 762,5 cm für verschiedene Abflüsse nach Untersuchungen von Knapp (1951) aufgetragen. Die Lage der Maxima und Minima bei den verschiedenen Abflüssen unterscheiden sich nur wenig voneinander, weil die Froude-Zahl relativ unempfindlich gegenüber einer Änderung der Abflußmenge ist, wie schon mit Gleichung (5.24) nachgewiesen wurde.

Da sich die Kreuzwellen nicht auf den Gerinnekrümmer beschränken, sondern sich auch nach unterstrom ausbreiten und dort sogar eine größere Seitenwandhöhe erfordern als im Krümmer, wurden verschiedene Methoden zur Unterdrückung der Kreuzwellen im Krümmer entwickelt, über die im folgenden stichwortartig berichtet werden soll.

5.2.3.2 <u>Gestaltung von Gerinnekrümmungen und -vereinigungen.</u> Zur Vermeidung von Kreuzwellen in einer Gerinnekrümmung und im daran anschließenden geraden Gerinne gibt es verschiedene Möglichkeiten:

- (a) einfache Übergangskurven,
- (b) geneigte Gerinnesohle mit spiralförmigen Übergangskurven,
- (c) Einbau von Sohlschwellen,

jeweils am Anfang und Ende der Gerinnekrümmung. Bei der ersten Methode werden durch das Vorschalten einer e i n f a c h e n Ü b e r g a n g s k u r v e Gegenwellen erzeugt, die sich im Bereich der eigentlichen Gerinnekrümmung mit den dort entstehenden Kreuzwellen überlagern und gegenseitig nahezu auslöschen. Die in der Übergangskurve erzeugte Gegenwelle muß eine Phasenverschiebung von einer halben Wellenlänge und eine maximale Höhe von der Hälfte der Hauptstörungen im Gerinnekrümmer besitzen. Das wird durch einen einfachen kreisförmigen Übergangsbogen am Anfang und Ende des Krümmers erreicht, der den doppelten Krümmungsradius $2r_m$ besitzt (Bild 5.32). Nach den Ausführungen in Abschnitt 5.2.3.1 stellt sich in diesem Fall am Ende des Vorbogens - d.h. nach einer Strecke von $L'/2 = B/\sin\beta_1$, die der halben Wellenlänge nach Gleichung 5.32 entspricht - ein maximaler Wasserpiegelunterschied zwischen Außen- und Innenwand von $v^2 B/(2r_m g)$ ein. Dieses ist aber genau der Wasserspiegelunterschied, der bei einer Strömung in einem Gerinnekrümmer mit dem Radius r_m infolge Fliehkraftwirkung entsteht (Gleichgewichtslage), so daß die Strömung im mittleren Krümmerabschnitt störungsfrei verläuft. Zur störungsfreien Rückführung des geneigten Wasserspiegels in die Horizontale ist am Ende der Gerinnekrümmung ebenfalls ein Übergangsbogen mit dem Radius $2r_m$ und der Länge $L'/2$ erforderlich.

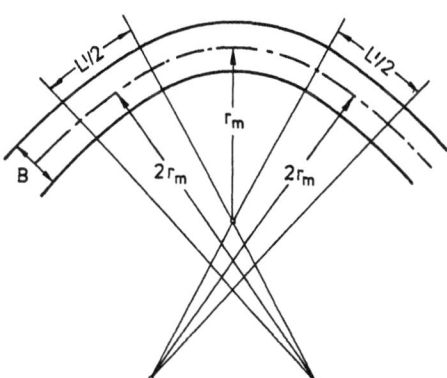

<u>Bild 5.32</u> Vermeidung von Kreuzwellen durch kreisförmige Übergangsbögen

Daß sich durch das Einschalten kreisförmiger Vorbögen die Kreuzwellen im Hauptkrümmer tatsächlich

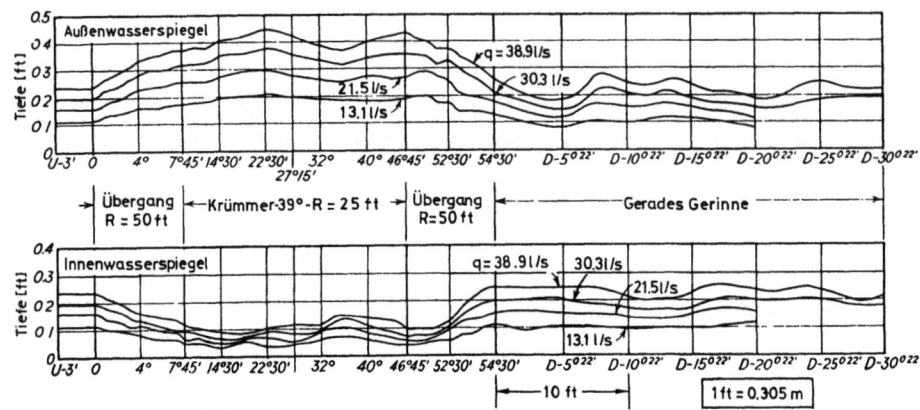

Bild 5.33   Wasserspiegelverlauf an der Innen- und Außenseite eines Krümmers bei Einschaltung von kreisförmigen Übergangsbögen ($I_0 = 0,05$; $B = 45,8$ cm; $r_m = 762,5$ cm) (Entn. aus Rouse "Engineering Hydraulics", 1950, m. frdl. Gen. v. John Wiley & Sons)

vermeiden und die maximale Wasserspiegelüberhöhung um rund 50% reduzieren lassen, zeigt ein Vergleich der Versuchsergebnisse in Bild 5.33 mit denen von Bild 5.31. Durch Verwendung anderer Übergangskurven, z.B. Klothoiden, Parabelstücke usw., wird keine weitere Verbesserung erreicht, da die maximale Höhe der stehenden Welle nur vom Gesamtablenkungswinkel und nicht von der Form der Ablenkung abhängig ist.

Bei der zweiten Methode wird eine geneigte Gerinnesohle mit s p i r a l -
f ö r m i g e n   Ü b e r g a n g s k u r v e n verwendet. Durch eine allmähliche Verringerung des Krümmungsradius mit gleichzeitiger, darauf abgestimmter Neigung der Gerinnesohle wird den Wasserteilchen hier jeweils gerade diejenige Zentripetalbeschleunigung gegeben, die notwendig ist, um sie auf

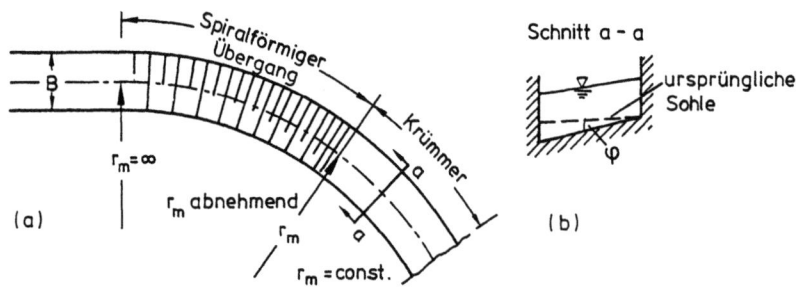

Bild 5.34   Spiralförmiger Übergangsbogen mit Überhöhung der Sohle

ihrer gekrümmten Bahn zu halten (Bild 5.34). Die Neigung der Sohle muß also gerade so gewählt werden, daß sie dem Verhältnis von Fliehkraft zu Schwerkraft entspricht; d.h. für den Neigungswinkel φ der Sohle muß in jedem Gerinnequerschnitt die Bedingung erfüllt sein:

$$\tan\phi = \frac{v^2}{r_m g} \qquad (5.33)$$

Auf diese Weise wird erreicht, daß die gesamte Querkraft, die zur jeweiligen Richtungsänderung der Strömung erforderlich ist, von dem zur Sohle parallel verlaufenden Wasserspiegel erzeugt wird und die Wände, so wie im Falle des geraden Gerinnes, lediglich die Strömung begrenzen. Bei genauer Dimensionierung kann bei dieser Entwurfsart die Wassertiefe an jeder Stelle gleich groß gehalten werden (Bild 5.34b).

Bild 5.35 zeigt die Wasserspiegellagen an der Außen- und Innenwand für verschiedene Abflüsse in einem gemäß Bild 5.34 ausgebildeten Krümmer. Eine genaue Dimensionierung kann, wie gezeigt wurde, nur für eine bestimmte Froude-Zahl der Anströmung vorgenommen werden (d.h. für die Verhältnisse in Bild 5.35 für q ≅ 30 l/s). Dennoch ist deutlich zu erkennen, daß sich die Wassertiefen entlang der Krümmer-Seitenwände auch für die übrigen Abflüsse nur wenig ändern. Der Nachteil dieser Methode liegt im großen baulichen Aufwand bei der Ausführung der recht komplexen Geometrie - insbesondere im Bereich der spiralförmigen Übergangsbögen.

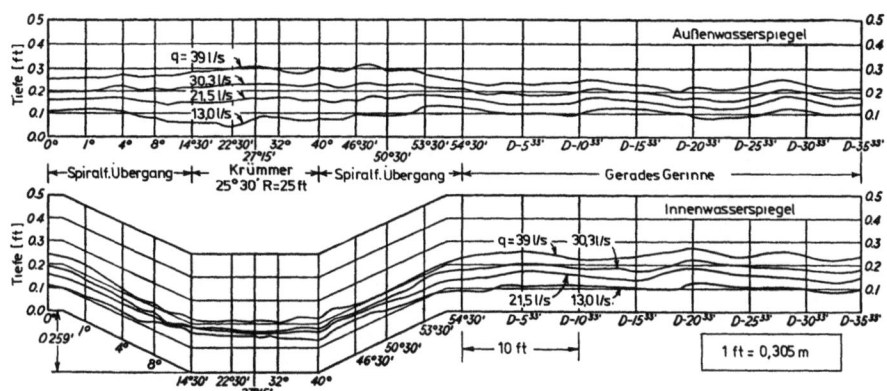

Bild 5.35 Wasserspiegelverlauf an der Innen- und Außenseite eines Krümmers bei spiralförmigen Übergangsbögen und geneigter Gerinnesohle (I_0 = 0,05; B = 45,8 cm; r_m = 762,5 cm) (Entn. aus Rouse "Engineering Hydraulics", 1950, m. frdl. Gen. v. John Wiley & Sons)

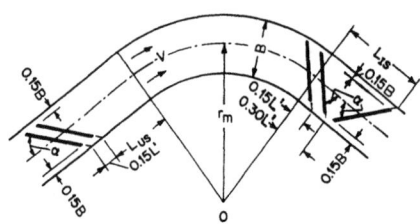

Nach der dritten Methode werden auf der Gerinnesohle d i a g o n a l e S o h l s c h w e l l e n eingebaut. Aufgabe dieser Sohlschwellen ist die Erzeugung von Gegenstörungen möglichst gleicher Größe wie die durch die Gerinnekrümmung hervorgerufenen; durch Interferenz soll hier also eine weitgehende Auslöschung der Störungen erreicht werden. Modellversuche zeigen, daß sich

Bild 5.36 Einbau von Sohlschwellen zur Verhinderung von Kreuzwellen in einer Gerinnekrümmung

dieses Ziel am besten bei einer Schrägstellung der Schwellen um 45° erreichen läßt (Bild 5.36). Detaillierte Angaben über den Entwurf solcher Schwellen sind bei Knapp (1951) zu finden. Durch die Schwellen wird allerdings die Turbulenz der Strömung stark erhöht, und der Wasserspiegel wird sehr unruhig, was auch aus dem Verlauf der mittleren Wasserspiegellage in Bild 5.37 zu erkennen ist. Beim Überströmen der Schwellen treten außerdem lokal sehr große Geschwindigkeiten auf, wodurch Kavitation entstehen kann. Schwellen sollten deshalb nur als Notlösung zur Verbesserung des Abflußverhaltens in bestehenden Schußrinnen verwendet werden.

Eine extreme Aufsteilung des Wasserspiegels kann bei der V e r e i n i - g u n g v o n z w e i G e r i n n e n entstehen, wenn in einem der bei-

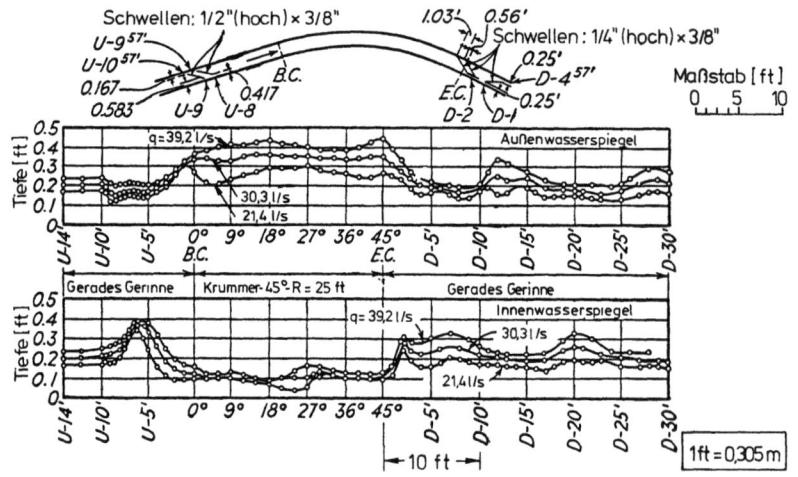

Bild 5.37 Wasserspiegelverlauf an der Innen- und Außenwand eines Krümmers beim Einbau von Sohlschwellen ($I_0 = 0{,}05$, $B = 45{,}8$ cm; $r_m = 762{,}5$ cm)
(Entn. aus Rouse "Engineering Hydraulics", 1950, m. frdl. Gen. v. John Wiley & Sons)

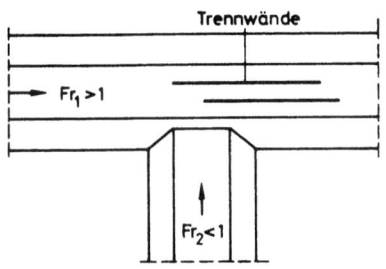

Bild 5.38 Schema der Strömungsberuhigung durch Trennwände bei Gerinnevereinigungen nach Blaisdell

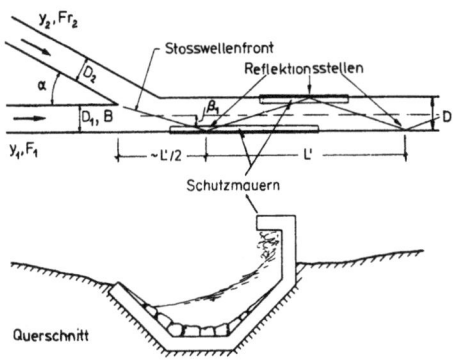

Bild 5.39 Ausbildung von Stoßwellen bei einer Gerinnevereinigung und Maßnahme gegen das Überschwappen

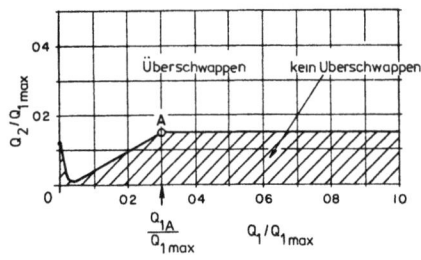

Bild 5.40 Zulässiges Verhältnis Q_1/Q_2 bei der Gerinnevereinigung nach Bild 5.39

den Gerinne schießender Abfluß auftritt. Blaisdell hat für ein trapezförmiges Gerinne mit schießendem Abfluß, in das senkrecht dazu ein zweiter Kanal mit strömendem Abfluß einmündet, Modellversuche durchgeführt (siehe Ippen et al., 1951). Ohne besondere Vorkehrungen traten im Trapezgerinne unterhalb der Einmündung sehr hohe Wellen auf. Hier bewährte sich der Einbau von Trennwänden in das Hauptgerinne gemäß Bild 5.38. Die genaue Lage und Länge der Trennwände zur Erreichung einer optimalen Beruhigung für vorgegebene Abflußverhältnisse lassen sich nur mit Hilfe von Modellversuchen finden.

Die Vereinigung von zwei Schußrinnen wurde von Gerodetti (1978) untersucht. Derartige Probleme stellen sich beispielsweise im Zusammenhang mit der Entwässerung von Straßenflächen. Modellversuche zeigten, daß hierbei Wasserspiegelerhöhungen von 100% auftreten können, die sich weit ins Unterwasser fortpflanzen. Die Untersuchungen wurden für schießenden Abfluß in zwei Halbschalen, die sich unter einem Winkel von $\alpha = 37°$ vereinigen, durchgeführt (Bild 5.39). In Bild 5.40 ist das zulässige Verhältnis Q_1/Q_2 angegeben, bei dem kein Überschwappen erfolgt. Die Wassermengen Q_1 und Q_2 sind dabei auf den maximalen Abfluß Q_{1max} bei Vollfüllung der Halbschale bezogen. Man sieht, daß bei kleinen Abflüssen Q_1 im durchgehenden Gerinne nur kleine Abflüsse Q_2 im einmündenden Gerinne möglich sind. Für $Q_1 > Q_{1A} = 0,3 \times Q_{1max}$ bleibt das zulässige Q_2 konstant. Der seitliche Zufluß darf dabei nicht größer als $0,15\ Q_{1max}$ werden.

Zur Verminderung schädlicher Auswirkungen durch die Stoßwellen empfiehlt sich entweder ein Überdecken der Rinne zu einem vollen Rohrprofil hinter der Vereinigung auf einer Länge von mindestens L', wobei L' die in Bild 5.39 bezeichnete "Stoßwellenlänge" ist, oder eine lokale Wanderhöhung bzw. eine Schutzmauer nahe den Reflexionsstellen. Die Länge L' kann über den Impulssatz ermittelt werden. Aus

$$1 - \left(\frac{y_1}{y_2}\right)^2 = 2\left(\frac{y_1}{y_2}\right)^2 Fr_1^2 \sin^2\beta_1 - 2\ Fr_2^2 \sin^2(\alpha - \beta_1) \tag{5.34}$$

folgt der Winkel β_1 der Stoßwellenfront zur Hauptrinnenachse. Die Stoßwellenlänge ergibt sich damit zu

$$L' = \frac{2D}{\tan\beta_1} \tag{5.35}$$

Durch die konstruktiven Maßnahmen wird aber das Entstehen von Stoßwellen nicht verhindert, sondern es wird nur das Überschwappen an den beiden ersten Reflexionsstellen unterbunden. Ein großes Freibord bei der Rinnendimensionierung stromabwärts ist deshalb immer notwendig.

BEISPIEL 5.4

In einer rechteckförmigen Schußrinne von 9 m Breite wird Hochwasser abgeführt. Die Wassertiefe betrage $y_1 = 1,2$ m und die Geschwindigkeit $V_1 = 12$ m/s. Es soll ein Gerinnekrümmer mit einem Zentriwinkel von 60° entworfen werden. Welcher Krümmungsradius ist zu wählen, wenn in keinem Querschnitt das Wasser höher als 2,40 m steigen soll? Die Freibordhöhe betrage 0,6 m.

Die Froude-Zahl oberstrom des Gerinnekrümmers beträgt $Fr_1 = V_1/\sqrt{gy_1} = 12/\sqrt{9,81 \times 1,2} = 3,50$. Die Störungen infolge Richtungsänderung breiten sich somit unter dem Winkel

$$\beta_1 = \arcsin \frac{1}{Fr_1} = \arcsin(0,286) = 16,6°$$

aus. Der kleinste Krümmungsradius, für den die vorgegebene maximale Tiefe $y_{max} = 2,4$ m nicht überschritten wird, kann aus Gleichung (5.20) oder (5.21) bestimmt werden. Benutzt man die letztere Gleichung, so erhält man

$$\theta = 2 \text{ arc sin} \left(\frac{\sqrt{y_{max}/y_1}}{Fr_1} \right) - \beta_1 = 2 \text{ arc sin} \frac{\sqrt{2}}{3,5} - 16,6° = 14,5°$$

für den Umlenkungswinkel, bei dem an der Krümmeraußenwand unabhängig vom Krümmungsradius die maximal zulässige Wassertiefe erreicht wird. Da die Wassertiefe nicht weiter ansteigen darf, muß an dieser Stelle die erste Reflexion der negativen Störwellen von der Krümmerinnenwand auftreten; d.h. nach Gleichung (5.31) muß gelten θ_o = 14,5° und

$$r_m = \frac{B}{\tan\theta_o \tan\beta_1} - \frac{B}{2} = \frac{9}{\tan 14,5° \tan 16,6°} - \frac{9}{2} = 112,2 \text{ m}$$

Aus der exakten Gleichung (5.20) oder aus Bild 5.9 ergibt sich r_m = 126,3 m, also ein um rund 10% höherer Wert.

Würde nun der Gerinnekrümmer mit konstantem Radius r_m geplant, so erhielte man einen relativ langen Krümmer mit stehenden Wellen, die sich in das unterwasserseitige gerade Gerinne fortsetzen würden (vgl. Bild 5.31). Dieses gerade Gerinne müßte deshalb mit nahezu gleich hohen Seitenwänden ausgestattet werden wie der Krümmer selbst (Bild 5.41a).

<u>Lösung mit kreisförmigen Übergangsbögen.</u> Reduziert man den Krümmungsradius nach Erreichen der maximal zulässigen Wassertiefe y_{max} bei $\theta = \theta_o$ = 14,5° auf die Hälfte, $r_m/2$ = 126,3/2 ≅ 63,1 m, so bleibt die Wassertiefe an der Außenwand nahezu konstant (Bild 5.33). Schließt man am Ende des Krümmers ein zweites Übergangsstück von θ_o = 14,5° an, so lassen sich stehende Wellen im anschließenden geraden Gerinne nahezu vermeiden. Das Mittelstück des Krümmers müßte also einen Zentriwinkel von θ^* = 60° - 2 x 14,5° = 31,0° besitzen (Bild 5.41b). Bei dieser Lösung brauchen die Gerinnewände nur auf der Krümmeraußenseite erhöht zu werden.

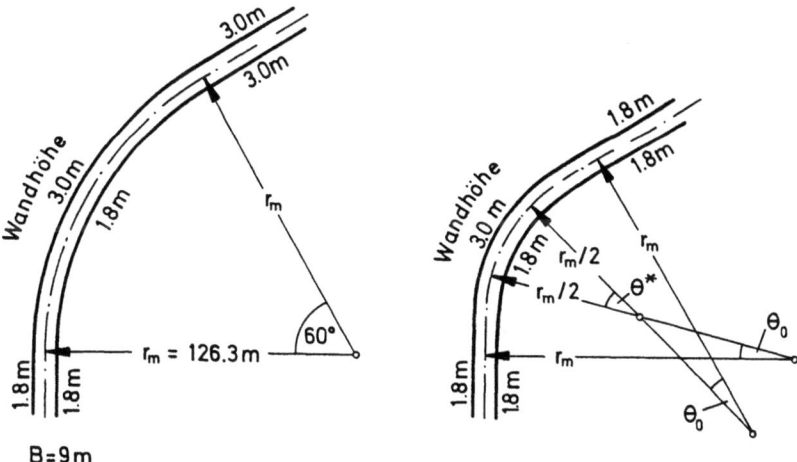

Bild 5.41 Gerinnekrümmer (Beispiel 5.4) mit Seitenwandhöhen entsprechend einem geforderten Freibord von 0,6 m. (a) Lösung mit konstantem Krümmungsradius, (b) Lösung mit kreisförmigen Übergangsbögen.

6. BERECHNUNG DES GLEICHFÖRMIGEN ABFLUSSES

6.1 Kritische Betrachtung der Abflußformeln

6.1.1 Ausbildung und Arten des Normalabflusses

Der Abfluß in offenen Gerinnen ist gleichförmig, wenn sich die Strömungscharakteristika wie Tiefe, Geschwindigkeit und Geschwindigkeitsverteilung in Strömungsrichtung nicht ändern. Diese Bedingung kann genaugenommen nur in einem prismatischen Gerinne mit gleichbleibender Rauheit erfüllt werden, und selbst dort nur in ausreichend großen Abständen von Übergangsbauwerken oder Abflußstörungen. So stellt sich der gleichförmige Abfluß - auch Normalabfluß genannt - beispielsweise erst nach einer bestimmten Anlaufstrecke unterstrom eines Gerinneeinlaufs ein. Es bedarf nämlich einerseits einer gewissen Grenzschichtentwicklung, bis sich das dem Normalabfluß entsprechende Geschwindigkeitsprofil ausgebildet hat, und es muß andererseits erst eine Anpassung der Wassertiefe auf die Normalabflußtiefe y_n erfolgen, wenn, wie in dem in Bild 6.1c dargestellten Fall, die Kontrollverhältnisse eine Wassertiefe am Einlauf von $y \neq y_n$ bedingen. Nahe einem Gerinneende, einem Brückenpfeiler oder einer Schwelle gilt das Gleiche. Auch hier stellt sich im allgemeinen eine von y_n abweichende Wassertiefe ein, und der Normalabfluß wird erst in einem bestimmten Abstand von der Störstelle erreicht. Ein Beispiel hierfür ist in Bild 6.1a gegeben. Wie der ungleichförmige Abfluß nahe solchen Gerinnebauwerken berechnet wird, soll in Kapitel 7 behandelt werden. Hier sei zunächst einmal der Normalabfluß betrachtet.

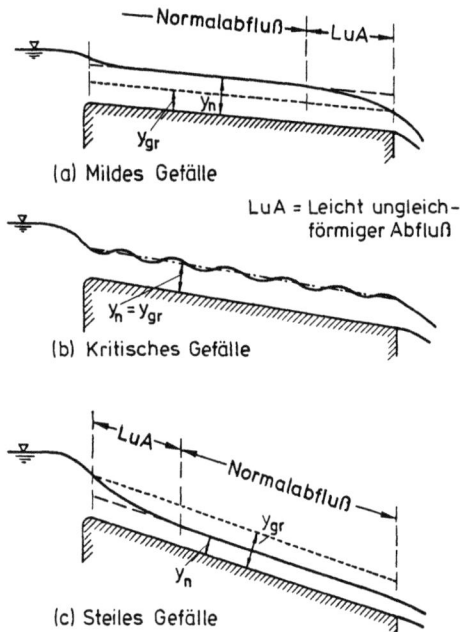

Bild 6.1 Ausbildung gleichförmigen Abflusses in einem langen Gerinne (a) $y_n > y_{gr}$, (b) $y_n = y_{gr}$, (c) $y_n < y_{gr}$

Bereits aus diesen kurzen Vorbemer-

kungen kann gefolgert werden, daß der gleichförmige oder Normalabfluß im
strikten Sinne nicht vorkommt, weil jede Ungleichförmigkeit in der Gerinnerauheit, der Querschnittsform oder der Linienführung des Gerinnes, aber auch
jede Instationarität (Änderungen der Abflußmenge Q) Abweichungen vom Normalabfluß hervorrufen. Nun ist es jedoch üblich, solche unvermeidlichen Abweichungen von der Gleichförmigkeit und Stationarität global im Widerstands- oder
Verlustbeiwert λ zu berücksichtigen. Dieses ist - sofern man sich der Konsequenzen bewußt bleibt - für viele Fälle auch durchaus zulässig. Zu diesen
Konsequenzen gehört es allerdings, λ als eine auch von diesen Abweichungen
beeinflußte Größe zu behandeln (vgl. Rouse, 1965).

Was die A r t e n   d e s   N o r m a l a b f l u s s e s anbetrifft, so
gibt es mehrere Unterscheidungskriterien. Hinsichtlich der Zähigkeitswirkung
unterscheidet man

> den laminaren Abfluß (im allgemeinem bei Re < 500) und
> den turbulenten Abfluß (im allgemeinen bei Re > 500),

wobei die Reynolds-Zahl hier mit dem in Gleichung (6.3) definierten hydraulischen Radius R gebildet ist, also Re = VR/ν, mit V = Q/A = mittlere Geschwindigkeit. (Bei Strömungen mit extrem geringen Störungen kann die kritische
Reynolds-Zahl größer als 500 sein). In der Praxis des Bauingenieurs kommen
fast ausschließlich turbulente Abflüsse vor; die folgenden Abhandlungen sollen
sich deshalb auf diese beschränken.

Eine weitere Unterscheidung von Abflußzuständen wurde bereits in Kapitel 1
eingeführt, und zwar hinsichtlich der Schwerewirkung bzw. der durch sie ge-
steuerten Kontrollbedingungen (vgl. Abschnitt 1.2.2). So gibt es auch beim
Normalabfluß

> den strömenden Abfluß (bei Fr < 1 oder $y_n > y_{gr}$) und
> den schießenden Abfluß (bei Fr > 1 oder $y_n < y_{gr}$)

vgl. Bild 6.1a, c. Hierbei wird die Froude-Zahl mit dem Verhältnis A/B als
charakteristische Länge definiert, also Fr = V/$\sqrt{gA/B}$, mit A = durchflossener
Querschnitt und B = Breite des Gerinnes in der Wasseroberfläche, vgl. Bild 6.4.
Somit kennzeichnet Fr = 1 den Grenzfall, bei dem die Fortpflanzungsgeschwindigkeit von Elementarwellen c = $\sqrt{gA/B}$ gleich der mittleren Fließgeschwindigkeit V ist.

Nun muß jedoch nach neusten Erkenntnissen auch noch hinsichtlich der Stabilität des Gerinneabflusses gegenüber der Bildung von sogenannten Froude-Wellen unterschieden werden zwischen

dem stabilen Abfluß ohne Froude-Wellen und
dem instabilen Abfluß mit Froude-Wellen.

Bild 6.2   Froude-Wellen in einer Schuß-
            rinne (Blick vom Unterwasser)

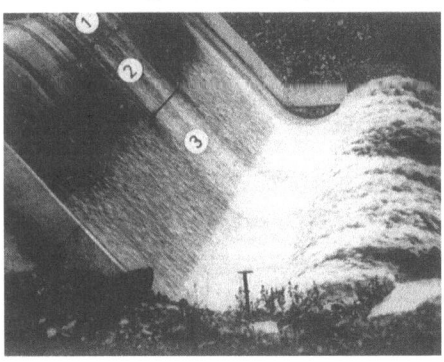

Bild 6.3   Abfluß mit Luftaufnahme (nach
            Levi)

Es handelt sich hierbei eindeutig um eine Einwirkung der Schwere, wie im Abschnitt 6.3.1 noch ausführlich gezeigt wird. Die Grenze der Instabilität liegt nahe der Froude-Zahl $Fr_{cr} \cong 2$, je nach Gerinneform und Rauheit (vgl. Bild 6.23). Wie aus der Aufnahme eines instabilen Abflusses in Bild 6.2 hervorgeht, läßt die Wellenbildung hier keinen stationären Abfluß zu, selbst wenn die Abflußmenge Q konstant ist. Bei der Berechnung der Normalabflußtiefe muß deshalb einerseits der durch Wellenbildung erhöhte Energieverlust (vgl. Bild 6.25) und andererseits die Tatsache berücksichtigt werden, daß sich y_n in einem solchen Fall nur auf einen Mittelwert beziehen kann.

Schließlich muß im Rahmen dieser Diskussion der verschiedenen Abflußarten auf das Phänomen der selbsttätigen Luftaufnahme an der Wasseroberfläche hingewiesen werden. Wie die Aufnahme des Abflusses über einen Wehrrücken in Bild 6.3 zeigt, beginnt sich das Wasser ab einer bestimmten Ablauflänge zu verfärben. Der Grund hierfür liegt im Mitreißen und Eintragen von Luft infolge der turbulenten und stark aufgerauhten Wasseroberfläche bei sehr hohen Reynolds- und Froude-Zahlen (übrigens auch in Bild 6.2 zu erkennen). Es bildet sich ein Wasserluftgemisch aus, für das sich weder die Tiefe y_n noch der Verlustbeiwert λ ohne eingehende Berücksichtigung der hierdurch stark veränderten Gesetzmäßigkeiten bestimmen lassen. Näheres hierüber wird in Abschnitt 6.3.2 ausgeführt.

6.1.2 Das Widerstandsgesetz

Schreibt man die Newtonsche Bewegungsgleichung für ein Kontrollvolumen (Bild 6.4a) einer staionären, gleichförmigen Strömung an, so erhält man gemäß dem Gleichgewicht zwischen der antreibenden Schwerkraftkomponente $\gamma A\, dx\, \sin\theta$ und der Widerstandskraft $(\tau_o)_m U\, dx$ die Beziehung

$$\gamma A I = (\tau_o)_m U \qquad (6.1)$$

wenn man für $\sin\theta$

$$\sin\theta = I_e = -\frac{dH}{dx} = -\frac{dz_o}{dx} \qquad (6.2)$$

die Neigung der Energielinie $I_e = -dH/dx$ einsetzt, die ja bei Normalabfluß gleich der Wasserspiegelneigung und auch gleich der Neigung der Sohle $I_o = -dz_o/dx$ ist. Definiert man nun

$$R = \frac{A}{U} \qquad (6.3)$$

als den hydraulischen Radius, so folgt die mittlere Sohlschubspannung $(\tau_o)_m$ aus Gleichung (6.1) zu

$$(\tau_o)_m = \gamma R I_e \qquad (6.4)$$

Diese auch als Schleppkraftformel bekannte Gleichung ist deshalb wichtig, weil von der Größe der mittleren Sohlschubspannung $(\tau_o)_m$ die Erosion von Kanalsohlen bzw. der Geschiebetransport in Flüssen

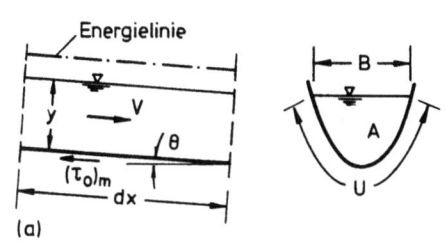

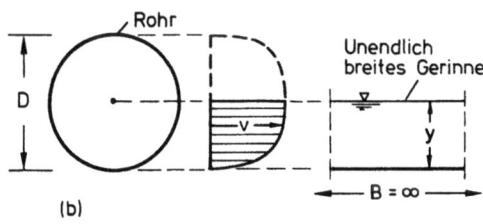

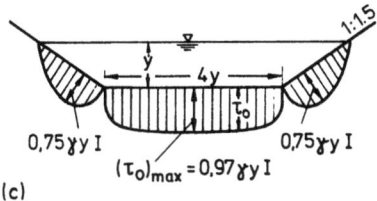

Bild 6.4 (a) Definitionsskizze,
(b) Geschwindigkeitsverteilung,
(c) Sohlschubspannungsverteilung

abhängt. Die Formel ist, abgesehen von der hier nicht erfaßten Schubspannungsverteilung, exakt gültig, auch wenn man häufig liest, die Benutzung des hydraulischen Radius sei nur näherungsweise zulässig. Was allein unzulässig ist, das ist die ab und zu anzutreffende Behauptung, durch Einführung des hydraulischen Radius R wäre der Einfluß der Querschnittsform des Gerinnes erfaßt. (Hinsichtlich Information zur zulässigen Sohlschubspannung für Kanäle mit beweglicher Sohle sei der Leser u.a. auf Lane, Carlson, 1953 hingewiesen - vgl. auch Chow, 1959.)

Bevor dieser Einfluß der Querschnittsform auf den Strömungswiderstand näher erläutert wird, sei zunächst das Widerstandsgesetz formuliert. Es würde zu weit führen, das letztere hier detailliert abzuleiten, nachdem diese Ableitung in jedem Buch über Strömungsmechanik zu finden ist. Wichtig ist, sich in Erinnerung zu rufen, daß man bei dieser Ableitung erstens die Verteilung der Geschwindigkeit über den Fließquerschnitt in Abhängigkeit von der Wandschubspannung τ_o, der Zähigkeit μ und der Höhe der Wandrauhigkeit k kennen muß und daß es zweitens nötig ist, durch Integration über den Querschnitt die örtlichen Geschwindigkeiten v durch die mittlere Geschwindigkeit V = Q/A zu substituieren. Beide Bedingungen lassen sich für das kreisförmige Rohr und das sehr breite Gerinne exakt erfüllen (Bild 6.4b). Gemäß der logarithmischen Geschwindigkeitsverteilung für turbulente Strömung erhält man nach Kármán und Prandtl hier schließlich das Ergebnis

(a) für "glatte" Wand oder Sohle:

$$\frac{1}{\sqrt{\lambda}} = A_g \log_{10} (Re\sqrt{\lambda}) + B_g \tag{6.5}$$

(b) für "rauhe" Wand oder Sohle:

$$\frac{1}{\sqrt{\lambda}} = A_r \log_{10} \frac{4R}{k} + B_r \tag{6.6}$$

und für den Übergangsbereich zwischen hydraulisch glattem und rauhem Verhalten erhält man nach Colebrook und White für natürliche Rauheitsstruktur (z.B. Beton, Stahl):

$$\frac{1}{\sqrt{\lambda}} = B_r - A_r \log_{10} \left(\frac{k}{4R} + \frac{C_{cw}}{2 Re \sqrt{\lambda}} \right) \tag{6.7}$$

Hierin sind A, B und C Integrationskonstanten, und λ ist der Widerstands- oder Verlustbeiwert - auch Reibungsbeiwert genannt - der nach Darcy-Weisbach aus folgenden Definitionsgleichungen hervorgeht:

$$\tau_o = \lambda \frac{1}{8} \rho v^2 \qquad (6.8)$$

oder, nach Substitution von Gleichung (6.4) mit $(\tau_o)_m = \tau_o$ = const,

$$I_e = \frac{\Delta H_r}{L} = \lambda \frac{1}{4R} \frac{v^2}{2g} \qquad (6.9)$$

(Für Kreisrohre ist hier der hydraulische Radius R = D/4 und für sehr breite Rechteckgerinne ist R = y einzusetzen.) Aus diesen Definitionsgleichungen ist zu ersehen, daß die Wandschubspannung τ_o, die Energielinienneigung I_e und damit die Reibungsverlusthöhe ΔH_r pro Gerinnelänge L berechnet werden können, sofern der Widerstandsbeiwert λ bekannt ist, - d.h. für prismatische Gerinne, sofern man

$$\lambda = \lambda(\text{Re}, \frac{k}{R}, \text{Querschnittsform, Rauheitsstruktur}) \qquad (6.10)$$

kennt.

Verständlicherweise liegt die umfangreichste Information über λ für die Querschnittsform "Kreis", d.h. für das Kreisrohr vor. Das von Rouse überarbeitete, sogenannte Moody-Diagramm mit dieser Information für natürliche Rauheitsstruktur (z.B. Beton, Stahl) ist in Bild 6.5 dargestellt. Man erkennt, daß λ umso mehr dem Gesetz für glatte Rohre folgt (Gleichung 6.5), je kleiner die Reynolds-Zahl Re = VD/ν = $4VR/\nu$ und die relative Rauheit k/D = k/(4R) sind, und daß sich λ für große Reynolds-Zahlen und k/D-Werte dem Gesetz für rauhe Rohre nähert. Die Größen der Integrationskonstanten wurden empirisch zu $A_g = A_r = 2$, $B_g = -0,8$, $B_r = +1,14$ und $C_{cw} = 18,7$ ermittelt (vgl. Tabelle 6.1).

Ähnlich wie in der Diskussion der Abflußbeiwerte in Abschnitt 3 kann man nunmehr argumentieren, daß diese in Bild 6.5 wiedergegebene Gesetzmäßigkeit für λ - einmal ermittelt und in Abhängigkeit der relevanten Größen dimensionslos dargestellt - beliebig übertragbar und anwendbar ist. Dieses gilt aber nur, wenn a l l e Einflußgrößen in der Untersuchung berücksichtigt und dargestellt wurden. Zu diesen Einflußgrößen gehören, wenn man Bild 6.5 auf natürliche offene Gerinne anwenden möchte, die in 6.1.1 genannten Abweichungen von der Gleichförmigkeit und Stationarität, und es gehört der E i n f l u ß d e r Q u e r s c h n i t t s f o r m dazu. Wie bereits erwähnt, wird dieser Einfluß in keiner Weise durch die Verwendung des hydraulischen Radius R berücksichtigt. Wie Untersuchungen für sehr breite Gerinne gezeigt haben, ergeben sich tatsächlich geringfügige Unterschiede in λ selbst für diesen Ex-

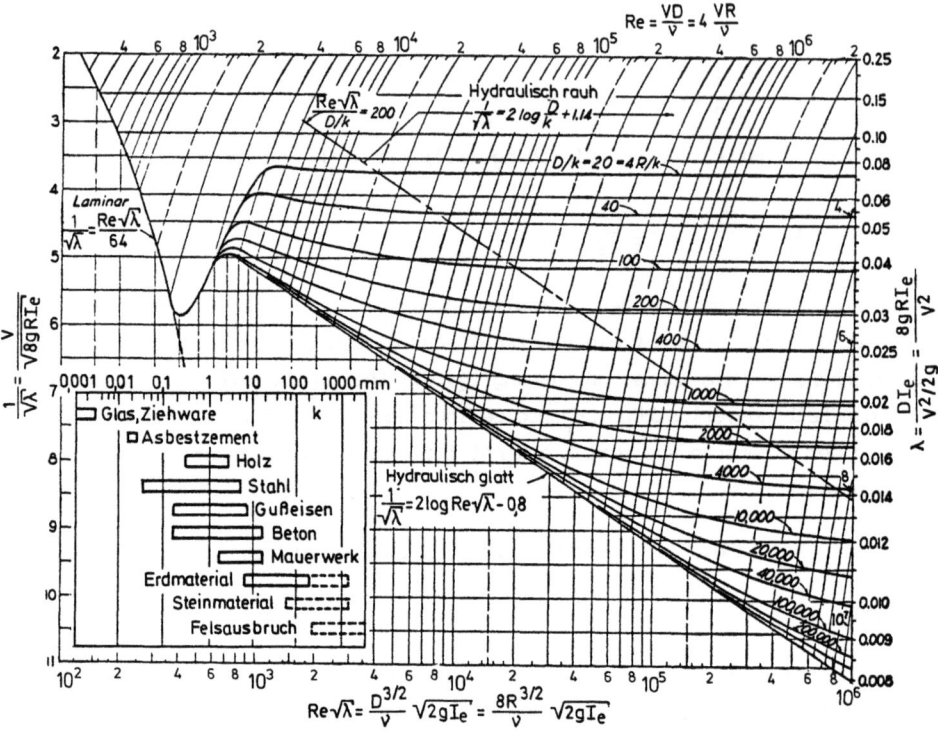

Bild 6.5   Allgemeine Darstellung des Widerstandsbeiwerts λ für gleichförmige Strömung in Rohren mit Kreis- oder kreisähnlichem Querschnitt und natürlicher Rauheit. (Entn. aus Rouse "Engineering Hydraulics", 1950, m. frdl. Gen. v. John Wiley & Sons)

tremfall, für den die vertikalen Geschwindigkeitsprofile wie bei der turbulenten Kreisrohr-Strömung logarithmisch sind und sich exakt integrieren lassen (vgl. Bild 6.4b). Diese Unterschiede sind aus der folgenden Tabelle 6.1 zu erkennen (gemäß Macagno, 1965).

	Kreisrohr ○	Sehr breites offenes Gerinne (B >> y)		
A_g	2,00	2,00		2,26
B_g	-0,80	-0,96		-0,67
A_r	2,00	2,00	2,20	2,26
B_r	1,14	1,57	1,81	2,05
C_{cw}	18,7			

Tabelle 6.1   Integrationskonstanten in den Widerstandgleichungen (6.5) bis (6.7)

Bei normalen offenen Gerinnen kommt hinzu, daß die Wandschubspannung τ_o entlang des benetzten Umfangs U stark variiert (Bild 6.4c), so daß man anstelle von τ_o einen Mittelwert $(\tau_o)_m$ ansetzen muß, und vor allem ist hier (bei turbulentem Abfluß) die Geschwindigkeit nicht mehr logarithmisch verteilt (vgl. Bild 1.4b, c, d). Strenggenommen müßte man also für jede Querschnittsform ein gesondertes Diagramm für λ von der Art wie in Bild 6.5 entwickeln. Angesichts der Unsicherheiten bei der Wahl eines der natürlichen Rauheit entsprechenden äquivalenten k-Wertes und in Ermangelung dieser Information geht man stattdessen von der Annahme aus, daß die querschnittsformbedingten Abweichungen von den Kurven in Bild 6.5 innerhalb tolerierbarer Grenzen bleiben. Um die Anwendung dieser Kurven auf Gerinne mit nicht-kreisförmigen Querschnitten zu ermöglichen, wurden die Parameter in Bild 6.5 sowohl mit dem Durchmesser D als auch mit dem hydraulischen Radius R definiert. Ausführlichere Angaben über den Rauheitswert k in Abhängigkeit von der Oberflächenbeschaffenheit sind in der folgenden Tabelle 6.2 aus Press, Schröder (1966) zusammengestellt.

<u>Tabelle 6.2</u>   Rauheitswert k gemäß Press/Schröder (1966)

Rauheitsgrad	Art der Oberfläche	k [mm]
Technisch glatt	Gezogene Nichteisenmetalle, galvanisiert und poliert	0,001
	Gezogene Nichteisenmetalle Glas Plexiglas	0,003
Fast glatt	Asbestzement, fugenlos	0,015
	Asbestzement, aus Teilstücken zusammengesetzt, mit einwandfreien Stoßstellen Gezogener Stahl, neu	0,025
	Geschleuderte Zement- oder Bitumenisolierungen Stahl, ungestrichen, nahtlos, nicht korrodiert	0,030
	Baustahl, Schmiedestahl, neu	0.045
	Stahl mit Schweißnahten, ungestrichen, neu Stahl mit sorgfältigem Schutzanstrich	0,060
Mäßig rauh	Eisen, galvanisch oder feuerverzinkt Eisen, asphaltiert Gußeisen, gestrichen Beton größter Glätte, aus geölten Stahlschalungen, fugenlos Schleuderbeton, fugenlos Beton aus Vakuumschalungen, fugenlos	0,15
	Angegriffene Zement- oder Bitumenisolierungen Holz, gehobelt, stoßfrei, neu Stahl, geschweißt, mit wenigen Quernietreihen (Baustellenstoße), Eisenblech, versenkte Niete, ohne Überlappungen, neu Gußeisen, ungestrichen Steinzeug, glasiert, mit einwandfreien Stoßstellen	0,30
	Zementglattstrich bei sorgfältigster Ausführung	0,45

Tabelle 6.2 (Fortsetzung)

Rauheitsgrad	Art der Oberfläche	k [mm]
Mäßig rauh	Holz, gehobelt, gut gefugt Stahl, geschweißt, angerostet Gußeisen, roh, neu Steinzeug, glasiert, mit schlechten Stoßstellen Beton aus Stahlschalungen, fugenlos Beton mit Kellenglattstrich	0,60
	Beton, gut verschalt, bei hohem Zementgehalt	0,80
	Stahl mit geschweißten Längs- und genieteten Quernähten	0,95
Rauh	Holz, ungehobelt Stahl, genietet, Blechdicke < 6 mm, neu Stahl, leicht korrodiert Stahl mit geschweißten Längs- und genieteten Quernähten, alt aber nicht verkrustet Gußeisen, angerostet oder leicht verkrustet Zementputz, sorgfältig ausgeführt Beton aus guter Holzschalung, fugenlos Keramikplatten, glasiert, sauber verlegt Mauerwerk aus glasierten Ziegeln, sorgfältig	1,5
	Beton aus glatten Schalungen, alt Mauerwerk sorgfältiger Ausführung, gut verfugt Hausteinmauerwerk, Quadermauerwerk, bei sorgfältigster Ausführung	1,8
	Stahl, mehrreihig, quer genietet, verrostet Walzgußasphalt	2,0
	Holz, alt, verquollen Stahl, mehrreihig längs und quer genietet, Blechdicke > 6 mm Stahl, geschweißt, stark verkrustet Eisenblech, genietet, Niete nicht versenkt, Stöße überlappt Gußeisen, verrostet oder verkrustet Beton aus Holzschalungen, ohne Verputz Beton mit vermörtelten Fugen Mauerwerk aus Mauerziegeln in Zementmörtel Bruchsteinmauerwerk bei sorgfältigster Ausführung	3,0
	Stahl, mehrreihig längs und quer genietet, alt, verkrustet Stahl, genietet, Stöße gelascht, Blechdicke > 12 mm Beton aus Holzschalungen, alt Mauerwerk, nicht verfugt Mauerwerk, geputzt Bruchsteinmauerwerk, weniger sorgfältig Erdmaterial, glattgestrichen, in neuem Zustand	6,0
	Gußeisen, stark verkrustet Beton aus Holzschalungen, alt, angegriffen Mauerwerk, berappt	8,5
Sehr rauh	Beton, schlecht verschalt, grob	10
	Beton, schlecht verschalt, mit offenen Fugen, alt Betonplatten Bruchsteinmauerwerk in grober Ausführung Sand mit etwas Ton oder Schotter	20
	Feinkies, sandiger Kies	30
	Feinkies bis mittlerer Kies	50
	Mittlerer Kies, Schotter	75
	Mittlerer Kies bis Grobkies	90

Tabelle 6.2 (Fortsetzung)

Rauheitsgrad	Art der Oberfläche	k [mm]
Extrem rauh*)	Erdmaterial bei mäßigem Geschiebetrieb Grobkies bis Grobschotter	bis 200
	Geröll, unregelmäßig Erdmaterial, schollig aufgeworfen	bis 400
	Grobe Steinschüttungen Felsausbruch, nachgearbeitet	bis 500 (max. etwa 0,1 D)
	Geröll, unregelmäßig, bei starkem Geschiebetrieb	bis 650 (max. etwa 0,1 D)
	Oberflächen mit Wildbachcharakter	bis 900 (max. etwa 0,25 D)
	Felsausbruch, mittelgrob	bis 1500 (max. etwa 0,1 D)
	Oberflächen mit Wildbachcharakter bei starkem Geschiebetrieb Erdmaterial bei stärkster Verkrautung	bis 1500 (max. etwa 0,25 D)
	Felsausbruch, roh, äußerst grob	bis 3000 (max. etwa 0,2 D)

*) Genauere Angaben für extrem rauhe Gerinne findet man in
U.S. Army Engineers WES (1968), und zwar vor allem in
Chart 224 - 1/6, sowie bei Jarrett (1984) und auch Köne-
mann, Schröder (1982); besonders bemerkenswert sind die
Daten und die Berechnungsmethode von Rahm (1953), die
auch von Colebrook (1958) empfohlen werden.

6.1.3 Flächen- und Formrauheit

Die bisherigen Ausführungen zum Widerstandsbeiwert λ bzw. zum Abflußbeiwert $\sqrt{1/\lambda}$ gelten nur für einigermaßen gleichförmig über eine nahezu ebene Berandungsfläche verteilte Rauheit (Flächenrauheit). Ist die Berandungsfläche mit Wellungen, Riffel oder Dünen oder mit einzelnen Störkörpern wie Steinen oder Bäumen versehen (Formrauheit), so erhöht sich der Strömungswiderstand beträchtlich. Aufbauend auf dem Überlagerungskonzept von Einstein, Banks (1950) kann der Strömungswiderstand in solchen Fällen in zwei Anteile zerlegt werden

$$\tau_o = \tau_o' + \tau_o'' \quad \text{oder} \quad \lambda = \lambda' + \lambda'' \tag{6.11}$$

wobei τ_o' bzw. λ' der Flächenrauheit mit Rauheitsmaß k und τ_o'' bzw. λ'' der Formrauheit zugeordnet ist. Diese Zerlegung kommt, wie Gleichung (6.9) zeigt, einer Aufteilung des Energieliniengefälles gleich:

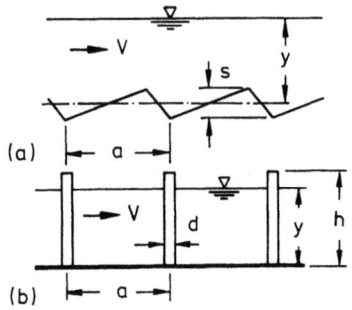

Bild 6.6   Typische Formrauheit

$$I_e = I_e' + I_e'' \qquad (6.12)$$

Der erste, der Flächenrauheit zugeordnete Anteil wurde in Abschnitt 6.1.2 bereits behandelt. Bild 6.6 zeigt nun zwei typische Elemente der Formrauheit, (a) eine regelmäßig wiederkehrende Sohlenerhebung (Riffel, Bänke) von der Höhe s und der Länge a und (b) eine homogene Anordnung zylindrischer Körper (Pflanzen, Baumstämme) von der Dicke d, die in gleichmäßigen Abständen (a in Fließrichtung und b quer zur Fließrichtung) das Gerinne verbauen. Für jede dieser typischen Formrauheiten läßt sich eine Widerstandskraft W pro Breiteneinheit ableiten, die sich wie folgt beschreiben läßt

$$W_s = \tau_o'' a = C_{ws} s \rho \frac{v^2}{2} \qquad (6.13)$$

$$W_p = \tau_o'' a = C_{wp} \frac{yd}{b} \rho \frac{v^2}{2} \qquad \text{(für } h > y\text{)} \qquad (6.14)$$

Hierin sind C_{ws} und C_{wp} Widerstandsbeiwerte, die im wesentlichen von folgenden Parametern abhängen (vgl. Abschnitt 4.1)

$$C_{ws} = C_{ws} \text{ (Form der Sohlenerhebungen, Rauheit der Sohle, Sedimenttransport, y/s, Fr)} \qquad (6.15)$$

$$C_{wp} = C_{wp} \text{ (Form und Anordnung der Pflanzen, Elastizität der Pflanze, h/y, y/d, Fr)} \qquad (6.16)$$

Die Froude-Zahl Fr der Gerinneströmung berücksichtigt hier jeweils den Welleneinfluß und $h/y \leq 1$ das Maß der Pflanzenüberströmung. Der Zusammenhang zwischen den Widerstandsbeiwerten C und λ folgt aus den Gleichungen (6.8) und (6.11) zu

$$\lambda'' = \frac{8\tau_o''}{\rho v^2} = C_{ws} \frac{4s}{a} \qquad (6.17)$$

$$\lambda'' = \phantom{\frac{8\tau_o''}{\rho v^2}} = C_{wp} \frac{4yd}{ab} \qquad (6.18)$$

Diese Beziehungen erlauben eine Bestimmung von λ" aus Informationen über den Widerstandsbeiwert der einzelnen Stör- oder Rauheitselemente, die meist leichter zugänglich sind. Allerdings ist zu beachten, daß der Widerstandsbeiwert einer einzelnen Sohlenerhebung C_{ws} oder einer einzelnen Pflanze C_{wp} stark von der relativen Dichte und der Art der Anordnung dieser einzelnen Elemente abhängig ist (vgl. Bild 4.3f und 4.11).

Zahlenwerte für λ'' für den praktisch besonders interessierenden Fall eines geschiebeführenden Gerinnes oder Flusses mit unterschiedlicher Sohlenform sind aus Bild 6.22 zu entnehmen. Der Fall von homogenem Pflanzenbewuchs in der Form von nicht überströmten, starren, vertikalen Kreiszylindern (Baumstämmen) wurde von Lindner (1982) untersucht, und zwar für konstante Elementenkonzentration d^2/ab. Bild 6.7 zeigt das Ergebnis für folgende Versuchsbedingungen: Gerinnebreite B = 900 mm; glatte Sohle; d = 10 mm; $8 \times 10^2 <$ Re $< 8 \times 10^3$. Man beachte, daß hier die Froude-Zahl Fr_d mit dem Zylinderdurchmesser d statt mit der Wassertiefe y gebildet wurde.

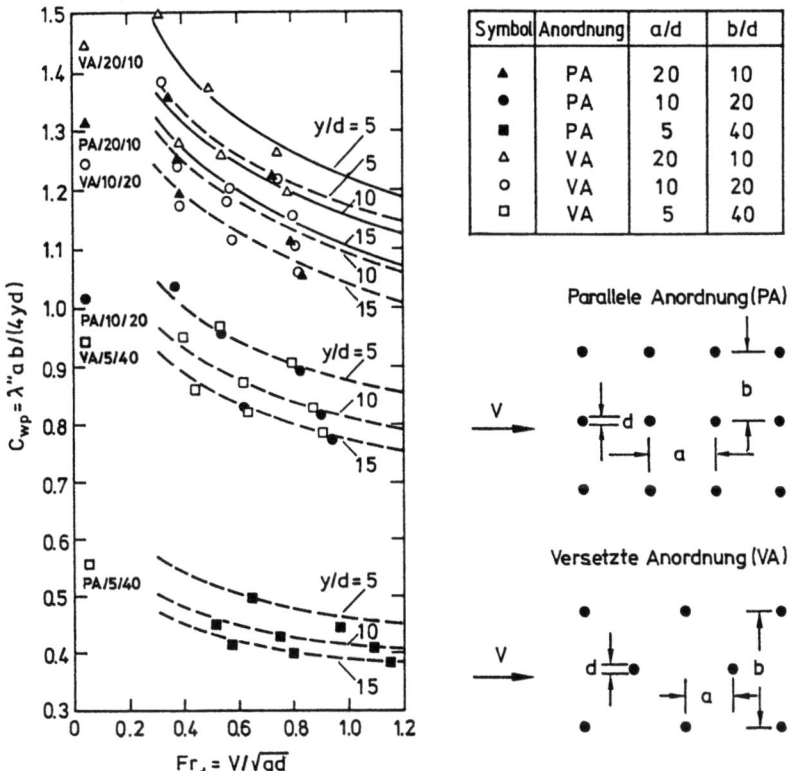

Bild 6.7 Widerstandsbeiwert für homogenen Pflanzenbewuchs (starre, vollumströmte Kreiszylinder vom Durchmesser d; d^2/ab = 0,05, vgl. Bild 6.6)

6.1.4 Die Abflußformeln

In der Literatur findet man eine Fülle empirisch abgeleiteter Widerstandsformeln, die einfach aus dem Zwang der Notwendigkeit heraus entstanden sind, daß Reibungsverluste berechnet werden mußten, bevor die in Abschnitt 6.1.2 dargestellten Gesetzmäßigkeiten erforscht waren. Da sie alle in der Form von Beziehungen für die Abflußmenge Q = AV bzw. die mittlere Geschwindigkeit V in Abhängigkeit vom Gefälle I und dem hydraulischen Radius R formuliert wurden, nennt man sie im allgemeinen Abflußformeln. Die älteste von diesen stammt von Chézy (1775) und lautet

$$Q = AV = A C \sqrt{R I} \tag{6.19}$$

Von den vielen Abflußformeln, die meist auf der Grundlage dieser Gleichung in der Zwischenzeit entstanden sind, findet man heute im wesentlichen nur noch zwei im Gebrauch, nämlich die von Gauckler/Manning/Strickler (GMS)

$$Q = AV = Ak_{St} R^{2/3} I^{1/2} \tag{6.20}$$

und - im deutschen Sprachraum - die von Kutter

$$Q = AV = A \frac{100 \sqrt{R}}{m + \sqrt{R}} \sqrt{R I} \tag{6.21}$$

Die Formeln gelten alle genaugenommen nur für den gleichförmigen Abfluß, für den Energielinien- und Sohlengefälle gleich sind, d.h. $I = I_e = I_o$. Verwendet man sie näherungsweise zur Berechnung eines leicht ungleichförmigen Abflusses, so ist für I das Energieliniengefälle I_e einzusetzen (vgl. Abschnitt 7.1.1).

Um die Gültigkeit dieser Abflußformeln abschätzen zu können, seien sie hier mit der wissenschaftlich wohlfundierten Darcy-Weisbach-Gleichung (6.9) verglichen, die auch wie folgt geschrieben werden kann:

$$Q = A \sqrt{\frac{8g}{\lambda}} \sqrt{R I} \tag{6.22}$$

wobei λ, wie Gleichung (6.10) bzw. Bild 6.5 zeigt, für prismatische Gerinne eine Funktion von folgenden Einflußgrößen ist:

$$\lambda = \lambda (Re, \frac{k}{R}, \text{Querschnittsform, Rauheitsstruktur}) \tag{6.23}$$

Der Vergleich zwischen den Gleichungen (6.19, 20, 21) und (6.22) liefert die Beziehungen

$$C = k_{St} R^{1/6} = \frac{100 \sqrt{R}}{m + \sqrt{R}} = \sqrt{\frac{8g}{\lambda}} \qquad (6.24)$$

Man ersieht hieraus sofort, daß weder C noch k_{St} oder m dimensionslose Größen sind. Hinzu kommt, daß sowohl k_{St} als auch m allein in Abhängigkeit von der Oberflächenbeschaffenheit des Gerinnes angegeben werden, als handle es sich hier um Rauheitsparameter ähnlich der Größe k/R. Substituiert man die Gleichung (6.23) in (6.24), so wird sofort ersichtlich, daß dem nicht so ist.

Da k_{St} und m dimensionsbehaftete Größen sind, muß erwartet werden, daß sie von der absoluten Größe des Gerinnes abhängen. Mit anderen Worten, Zahlenwerte für k_{St} und m sind genaugenommen nur anwendbar auf Gerinne, die gleich groß sind wie die Versuchsgerinne, in denen k_{St} und m ermittelt wurden. Aus Gleichung (6.24) folgt, daß bei Änderungen der Gerinnegröße der Wert von k_{St} umgekehrt proportional zu $R^{1/6}$ und m proportional zu $R^{1/2}$ variieren müßte, selbst wenn die Gerinne in jeder Hinsicht einander ähnlich wären (d.h., gemäß Gleichung 6.23, einander ähnlich in Bezug auf Re, k/R, Querschnittsform und Rauheitsstruktur).

Um abschätzen zu können, welche Fehler begangen werden, wenn man dennoch die in der Literatur empfohlenen k_{St}-Werte in Abhängigkeit von der Oberflächenbeschaffenheit verwendet anstelle eines echten Rauheitsmaßes wie etwa die mittlere Rauheitshöhe k, ist es instruktiv, den Vergleich quantitativ durchzuführen. Dieses ist auf der Grundlage von Gleichung (6.24) und Bild 6.5 möglich, wenn man diese Gleichung wie folgt mit k erweitert:

$$\frac{k_{St} k^{1/6}}{\sqrt{8g}} = \frac{1}{\sqrt{\lambda}} \left(\frac{k}{R}\right)^{1/6} \qquad (6.25)$$

Da man zu jedem k_{St}-Wert der GMS-Abflußformel einen entsprechenden k-Wert ermitteln kann, läßt sich hierfür auch die Größe des dimensionslosen Parameters $k_{St} k^{1/6}/\sqrt{8g}$ berechnen. Ein Vergleich dieses Werts mit der nach Gleichung (6.25) equivalenten Größe $(k/R)^{1/6}/\sqrt{\lambda}$, die man aus dem Widerstandsgesetz in Bild 6.5 ableiten kann, läßt sich anhand von Bild 6.8 anstellen. Wäre die GMS-Abflußformel ebenso einwandfrei wie das Widerstandsgesetz, so müßten sich in Bild 6.8 alle Kurven aus Bild 6.5 zu einer einzigen, der Abszisse parallelen Gerade reduzieren lassen. Man sieht, daß dieses umso eher gelingt, je größer die Reynolds-Zahl ist und je mehr sich die relative Rauheit k/R den mittleren Werten 20 < 4R/k < 40 nähert. Läßt man andererseits Fehler in den Vorhersagen von 10% zu, so kann man die GMS-Abflußformel für Re > 4 x 10^4 als

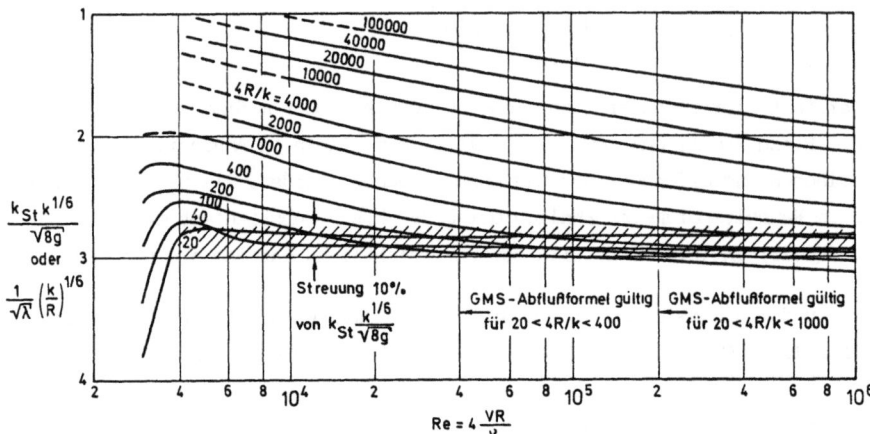

Bild 6.8 Zur Zulässigkeit der Verwendung von k_{St} als Abflußbeiwert: Vergleich mit dem "Abflußbeiwert" $1/\sqrt{\lambda}$ gemäß Bild 6.5 (nach L. Fink)

akzeptabel im Bereich $20 < 4R/k < 400$ und für $Re > 2 \times 10^5$ als akzeptabel im Bereich $20 < 4R/k < 1000$ ansehen. (Beeinflussungen durch die Querschnittsform und die Rauheitsstruktur sind hierbei noch nicht beachtet.)

Eine ähnliche kritische Betrachtung mit ähnlichen Schlußfolgerungen ließe sich auch für die anderen Abflußformeln aufstellen. Die Gründe dafür, daß diese Formeln trotz ihrer offenkundigen Mängel noch heute in Gebrauch sind, liegen hauptsächlich darin, daß es mehr empirische Information über die Koeffizienten in diesen Formeln gibt als über k, sowie darin, daß sich diese Formeln in Berechnungen einfacher handhaben lassen. Letzteres trifft im besonderen Maße für die GMS-Formel zu. Es ist deshalb auch nichts gegen den weiteren Einsatz der Abflußformeln zu sagen, sofern man sich der Grenzen ihrer Aussagefähigkeit bewußt bleibt. Sehr wichtig ist es in diesem Zusammenhang, die Formeln mit den zugehörigen Koeffizienten möglichst nur für solche Gerinneformen und Bereiche von Rauheiten, Reynolds-Zahlen etc. einzusetzen, für die sie entwickelt wurden. Information hierzu ist aus der einschlägigen Literatur zu entnehmen, so z.B. aus Press, Schröder (1966) oder, besonders ausführlich, aus Chow (1959). Ein Auszug aus Schewior, Press (1954) über Zahlenwerte zu k_{St} ist in Tabelle 6.3 wiedergegeben (siehe auch Schmidt, 1957, S. 53).

Abschließend seien die Einschränkungen für die Anwendbarkeit der gebräuchlichsten Abflußformel nach Gauckler/Manning/Strickler nochmals kurz zusammengefaßt:

Tabelle 6.3 k_{St}-Werte für die GMS-Abflußformel nach Schewior, Press (1954)

a) Erdkanäle $k_{st} =$

Erdkanäle in festem Material, glatt	60
Erdkanäle in festem Sand mit etwas Ton oder Schotter	50
Erdkanäle mit Sohle aus Sand und Kies mit gepflasterten Böschungen	45–50
Erdkanäle aus Feinkies, etwa 10/20/30 mm	45
Erdkanäle aus mittlerem Kies, etwa 20/40/60 mm	40
Erdkanäle aus Grobkies, etwa 50/100/150 mm	35
Erdkanäle aus scholligem Lehm	30
Erdkanäle, mit groben Steinen ausgelegt	25–30
Erdkanäle aus Sand, Lehm oder Kies, stark bewachsen	20–25

b) Felskanäle

Mittelgrober Felsausbruch	25–30
Felsausbruch bei sorgfältiger Sprengung	20–25
Sehr grober Felsausbruch, große Unregelmäßigkeiten	15–20

c) Gemauerte Kanäle

Kanäle aus Ziegelmauerwerk, Ziegel, auch Klinker, gut gefugt	80
Haussteinquader	70–80
Sorgfältiges Bruchsteinmauerwerk	70
Kanäle aus Mauerwerk (normal)	60
Normales (gutes) Bruchsteinmauerwerk, behauene Steine	60
Grobes Bruchsteinmauerwerk, Steine nur grob behauen	50
Bruchsteinwände, gepflasterte Böschungen mit Sohle aus Sand und Kies	45–50

d) Betonkanäle

Zementglattstrich	100
Beton bei Verwendung von Stahlschalung	90–100
Glattverputz	90–95
Beton geglättet	90
Gute Verschalung, glatter unversehrter Zementputz, glatter Beton mit hohem Zementgehalt	80–90
Beton bei Verwendung von Holzschalung, ohne Verputz	65–70
Stampfbeton mit glatter Oberfläche	60–65
Alter Beton, saubere Flächen	60
Betonschalen mit 150–200 kg Zement je m³, je nach Alter und Ausführung	50–60
Grobe Betonauskleidung	55
Ungleichmäßige Betonflächen	50

e) Holzgerinne

Neue glatte Gerinne	95
Gehobelte, gut gefügte Bretter	90
Ungehobelte Bretter	80
Ältere Holzgerinne	65–70

f) Blechgerinne

Glatte Rohre mit versenkten Nietköpfen	90–95
Neue gußeiserne Rohre	90
Genietete Rohre, Niete nicht versenkt, im Umfang mehrmals überlappt	65–70

g) Sonstige Auskleidungen

Walzgußasphalt-Auskleidung der Werkkanäle	70–75

h) Natürliche Wasserläufe

Natürliche Flußbetten mit fester Sohle, ohne Unregelmäßigkeiten	40
Natürliche Flußbetten mit mäßigem Geschiebe	33–35
Natürliche Flußbetten, verkrautet	30–35
Natürliche Flußbetten mit Geröll und Unregelmäßigkeiten	30
Natürliche Flußbetten, stark geschiebeführend	28
Wildbäche mit grobem Geröll (kopfgroße Steine) bei ruhendem Geschiebe	25–28
Wildbäche mit grobem Geröll, bei in Bewegung befindlichem Geschiebe	19–22

(a) GMS-Beiwerte k_{St} sind nicht dimensionslos, deshalb gültig nur bei Gerinnegrößen, für die k_{St} ermittelt wurden,

(b) Zähigkeitseinfluß ist nicht berücksichtigt, deshalb gültig nur für sehr große Reynolds-Zahlen,

(c) Widerstandsgesetz ist nicht beachtet, deshalb gültig nur für mittlere relative Rauheiten (vgl. Bild 6.8),

(d) Querschnittsform ist nicht berücksichtigt, deshalb gültig nur für Formen des Gerinnequerschnitts, für die k_{St} ermittelt wurde (vgl. Abschnitt 6.2.1),

(e) Einfluß unterschiedlicher Rauheit und Gliederung des Gerinnequerschnitts sind nicht berücksichtigt (vgl. Abschnitt 6.2.3, 4),

(f) Einfluß des Sedimenttransports und der veränderlichen Sohlenform bei beweglicher Sohle sind nicht berücksichtigt (Abschnitt 6.2.5),

(g) Einfluß der zur Wellenbildung führenden Instabilität ist nicht berücksichtigt (vgl. Abschnitt 6.3.1),

(h) Einfluß der Luftaufnahme bei extrem hohen Geschwindigkeiten ist nicht berücksichtigt (vgl. Abschnitt 6.3.2).

Zur praktischen Anwendung der GMS-Formel wird in Kapitel 7 Näheres ausgeführt.

6.2 Gerinne mit besonderen Randbedingungen

6.2.1 Teilgefüllte Rohre und Stollen

In vielen Ingenieuraufgaben, besonders in der Siedlungswasserwirtschaft, geht es um die Berechnung von Freispiegelabflüssen in geschlossenen Leitungen. Hier empfiehlt es sich, die wichtigsten Kenngrößen des Abflusses bezogen auf die Werte bei vollständig gefüllter Leitung zu bestimmen und in Diagrammen aufzutragen. Werden letztere mit dem Index 0 gekennzeichnet, so ergeben sich für das Beispiel einer Rohrleitung mit Kreisprofil bei Verwendung der GMS-Gleichung (6.20) die in Bild 6.9 dargestellten Kurven. Wäre es statthaft, für ein Rohr von gegebener, konstanter Rauheit k einen konstanten Wert k_{St} zu verwenden, so würde man die durchgezogenen Kurven in diesem Bild erhalten. Aus dem Verlauf der Kurve für den bezogenen Abfluß Q/Q_0 erkennt man, daß unter dieser Voraussetzung der Abfluß bei einer Teilfüllung von $y = 0,938\,D$ ein Maximum erreichen würde.

Nun konnte aber von Camp (1946) gezeigt werden, daß die Voraussetzung eines vom Füllungsgrad unabhängigen k_{St}-Werts nicht der Wirklichkeit entspricht. Es liegt hier ein gutes Illustrationsbeispiel zu der in Abschnitt 6.1.4 diskutierten Unzulänglichkeit der GMS-Abflußformel vor, und zwar im wesentlichen

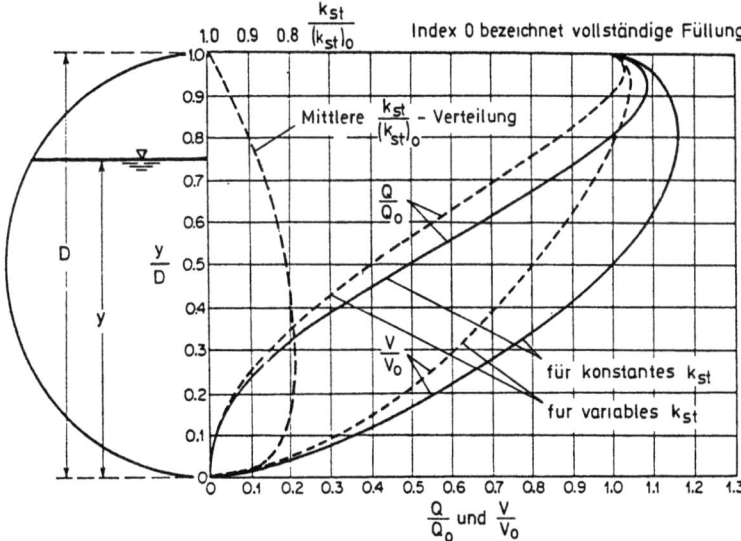

Bild 6.9 Abflußcharakteristika für ein teilgefülltes Rohr mit Kreisprofil
(Entn. aus Ven Te Chow "Open Channel Hydraulics", 1959, m. frdl. Gen. v. McGraw-Hill Book Co.)

hinsichtlich des Einflusses der Form des durchflossenen Querschnitts, der - entgegen anderslautenden Aussagen in der Fachliteratur - nicht durch die Verwendung des hydraulischen Radius R in dieser Formel berücksichtigt wird. Bei Messungen in Ton- und Betonrohren stellte Camp eine Reduktion des k_{St}-Werts um 22% bei einer Verringerung der Wassertiefe von y = D auf y = 0,25D fest. Der Einfluß dieser Variation von k_{St} auf den Abfluß Q und die mittlere Geschwindigkeit V ist in Bild 6.9 gezeigt. Man sieht, daß sich das Maximum des Abflusses bei Berücksichtigung dieses Einflusses verschiebt. Diese Verschiebung ist, wohlgemerkt, experimentell belegt.

Kurven für $Q/Q_o = AR^{2/3}/A_o R_o^{2/3}$ und $V/V_o = (R/R_o)^{2/3}$ findet man in der einschlägigen Literatur auch für andere Profilformen (z.B. Eiprofil, Maulprofil etc.) - so z.B. bei Schmidt (1957), S. 56/57. Da die oben angeführten Überlegungen auch für diese Diagramme zutreffen, wären auch dort entsprechende Korrekturen zu beachten. Nachdem die Diskrepanzen zwischen Meßergebnissen und diesen aus den Abflußformeln entwickelten Diagrammen somit erklärt sind, wäre es möglich und empfehlenswert, diese häufig gebrauchte Entwurfsgrundlage der Siedlungswasserwirtschaft auf der Basis der oben diskutierten k_{St}-Variation zu berichtigen.

Welche Auswirkung die Form des durchflossenen Querschnitts auf den λ-Wert in der Darcy-Weisbach-Gleichung (6.9) bzw. (6.22) hat, wurde von Bock (1966) untersucht (siehe auch Könemann, Schröder, 1982, sowie Nalluri, Adepoju, 1985).

6.2.2 "Hydraulisch günstigste" Fließquerschnitte

In direktem Zusammenhang mit dieser Diskussion stehen die Abhandlungen über den hydraulisch günstigsten Fließquerschnitt. Ist die Form des Fließquerschnitts frei wählbar, so wird diese Form oft so festgelegt, daß sich für eine gegebene Abflußmenge Q eine minimale Querschnittsfläche A (oder bei gegebenem A ein maximales Q) ergibt. Legt man bei dieser Optimierungsaufgabe wie üblich die GMS-Abflußformel zugrunde, so folgt daraus für ein Gerinne mit vorgegebener Rauheit und gegebenem Gefälle

$$Q = k_{St} A\, I^{1/2} R^{2/3} = (\text{const}) R^{2/3} \tag{6.26}$$

Nach dieser Gleichung wird Q für konstantgehaltenes A dann zum Maximum, wenn R ein Maximum oder, wegen $R = A/U$, wenn der benetzte Umfang U ein Minimum wird.

Für ein R e c h t e c k g e r i n n e führt diese Überlegung zu folgendem Ergebnis:

$$U = B + 2y = \frac{A}{y} + 2y$$

$$\frac{dU}{dy} = -\frac{A}{y^2} + 2 = -\frac{B}{y} + 2 = 0$$

Das heißt, am "hydraulisch günstigsten" ist ein Rechteckgerinne bei einem Fließquerschnitt mit einem Breiten-Tiefen-Verhältnis von $B/y = 2$.

Ähnlich findet man für ein symmetrisches T r a p e z g e r i n n e mit der Sohlenbreite B_s und der Böschungsneigung 1:m den hydraulisch günstigsten Fließquerschnitt bei dem Verhältnis

$$\frac{B_s}{y} = 2(\sqrt{1 + m^2} - m) \tag{6.27}$$

Für den Fall von geschlossenen Profilen wie das in Abschnitt 6.2.1 behandelte Kreisprofil stellt sich die Aufgabe nach dem hydraulisch günstigsten Fließquerschnitt insofern anders, als hier nicht A sondern ein Längenmaß wie etwa der Durchmesser D fixiert ist. Hier geht es deshalb um eine Optimierung des Produktes $AR^{2/3}$ (vgl. Gleichung 6.26). Das Ergebnis dieser Optimierung ist in Bild 6.9 dargestellt und wurde bereits besprochen. Es bliebe hier nur noch nachzutragen, daß eine Auslegung eines Kreisrohres auf Teilfüllung mit $AR^{2/3} = (AR^{2/3})_{max}$, und damit $Q = Q_{max}$, die Gefahr in sich birgt, daß der Wasserspiegel intermittierend an die Stollendecke schlägt und es so zu einem pulsierenden Abfluß mit fluktuierender Belastung der Rohrleitung kommt.

Wie in Abschnitt 6.2.1, so muß auch hier darauf hingewiesen werden, daß die üblichen Ableitungen hydraulisch günstigster Querschnitte auf der falschen Voraussetzung beruhen, k_{St} wäre von solchen Formparametern wie B/y unabhängig. Allerdings ist der damit verbundene Fehler bei Rechteck- und Trapezgerinnen von geringerer Konsequenz als bei Rohren mit Freispiegelabfluß.

6.2.3 Gerinne mit unterschiedlicher Rauheit

In der Praxis, vor allem bei naturnah ausgebauten Gewässern, kommen häufig Unterschiede in der Rauheit des benetzten Umfangs U vor. So hat beispielsweise eine alluviale Gewässersohle eine ganz andere Rauheit als die Steinschüttung am Böschungsfuß oder ein Rasenufer im oberen Böschungsbereich.

Handelt es sich hierbei um ein mehr oder weniger prismatisches Gerinne mit einer Querschnittsform, bei der trotz der unterschiedlichen Rauheit die Geschwindigkeitsprofile über den einzelnen Teilen U_1, U_2 ... U_n des benetzten Umfangs U nur wenig variieren - oder, mit anderen Worten, handelt es sich um ein Gerinne mit "kompaktem" Fließquerschnitt (d.h. mit über die Breite nahezu konstanter Tiefe), - so kann man einen ä q u i v a l e n t e n Abflußbeiwert gemäß Einstein (1934) mittels der Annahme gleicher mittlerer Geschwindigkeiten für die entsprechenden Querschnittsteile $V_1 = V_2 = ... = V = Q/A$ ermitteln. Das Ergebnis lautet bei Verwendung der Gauckler-Manning-Strickler-Gleichung (6.20)

$$k_{St} = \left[\frac{U}{\sum_{i=1}^{n} U_i/(k_{St})_i^{3/2}}\right]^{2/3} \qquad (6.28)$$

oder, bei zwei Rauheiten,

$$k_{St} = \frac{U^{2/3}}{\left[U_1/(k_{St})_1^{3/2} + U_2/(k_{St})_2^{3/2}\right]^{2/3}}$$

Verwendet man die Darcy-Weisbach-Gleichung (6.22), so beträgt der äquivalente Abflußbeiwert $1/\sqrt{\lambda}$

$$\frac{1}{\sqrt{\lambda}} = \left[\frac{U}{\sum_{i=1}^{n} U_i \lambda_i}\right]^{1/2} \qquad (6.29)$$

Yassin (1953) bestätigte diese beiden Formeln durch systematische Laborversuche in Rechteckgerinnen mit unterschiedlich rauhen Sohlen und Seitenwänden. Die zu den Umfangsteilen U_1, U_2 ... U_n zugehörigen Schubspannungen lassen sich allerdings nur dann realistisch vorhersagen, wenn die auf die rauheren Wandteile entfallenden Teilflächen A_i überproportional groß angenommen werden (vgl. Bertram, 1985, S. 24).

Über weitere Möglichkeiten zur Bestimmung eines äquivalenten Abflußbeiwerts und die Anwendung dieser Methoden auf die Berechnung des Normalabflusses für ein e i s b e d e c k t e s   G e r i n n e kann bei Chow (1959), S. 136, Larsen (1973) und Lau, Krishnappan (1981) nachgelesen werden.

6.2.4 Gerinne mit gegliedertem Querschnitt und Vegetation

Ist die in Abschnitt 6.2.3 formulierte Annahme der gleichgroßen mittleren Geschwindigkeit in allen Teilen des Fließquerschnitts nicht vertretbar - so wie beispielsweise bei Gerinnen mit sehr unregelmäßigem bzw. gegliedertem Querschnitt (Bilder 6.10 und 6.12) oder bei Gerinnen mit inhomogen über die Gerinnebreite verteiltem Bewuchs - dann war es bisher üblich, den Fließquerschnitt in der Art aufzuteilen, daß die Bedingung einer annähernd ausgeglichenen Geschwindigkeitsverteilung und eines konstanten Abflußbeiwerts k_{St} für die einzelnen Teile erfüllt war. Die Berechnung des Normalabflusses erfolgte dann unter Ansatz der Abflußformel für die Teilquerschnitte

$$V_1 = (k_{St})_1 \left(\frac{A_1}{U_1}\right)^{2/3} I^{1/2}, \quad V_2 = (k_{St})_2 \left(\frac{A_2}{U_2}\right)^{2/3} I^{1/2}, \quad \ldots \quad (6.30)$$

und der Kontinuitätsgleichung

$$Q = A_1 V_1 + A_2 V_2 + \ldots A_n V_n \quad (6.31)$$

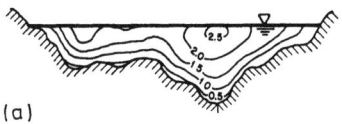

(a)

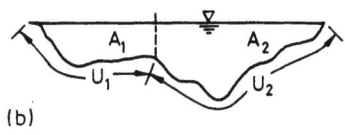

(b)

Bild 6.10   Definitionsskizze

Das heißt, die Trennflächen zwischen den Teilquerschnitten wurden als interaktions- bzw. schubspannungsfrei vorausgesetzt. Diese Voraussetzung trifft, wie gleich gezeigt wird, keineswegs zu. Der nach Gleichungen (6.30,31) berechnete Abfluß überschätzt deshalb das tatsächliche Abflußvermögen.

Hinzu kommt bei Gerinnen mit unregelmäßigen Fließquerschnitten eine weit stärkere form-

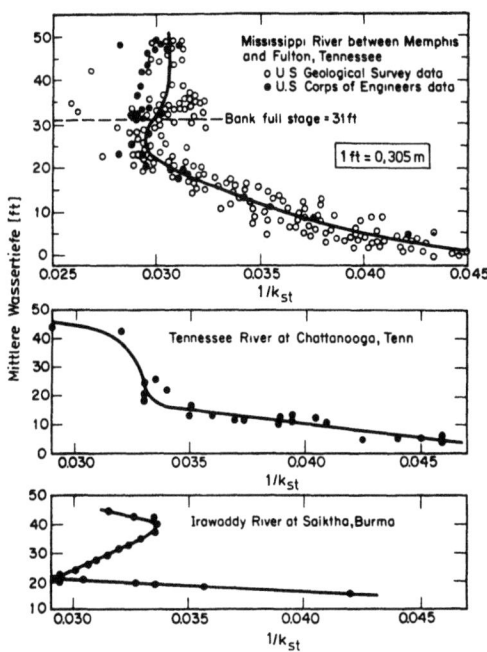

Bild 6.11 Variation des k_{St}-Werts von Flüssen mit unregelmäßigem Fließquerschnitt
(Entn. aus Ven Te Chow "Open Channel Hydraulics", 1959, m. frdl. Gen. v. McGraw-Hill Book Co.)

abhängige Variation von k_{St} mit der Wassertiefe, als sie schon bei regelmäßigen Querschnitten vorhanden ist (vgl. Bild 6.9). Die besonders starke Abnahme von k_{St} mit sinkendem Wasserspiegel bei natürlichen Gerinnen (Bild 6.11) liegt darin begründet, daß die Unregelmäßigkeitskonturen bei absinkendem Wasserstand mehr und mehr bloßgelegt werden und damit stärker zur Wirkung kommen. Je tiefer der Wasserspiegel, umso größer werden die Variationen der Wassertiefe quer zur Strömungsrichtung relativ zueinander, und umso mehr stellen sich Verhältnisse ein wie bei einem Gerinne mit gegliedertem Querschnitt oder mit Buhnenfeldern: Es entstehen seitlich miteinander verbundene Teilströme von unterschiedlicher Geschwindigkeit, die in Wechselwirkung treten und dadurch vermehrt Energie dissipieren. Wird diese Wechselwirkung in der Berechnung des "gleichförmigen" Abflusses nicht anders als pauschal durch eine Reduktion des Abflußbeiwertes k_{St} berücksichtigt - wie beispielsweise in der in Bild 6.11 dargestellten Untersuchung von Lane (1951) - so führt das zu drastischen Veränderungen von k_{St}. Man beachte, daß natürlich Veränderungen dieser Art in Tabellenwerken über k_{St} (wie Tabelle 6.3) n i c h t berücksichtigt werden!

Eine ähnliche abflußhemmende Interaktion zwischen Teilströmen unterschiedlicher Geschwindigkeit kommt zustande, wenn bei steigendem Wasserspiegel die Vorländer überflutet werden. Auch dieser Effekt wird in Bild 6.11 durch eine Reduktion des pauschalen Abflußbeiwerts k_{St} (oder eine Zunahme des equivalenten Widerstandsbeiwerts $1/k_{St}$) bei Überschreitung des "Bank full stage" deutlich - besonders im Fall (c) bei y > 21 Fuß (1 Fuß = 304,8 mm). Natürlich spielt bei der in Bild 6.11 dargestellten Variation des pauschalen k_{St}-Werts

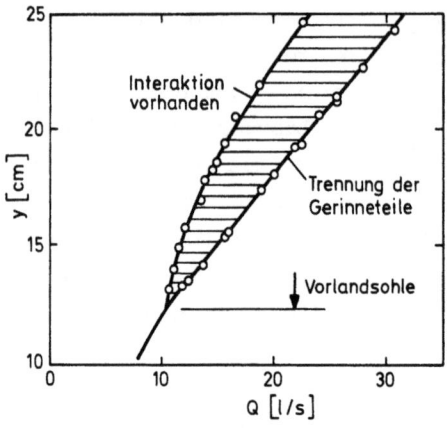 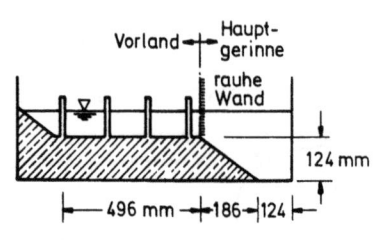

Bild 6.12   Abflußkurven für ein Gerinne mit stark von Vegetation besetztem Vorland

mit der Wassertiefe auch um- oder überströmte Vegetation eine Rolle: Wie in Abschnitt 6.1.3 gezeigt wurde, verursacht Vegetation einen zusätzlichen Strömungswiderstand durch sogenannte Formrauheit, die sich im allgemeinen stark mit der Wassertiefe verändert.

Wie stark die Abflußleistung eines Gerinnes durch Interaktion von Teilströmen unterschiedlicher Geschwindigkeit beeinflußt wird, zeigt Bild 6.12 besonders deutlich. Bei Versuchen mit und ohne Trennwand zwischen Hauptgerinne und Vorland fand Evers (1983) für sonst gleiche Versuchsbedingungen eine größere Abflußleistung für den Fall der Trennung der Gerinneteile, - und dies trotz der Tatsache, daß die verwendete Trennwand rauh war! Eine Berechnung mittels der Gleichungen (6.30,31) würde eher eine größere Abflußmenge Q als für getrennte Gerinne ergeben haben. Das heißt, in dem hier untersuchten Fall mit extremen Rauheitsunterschieden wäre die Abflußleistung um bis zu 30% überschätzt worden!

Der Grund für diesen dissipationsvermehrenden Effekt liegt darin, daß in der Scherschicht zwischen den Teilströmen unterschiedlicher Geschwindigkeit durch Instabilität energiereiche und relativ großräumige Wirbel erzeugt werden, die einen intensiven Impulstransport zwischen den Teilströmen verursachen. Man muß sich daran erinnern, daß ja jegliche Energiedissipation durch Schubspannungen τ zustande kommt, die nichts anderes darstellen als eine theoretische

Beschreibung der Wirkung von Impulstransport quer zur betrachteten Fläche.
Je größer dieser Impulstransport, umso größer τ und die durch die "Arbeit" von
τ bewerkstelligte Energiedissipation. Der Impulstransport quer zu einer
Fluidfläche aber hängt, wie leicht einzusehen ist, von zwei Faktoren ab, nämlich: (a) von der Variation des Impulses ρv quer zur betrachteten Fläche (d.h.
für ρ = const vom Geschwindigkeitsgradienten dv/dn, wenn n die Flächennormale
bezeichnet) und (b) von der Intensität des Massenaustausches an dieser Fläche.
Je größer (a) der Gradient dv/dn und (b) die Austauschintensität, umso größer
ist die Schubspannung τ. Und tatsächlich erlauben Ansätze für diesen Sachverhalt, wie bekannt ist, die quantitative Erfassung von τ. So erhält man für
laminare Strömungen:

$$\tau = \nu \frac{\rho \, dv}{dn} \quad \text{mit} \quad \nu \propto l'_{mol} v'_{mol} \qquad (6.32)$$

und für turbulente Strömungen (nach Boussinesq):

$$\bar{\tau} = (\nu_T + \nu) \frac{\rho \, d\bar{v}}{dn} \quad \text{mit} \quad \nu_T \propto l'_{Wirbel} v'_{Wirbel} \qquad (6.33)$$

Die Intensität des Massenaustauschs wird in diesen Ansätzen durch die kinematische Viskosität (ν) und Wirbelviskosität (ν_T) erfaßt, die beide jeweils proportional ($\propto$) sind dem Produkt aus Weglänge l' und Geschwindigkeit v' der den
Austausch verursachenden Bewegung (Molekularbewegung im ersten, Wirbelbewegung
im zweiten Fall). Bei Einbringung der Wand zwischen Hauptgerinne und Vorland
in Bild 6.12 wurden die dort besonders großräumig ausfallenden Wirbel unterbunden, wodurch die Wirbelviskosität ν_T drastisch zurückging. Dieses erklärt
die Vergrößerung der Abflußleistung. ($\bar{v}$ = zeitl. Mittel der Geschwindigkeit v.)

Aus dieser Diskussion wird deutlich, weshalb ein Ansatz gemäß Gleichungen
(6.30,31) nicht in der Lage ist, den Normalabfluß in einem Gerinne mit starken
Geschwindigkeitsunterschieden zu erfassen. Es erscheint naheliegend, den
Fließquerschnitt in Teilbereiche nahezu gleicher tiefengemittelter Geschwindigkeit zu untergliedern und die Trennflächen als s c h u b s p a n n u n g s -
b e h a f t e t anzusetzen, um den Abfluß trotz der angedeuteten Schwierigkeiten mit Abflußformeln eindimensional behandeln zu können. Entsprechende
Ansätze mit "Scheinwandschubspannungen" τ_f entlang fiktiver Trennflächen bzw.
Trennflächenwiderständen λ_f sind tatsächlich entwickelt worden (z.B. Bertram,
1985, oder Pasche et al., 1986). Bild 6.13 gibt einen Eindruck über die Größe solcher Scheinwandschubspannungen gemäß Labormessungen von Wormleaton et
al. (1982). Der praktische Nutzen dieser Ansätze steht vorerst jedoch noch

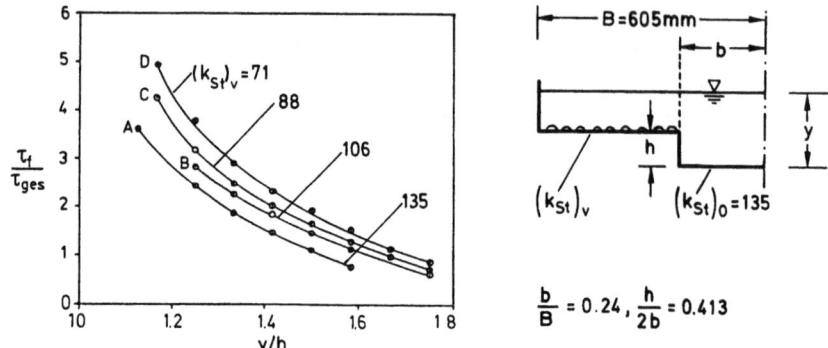

Bild 6.13 Verhältnis der Schubspannungen entlang der fiktiven Trennflächen (gepunktet in der Skizze rechts) und entlang der gesamten benetzten Flächen (einschließlich der fiktiven) für unterschiedliche Vorlandrauheiten

in Frage: Sowohl für λ_f als auch für die einzuführende Breite der Interaktionszonen werden eine Vielzahl von empirischen Größen benötigt, deren Abhängigkeiten von den geometrischen und Rauheitsverhältnissen des Gerinnes noch nicht ausreichend geklärt sind. Auch der auf einem equivalenten k_{St}-Wert beruhende Ansatz von Asano et al. (1986) hat den gleichen Nachteil, daß die Abhängigkeit dieses k_{St}-Wertes von den genannten Größen nur schätzungsweise angegeben werden kann.

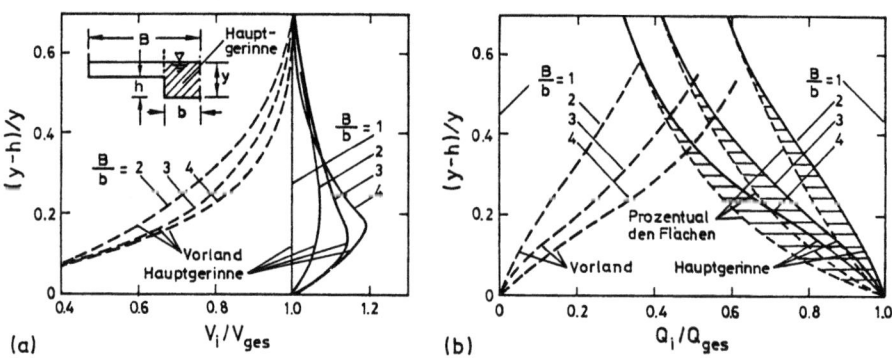

Bild 6.14 (a) Mittlere Geschwindigkeiten V_i der Teilgerinne und (b) Teilabflußmengen Q_i; für den Normalabfluß durch ein gegliedertes, glattes Gerinne mit h/2b = 0,5 (b = 76 mm).

Der Einfluß des Breitenverhältnisses B/b beispielsweise wird in Bild 6.14 nach Laborversuchen von Knight, Demetriou (1983) gezeigt. Aus Bild 6.14a erkennt man deutlich, wie stark sich die über das Vorland und das Hauptgerinne gemittelten Geschwindigkeiten V_i bei anfänglicher Vorlandüberströmung voneinander unterscheiden; erst bei $(y - h)/y \cong 0{,}7$ nähern sich diese Geschwindigkeiten im vorliegenden Fall (glatte Vorländer) einander an. Bild 6.14b zeigt die Aufteilung der Gesamtabflußmenge Q_{ges} auf Vorland und Hauptgerinne. Ähnlich wie in Bild 6.12 erkennt man auch hier den abflußmindernden Einfluß der Interaktion zwischen den Strömen unterschiedlicher Geschwindigkeit: Wäre Q_{ges} prozentual den durchströmten Flächen aufgeteilt, so müßte sich die Abflußmenge im Hauptgerinne gemäß den gepunkteten Kurven in Bild 6.14b einstellen.

Wegen dieser Komplikationen läßt sich eine zwei- wenn nicht sogar dreidimensionale Behandlung des Problems im Grunde genommen nicht umgehen - jedenfalls solange nicht, bis die Beiwerte einer physikalisch einwandfreien eindimensionalen Berechnungsmethode aus einer zwei- oder dreidimensional durchgeführten Parameterstudie festgelegt sind. Bild 6.15 zeigt den Vergleich einer zweidimensionalen Berechnung mittels des k-ε-Turbulenzmodells von Keller und Rodi (1984) mit Experimenten von Rajaratnam, Ahmadi (1979). Obwohl hier empirische Koeffizienten des k-ε-Modells verwendet wurden, so wie sie in der Literatur (Rodi, 1980) für andere Anwendungen angegeben werden, konnten sowohl die Abflußleistung als auch die Geschwindigkeitsverteilung gut vorhergesagt werden (k_s in Bild 6.15 bezeichnet die equivalente Sandrauhigkeit). Weitere auf dem gleichen k-ε-Modell aufbauende Berechnungen von Keller und auch Pasche (1984) zeigen allerdings, daß eine gewisse Anpassung - etwa des Diffusionskoeffizienten e* von 0,15 auf 0,60 - angebracht wäre. Nach den Ergebnissen von Krishnappan, Lau (1986) kann bei einer dreidimensionalen Berechnung mit dem k-ε-Modell

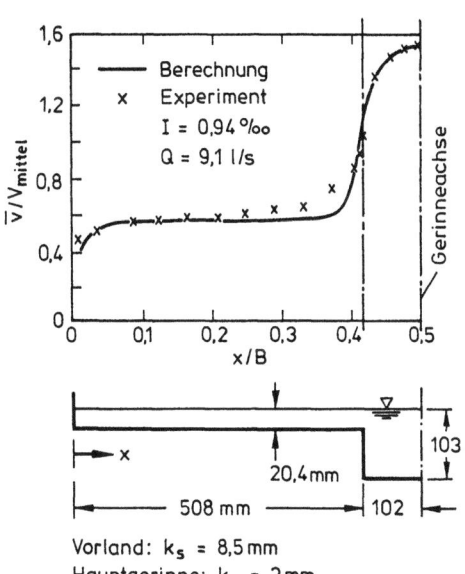

Bild 6.15 Verteilung der tiefengemittelten Geschwindigkeit $\bar{v}$ bei einem Gerinne mit Vorland

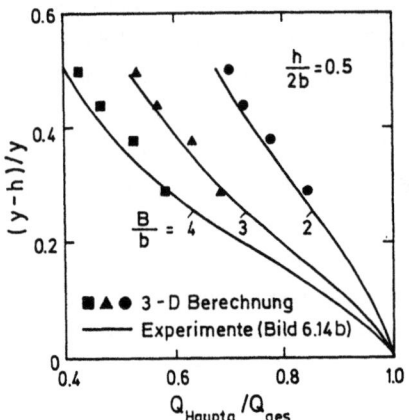

Bild 6.16   Bezogene Abflußmenge im Hauptgerinne eines gegliederten glatten Gerinnes (vgl. Bild 6.14)

eine solche Anpassung entfallen (Bild 6.16).

Wie immer man auch den Abfluß berechnet, in jedem Fall werden Widerstandsbeiwerte (λ bzw. $1/k_{St}$) für Pflanzenbewuchs benötigt. Handelt es sich um mehr oder weniger weit auseinander stehende Bäume oder Büsche, so folgt λ aus den Gleichungen (6.11,18) in Verbindung mit Diagrammen wie dem in Bild 6.7. Für dichten Pflanzenbewuchs findet man eine Fülle von Information bei Chow (1959). So zeigt beispielsweise Bild 6.17 den Widerstand von überströmtem Gras für verschiedene Wachstumstadien. Die Zunahme von k_{St} mit wachsenden Werten von VR ist eine Folge der zunehmenden Neigung der Grashalme mit steigender Geschwindigkeit und Wassertiefe (für breite Gerinne kann R durch die Wassertiefe y ersetzt werden).

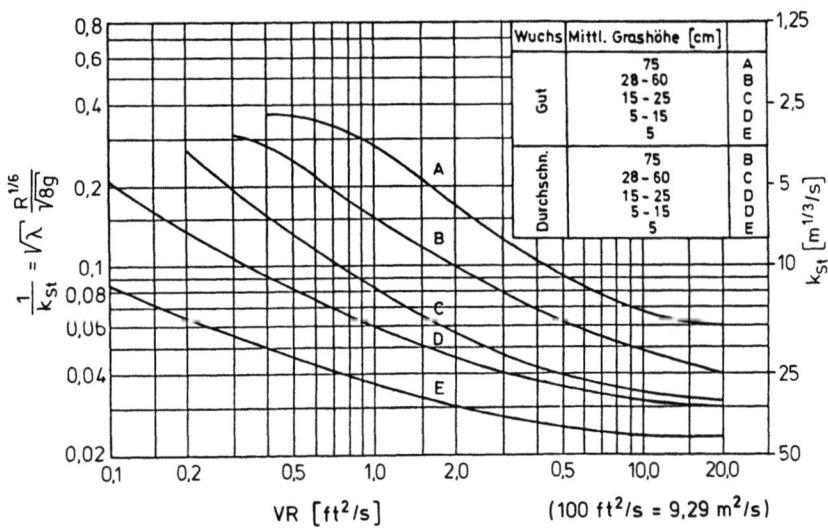

Bild 6.17   Abflußbeiwert k_{St} der GMS-Formel für Gras in Abhängigkeit vom Produkt aus mittlerer Geschwindigkeit $V = Q/A$ und hydraulischem Radius R

6.2.5 Gerinne mit beweglicher Sohle

Eine sehr wichtige Beeinflussung des Widerstands- bzw. Abflußverhaltens natürlicher Gerinne hängt mit dem Schwebstoff- und Geschiebetransport einerseits und der Veränderung der Form einer beweglichen Sohle bei Variation des Abflusses andererseits zusammen. Bekanntlich setzt sich eine aus nichtkohäsivem Sediment bestehende Sohle in Bewegung, wenn die Sohlschubspannung τ_o im Verhältnis zu einer flächenbezogenen Schwerkraft des Sedimentkorns $(\gamma_s - \gamma)d$ einen Grenzwert überschreitet, der von der Reynolds-Zahl des Korns

$$Re_* = \frac{v_* d}{\nu} \quad \text{mit} \quad v_* = \sqrt{\frac{\tau_o}{\rho}} \tag{6.34}$$

abhängt. Hierin bedeutet d den maßgebenden Korndurchmesser und γ_s das spezifische Gewicht des Sohlenmaterials. Dieser Zusammenhang für den Beginn des Feststofftransports wurde zuerst von Shields ermittelt (vgl. Raudkivi, 1976) und ist in Bild 6.18 wiedergegeben.

Sobald sich aber eine Sedimentsohle in Bewegung setzt, entstehen Riffel und Bänke, die den Strömungswiderstand und damit die Abflußleistung stark beeinflussen. Bild 6.19 zeigt die heute allgemein akzeptierte Klassifikation der verschiedenen Sohlenformen nach Simons und Richardson (1961) in Abhängigkeit von der Froude-Zahl der Gerinneströmung. Die Grenzwerte für $Fr = V/\sqrt{gR_s}$ (R_s = hydraulischer Radius der geschiebeführenden Sohle), welche die Übergänge von der einen zu der anderen Sohlenform charakterisieren, hängen von einer

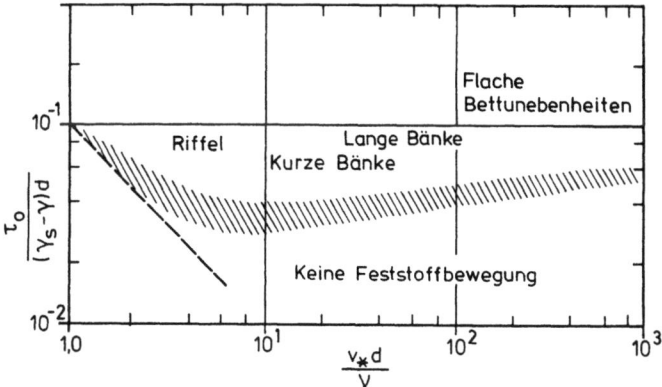

Bild 6.18 Shields-Diagramm für den Beginn des Feststofftransports für eine Sohle mit nichtkohäsivem Sediment von nahezu gleichem Durchmesser d

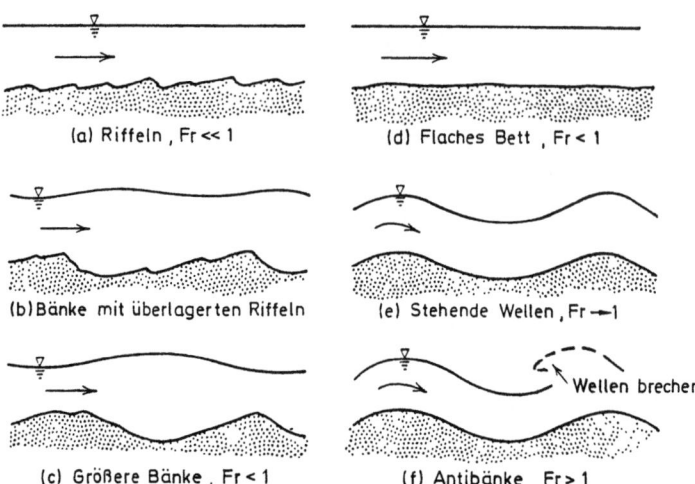

Bild 6.19 Sohlenformen in alluvialen Gerinnen (Froude-Zahl zunehmend von a nach f)

Reihe weiterer Parameter ab. Ähnliches gilt bezüglich der Größe und der Form der Riffel und Bänke. So ergibt sich beispielsweise eine von Re_* (Gleichung 6.34) abhängige Verhältniszahl a/d für die Wellenlänge a der Sohlenform (Bild 6.6a), die für $Re_* < 20$ (d.h. für kleines Sohlenkorn) bei a/d = 5 liegt. Und die Höhe s der Riffel und Bänke bezogen auf die Wassertiefe y ist nach Yalin (1964) eine Funktion des Verhältnisses von Schleppspannung τ_o zu kritischer Schleppspannung $(\tau_o)_{cr}$ und liegt im allgemeinen unter dem Grenzwert s/y = 1/6.

Was nun die Verhältnisse in Gerinnen mit beweglicher Sohle bzw. mit Sedimenttransport besonders kompliziert, ist die Tatsache, daß die Form - und damit die Rauheit - der beweglichen Sohle nicht festliegt. Wie in Kapitel 5 gezeigt wurde (vgl. Gleichung 5.24), ändert sich die Froude-Zahl im allgemeinen mit der Abflußmenge, so daß die Sohle bei Hochwasserabfluß durchaus eine andere Form annehmen kann als bei Mittel- oder Niedrigwasserabfluß. Es kann also vorkommen, daß die Sohle mit zunehmender Abflußmenge rauher wird (etwa bei Übergängen vom Zustand in Bild 6.19a zu b bzw. von b zu c) oder auch glatter (etwa beim Übergang vom Zustand in Bild 6.19c zu d). Ähnliche Veränderungen der Sohlenform können durch unterschiedliche Schwebstoffmengen dadurch verursacht werden, daß die Riffel und Bänke bei großer Schwebstofffracht verlanden und bei geringer Schwebstofffracht wieder freigelegt werden.

Die Folge einer solchen Änderung der Sohlenform für das zuletzt genannte Beispiel ist in Bild 6.20b skizziert (vgl. Vanoni/Brooks, 1957, und Brooks, 1958).

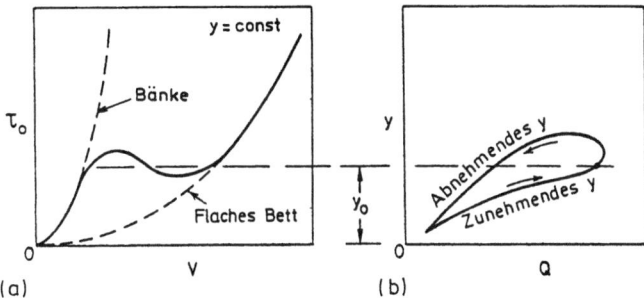

Bild 6.20 Einfluß der veränderlichen Sohlenform auf (a) die Sohlenschubspannung τ_o für konstante Tiefe y und (b) die Wasserstandskennlinie für Hochwasserabfluß.

Bild 6.20a zeigt die Abhängigkeit der Sohlenschubspannung τ_o von der mittleren Geschwindigkeit V für konstante Wassertiefe, Gerinnebreite und Sedimentparameter. Mit zunehmender Geschwindigkeit werden die Bänke (Bild 6.19c) langgestreckter, und es bildet sich schließlich ein "flaches Bett" aus (Bild 6.19d). Die τ_o(V)-Kurve wechselt deshalb über von der Kurve für Dünen/Bänke zur Kurve für flaches Bett. Nach den Experimenten von Brooks nimmt hierbei τ_o zuerst einen Maximalwert und dann einen Minimalwert an (vgl. Raudkivi, 1976, S. 107). Das aber bedeutet, daß es bei vorgegebenen Werten für Sohlenschubspannung τ_o und Wassertiefe y drei mögliche mittlere Geschwindigkeiten V bzw. Abflußmengen Q = VA geben kann - wobei die zwei extremen Abflußzustände jeweils einer anderen Sohlenform zugeordnet sind. Gesetzmäßigkeiten dieser Art sind gewiß ein Hauptgrund dafür, daß die Wasserstandskennlinien für den Beginn und das Ende einer Hochwasserwelle so stark voneinander abweichen. Nach Vanoni und Brooks (1957) kann Q zu Beginn der Hochwasserwelle bis zu doppelt so groß sein wie Q bei der gleichen Tiefe bei abklingender Welle.

Auch bei Gerinnen mit beweglicher Sohle ist es üblich, die Sohlenschubspannung τ_o bzw. den Widerstandsbeiwert λ und das Energieliniengefälle I_e aufzuteilen

$$\tau_o = \tau_o' + \tau_o'' \; ; \quad \lambda = \lambda' + \lambda'' \; ; \quad I_e = I_e' + I_e'' \tag{6.35}$$

wie dies in Abschnitt 6.1.3 bereits gezeigt wurde. Hierin bezeichnen die jeweils ersten Summanden den Anteil der Flächen- oder Kornrauheit und die zweiten Summanden den Anteil der Formrauheit infolge Riffel und Bänke, und es gilt

$$\tau_o = \gamma R_s I_e \quad \text{und} \quad I_e = \lambda \frac{1}{4R_s} \frac{V^2}{2g} \tag{6.36}$$

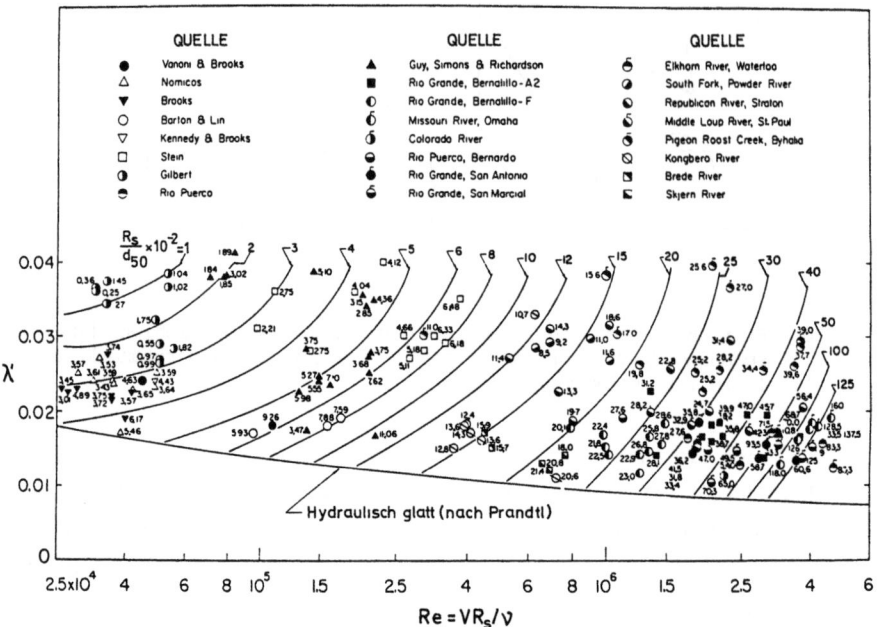

Bild 6.21   Anteil der Flächen- bzw. Kornrauheit am Widerstandsbeiwert. Daten für "flaches Bett" mit Feststofftransport. (Die Zahlen entsprechen den Werten von $R_s/d_{50} \times 10^{-2}$).

wobei R_s der auf die geschiebeführende Sohle bezogene hydraulische Radius ist (bei sehr breiten Gerinnen $R_s = y$).

Wie Auswertungen von Lovera und Kennedy (1969) aus Labor- und Naturmessungen (vor allem vom Rio Grande und Missouri) für Gerinne mit "flachem Bett" (Bild 6.19d) bei Sedimenttransport zeigen, ist λ' hauptsächlich eine Funktion von

$$\lambda' = \lambda'(VR_s/\nu \; , \; R_s/d_{50}) \qquad (6.37)$$

wobei d_{50} der Korndurchmesser bei 50% Siebdurchgang ist. Ein Vergleich dieser in Bild 6.21 dargestellten Abhängigkeit mit den mehr oder weniger horizontal verlaufenden Kurven für fixierte Flächenrauheit in Bild 6.5 machen den Einfluß des Feststofftransports deutlich. Es zeigt sich, daß trotz der dissipationsreduzierenden Wirkung des transportierten Schwebstoffs - die in Bild 6.21 übrigens nach Vanoni und Brooks (1957) durch die V und R_s enthaltenden Parameter in Gleichung (6.37) berücksichtigt ist - der Beiwert λ' nie unter den Wert für hydraulisch glatte Verhältnisse fällt.

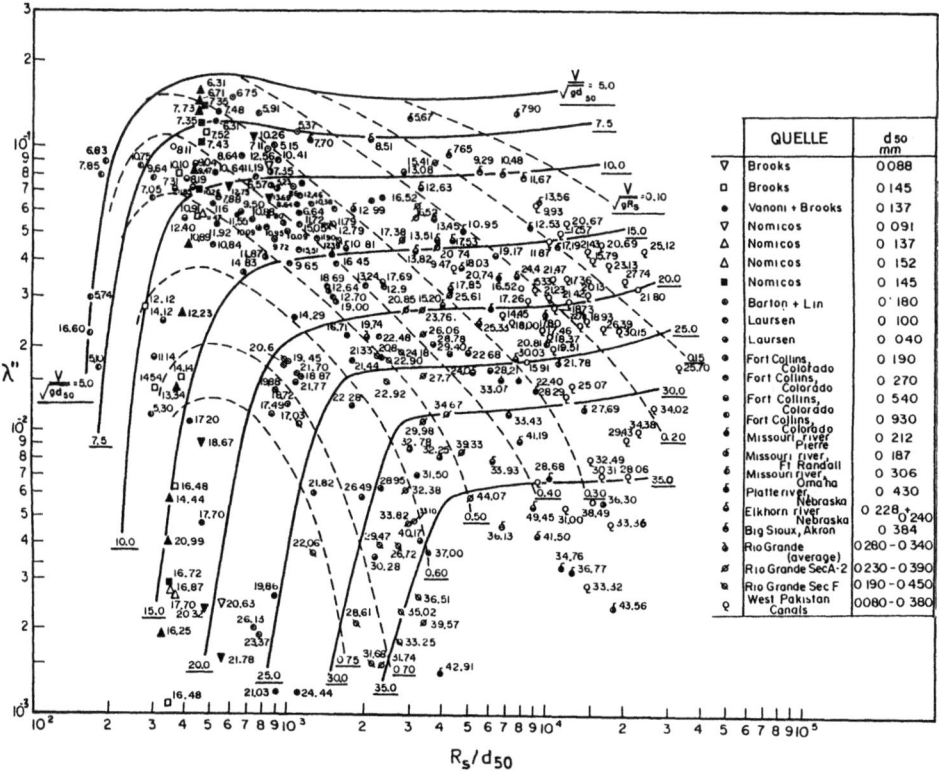

Bild 6.22 Anteil der Formrauheit am Widerstandsbeiwert für geschiebeführende Sohle (Die Zahlen an den Meßpunkten bezeichnen $V/\sqrt{gd_{50}}$).

Eine ähnliche Auswertung wurde von Alam und Kennedy (1969) für Labor- und natürliche Gerinne mit verschiedenen Sohlenformen gemäß Bild 6.19a bis d vorgenommen. Der Anteil der Formrauheit am Widerstandsbeiwert $\lambda"$ ist danach, wie das Ergebnis in Bild 6.22 zeigt, hauptsächlich von den folgenden Parametern abhängig:

$$\lambda" = \lambda"(V/\sqrt{gd_{50}},\ R_s/d_{50}) \tag{6.38}$$

Nach den Ausführungen in den vorausgehenden Abschnitten wird deutlich sein, daß die Angaben in Bild 6.21 und 6.22 im allgemeinen nicht ausreichen, den "gleichförmigen" Abfluß in natürlichen Gerinnen - soweit er überhaupt vorkommt - zu berechnen. Hierzu wären unter anderem die Einflüsse der Linienführung des Gerinnes (vgl. Bild 4.23), die Einflüsse der Veränderungen von Wassertiefe, Fließgeschwindigkeit und Rauheit in der Quer- und Längsrichtung sowie die noch weitgehend ungeklärten Einflüsse des Anteils an kohäsiven

Feststoffen und der Temperatur (Raudkivi, 1976) auf Sedimenttransport, Sohlenform und Strömungswiderstand zu beachten. Dennoch stellt die Information in den Bildern 6.21 und 6.22 einen großen Fortschritt in der praktischen Abflußberechnung dar.

Der Gang einer solchen Berechnung sieht wie folgt aus:

- Mit den bekannten Werten d_{50}, ν und geschätzten Werten für V und R_s werden die Größen R_s/d_{50}, VR_s/ν und $V/\sqrt{gd_{50}}$ berechnet.

- Damit werden λ' aus Bild 6.21 und λ'' aus Bild 6.22 bestimmt, wobei zu beachten ist, daß λ' nie kleiner als für hydraulisch glatte Verhältnisse werden kann.

- Der zu $\lambda = \lambda' + \lambda''$ und V gehörende hydraulische Radius wird nach Einsetzen des Sohlengefälles für I_e aus Gleichung (6.36b) gewonnen.

- Mit R_s ($R_s = y$ für sehr breite Gerinne) wird die durchflossene Querschnittsfläche A und $V = Q/A$ berechnet.

- Der so ermittelte und der vorher geschätzte Wert von R_s werden miteinander verglichen. Reicht die Übereinstimmung nicht aus, so werden die Rechengänge mit dem jeweils zuletzt errechneten Wert für R_s wiederholt, bis sich die Anfangs- und Endwerte für R_s genügend genau angenähert haben.

6.3 Gerinne mit schießendem Abfluß

6.3.1 Froude-Wellen und Strömungswiderstand

Wie in Abschnitt 6.1.1 erwähnt, wird der gleichförmige Gerinneabfluß bei Überschreiten einer kritischen Froude-Zahl instabil, und es bilden sich sogenannte Froude-Wellen aus (Bild 6.2). Die Instabilität wird durch lokale Änderungen der Wassertiefe ausgelöst, wie sie in der Natur stets vorkommen, und zwar für den Fall, daß die anfachende Schwerkraft-Komponente zufolge der Störung, $\gamma y I$, größer ist als die dämpfende Schubkraftkomponente $\tau_o = \rho V^2 \lambda/8$. Wird diese Instabilitätsbedingung in die Bewegungsgleichungen eingeführt, so erhält man die kritische Froude-Zahl zu

$$Fr_{cr} = \left\{ \left[\frac{A}{2\lambda} \frac{dR}{dA} \left(\frac{\partial \lambda}{\partial R} - \frac{\lambda}{R} \right) - (\beta - 1) \right]^2 - \beta(\beta - 1) \right\}^{-1/2} \qquad (6.39)$$

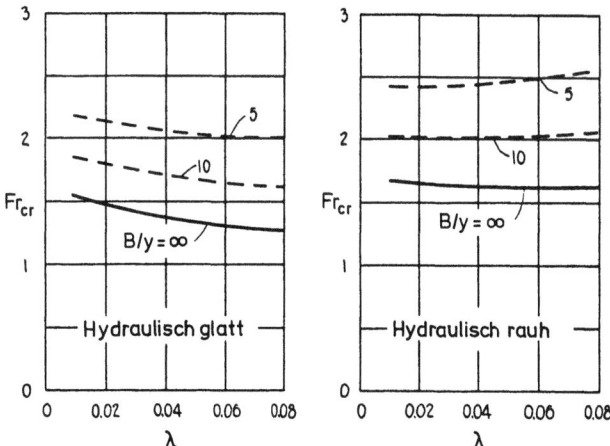

Bild 6.23   Stabilitätsgrenzen für hydraulisch glatte und rauhe Gerinne

(vgl. Rouse, 1965). Hierin bedeutet β den Geschwindigkeitsausgleichsbeiwert nach Gleichung (1.16). Setzt man in diese Gleichung (6.39) die Widerstandsformel und die Beziehung zwischen β und λ gemäß Bild 1.4e ein, so erhält man nach Koloseus, Davidian (1966) die in Bild 6.23 wiedergegebene Beziehung für B/y = ∞ . Die im gleichen Bild eingezeichneten gestrichelten Kurven geben den geschätzten Trend für andere Breiten-Tiefen-Verhältnisse an. Man erkennt also, daß je nach Gerinnerauheit und Querschnittsform ein kritischer Wert für die Froude-Zahl $Fr = V/\sqrt{gy}$ angegeben werden kann, bei deren Überschreiten sich Froude-Wellen ausbilden.

Die Froude-Wellen haben, wie Bild 6.2 zeigt, zur Folge, daß sich ein stationärer Abfluß strenggenommen gar nicht ausbilden kann. Man muß also beachten, daß dem berechneten mittleren Wasserspiegel Wellen überlagert sind und daß bei der Berechnung der mittleren Wassertiefe die erhöhte Energieumwandlung infolge Wellenbildung berücksichtigt werden muß. Ein typisches Profil einer Froude-Welle in einer Schußrinne ist in Bild 6.24a wiedergegeben. Trotz konstanten Zuflusses zu dieser Rinne bilden sich infolge der Instabilität Wellen aus, deren Amplituden allmählich anwachsen, bis es schließlich, bei ausreichend langen Rinnen, zum Brechen der Wellen kommt.

Nach Brock (1969) sind die Charakteristiken solcher Froude-Wellen hauptsächlich Funktionen der Froude-Zahl des Normalabflusses $Fr_n = V_n/\sqrt{gy_n}$ ($V_n = q/y_n$), der Sohlenneigung $I_o = \sin\theta$ (oder der Rinnenrauhigkeit) und dem Abstand x vom

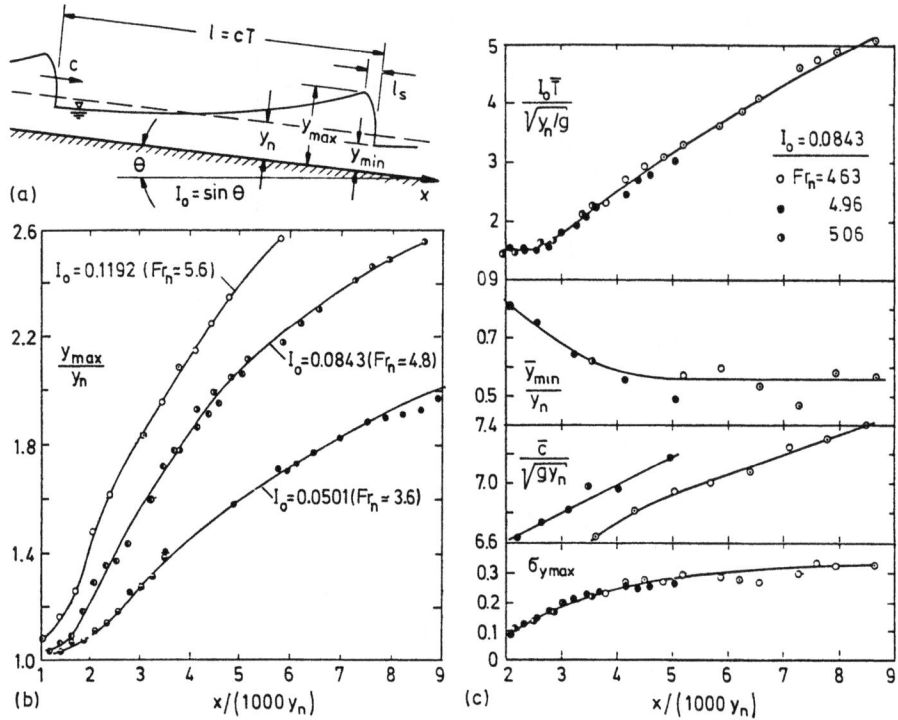

Bild 6.24 Charakteristiken von Froude-Wellen in einem glatten Gerinne nach Brock (1969). (x = Abstand vom Einlauf.)

Rinneneinlauf. Einige dieser Charakteristiken sind in Bild 6.24b,c dargestellt: $\ell = cT$ = Wellenlänge, $\overline{T}$ = mittlere Wellenperiode, $\overline{c}$ = mittlere Wellenfortpflanzungsgeschwindigkeit, $\overline{y}_{min}$ = Mittelwert der minimalen Wassertiefe, $\overline{y}_{max}$ = Mittelwert der maximalen Wassertiefe. Die Häufigkeitsverteilung von y_{max} entspricht nahezu Gauss'schen Kurven mit Standardabweichungen σ_{ymax}, die sich mit wachsendem x asymptotisch den Grenzwerten 0,22 für I_o = 0,0501, 0,33 für I_o = 0,0843 und 0,38 für I_o = 0,1192 nähern (Bild 6.24c).

Ein wichtiger Entwurfsparameter ist die maximale Wassertiefe y_{max}. Gemäß der Gauss'schen Verteilung beträgt die Tiefe, die einmal pro 200 Ereignissen überschritten wird,

$$y_{max} = \overline{y}_{max} + 2{,}58\, y_n\, \sigma_{ymax} \qquad (6.40)$$

Die Werte für $\overline{y}_{max}$ in Bild 2.24b wurden in glatten Schußrinnen mit störungsfreien Einlaufbauwerken gewonnen. Je größer die Störungen am Einlauf (Abschn.

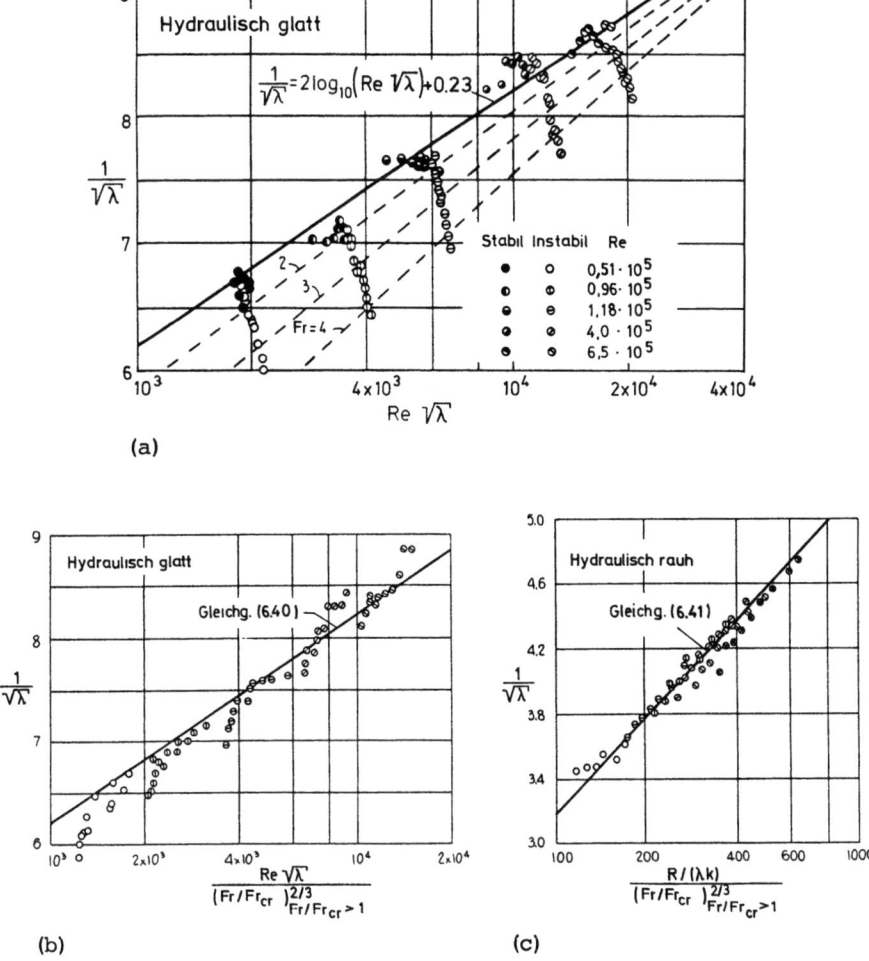

Bild 6.25 Einfluß der Instabilität auf den Darcy-Weisbach-Widerstandsbeiwert λ in breiten Gerinnen (B/y > 5)

5.2.1), umso weiter nach oberstrom werden die Kurven in Bild 6.24b,c versetzt. Wird die Einlaufströmung - etwa durch ein schwingendes Regulierschütz - periodisch gestört, so bilden sich periodische bzw. "permanente" Froude-Wellen aus; d.h., y_{max}/y_n nimmt konstante Werte an, die von Fr_n und $I_o \overline{T} \sqrt{g/y_n}$ abhängen (Brock, 1970).

Einen Anhalt über die erhöhten Energieverluste infolge Wellenbildung bei relativ kleinen Wellenamplituden erhält man aus den in Bild 6.25 dargestellten Ergebnissen aus Messungen in Laborgerinnen bei B/y > 5 (Rouse, 1965). Versucht man, den Einfluß der Froude-Wellen-Instabilität auf den Widerstandsbeiwert in erster Näherung durch das Verhältnis Fr/Fr_{cr} auszudrücken, so erhält man nach Rouse (1965) die Beziehungen

$$\frac{1}{\sqrt{\lambda}} \cong 2 \log_{10} \frac{Re\sqrt{\lambda}}{\left[Fr/Fr_{cr}\right]^{2/3}_{Fr/Fr_{cr} > 1}} + 0{,}23 \qquad (6.41\text{a})$$

für hydraulisch glatte Gerinne und

$$\frac{1}{\sqrt{\lambda}} \cong 2 \log_{10} \frac{R/(\lambda k)}{\left[Fr/Fr_{cr}\right]^{2/3}_{Fr/Fr_{cr} > 1}} - 0{,}82 \qquad (6.41\text{b})$$

für hydraulisch rauhe Gerinne. Hierin bedeuten $Re = VR/\nu$ die auf den hydraulischen Radius R bezogene Reynolds-Zahl und k die Rauheitshöhe. Wie Bild 6.25 zeigt, beschreiben diese Beziehungen die Widerstandsbeeinflussung durch Instabilität für breite Gerinne mit ausreichender Genauigkeit.

6.3.2 Gerinneabfluß mit Luftaufnahme

6.3.2.1 Allgemeines. Bei Strömungen in extrem stark geneigten Gerinnen, wie sie beispielsweise in Schußrinnen und auf Wehrrücken auftreten, kann der Abfluß so rasch große Geschwindigkeiten erreichen, daß es zur Einmischung von Luft in das fließende Wasser kommt, bevor sich Froude-Wellen ausbilden können. Ein Beispiel für einen solchen Fall einer selbstbelüfteten Gerinneströmung wurde in Bild 6.3 bereits vorgestellt. Was die Berechnung einer solchen Strömung erschwert, das ist vor allem die Grenzschichtentwicklung zwischen den Querschnitten 0 und C in Bild 6.26 und die Tatsache, daß unterstrom von Punkt C die Wasseroberfläche durch Turbulenz so stark aufgerauht wird (Zone 2 in Bild 6.3), daß Luft ins Wasser eingetragen wird und sich ein Wasser-Luft-Gemisch bildet (Zone 3 in Bild 6.3), dessen Abflußcharakteristika sich stark von den Verhältnissen ohne Lufteintrag unterscheiden. Die Berechnung einer solchen Gerinneströmung darf deshalb nicht ohne Berücksichtigung der Grenzschichtentwicklung und der Selbstbelüftung erfolgen. (Da der Abfluß in den Bereichen L_a und L_b in Bild 6.26 u n g l e i c h f ö r m i g ist, wird dieser in Abschnitt 7.2 behandelt.)

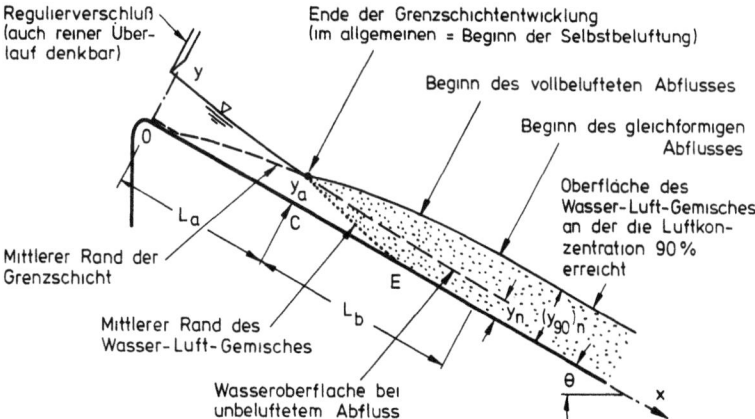

Bild 6.26 Schematische Darstellung des Abflußvorganges in einer Schußrinne

6.3.2.2 Die Abflußformel. Die analytische Behandlung der Gerinneströmung mit Selbstbelüftung, die in erster Linie auf Arbeiten von Straub, Anderson (1960) zurückgeht, soll hier und im folgenden gemäß der Darstellung von Wood (1984, 1986, 1987) wiedergegeben werden. (Woods Publikation von 1987 bestand bei der Abfassung dieses Textes erst im Entwurf.)

Das durch Selbstbelüftung entstehende Wasserluftgemisch in einer Schußrinne setzt sich zusammen aus mit Luftblasen durchsetztem Wasser im unteren Bereich und aus mit Wassertropfen durchsetzter Luft im oberen Bereich. Zur Definition der Tiefe dieses Wasserluftgemisches wurden aus diesem Grunde im wesentlichen zwei Größen eingeführt: Der senkrechte Abstand von der Sohle y_{90}, in dem die Luftkonzentration c gleich 90% ist; und die sogenannte Klarwassertiefe y_w senkrecht zur Sohle, die, multipliziert mit der mittleren Klarwasser-Geschwindigkeit V_w, die Wasserabflußmenge q pro Breiteneinheit ergibt:

$$y_w = \int_0^\infty (1 - c)\,dy \quad ; \quad q = y_w V_w \tag{6.42}$$

Wird die Integration in Gleichung (6.42) nur bis y_{90} durchgeführt, so erhält man mit der tiefengemittelten Luftkonzentration $\bar{c}$ die Beziehung (vgl. Gleichung 2.23):

$$y_w = (1 - \bar{c})\,y_{90} \tag{6.43}$$

- 252 -

Da das Verhältnis der Luftdichte ρ_L zur Dichte des Wassers ρ_W etwa 1/700 beträgt und die Aufstieggeschwindigkeit von Luftblasen gegenüber V_w vernachlässigbar klein ist, kann die Verteilung der lokalen Wassergeschwindigkeit v_w als mehr oder weniger unabhängig von der mittleren Luftkonzentration $\bar{c}$ angenommen werden. Tatsächlich gelang es Wood (1984) aus unterschiedlichen Messungen übereinstimmend das Geschwindigkeitsverteilungsgesetz für den gleichförmigen Abfluß

$$\frac{v_w}{v_{90}} = \left(\frac{y}{y_{90}}\right)^{0,158} \tag{6.44}$$

abzuleiten, mit v_{90} = Wassergeschwindigkeit im Abstand y_{90} von der Sohle.

Anders verhält es sich mit dem Strömungswiderstand an der Sohle, der, wie man leicht einsehen wird, sehr wohl von $\bar{c}$ abhängt. Bild 6.27 zeigt den Widerstandsbeiwert des selbstbelüfteten gleichförmigen Abflusses λ_c (vgl. Gleichung 6.22 mit $I = \sin\theta$ und $R = y_{wn}$ = Klarwassertiefe für Normalabfluß),

$$\lambda_c = 8g \sin\theta \frac{y_{wn}^3}{q^2}$$

für den betrachteten Normalabfluß ($\bar{c} = \bar{c}_n$) gemäß den Meßdaten von Straub, Anderson (1960). Zur Normierung diente λ_a des luftfreien Abflusses am Beginn

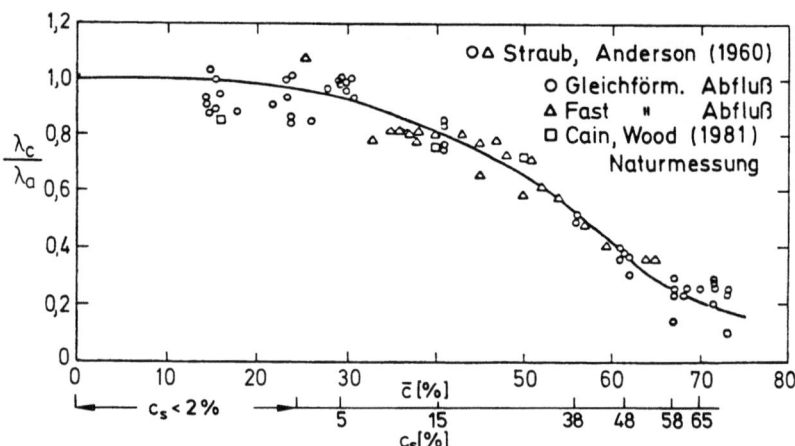

Bild 6.27 Verhältnis der Widerstandsbeiwerte für voll-selbstbelüfteten Abfluß (λ_c) und luftfreien Abfluß zu Beginn der Selbstbelüftung (λ_a) in Abhängigkeit von der mittleren Luftkonzentration $\bar{c}$ bzw. der Luftkonzentration nahe der Sohle c_s.

der Selbstbelüftung. Nach diesem Bild nimmt der Widerstand erst ab, wenn die mittlere Luftkonzentration $\bar{c}$ 30% übersteigt. Dies liegt darin begründet, daß erst mit $\bar{c} > 30\%$ (oder $\theta > 22,5°$, vgl. Tabelle in Bild 6.28) Luftblasen in stärkerer Konzentration die Sohle erreichen. Der Einfluß der relativen Rauheit k/y_a auf diese Beziehung $\lambda_c/\lambda_a = f(\bar{c})$ wurde noch nicht untersucht. Es darf jedoch angenommen werden, daß er durch die Normierung mit λ_a, das ja von k/y_a abhängt, bereits ausreichend berücksichtigt ist.

Wie die Information in Bild 6.27 verwendet wird, um zusammen mit der Zuordnung von $\bar{c}$ und θ in Bild 6.28 den selbstbelüfteten Normalabfluß zu berechnen, wird in einem Rechenbeispiel am Ende dieses Abschnitts gezeigt.

6.3.2.3 Die Luftkonzentrationsverteilung über die Tiefe für den Bereich des gleichförmigen selbstbelüfteten Abflusses geht aus Bild 6.28 hervor. Das Bild zeigt den Vergleich eines theoretischen Ansatzes von Wood (1984) mit Meßdaten von Straub, Anderson (1960). In Analogie zur Analyse der Schwebstoffverteilung wählte Wood ein einfaches physikalisches Modell zur Beschreibung der c-Verteilung, in dem der aufwärts gerichtete Transport der Luft bzw. der

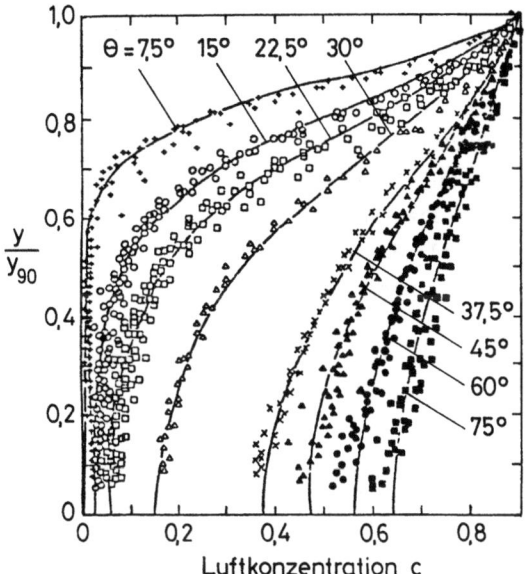

Berechnung (Gleichung 6.45) siehe eingezeichnete Kurven

Experimente (Straub et al., 1960):

	θ	$\bar{c} = \bar{c}_n$	$\delta \cos \theta$	κ
■	75°	0.715	1.60	1.822
●	60°	0.675	1.90	1.350
▲	45°	0.618	2.30	0.904
×	37.5°	0.560	2.65	0.638
▲	30°	0.410	3.80	0.202
□	22.5°	0.302	4.92	0.0659
○	15°	0.245	5.90	0.0247
+	7.5°	0.137	9.05	0.00106

Bild 6.28 Verteilung der Luftkonzentration senkrecht zur Gerinnesohle für gleichförmigen selbstbelüfteten Abfluß in Abhängigkeit vom Sohlenneigungswinkel θ.

Dichte $\rho(1-c)$ ins Gleichgewicht gesetzt wird mit dem abwärts gerichteten Transport von Wasser. Das Endergebnis dieses Ansatzes lautet

$$c = \frac{\kappa}{\kappa + e^{-\delta\cos\theta(y/y_{90})^z}} \quad (6.45)$$

wobei κ und δ empirische Größen darstellen, deren Abhängigkeit vom Neigungswinkel θ der Schußrinne in der Tabelle in Bild 6.28 angegeben ist.

Für die in praktischen Fällen meist vorliegenden sehr großen Reynolds-Zahlen Re und Oberflächenrauheiten k darf angenommen werden, daß die Charakteristika des selbstbelüfteten Abflusses von Re unabhängig sind. Man darf deshalb erwarten, daß die mittlere Luftkonzentration $\bar{c}$ im Fall des Normalabflusses ($\bar{c} = \bar{c}_n$) nur noch eine Funktion von θ und der relativen Rauheit k/y_a ist:

$$\bar{c}_n = \bar{c}_n(\theta, \frac{k}{y_a}) \quad (6.46)$$

Nach Wood (1987) ist der Einfluß von k/y_a jedoch - zumindest für den von ihm und Cain untersuchten Bereich $37 < y_a/k < 134$ - vernachlässigbar. Die Zuordnung von $\bar{c}_n$ und θ in der Tabelle in Bild 6.28 darf deshalb als mehr oder weniger universell angenommen werden.

Genauso wichtig wie die Bestimmung des selbstbelüfteten Normalabflusses in einer Schußrinne ist natürlich die des leicht ungleichförmigen Abflusses, der sich im oberen Bereich der Schußrinne einstellt. Insbesondere wäre die Frage zu klären, ob es (a) zur Selbstbelüftung oder (b) zu einem gleichförmigen Abfluß überhaupt kommt (Bedingung zu (a): Schußrinnenlänge $L > L_a$; und zu (b): $L > L_a + L_b$, vgl. Bild 6.26). Diese Frage sowie die veränderte Form der Energie- und Impulsgleichungen für den Fall des Gerinneabflusses mit Selbstbelüftung sollen in Abschnitt 7.2 behandelt werden.

BEISPIEL 6.1

Die Schußrinne einer Hochwasserentlastungsanlage ist 50 m breit und hat einen Neigungswinkel von 30° und eine Betonrauheit von $k = 0,002$ m. Man ermittle für eine Abflußmenge von 3500 m³/s die mittlere Klarwassertiefe y_{wn} und die Tiefe $(y_{90})_n$, in der die Luftkonzentration 90% beträgt für den Bereich des gleichförmigen Abflusses. (Entnommen aus Wood, 1987)

Für $\theta = 30°$ folgt aus der Tabelle in Bild 6.28

$\bar{c} = 0,41$

Das zugehörige Verhältnis der Widerstandsbeiwerte für belüfteten Normalabfluß und für den Querschnitt des Belüftungsbeginns erhält man damit aus Bild 6.27 zu

$$\frac{\lambda_c}{\lambda_a} = 0,82$$

Um weiterzukommen, benötigt man nun die Klarwassertiefe im Querschnitt des Belüftungsbeginns. Diese wird in Beispiel 7.6 bestimmt und beträgt $y_a = 1,69$ m. Damit kann nun der zugehörige Widerstandsbeiwert λ ermittelt werden. Mit $4y_a/k = 3380$ und $Re = 4V_a y_a/\nu \cong 2,5 \times 10^8$ folgt aus Bild 6.5 $\lambda_a \cong 0,015$. Damit ist

$$\lambda_c = 0,82 \times 0,015 = 0,012$$

Aus der Definition von λ_c (vgl. auch Gleichung 6.22) folgt nun die Lösung der Aufgabe zu

$$y_{wn} = \left(\lambda_c \frac{q^2}{8g \sin\theta}\right)^{1/3} = \left(0,012 \frac{70^2}{8 \times 9,81 \times 0,5}\right)^{1/3} = 1,15 \text{ m}$$

und gemäß Gleichung 6.43 erhält man

$$y_{90} = \frac{y_{wn}}{1 - \bar{c}} = 1,95 \text{ m}$$

7. BERECHNUNG DES UNGLEICHFÖRMIGEN ABFLUSSES

7.1 Leicht ungleichförmige Gerinneströmung

7.1.1 Die Grundlagen

Anhand der Beispiele in Bild 6.1 wurde bereits anschaulich gezeigt, daß selbst für prismatische Gerinne ohne jegliche Einbauten und sonstige Störungsursachen der stationäre, gleichförmige Abfluß sich nur einstellen kann, wenn diese Gerinne sehr lang sind. Hat das Gerinne ein mildes Gefälle - d.h. ist der Normalabfluß strömend - so stellt sich ungleichförmiger Abfluß im allgemeinen im unteren Gerinnebereich ein; hat das Gerinne ein steiles Gefälle - d.h. ist der Normalabfluß schießend - so stellt sich ungleichförmiger Abfluß im oberen Gerinnebereich ein. Für den im allgemeinen vorliegenden Fall eines nichtprismatischen Gerinnes mit Einbauten, Verzweigungen etc. ist jedoch der ungleichförmige Abfluß die Regel.

Nun wurde der sogenannte s t a r k ungleichförmige Abfluß bereits in Abschnitt 1.2 sowie in den Kapiteln 2 bis 5 behandelt. Stark ungleichförmig nennt man jene Strömungen, bei denen die Änderungen der Wasserspiegellage auf relativ kurzen Fließstrecken vorwiegend durch Beschleunigungen und Verzögerungen hervorgerufen werden. In diesen Fällen lassen sich Energieverluste pauschal berücksichtigen, so daß die Energie- und Impulsgleichungen zu ihrer Berechnung ausreichen. Im Gegensatz dazu zeichnen sich die l e i c h t ungleichförmigen Strömungen dadurch aus, daß die Änderungen der Wasserspiegellage auf relativ langen Fließstrecken vorwiegend durch Wand- und Sohlenwiderstand beeinflußt werden. Bei ihnen lassen sich Beschleunigungseffekte vernachlässigen, und es kommt bei ihrer Berechnung vor allem auf eine adäquate Erfassung des Strömungswiderstands oder der sogenannten Reibungsverluste an.

Wie man die Reibungsverluste in Form der Energielinienneigung I_e für den Fall des gleichförmigen Abflusses berechnen kann, das wurde in Kapitel 6 gezeigt. Da es üblich ist, den Gerinneabfluß mit Hilfe der Abflußformel nach Gauckler/Manning/Strickler

$$Q = A V = A k_{St} R^{2/3} I^{1/2} \qquad (7.1)$$

zu berechnen, seien die Grundgleichungen des leicht ungleichförmigen Abflusses im folgenden auf der Grundlage dieser Formel abgeleitet. Die einzelnen Symbole werden hierbei so verwendet, wie sie in Abschnitt 6.1.4 eingeführt wurden:

Q = Abflußmenge; A = Inhalt der durchflossenen Fläche; V = Q/A = mittlere Geschwindigkeit; R = A/U = hydraulischer Radius; U = benetzter Umfang. Um diese Berechnungsgrundlage auf den leicht ungleichförmigen Abfluß übertragen zu können, lautet nun die wichtigste Annahme:

(a) Änderungen der Wassertiefe y und der mittleren Geschwindigkeit V sind so allmählich, daß man zur Berechnung der Energielinienneigung I_e die Abflußformel verwenden kann.

Die auf diese Weise erzielte Näherung ist umso besser, je allmählicher die y- und V-Änderungen vor sich gehen und je kleiner die gewählte Schrittlänge Δx entlang des Gerinnes ist. Die mathematische Formulierung dieser Annahme lautet mit Hilfe der Definitionen in Bild 7.1 wie folgt:

$$Q \cong A_m V_m = A_m k_{St} R_m^{2/3} I_e^{1/2} \qquad (7.2)$$

Hiernach kann die Energielinienneigung I_e für die Strecke Δx berechnet werden, wenn außer der Abflußmenge Q die Werte $A_m = A(y_m)$ und $R_m = R(y_m)$ für den mittleren Fließquerschnitt bekannt sind, wobei die Wassertiefe in diesem mittleren Querschnitt bei prismatischen Gerinnen genau genug gleich dem arithmetischen Mittel

$$y_m = \frac{y_1 + y_2}{2} \qquad (7.3)$$

gesetzt werden darf, sofern Δx klein genug ist.

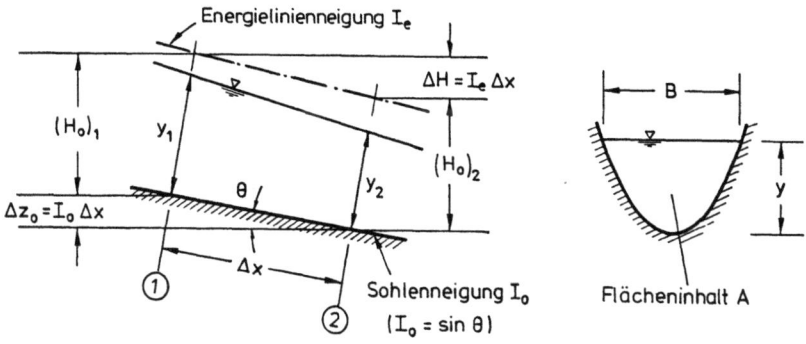

Bild 7.1 Definitionsskizze für die schrittweise Berechnung der Wasserspiegellage

Die s c h r i t t w e i s e   B e r e c h n u n g der Wasserspiegellage
(oder Berechnung nach der Differenzenmethode) erfordert dann nur noch eine Formulierung der Energiegleichung für die in Bild 7.1 dargestellten Verhältnisse
in der Form

$$I_o \Delta x + (H_o)_1 = I_e \Delta x + (H_o)_2 \tag{7.4}$$

worin H_o die spezifische Energiehöhe für den jeweiligen Querschnitt darstellt:

$$H_o = y \cos\theta + \alpha \frac{V^2}{2g} \tag{7.5}$$

(vgl. Bild 7.2) oder angenähert $H_o \cong y + V^2/2g$ für sehr kleine Werte von θ und
für $\alpha \cong 1$. Aus Gleichung (7.4) folgt

$$\Delta x = \frac{(H_o)_1 - (H_o)_2}{I_e - I_o} = \frac{\Delta H_o}{I_e - I_o} \tag{7.6}$$

Mit diesen einfachen Beziehungen kann nun jede Wasserspiegellage für einen leicht ungleichförmigen Abfluß berechnet werden. Hierzu gibt es grundsätzlich zwei Berechnungsmethoden, wobei man jeweils von den bekannten Verhältnissen in einem der Querschnitte ausgeht und die Verhältnisse im benachbarten Querschnitt mit Hilfe der Gleichungen (7.2) und (7.6) bestimmt. Bei der Differenzenmethode (1), die den Vorteil hat, daß Iterationsrechnungen vermieden werden, wählt man die Wassertiefe für den benachbarten Querschnitt, rechnet dafür y_m, A_m und R_m aus (Gleichung 7.3), setzt diese in Gleichung (7.2) ein, um I_e zu erhalten, und bestimmt schließlich die Entfernung Δx zwischen den beiden Querschnitten aus Gleichung (7.6). Sind andererseits die Schrittlängen Δx vorgeschrieben - wie z.B. überall dort, wo Information über das Gerinne nur in wenigen Querschnitten vorliegt - so iteriert man nach der Differenzenmethode (2) so lange, bis sowohl Gleichung (7.2) als auch Gleichung (7.4) für die vorgegebenen Randbedingungen erfüllt sind.

An sich wären damit schon alle Grundgleichungen zur Berechnung des leicht ungleichförmigen Abflusses vorgestellt, und es bliebe nur noch zu diskutieren, wie man diese Berechnung besonders ökonomisch und möglichst genau durchführen kann (vgl. Abschnitt 7.5). Dennoch treten in der Praxis erfahrungsgemäß größte Schwierigkeiten auf, verbunden mit dem Problem der Festlegung der Abflußkontrollen, der Richtung des Rechenfortschritts und der notwendigen Rechenoperationen. Auf dieses Problem sei deshalb anhand der Beispiele in Bild 6.1 näher eingegangen.

Angenommen, anstelle der Abflußmenge Q sei die Wasserspiegelhöhe im oberwasserseitigen Staubecken und damit die spezifische Energiehöhe H_o am Gerinneeinlauf gegeben; außerdem seien bekannt: I_o, k_{St} und die Querschnittsform des langen, prismatischen Gerinnes; zu bestimmen seien Q und die Wasserspiegellage im Gerinne. Das Hauptproblem bei dieser Aufgabe besteht - wie in allen ähnlich gelagerten Fällen - darin, daß die zur Verfügung stehenden Gleichungen zur Lösung zwar ausreichen, daß man jedoch nicht ohne weiteres weiß, wie man diese zur Lösung einsetzt. Es ist ja von vornherein nicht klar, ob sich strömender oder schießender Normalabfluß einstellen wird, und erst recht ist unbekannt, ob und in welchen Bereichen der Abfluß ungleichförmig ist. Bevor man also überhaupt mit der Berechnung beginnen kann, müssen zumindest diese Fragen in einer Art Voranalyse geklärt werden.

Um die so wichtige Voranalyse zu erleichtern, ist es nützlich, die Eigenschaften der Wasserspiegelprofile des leicht ungleichförmigen Abflusses zu kennen. Grundlage für die Diskussion der vorkommenden Wasserspiegelprofile ist die D i f f e r e n t i a l g l e i c h u n g des leicht ungleichförmigen Abflusses, die hier hergeleitet werden soll für den Fall, daß folgende Annahmen getroffen werden können:

(b) - Die Strömung sei stationär,
- das Gerinne sei prismatisch,
- die Stromlinienkrümmung sei allerorts vernachlässigbar, so daß hydrostatische Druckverteilung vorausgesetzt werden kann,
- der α-Beiwert nach Gleichung (1.7) sei konstant.

Mit den in Bild 7.2 definierten Größen läßt sich mit diesen Annahmen die Energiegleichung wie folgt anschreiben:

$$z_o + y \cos\theta + \alpha \frac{Q^2}{A^2 2g} = H \qquad (7.7)$$

Wird diese Gleichung nach dx differenziert, so erhält man

$$\frac{dz_o}{dx} + \frac{dy}{dx} \cos\theta - \alpha \frac{Q^2}{A^3 g} \frac{dA}{dx} = \frac{dH}{dx}$$

oder mit $dA/dx = B\, dy/dx$ (siehe Bild 7.2, rechts) und nach Einsetzen der Gefälle I_e und I_o (siehe Bild 7.2, Mitte) sowie der Beziehung $Q = VA$:

$$\frac{dy}{dx} = \frac{I_o - I_e}{\cos\theta - \alpha \mathrm{Fr}^2} \quad \text{mit} \quad \mathrm{Fr} = \frac{V}{\sqrt{gA/B}} \qquad (7.8)$$

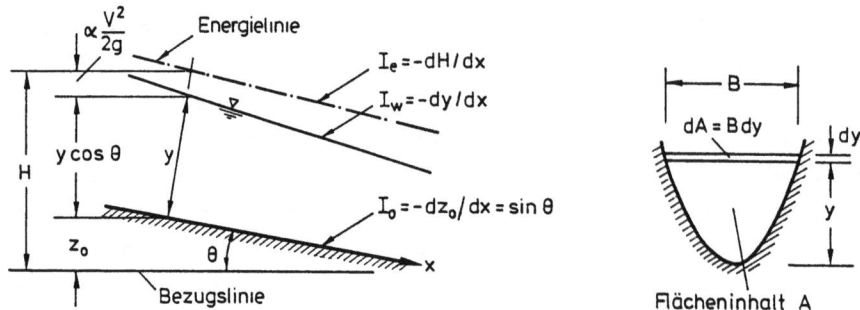

Bild 7.2   Definitionsskizze zur Ableitung der Differentialgleichung

(Fr = Froude-Zahl). Zur praktischen Anwendung dieser Grundgleichung für die Wasserspiegellage y(x) des stationären, leicht ungleichförmigen Abflusses in einem prismatischen Gerinne benötigt man zusätzlich die Gleichung (7.2), sowie die Beziehungen für die Grenztiefe y_{gr} und die Normalabflußtiefe y_n. Verwendet man weiterhin die GMS-Abflußformel zur Bestimmung der letzteren, so erhält man diese Beziehungen aus

$$Q = AV_{gr} = A\sqrt{gA/B} \qquad (7.9)$$

für die Grenztiefe y_{gr} und

$$Q = AV_n = (AR^{2/3}) I_o^{1/2} k_{St} \qquad (7.10)$$

für die Normalabflußtiefe y_n.

Nun läßt sich aber Gleichung (7.8) auch direkt als Funktion der Wassertiefen y_{gr} und y_n angeben, wie anhand des Beispiels eines b r e i t e n   R e c h t e c k g e r i n n e s (B >> y) gezeigt werden soll. Substituiert man in diesem Fall A = By und R ≅ y in den obigen Gleichungen, so ergibt sich aus einer Gleichsetzung der Gleichungen (7.2) und (7.10)

$$Q = B\, y\, k_{St}(y)^{2/3} I_e^{1/2} = B\, y_n k_{St}(y_n)^{2/3} I_o^{1/2}$$

$$I_e = I_o (y_n/y)^{10/3}$$

und aus Gleichung (7.9) mit Q = B y V

$$B\, y\, V = B\, y_{gr} \sqrt{g y_{gr}}$$

$$Fr^2 = v^2/(gy) = (y_{gr}/y)^3$$

Setzt man diese Ausdrücke in Gleichung (7.8) ein, so erhält man

$$\frac{dy}{dx} = I_o \frac{1 - (y_n/y)^{10/3}}{1 - (y_{gr}/y)^3} \qquad (7.11)$$

sofern vereinfachend angenommen werden darf:

(c) Gerinneneigung sehr klein, so daß $\cos\theta \cong 1$;
und Geschwindigkeitsverteilung ausgeglichen, so daß $\alpha \cong 1$.

Man kann dieses Ergebnis verallgemeinern. Die Differentialgleichung für die Wasserspiegellage des stationären, leicht ungleichförmigen Abflusses in prismatischen Gerinnen gemäß den Annahmen (a) bis (c) lautet dann

$$\frac{dy}{dx} = I_o \frac{1 - (y_n/y)^N}{1 - (y_{gr}/y)^M} \qquad (7.12)$$

wobei für die Zahlenwerte der Exponenten M und N gilt:

M abhängig von der Querschnittsform und
N abhängig von der Querschnittsform und von der benutzten Abflußformel.

Da diese Exponenten mit Vorteil auch bei der Berechnung der Wassertiefen y_{gr} und y_n verwendet werden können, findet man Tabellen und Diagramme zu deren Ermittlung in der Literatur (so z.B. bei Chow, 1959, S. 67 und 132). In dem oben genannten Beispiel eines sehr breiten Rechteckgerinnes würde sich bei Verwendung der GMS-Abflußformel M = 3 und N = 10/3 ergeben haben. Hinsichtlich der Komplikationen für Fälle, in denen sich die Form des Fließquerschnitts - und damit M und N - stark mit y ändert, sei hier auf die einschlägige Literatur verwiesen. (So hat z.B. Keifer und Chu, 1955, eigens eine Gleichung mit variablen Exponenten M, N zur Berechnung des ungleichförmigen Freispiegelabflusses in Kanälen mit geschlossenen Profilen vorgeschlagen. Siehe auch Chow, 1959, S. 260 ff und Chow, 1981.)

Näheres zur Berechnung der Wasserspiegellage wird in Abschnitt 7.5 ausgeführt. An dieser Stelle sei lediglich ergänzt, daß es neben den bereits erwähnten Differenzenmethoden auch die M e t h o d e   d e r   d i r e k t e n   I n t e g r a t i o n gibt.

Vorausgesetzt, die der Gleichung (7.12) zugrundeliegenden Annahmen (a) bis (c) sind in ausreichend guter Näherung erfüllt, dann kann man mit den Substitutionen

$$u = \frac{y}{y_n} \quad , \quad du = \frac{dy}{y_n} \tag{7.13}$$

die Reziprokform der Gleichung (7.12) wie folgt schreiben

$$\frac{dx}{y_n du} = \frac{1}{I_o} \frac{1 - (y_{gr}/y_n)^M/u^M}{1 - 1/u^N} =$$

$$= \frac{1}{I_o} \left[1 - \frac{1}{1 - u^N} + \left(\frac{y_{gr}}{y_n}\right)^M \frac{u^{N-M}}{1 - u^N} \right] \tag{7.14}$$

und die Integration ergibt

$$\int dx = x - x_o = \frac{y_n}{I_o} \left[u - \int_o^u \frac{du}{1-u^N} + \left(\frac{y_{gr}}{y_n}\right)^M \int_o^u \frac{u^{N-M}}{1-u^N} du \right] \tag{7.15}$$

Das letzte Integral in dieser Gleichung läßt sich durch eine zweite Substitution

$$w = u^{N/J} \quad , \quad J = N/(N - M + 1) \tag{7.16}$$

in die gleiche Form wie das erste Integral in der eckigen Klammer bringen:

$$\int_o^u \frac{u^{N-M}}{1-u^N} du = \frac{J}{N} \int_o^w \frac{dw}{1-w^J} \tag{7.17}$$

Eine Wasserspiegelberechnung läßt sich nunmehr sehr einfach durchführen, indem man dieses Integral in ein Rechenprogramm eingibt oder indem man die in der Literatur angegebenen Tabellenwerke zu diesem Integral benützt (so z.B. Chow, 1959, S. 641 ff). Man geht hierbei so vor, daß man für die vorgegebene Wassertiefe im Kontrollquerschnitt (in Bild 6.1a wäre das beispielsweise y_{gr} im Auslaufquerschnitt) die Integrationskonstante x_o ermittelt und danach für beliebig viele Werte der Wassertiefe y die zugehörigen x-Werte berechnet (in Bild 6.1a wäre hierbei der Bereich $y_n < y < y_{gr}$ von Interesse). Auch hier jedoch ist eine Voranalyse des Problems erforderlich, bevor man überhaupt die Berechnung beginnen kann. (Für das Problem in Bild 6.1 gilt es beispielsweise, erst einmal festzulegen, wo der Kontrollquerschnitt liegt, vgl. Beispiel

7.3).

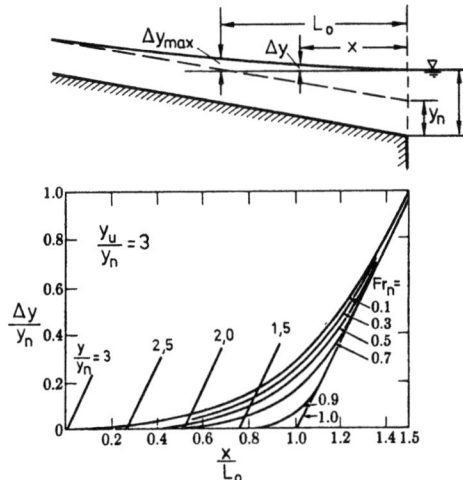

Ein Beispiel aus einer Staulinienberechnung für ein breites Rechteckgerinne nach Vallentine (1964) ist in Bild 7.3 gezeigt. Man findet hier die Ergebnisse für ein Verhältnis von Unterwassertiefe zu Normalabflußtiefe von $y_u/y_n = 3$ und für verschiedene Froude-Zahlen $Fr_n = V_n/\sqrt{gy_n}$ dimensionslos dargestellt.

Bild 7.3 Staulinien für ein breites Rechteckgerinne (Bzgl. Länge L_o siehe Tabelle 1 in Vallentine, 1964).

BEISPIEL 7.1

Gesucht sei die Staulinie, die sich in einem prismatischen Kanal oberstrom eines Wehres bei einer Abflußmenge von $Q = 139{,}0$ m³/s ausbildet. Der Aufstau am Wehr betrage $y_u = 5{,}63$ m. Der Kanal hat einen Trapezquerschnitt mit einer Sohlenbreite von 30,0 m und einer Böschungsneigung von 1:2. Das Sohlengefälle beträgt $I_o = 0{,}001$ und der Abflußbeiwert nach Gauckler/Manning/Strickler ist $k_{St} = 45$.

Als erstes gilt es, die Normalabflußtiefe zu berechnen. Sie ergibt sich aus Gleichung (7.10) zu

$$y_n = 2{,}0 \text{ m}$$

Mit Hilfe von Gleichung (7.9) läßt sich nachweisen, daß diese Tiefe größer als die Grenztiefe y_{gr} ist; der Abfluß ist also im gesamten Kanal strömend.

Durch Umformung der Gleichung (7.2) ergibt sich für die Reibungsverlusthöhe ΔH_r entlang eines Streckenabschnitts Δx

$$\Delta H_r = I_e \Delta x = \frac{Q^2 \Delta x}{k_{St}^2 A_m^2 R_m^{4/3}}$$

Setzt man diesen Ausdruck in Gleichung (7.4) ein, zusammen mit $H_o = y + \alpha V^2/2g$, so erhält man mit der Annahme α = const für die Differenz der Wasserstände in den Querschnitten (1) und (2)

$$\Delta h_y = y_1 - y_2 + I_o \Delta x = \frac{Q^2 \Delta x}{k_{St}^2 A_m^2 R_m^{4/3}} + \left(\frac{V_2^2}{2g} - \frac{V_1^2}{2g} \right) \qquad (7.18)$$

wobei sich die Mittelwerte A_m und R_m aus

$$A_m = \frac{A_1 + A_2}{2} \quad , \quad U_m = \frac{U_1 + U_2}{2} \quad , \quad R_m = \frac{A_m}{U_m}$$

errechnen lassen. Die Lösung der Gleichung (7.18) folgt entweder durch Probenrechnung in einer zweckmäßig gewählten Tabelle (siehe Tabelle 7.1 nach Böss) oder mit Hilfe des Rechners (siehe Abschnitt 7.5).

Tabelle 7.1

1	2	3	4	5	6	7	8	9	10	11	12	13	14	15	16
Querschnitt	Abstand der Querschnitte Δx [m]	Höhenlage der Sohle [m]	Höhenlage des Wasserspiegels [m]	Angenommener Wert von Δy	Wassertiefe y [m]	Querschnittsfläche A [m²]	Mittlere Querschnittsfläche A_m [m²]	Benetzter Umfang U [m]	Mittlerer benetzter Umfang U_m [m]	Mittlerer hydraulischer Radius R_m	Wassergeschwindigkeit v [m/s]	Geschwindigkeitshöhe $v^2/2g$ [m]	Differenz der Geschwindigkeitshöhen $\Delta v^2/2g$ [m]	Reibungsverlusthöhe ΔH_r [m]	Berechneter Wert von Δh_y [m]
0		0,00	5,630		5,630	232,3		55,20			0,60	0,018			
	500			0,010			219,6		54,10	4,06			−0,005	0,015	0,010
500		0,50	5,640		5,140	207,0		53,00			0,67	0,023			
	500			0,015			194,9		51,90	3,76			−0,007	0,022	0,015
1000		1,00	5,655		4,655	182,9		50,80			0,76	0,030			
	500			0,023			171,6		49,75	3,45			−0,008	0,031	0,023
1500		1,50	5,678		4,178	160,3		48,70			0,87	0,038			
	500			0,034			149,6		47,65	3,14			−0,012	0,046	0,034
2000		2,00	5,712		3,712	138,9		46,60			1,00	0,051			
	500			0,054			123,1		45,60	2,83			−0,019	0,073	0,054
2500		2,50	5,766		3,266	119,3		44,60			1,16	0,069			
	500			0,087			110,8		43,70	2,53			−0,026	0,113	0,087
3000		3,00	5,866		2,866	102,4		42,80			1,36	0,095			
	500			0,147			95,2		42,00	2,26			−0,032	0,179	0,147
3500		3,50	6,013		2,513	88,0		41,20			1,58	0,127			
	500			0,231			82,7		40,65	2,04			−0,037	0,268	0,231
4000		4,00	6,244		2,244	77,4		40,10			1,80	0,164			
	500			0,345			74,4		39,75	1,87			−0,030	0,375	0,345
4500		4,50	6,589		2,089	71,4		39,40			1,95	0,194			
	780			0,691			69,7		39,16	1,78			−0,019	0,710	0,691
5280 *		5,28	7,280		2,000	68,0		38,96			2,04	0,213			

* Von hier ab flußaufwärts herrscht gleichförmiger Abfluß mit $y_n = 2{,}0$ m.

7.1.2 Klassifikation der Wasserspiegelprofile

Ein wichtiges Hilfsmittel bei der Voranalyse von Stau- und Senkungslinienberechnungen ist die Klassifikation der Wasserspiegelprofile. Man gelangt zu dieser Klassifikation durch eine Analyse der Eigenschaften der Differentialgleichung für den Wasserspiegelverlauf, die unter den Einschränkungen der Annahmen (a) bis (c) in Abschnitt 7.1.1 wie folgt geschrieben werden kann:

$$\frac{dy}{dx} = \frac{I_o - I_e}{1 - Fr^2} \quad \text{mit} \quad Fr = \frac{V}{\sqrt{gA/B}} \tag{7.19}$$

(Gleichung 7.8). Wie diese Gleichung, die der Definition der Wasserspiegelprofile zugrundeliegt, so sind auch die im folgenden spezifizierten Wasserspiegelprofile nur auf stationären, leicht ungleichförmigen Abfluß in prismatischen Gerinnen anwendbar.

Als erstes unterteilt man den Bereich möglicher Wasserstände im Gerinne durch zwei zur Sohle parallele Linien in drei Bereiche:

Bereich 1: oberhalb der obersten Linie,
Bereich 2: zwischen den beiden Linien,
Bereich 3: unterhalb der untersten Linie.

Die eine der beiden Linien ist die sogenannte Grenzabflußlinie (GL), definiert durch $y = y_{gr}$, und die andere ist die Normalabflußlinie (NL), definiert durch $y = y_n$.

Nähert sich der Wasserspiegel einer dieser Linien, so erhält man aus Gleichung (7.19) unmittelbar folgende Bedingungen:

$$y \to y_{gr},\ Fr \to 1,\ \frac{dy}{dx} \to \infty \quad \text{(außer bei kritischem Gefälle, wenn } y_{gr} = y_n) \qquad (7.20)$$

$$y \to y_n,\ I_e \to I_o,\ \frac{dy}{dx} \to 0 \quad \text{(asymptotische Annäherung)} \qquad (7.21)$$

$$y \to \infty,\ Fr \to 0,\ \frac{dy}{dx} \to I_o \quad \text{(horizontaler Wasserspiegel)} \qquad (7.22)$$
$$I_e \to 0$$

Mit dem Grenzwert $y \to \infty$ wurde die Bedingung für einen Wasserspiegel bei sehr großen Gerinnetiefen hinzugefügt; man sieht, daß der Wasserspiegel hier erwartungsgemäß horizontal wird (man beachte, daß die Wasserspiegelneigung dy/dx in bezug auf die mit einem Gefälle I_o abfallende x-Achse gemessen wird, vgl. Bild 7.2). Im Gegensatz dazu strebt der Wasserspiegel bei $y \to y_{gr}$ eine zur Sohle rechtwinklige Tangente an. Dieses Ergebnis geht auf die Annahme der hydrostatischen Druckverteilung zurück, die hier natürlich nicht zulässig ist: Der Abfluß mit $y \to y_{gr}$ nahe einer Abfallkante gehört zur Kategorie des s t a r k ungleichförmigen Abflusses (vgl. Abschnitt 3.3.1.4).

Zur Darstellung der Wasserspiegelprofil-Typen in den durch die Grenzabflußlinie (GL) und Normalabflußlinie (NL) unterteilten drei Bereichen werden nun noch die Vorzeichen der Wasserspiegelgefälle dy/dx in diesen Bereichen benötigt. Hierbei bedeuten, jeweils in Bezug auf die Sohle, dy/dx > 0 ein ansteigender und dy/dx < 0 ein abfallender Wasserspiegel.

$$y > y_{gr} \text{ (oberhalb GL)}, \quad Fr < 1$$
$$y < y_{gr} \text{ (unterhalb GL)}, \quad Fr > 1$$
$$y > y_n \text{ (oberhalb NL)}, \quad I_e < I_o \quad \quad (7.23)$$
$$y < y_n \text{ (unterhalb NL)}, \quad I_e > I_o$$

Wendet man diese Kriterien gemeinsam mit den Kriterien der Gleichungen (7.20) bis (7.22) auf Gerinne mit unterschiedlichen Gefällen an, so erhält man (in stark verzerrter Darstellung) die in den Bildern 7.4a bis d wiedergegebenen Typen der Wasserspiegelprofile.

Dies sei im Detail für ein sogenanntes m i l d e s G e f ä l l e gezeigt, d.h. für ein Gerinne, dessen Charakteristika I_o, k_{St} und Q s t r ö m e n - d e n Normalabfluß bedingen (Bild 7.4a). Man kennzeichnet die Profile hier - gemäß der Bezeichnung "mild" - mit M und Indizes 1, 2, 3 je nach dem, in welchem der durch die Grenz- und Normalabflußlinien unterteilten Bereiche das

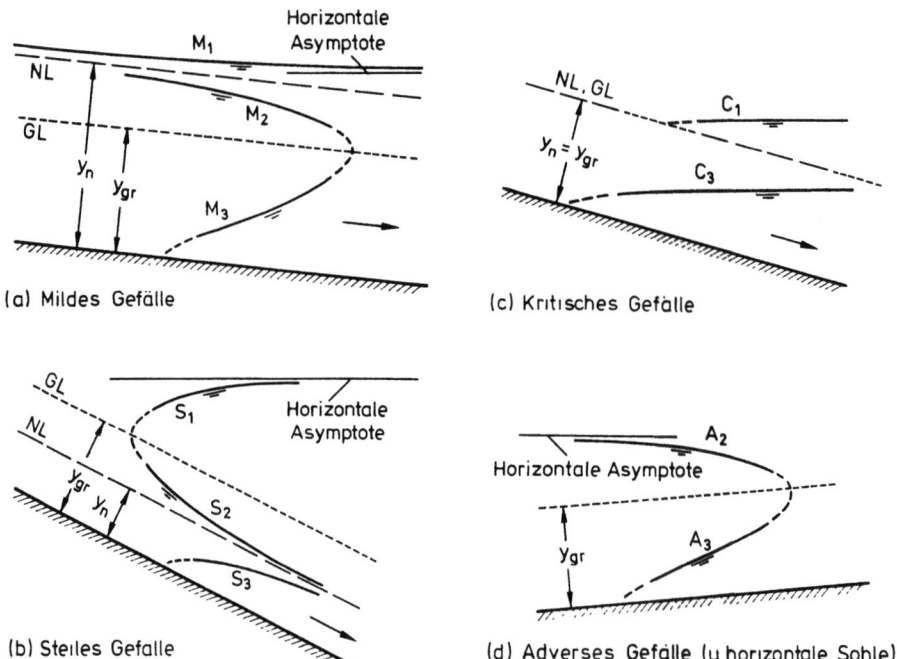

Bild 7.4   Wasserspiegelprofil-Typen für stationären, leicht ungleichförmigen Abfluß in prismatischen Gerinnen

Wasserspiegelprofil zu liegen kommt. Für die M_1-Kurve beispielsweise ist y größer als y_{gr} und größer als y_n; nach den Bedingungen (7.23) wird deshalb mit Fr < 1 und $I_e < I_o$ die Wasserspiegelneigung nach Gleichung (7.19) positiv, dy/dx > 0. Mit Fr < 1 und $I_e > I_o$ im Bereich (2) wird die Wasserspiegelneigung der M_2-Kurve negativ, dy/dx < 0. Im Bereich (3) schließlich erhält man mit Fr > 1 und $I_e > I_o$ aus Gleichungen (7.19) dy/dx > 0.

Ähnlich erhält man die Wasserspiegelprofile für s t e i l e s Gefälle (S-Profile), h o r i z o n t a l e Sohle (H-Profile) und a d v e r s e s Gefälle (A-Profile). Interessant ist das Ergebnis, daß die Normalabflußtiefe y_n bei mildem Gefälle vom Unterwasser her und bei steilem Gefälle vom Oberwasser her asymptotisch erreicht wird. Dieses Ergebnis spiegelt die Gesetzmäßigkeiten des strömenden und schießenden Abflusses wieder, die bereits in Abschnitt 1.2.2 diskutiert wurden: Der strömende Abfluß wird danach vom Unterwasser, der schießende Abfluß vom Oberwasser kontrolliert.

Etwas komplizierter ist die Analyse der Wasserspiegelprofile bei k r i t i - s c h e m Gefälle, weil man hier mit $y_{gr} = y_n$ aus Gleichung (7.11) für $y \to y_n$ den unbestimmten Ausdruck dy/dx = 0/0 erhält. Eine Hilfe ist hier die Differentialgleichung in der Form von Gleichung (7.12). Es würde zu weit führen, hier eine ausführliche Ableitung der Profile C_1 und C_3 zu bringen, nachdem sie ohnehin sehr selten vorkommen. Es möge ausreichen, diese hier allein für den Fall gleicher Exponenten in Gleichung (7.12) zu beschreiben, eine Bedingung übrigens, die für breite Rechteckgerinne annähernd erfüllt ist, wie Gleichung 7.11 zeigt. Für diesen Fall, d.h. M = N, erhält man aus Gleichung (7.12) mit $y_{gr} = y_n$ das Ergebnis dy/dx = I_o; alle C-Kurven wären danach also horizontale Geraden.

Die Abflußverhältnisse nahe der Grenzabflußlinie $y \to y_{gr}$ sind, ähnlich wie für die Fälle des milden und steilen Profils, s t a r k ungleichförmig und können deshalb nicht mit den Methoden des l e i c h t ungleichförmigen Abflusses gelöst werden. Jedenfalls stellt sich bei kritischem Gefälle nahe der Grenzabflußlinie jeweils ein Fließwechsel ein (vom schießenden zum Grenzfall des strömenden Abflusses am Ende des C_3-Profils oder vom Grenzfall des schiessenden zum strömenden Abfluß am Anfang des C_1-Profils, siehe Bild 7.4c). Der Knick am Übergang zwischen den C_1- und C_3-Profilen und dem Normalabfluß kann also als Grenzfall eines Wechselsprungs mit der Sprunghöhe $\Delta y \to 0$ gedeutet werden. In Wirklichkeit bilden sich an solchen Stellen stehende Wellen aus (vgl. Bild 1.22c), wie übrigens auch der Normalabfluß bei einer Wassertiefe y_n, die gleich oder etwas größer als y_{gr} ist, im allgemeinen stark gewellt verläuft.

Bei den Bezeichnungen der Gefälle in Bild 7.4 ist zu beachten, daß diese sich nicht auf die absolute Größe von I_o beziehen. Sie werden vielmehr durch die Kombination der Terme in den Gleichungen (7.9) und (7.10) definiert. Mit anderen Worten, ein und das gleiche Sohlengefälle I_o kann - etwa durch eine Rauheitsänderung - von einem milden zu einem steilen Gefälle werden und umgekehrt.

7.1.3 Voranalyse der Wasserspiegelberechnung

Mit der Klassifikation der Wasserspiegellage des l e i c h t ungleichförmigen Abflusses aus dem vorangehenden Abschnitt 7.1.2 und den Gesetzmäßigkeiten des s t a r k ungleichförmigen Abflusses aus Abschnitt 1.2 läßt sich nunmehr die Wasserspiegelberechnung in einem Gerinne so voranalysieren, daß danach die eigentliche Berechnung ohne Komplikationen routinemäßig durchgeführt werden kann. Es gibt natürlich Fälle - vor allem im Flußbau - bei denen sich eine solche Voranalyse erübrigt, weil das gesamte Gerinne m i l d e s Gefälle aufweist, so daß Abflußkontrolle und Richtung der Berechnung von vornherein klar sind: Die Berechnung schreitet in solchen Fällen von bekannten Verhältnissen im Unterwasser beginnend entgegen der Strömungsrichtung voran, und die Wasserspiegellinie entspricht abschnittsweise entweder M_1- oder M_2-Profilen. Selbst hier jedoch kann es zu Schwierigkeiten - und damit häufig zu Fehlern - kommen, wenn durch relativ plötzliche Änderungen des Querschnittsprofils, der Sohlenhöhe oder durch Einbauten wie Pfeiler oder Baugrubenumschließungen Bereiche s t a r k ungleichförmigen Abflusses im anderweitig leicht ungleichförmigen Gerinneabfluß eingeschlossen sind. Auch hier empfiehlt sich deshalb eine Voranalyse des Problems, so wie sie im folgenden dargestellt werden soll. Ausgenommen seien zunächst Probleme mit seitlichem Zufluß, die im Anschluß gesondert behandelt werden, sowie Probleme des ungleichförmigen Abflusses in Gerinnen, die wegen starker Änderungen von Querschnitt, Sohlenhöhe und Richtung auch nicht abschnittsweise mehr als annähernd prismatisch behandelt werden können.

Die Schritte der Voranalyse lassen sich wie folgt zusammenfassen:

(1) Das Gerinne wird in Abschnitte mit jeweils konstanten oder annähernd konstanten Abflußcharakteristika (I_o, k_{st}, Querschnittsform oder -breite etc.) unterteilt.

(2) Die Bereiche voraussichtlich s t a r k ungleichförmigen Abflusses und die Stellen möglicher Abflußkontrolle (AK) werden als solche gekennzeichnet; hierzu gehören die Querschnitte, in denen sich I_o, k_{St} oder die Querschnittsform bzw. -breite ändern oder an denen der Abfluß durch Kontroll-, Übergangsbauwerke oder Einbauten kontrolliert oder auch nur gestört wird (vgl. Kapitel 3 und 4).

(3) Für jeden Gerinneabschnitt werden die Grenz- und Normalabflußlinien ermittelt und eingezeichnet. Hierzu müssen die Wassertiefen y_{gr} und y_n mit Hilfe der Gleichungen (7.9) und (7.10) für die vorgegebene Abflußmenge Q bestimmt werden. Ist statt Q eine andere Größe vorgegeben - wie etwa die spezifische Energiehöhe H_o im Gerinneeinlauf bei Problemen des Ausflusses aus Staubecken - so ist die Ausführung dieses Schritts nur durch Iteration möglich, wie in einem Beispiel im Anschluß gezeigt wird (vgl. Bild 7.10).

(4) Nachdem somit die Gefälle der einzelnen Gerinneabschnitte klassifiziert sind (mild, steil, kritisch etc.), werden die Abflußkontrollen mit Hilfe der vorgegebenen Randbedingungen (z.B. vorgegebene Unterwassertiefe) festgelegt. Hiermit können im allgemeinen schon die Wasserspiegelprofil-Typen gemäß Bild 7.4 für jeden Gerinneabschnitt vorhergesagt werden, womit auch die Richtung für die nachfolgende Wasserspiegelberechnung vorgeschrieben wird: Im Bereich strömenden Abflusses vom Unterwasser g e - g e n die Strömungsrichtung und im Bereich schießenden Abflusses vom Oberwasser i n Strömungsrichtung fortschreitend (vgl. Abschnitt 1.2.2).

Unter den Abflußkontrollen sind drei Arten zu unterscheiden:

(a) Kontrollbauwerke. Die Wassertiefen für eine vorgegebene Abflußmenge Q (oder umgekehrt) können durch den Einbau eines Schützes, eines Wehres, einer Schwelle, oder durch eine Kontraktion infolge Venturikanal oder Pfeiler "kontrolliert", d.h. eindeutig bestimmt sein (vgl. Kapitel 3).

(b) Unterwasserseitige Kontrolle. Die Abflußverhältnisse bei strömendem Abfluß sind grundsätzlich vom Unterwasser kontrolliert, gleichgültig ob es sich um einen solchen in einem Gerinne mit mildem Gefälle (M_1-, M_2-Profil) oder mit steilem Gefälle (S_1-Profil) handelt. Die Kontrollbedingung kann in Form einer vorgegebenen Wasserspiegellage am Gerinneauslauf bestehen oder in Form eines freien Absturzes am Ende eines Gerinnes mit mildem Gefälle, an dem sich nach dem Prinzip des kleinsten Zwangs die

Grenztiefe einstellen muß.

(c) Oberwasserseitige Kontrolle. Der schießende Abfluß ist grundsätzlich vom Oberwasser her kontrolliert, gleichgültig ob es sich um ein M_3-, ein S_2- oder ein S_3-Profil handelt. Da jedoch ein M_3-Profil nur durch ein Kontrollbauwerk - etwa ein Schütz - erzeugt werden kann (siehe oben), bleibt hier nur noch der Fall eines Gerinnes mit steilem Gefälle zu erwähnen, das sich beispielsweise an ein Staubecken anschließt. Auch hier stellt sich entsprechend dem Prinzip des kleinsten Zwanges die Grenztiefe ein (vgl. Bild 6.1c).

Besondere Sorgfalt bei der Voranalyse erfordern die Bereiche s t a r k ungleichförmigen Abflusses. Sie stellen die Hauptursache für Fehler in Wasserspiegelberechnungen dar. Der Grund dafür liegt darin, daß es häufig (so z.B. bei einer plötzlichen Änderung der Sohlenhöhe, der Gerinnebreite oder des Gerinnequerschnitts) nicht möglich ist, diese Berechnung ohne eine gesonderte Ermittlung der Wasserspiegeländerungen infolge dieses stark ungleichförmigen Abflusses durchzuführen, und daß dies entweder übersehen oder nicht korrekt beachtet wird. Was hier oft Schwierigkeiten bereitet, ist der Einsatz adäquater Berechnungsgrundlagen. Es sei deshalb besonders betont, daß in den Bereichen des stark ungleichförmigen Abflusses unbedingt die in Abschnitt 1.2 dargestellten Grundlagen zur Berechnung herangezogen werden müssen, insbesondere die Energiegleichung bzw. ihre graphische Darstellung in den Bildern 1.10, 1.12 oder 4.26.

Die Nützlichkeit der Voranalyse kann am besten an Beispielen demonstriert werden. In Bild 7.5 und 7.6 sind deshalb eine Reihe solcher Beispiele wiedergegeben, wie sie in Chow (1959) zu finden sind. Die meisten davon bedürfen nach dem bisher diskutierten keiner weiteren Erläuterung. Lediglich zu den Fällen mit Fließwechsel seien hier einige Bemerkungen angeschlossen. Häufig (z.B. in Bild 7.6g und l) kann sich der Wechselsprung sowohl im oberwasserseitigen als auch im unterwasserseitigen Gerinne ausbilden, je nach dem Verhältnis der beiden Sohlengefälle zueinander. Im Fall (g) beispielsweise stellt sich der Wechselsprung im unteren Gerinne ein, wenn die Normalabflußtiefe y_n in diesem Gerinne relativ klein ist. Nimmt das Gefälle des unteren Gerinnes jedoch ab (oder die Rauheit zu), so wandert der Wechselsprung mit zunehmenden y_n-Werten stromaufwärts und kann schließlich im oberwasserseitigen Gerinne zu liegen kommen. Die genaue Lage des Wechselsprungs hängt u.a. von den konjugierten Tiefen nach Gleichung (1.34) bzw. (1.36) ab (stark ungleichförmiger Abfluß!).

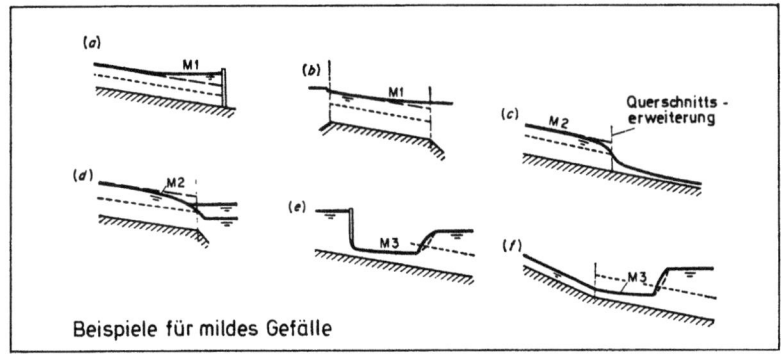

Beispiele für mildes Gefälle

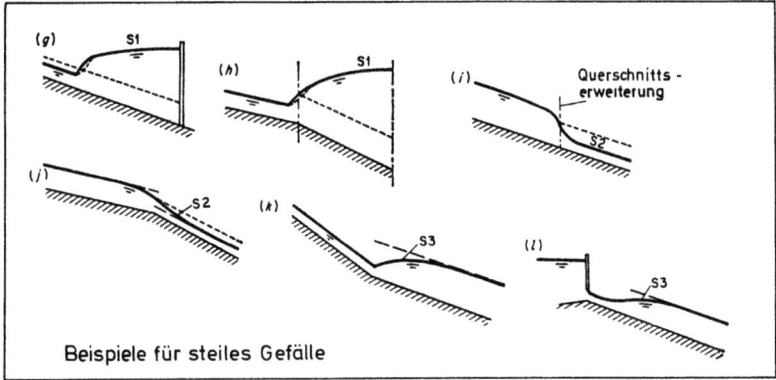

Beispiele für steiles Gefälle

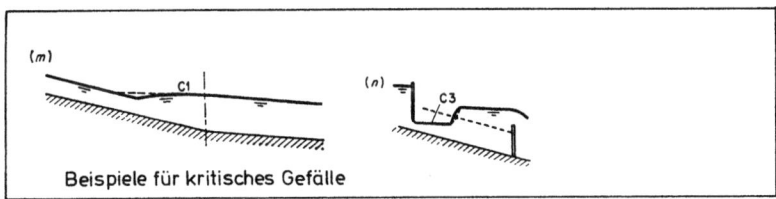

Beispiele für kritisches Gefälle

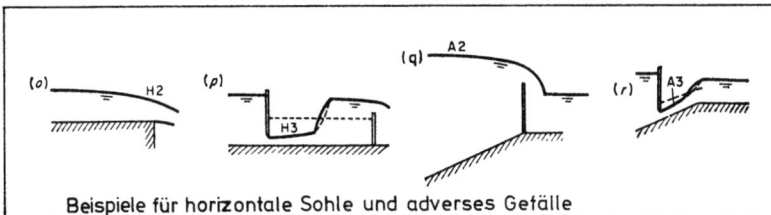

Beispiele für horizontale Sohle und adverses Gefälle

Bild 7.5 Beispiele für Wasserspiegelprofile bei konstanter Sohlenneigung nach Chow (Entn. aus Ven Te Chow "Open Channel Hydraulics", 1959, m. frdl. Gen. v. McGraw-Hill Book Co.)

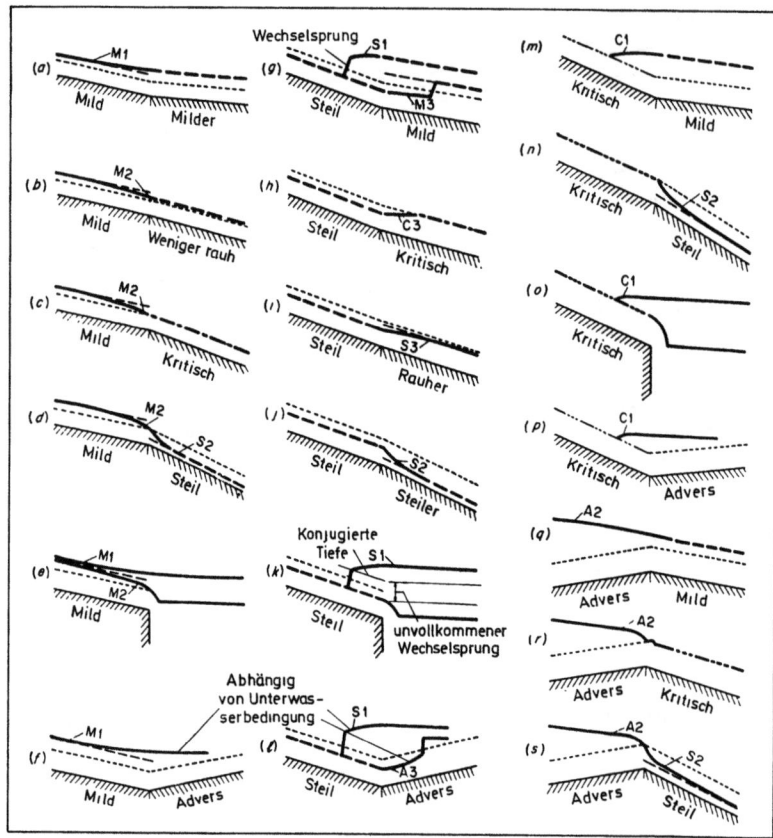

Bild 7.6   Beispiele für Wasserspiegelprofile bei Gefällswechsel nach Chow
(Entn. aus Ven Te Chow "Open Channel Hydraulics", 1959, m. frdl. Gen. v. McGraw-Hill Book Co.)

Sie läßt sich für einen Fall wie dem in Bild 7.6k aus dem Schnittpunkt des Wasserspiegelprofils (hier der S_1-Kurve) mit der zur Sohle parallelen Geraden ermitteln, die der zu y_n konjugierten Wasserspiegellage entspricht. Für den Fall, daß sich oberwasserseitig des Wechselsprungs kein Normalabfluß befindet, so wie z.B. in den Bildern 7.7a und b, muß zu jeder Wassertiefe des oberwasserseitigen Wasserspiegelprofils (M_3-Kurve im Fall a und S_2-Kurve im Fall b) die konjugierte Wassertiefe berechnet und aufgetragen werden.

Beispiele mit mehrfachen Abflußkontrollen sind in Bild 7.7 dargestellt. Besonders instruktiv sind die in den Bildern 7.7a, b nach Henderson (1966) dargestellten Fälle mit jeweils z w e i   m ö g l i c h e n Abflußkontrollen:

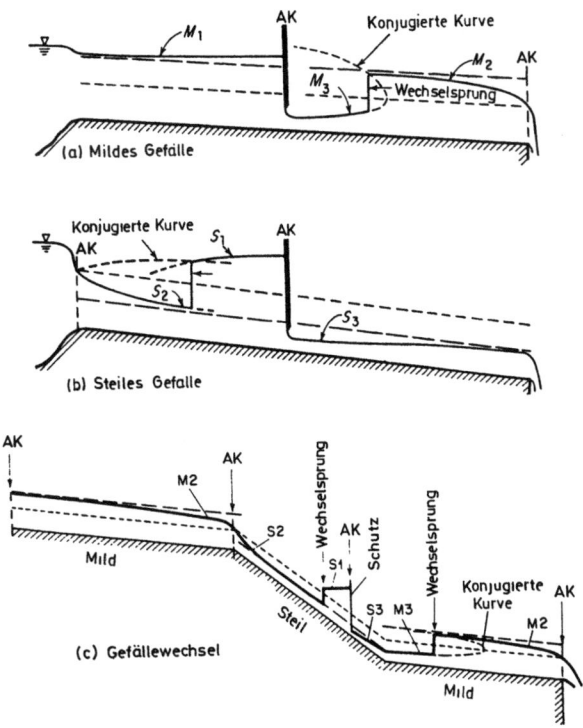

Bild 7.7   Beispiele für Wasserspiegelprofile bei mehrfachen Abflußkontrollen (AK) nach Henderson

Schütz und Absturz beim Fall a mit mildem Gefälle; Schütz und Einlauf beim Fall b mit steilem Gefälle. Für die in der Zeichnung dargestellten Verhältnisse von Schützöffnungen und Gerinnelängen werden diese möglichen Abflußkontrollen auch tatsächlich realisiert. Man kann sich jedoch leicht klarmachen, daß z.B. im Fall a ein Öffnen des Schützes schließlich zu einem rückgestauten Wechselsprung führen kann und ein weiteres Schließen (bei nicht zu langem Unterwassergerinne) zu einem Abwandern des Wechselsprungs, bis schließlich der Abfluß bis zur Absturzkante hin schießend ist. In diesem letzten Fall also würde der Absturz keine Abflußkontrolle mehr darstellen, und der Abfluß wäre bis dorthin vom Schütz kontrolliert. (Kontrolle am Absturz in den Bildern 7.7a, c bedeutet $y = y_{gr}$ am Absturz. Tatsächlich stellt sich wegen der gekrümmten Stromlinien im Bereich des stark ungleichförmigen Abflusses in Absturznähe die Grenztiefe y_{gr} erst etwas oberstrom des Absturzes ein; für die

Berechnung der M_2-Kurve kann jedoch praktisch ohne Einschränkung für die Rechengenauigkeit y_{gr} am Absturz angenommen werden.)

Über die weiter oben angeführten Probleme der Wasserspiegelanalyse für den Fall, daß nicht Q sondern H_o gegeben ist, einerseits, und daß es zu Bereichen mit stark ungleichförmigem Abfluß durch eine relativ plötzliche Änderung der Sohlenhöhe, der Gerinnebreite oder des Gerinnequerschnitts kommt, andererseits, sei im Anschluß in Verbindung mit praktischen Beispielen Näheres ausgeführt.

BEISPIELE 7.2 bis 7.5

(7.2) Die Nützlichkeit der Wasserspiegelprofile in Bild 7.4 sei zunächst an dem Beispiel eines langen prismatischen Gerinnes mit Gefällewechsel gezeigt. Angenommen, die Berechnungen nach Gleichungen (7.9) und (7.10) haben die in Bild 7.8a skizzierten Verhältnisse hinsichtlich der Grenz- und Normalabflußlinien (GL, NL) erbracht und es gelte, den leicht ungleichförmigen Abfluß zwischen den Normalabflußtiefen y_{n1} und y_{n2} zu ermitteln, die sich bei ausreichender Gerinnelänge in bestimmten Abständen von der Störstelle einstellen müssen.

Ohne Kenntnis der möglichen Wasserspiegelprofile oder der Bedingungen der Abflußkontrolle für Gerinneströmungen könnte in diesem Fall nicht entschieden werden, ob der Übergang von y_{n1} auf y_{n2} oberhalb des Gefällswechsels (Kurve a), unterhalb davon (Kurve b) oder teilweise ober- und unterhalb liegt (Kurve c). Mit Hilfe der Wasserspiegelprofile nach Bild 7.4 kann diese Frage sofort entschieden werden: Da es sich wegen $y_{n1} > y_{n2} > y_{gr}$ um zwei m i l d e Gefälle handelt und der Übergang im oberen Gerinne im Bereich 2 und im unteren Gerinne im Bereich 1 liegt, kommen nur M_2- oder M_1-Kurven für diesen Übergang in Betracht. Da nur die Kurve a in Bild 7.8a diese Bedingung erfüllt, entspricht sie der Lösung des Problems. Der Abfluß im unteren Gerinne verläuft also völlig ungestört, und die Wasserspiegelberechnung wäre im Gefällswechsel mit $y = y_{n2}$ anzusetzen und von unten nach oberstrom durchzuführen (M_2-Kurve). (In diesem Fall hätte übrigens auch die Überlegung, daß strömender Abfluß vom Unterwasser kontrolliert sein muß (vgl. Abschnitt

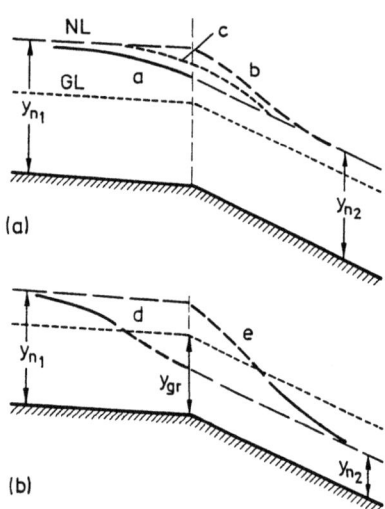

Bild 7.8 Beispiel (7.2) für die Voranalyse einer Wasserspiegelbestimmung

1.2.2) zum gleichen Ziel geführt: solange, vom Unterwasser her nach oben fortschreitend, keine Störungen vorkommen, bleibt hier der Abfluß unverändert; d.h. die Wassertiefe bleibt $y = y_{n2}$ bis hin zum Gefällswechsel.)

Ist das Gefälle im unteren Gerinne s t e i l (Bild 7.8b), so ergeben sich wieder eine unendliche Zahl möglicher Übergangskurven, angefangen von der Kurve d bis hin zur Kurve e. Auch hier führt eine Prüfung der Realisierbarkeit solcher Übergangskurven mit Hilfe der Diagramme in Bild 7.4 zur Lösung. Man kann auf diese Weise zeigen, daß die jeweils gestrichelten Teile der Kurven d und e physikalisch unmöglich sind. Das aber bedeutet, daß die durchgezogenen Kurventeile in den Querschnitt des Gefällswechsels hinein verschoben werden müssen. Der Abfluß ist also in diesem Querschnitt "kontrolliert", es bildet sich in ihm die Grenztiefe aus, und die Wasserspiegelberechnung hat in beiden Richtungen von dort auszugehen (M_2-Kurve oberhalb, S_2-Kurve unterhalb).

(7.3) Angenommen, für das in Bild 7.9 stark verzerrt dargestellte lange prismatische Gerinne mit mehreren Gefällswechseln seien Q, k_{St}, I_o der verschiedenen Gerinneabschnitte sowie die Querschnittsformen und -abmessungen gegeben. Mit den Gleichungen (7.9) und (7.10) lassen sich dann die Grenz- und Normalabflußtiefen und damit die Kategorie der Gefälle in den einzelnen Abschnitten bestimmen (Bild 7.9a). Man ermittle die möglichen Wasserspiegelprofile als Vorbereitung einer Wasserspiegelberechnung.

Nach den Erläuterungen zu Beispiel (7.2) dürfte klar sein, daß mögliche Punkte für eine Abflußkontrolle die Punkte 1, 3 und 4 sind. Beginnt man in 4, und zwar - entsprechend den Bedingungen des strömenden Abflusses - gegen die Strömungsrichtung, so müssen sich der Reihe nach ein A_2-, ein M_1- und ein S_1-Profil einstellen (Bild 7.9b). Man nennt die Verbindung dieser Linien "Staulinie"; wie man sieht, "staut" diese die mögliche Kontrolle in Punkt 3 ein. Ähnlich lassen sich die Wasserspiegelprofile für den schießenden Abfluß unterstrom von Punkt (1), die sogenannte "Senkungslinie", mit der Folge von S_2-, M_3-, A_3-, M_3-Profilen festlegen, und zwar jeweils mit Hilfe der Diagramme in Bild 7.4. Ob sie sich allerdings

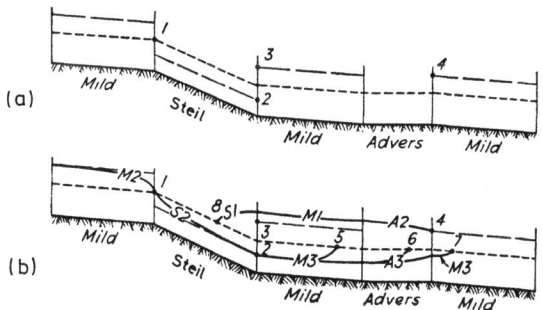

Bild 7.9 Beispiel (7.3) für die Voranalyse einer Wasserspiegelbestimmung nach Posey (Entn. aus Rouse "Engineering Hydraulics", 1950, m. frdl. Gen. v. John Wiley & Sons)

tatsächlich einstellen können, ob die S_2-Kurve schon oberhalb des Punktes 2 die Normalabflußlinie erreicht, ob die M_3- und A_3-Kurven die Grenzabflußlinie bereits in den Punkten 5 bzw. 6 schneiden - diese Fragen können nur durch die Berechnung beantwortet werden.

Ein wichtiger Bestandteil dieser Berechnung muß die Bestimmung des Wechselsprungs sein, der zwischen den Punkten 7 und 8 liegen muß. Sie erfordert die Auftragung der konjugierten Wassertiefe nach Gleichung (1.34) oder (1.36) für die Stau- oder Senkungslinien; wo immer diese "konjugierte Kurve" die letzteren schneidet, dort wird sich der Wechselsprung einstellen.

(7.4) Für das in Bild 6.1 dargestellte lange prismatische Gerinne sei nicht die Abflußmenge Q sondern die Höhe des Wasserspiegels im Staubecken am Einlauf gegeben, d.h. also die spezifische Energiehöhe H_o an dieser Stelle. Zu berechnen ist Q für folgenden praktischen Fall (Rouse, 1950, S. 620): Das Gerinne sei rechteckig mit B = 12 ft, habe eine Neigung von I_o = 0,001 und einen gut ausgerundeten Einlauf, dessen Oberkante 6 ft unter dem Stauspiegel liegt. Das Gerinne sei aus Beton; hierfür findet man n = 1,49/k_{St} = 0,013. (Hier wird absichtlich eine Aufgabe im amerikanischen Maßsystem gebracht, um auf die Problematik der Übertragung von Abflußbeiwerten aufmerksam zu machen. Da weder n noch k_{St} dimensionslos sind, können sie nur jeweils in Kombination mit demjenigen Maßsystem verwendet werden, für das sie ermittelt und tabelliert wurden.)

Da Q unbekannt ist, können hier die Wassertiefen y_{gr} und y_n nicht errechnet werden. Man weiß somit auch nicht, ob das vorgegebene Gefälle I_o steil oder mild ist. Es muß also zunächst eine Annahme getroffen werden. Angenommen, das Gerinne sei steil (Bild 7.10a); dann ist der Abfluß am Einlauf kontrolliert (vgl. Bild 6.1c), und man erhält mit einem geschätzten Einlaufverlust von 0,2 ft

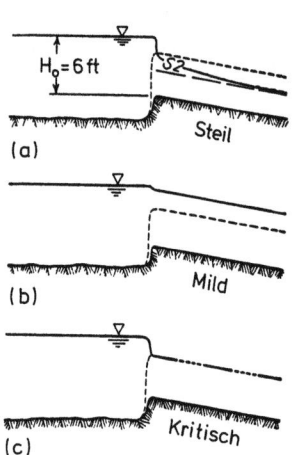

Bild 7.10 Gerinneabfluß aus einem Staubecken (Beispiel 7.4) (Entn. aus Rouse "Engineering Hydraulics", 1950, m. frdl. Gen. v. John Wiley & Sons)

$$y_{gr} = \frac{2}{3}(H_o)_{eff} = \frac{2}{3}(6 - 0,2) = 3,87 \text{ ft}$$

Damit wird $V_{gr}^2/2g$ = 1,93 ft, V_{gr} = 11,1 ft/s und man erhält

$$Q = 3,87 \times 12 \times 11,1 = 516 \text{ ft}^3/s$$

Ob die Annahme eines steilen Gefälles berechtigt war, kann man nun prüfen, indem man aus der GMS-Formel die Normalabflußtiefe ermittelt:

$$Q = \frac{1,49}{n} AR^{2/3} I_o^{1/2} \qquad (7.24)$$

$$516 = \frac{1,49}{0,013} \cdot 12 \, y_n \left(\frac{12 y_n}{12 + 2 y_n}\right)^{2/3} 0,001^{1/2}$$

und man erhält y_n = 5,8 ft. Da dieser Wert größer ist als y_{gr} = 3,87 ft, ist das Gerinnegefälle nicht steil sondern mild. Das aber bedeutet bei einem langen Gerinne, daß Normalabfluß bis hin zum Einlauf angenommen werden darf (Bild 7.10b). Die Bestimmungsgleichung für die Abflußmenge lautet deshalb

$$H_o = y_n + \frac{V_n^2}{2g} + \zeta_e \frac{V_n^2}{2g} = y_n + \frac{Q^2}{2gB^2 y_n^2} (1 + \zeta_e) \qquad (7.25)$$

Die Lösung erhält man in Kombination mit Gleichung (7.24) aus einer Iterationsrechnung. Mit einem Einlaufverlustbeiwert von ζ_e = 0,1 lautet die Lösung

$$Q = 440 \text{ ft}^3/s$$

(7.5) Wie bereits erwähnt, besteht eine der häufigsten Fehlerquellen darin, daß bei Wasserspiegelberechnungen für Gerinneströmungen Bereiche s t a r k ungleichförmigen Abflusses nicht richtig behandelt werden. Angenommen, die Wasserspiegellage sei für ein sehr langes prismatisches Gerinne zu ermitteln, dessen Sohlenhöhe sich an einer Stelle plötzlich ändert (Bild 7.11). Die hier folgende Diskussion ist auch auf relativ abrupte Änderungen der Gerinnebreite oder der Gerinneform übertragbar.

Angenommen, es handelt sich um ein Gerinne mit mildem Gefälle und einer plötzlichen Sohlenvertiefung um den Betrag Δz. Man wird hier dazu verleitet sein, den Wasserspiegel vom Unterwassergerinne her in Höhe der

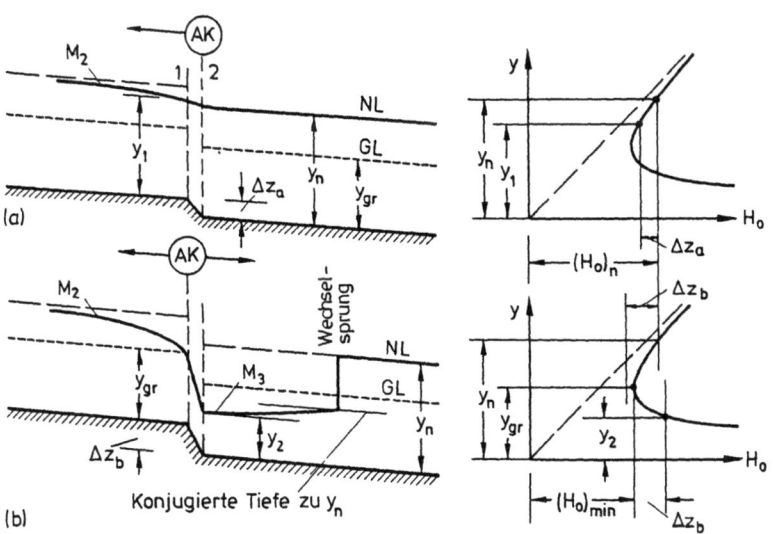

Bild 7.11   Wasserspiegelbestimmung bei plötzlicher Änderung der Sohlenhöhe (Beispiel 7.5)

Normalabflußlinie NL einfach durchzuziehen und mit $y_1 = y_n - \Delta z$ im Querschnitt 1 nach oberstrom weiterzurechnen (M_2-Kurve).[1] Tatsächlich aber liegt ja im Bereich des Sohlenabsturzes stark ungleichförmiger Abfluß vor, für den nach der Energiegleichung

$$y_1 + \alpha_1 \frac{V_1^2}{2g} = (H_o)_n + \zeta \frac{V^2}{2g} - \Delta z \qquad (7.26)$$

gilt. Vernachlässigt man den örtlichen Verlust, so kann y_1 auch aus dem Energiehöhen-Diagramm direkt abgelesen werden (Bild 7.11a). Letzteres zeigt besonders anschaulich, daß mit zunehmenden Werten von Δz schließlich $y_1 = y_{gr}$ erreicht wird und daß bei weiterer Zunahme der Abfluß nicht mehr vom Unterwasser her kontrolliert bleiben kann. (Zieht man Δz_b von $(H_o)_n$ ab, so erhält man keine Lösung für y_1, siehe Bild 7.11b rechts.) Die Abflußkontrolle (AK) wird von da ab vom Querschnitt 1 übernommen, und die Wassertiefe y_2 ergibt sich nun aus der Energiegleichung

$$y_2 + \alpha_2 \frac{V_2^2}{2g} = (H_o)_{min} - \zeta \frac{V^2}{2g} + \Delta z \qquad (7.27)$$

die auch graphisch mit Hilfe des Energiehöhen-Diagramms gelöst werden kann (Bild 7.11b).

Erst wenn nach dieser Voranalyse feststeht, daß sich im Querschnitt 1 die Grenztiefe y_{gr} und im Querschnitt 2 die Tiefe y_2 nach Gleichung (7.27) einstellen, kann nunmehr der Wasserspiegelverlauf im Ober- und Unterwasser mittels der Berechnungsmethoden für den leicht ungleichförmigen Abfluß ermittelt werden: Es stellt sich im Oberwasser eine M_2-Kurve und im Unterwasser eine M_3-Kurve ein.

7.2 Ungleichförmige Gerinneströmung mit Selbstbelüftung

7.2.1 Grenzschichtentwicklung und Belüftungsbeginn

Ist ein Gerinne extrem steil (eine Schußrinne), so kann, wie in Abschnitt 6.3.2 bereits vermerkt wurde, ein Wasserluftgemisch entstehen. Gleichgültig, ob ein solches Gerinne im Einlauf durch einen Verschluß oder einen Wehrüberlauf kontrolliert ist (vgl. Bild 6.26), in jedem Fall wird sich ein ungleich-

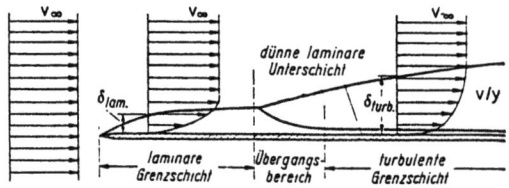

Bild 7.12 Entwicklung der Grenzschicht an einer ebenen Platte

förmiger schießender Abfluß einstellen, der über eine gewisse Länge (L_a in
Bild 6.26) durch eine Grenzschichtentwicklung gekennzeichnet sein wird.

Ursache für die Entwicklung einer Grenzschicht ist bekanntlich die Zähigkeit,
die eine Bewegung der Wasserteilchen nahe einer festen Wand verhindert (Haft-
bedingung) und auf diese Weise eine drastische Geschwindigkeitsänderung inner-
halb einer dünnen Schicht in Wandnähe (der sogenannten Grenzschicht) bewirkt.
Bild 7.12 stellt die Entwicklung der Grenzschicht an einer längsangeströmten
Platte dar. Als Grenzschichtdicke δ wird der Abstand von der Sohle bis zu dem
Punkte bezeichnet, an dem die Außengeschwindigkeit v_∞ zu 99 % erreicht ist.
Bei glatter Sohle ist die Grenzschicht zunächst laminar. Mit zunehmender
Dicke δ und damit größer werdender Reynolds-Zahl $Re_\delta = v\delta/\nu$ erfolgt schließ-
lich der Umschlag zur Turbulenz, wobei jedoch die Strömung außerhalb der
Grenzschicht turbulenzfrei bleibt. Übertragen auf den in Bild 6.26 darge-
stellten Schußrinnenabfluß bedeutet dies, daß an der Wasseroberfläche Turbu-
lenz erst auftreten kann, wenn der obere Rand der turbulenten Grenzschicht die
Oberfläche erreicht. Erst von diesem Punkte C ab ist die gesamte Strömung
voll turbulent.

Zum Eintrag von Luft in das fließende Wasser kommt es von dem Querschnitt ab,
in dem die turbulenten Querbewegungen der Wasserteilchen an der Oberfläche so
stark geworden sind, daß sie Luftblasen gegen die Auftriebswirkung zu trans-
portieren vermögen. Als groben Richtwert für einsetzende Selbstbelüftung hat
Chow (1959) eine mittlere Fließgeschwindigkeit von 7 m/s angegeben. Tatsächlich hängt die kritische Geschwindigkeit jedoch unter anderem von der Ein-
laufgestaltung, der Gerinnerauheit, der Querschnittsform, dem Sohlengefälle
und der Abflußmenge ab. Ein verbessertes Kriterium für das Einsetzen von
Selbstbelüftung wurde von Gangadharaiah entwickelt (Rao, Kobus, 1975). Es
beruht auf der Modellvorstellung, daß Selbstbelüftung dort beginnt, wo die
kinetische Energie kugelförmiger Wassertröpfchen ausreicht, um die Oberflächenspannung σ zu überwinden, bzw. dort, wo die Kennzahl

$$S = \frac{\rho V^2}{\sigma} \left(\frac{vy}{v_*}\right)^{1/2} \quad \text{mit} \quad v_* = \sqrt{\frac{\tau_o}{\rho}} = \sqrt{gRI_e} \qquad (7.28)$$

einen Grenzwert überschreitet (vgl. Gleichung 6.4). Hierin bedeutet ρ die
Dichte des Wassers; y ist die Wassertiefe und V die mittlere Geschwindigkeit.
Aus zahlreichen Natur- und Laborbeobachtungen ergibt sich als kritischer Wert
für den Beginn der Selbstbelüftung:

$$S > 56 \quad \text{Kriterium für Beginn der Selbstbelüftung} \tag{7.29}$$

Zur Bestimmung des Punktes, an dem die Selbstbelüftung beginnt, findet man in der Literatur verschiedene Methoden, die teils auf der Auswertung von Natur- und Modellmessungen, teils auf analytischen Untersuchungen beruhen. In Rao, Kobus (1975) ist eine Methode angegeben, die aus den Meßdaten von drei Dämmen entwickelt wurde. Der kritische Punkt für die Selbstbelüftung wird danach aus Diagrammen bestimmt, die einen starken Einfluß der Gerinneform zeigen. Eine Berechnung auf der Grundlage des bereits früher zitierten k-ε-Turbulenzmodells (Rodi, 1980) haben Keller, Rastogi (1977) unter der Voraussetzung eines druckfreien Profils am Einlaufquerschnitt (Einlauf ohne Verschlußorgan) durchgeführt. Die Ergebnisse sind in Bild 7.13 dimensionslos dargestellt. Ergänzende Berechnungen mit der Annahme einer hydrostatischen Druckverteilung sowie mit Abflüssen, die unter und über dem Bemessungsabfluß liegen, haben Abweichungen von maximal 10 % ergeben. Man kann die Ergebnisse in Bild 7.13 deshalb auch als gute Näherung für andere Einlaufverhältnisse betrachten. Gegen Änderungen der Rauheit ist die Lauflänge bis zum Beginn der Selbstbelüftung L_a relativ unempfindlich. So vermindert sie sich zum Beispiel bei einer Erhöhung des Rauheitsmaßes von k = 1 mm auf k = 2 mm nur um rund 10%.

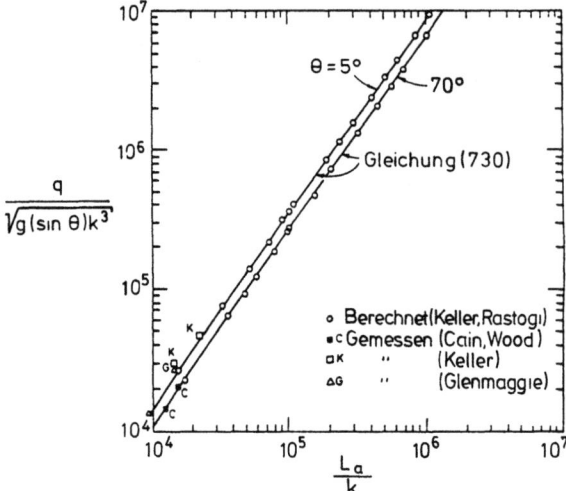

Bild 7.13 Lauflänge L_a bis zum Beginn der Selbstbelüftung in einer Schußrinne mit Sohlenneigungswinkel θ und Sohlenrauheit k bei druckfreiem Profil im Einlaufquerschnitt

Nach einer Regressionsanalyse von Wood (1986) können die in Bild 7.13 dargestellten Ergebnisse von Keller, Rastogi (1977) auf ± 3% Genauigkeit durch folgende Formel beschrieben werden:

$$\frac{L_a}{k} = 13,6\,(\sin\theta)^{0,0796} \left(\frac{q}{\sqrt{g(\sin\theta)k^3}}\right)^{0,713} \tag{7.30}$$

Ähnlich folgt die maximale Geschwindigkeit $(v_{max})_a$ und die Wassertiefe y_a im Querschnitt, in dem die Selbstbelüftung beginnt, nach Wood zu:

$$\frac{(v_{max})_a}{\sqrt{2gk}} = 3,69\,(\sin\theta)^{0,54} \left(\frac{q}{\sqrt{g(\sin\theta)k^3}}\right)^{0,357} \tag{7.31}$$

$$\frac{y_a}{k} = 0,223\,(\sin\theta)^{-0,04} \left(\frac{q}{\sqrt{g(\sin\theta)k^3}}\right)^{0,643} \tag{7.32}$$

(Nähere Angaben finden sich in Wood, 1987.)

7.2.2 Die Luftkonzentrationsverteilung

Setzt in einer Schußrinne Selbstbelüftung ein, so entsteht ein in immer grössere Tiefen eindringendes Wasserluftgemisch bis schließlich der gesamte Abfluß voll belüftet ist (Querschnitt E in Bild 6.26). Eine typische Verteilung der Luftkonzentration c in diesem Bereich (Strecke L_b in Bild 6.26) geht aus der Auftragung der Naturmeßdaten von Cain, Wood (1981) in Bild 7.14 hervor. Hier bezeichnet x den entlang der Gerinnesohle gemessenen Abstand vom Querschnitt des Beginns der Selbstbelüftung und y_a die Wassertiefe in diesem Querschnitt. Eine Verallgemeinerung dieser Ergebnisse von $\theta = 45°$ auf beliebige Sohlenneigungswinkel wird im folgenden gezeigt.

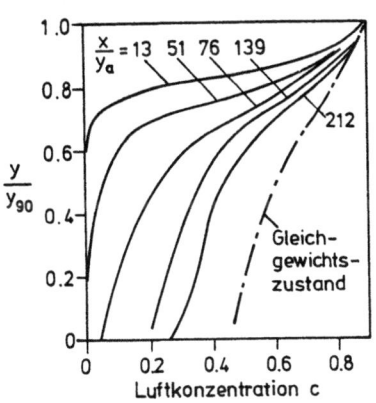

Bild 7.14 Naturmeßdaten für ungleichförmigen selbstbelüfteten Abfluß in einer Schußrinne mit $\theta = 45°$ nach Cain, Wood (1981)

7.2.3 Berechnung des selbstbelüfteten Abflusses

Zur Berechnung des ungleichförmigen selbstbelüfteten Abflusses schlägt Wood (1987) vor, die sich in diesem Fall mit x verändernde Luftkonzentrationsverteilung aufgrund von lokalen Gleichgewichtsannahmen mittels der Gleichung (6.45) so zu bestimmen, als käme es lediglich auf den jeweiligen Wert der über die Tiefe gemittelten Luftkonzentration $\bar{c}$ an. Mit anderen Worten: Wood nimmt an, daß die Verteilung der Luftkonzentration $c(y)$ in einem Querschnitt allein von $\bar{c}$ abhängt, gleichgültig, ob es sich um einen Querschnitt des Normalabflusses ($\bar{c} = \bar{c}_n(\theta)$, Bild 6.28) oder um einen Querschnitt des dem Normalabfluß vorausgehenden ungleichförmigen Abflusses handelt ($\bar{c} = \bar{c}(x)$, Bild 7.18). Die ausgezeichnete Übereinstimmung einer auf dieser Annahme basierenden Berechnung mit Naturmeßdaten (Cain, Wood, 1981), die aus Bild 7.15a ersichtlich ist, läßt darauf schließen, daß Woods Methode auf beliebige Sohlenneigungswinkel θ und - nach dem in Abschnitt 6.3.2.3 Berichteten - auf beliebige Rauheitsgrade k/y_a anwendbar ist. Ähnlich zeigt Bild 7.15b, daß wohl auch die lokalen Klarwassertiefen y_w (vgl. Gleichung 6.42), bezogen auf die Wassertiefe y_a am Beginn der Luftaufnahme, genau genug als Funktionen allein von der lokalen Größe von $\bar{c}$ angenommen werden dürfen.

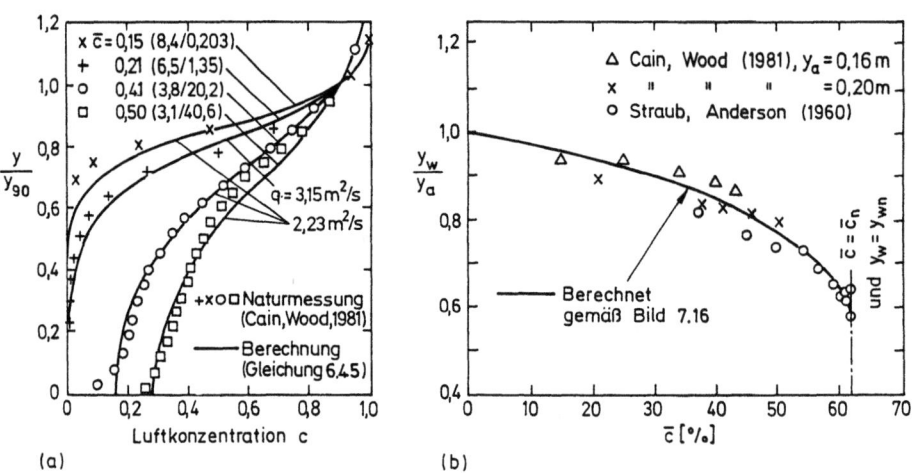

Bild 7.15 (a) Luftkonzentrationsverteilung (Werte in Klammer stehen für $\delta\cos\theta$ und κ, siehe Gleichung 6.45) und (b) lokale Klarwassertiefe y_w - jeweils in Abhängigkeit von der lokalen mittleren Luftkonzentration $\bar{c}$ für ungleichförmigen selbstbelüfteten Abfluß in einer Schußrinne mit Neigungswinkel $\theta = 45°$ nach Wood.

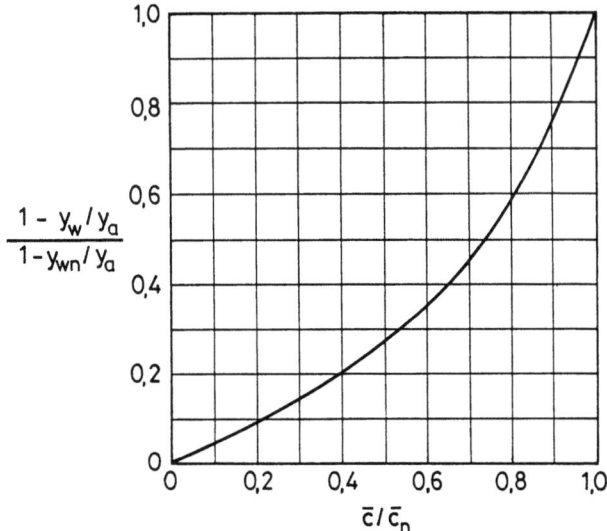

Bild 7.16 Berechnungsgrundlage für den ungleichförmigen selbstbelüfteten Abfluß nach Wood (1987)

Formt man die Mittelwerte der Beziehung in Bild 7.15b um in der Form

$$\frac{\bar{c}}{\bar{c}_n} = f\left(\frac{1 - y_w/y_a}{1 - y_{wn}/y_a}\right) \tag{7.33}$$

worin y_{wn} die Klarwassertiefe des Normalabflusses bezeichnet, so erhält man eine Berechnungsgrundlage, die, wie Wood (1987) zeigte, für beliebige Sohlenneigungswinkel θ gültig ist. Diese Berechnungsgrundlage ist in Bild 7.16 dargestellt. (Näheres hierzu, siehe Wood, 1986 und 1987.)

Die mittlere Klarwassergeschwindigkeit V_w und die der Tiefe y_{90} entsprechende Geschwindigkeit v_{90} erhält man aus der Kontinuitätsgleichung (vgl. Gleichung 6.42):

$$q = V_w y_w = \int_0^\infty (1 - c) v_w dy = v_{90} y_{90} c^* \tag{7.34}$$

$$\text{mit } c^* = \int_0^\infty (1 - c) \frac{v_w}{v_{90}} d\left(\frac{y}{y_{90}}\right)$$

wobei die Geschwindigkeitsverteilung nach Gleichung (6.44) und die Luftkonzentrationsverteilungen nach Bild 7.15a verwendet werden können, um c^* zu ermitteln.

Wie die Berechnung des leicht ungleichförmigen selbstbelüfteten Abflusses mit Hilfe der hier gegebenen Information durchgeführt wird, sei mit einem Beispiel am Ende dieses Abschnitts gezeigt (Beispiel 7.7).

7.2.4 Die Energie- und Impulsgleichung

Es wird einleuchten, daß bei den in Bild 7.15a und 6.28 gezeigten Luftkonzentrationsverteilungen sowohl die spezifische Energiehöhe H_o als auch die Stützkraft S_o in den Energie- und Impulsgleichungen (Gleichung 7.5, 1.27 und 1.33) neu definiert werden müssen. Wood (1987) zeigt im einzelnen, daß hier

$$H_o = y_w \cos\theta + \alpha^* \frac{V_w^2}{2g} \qquad (7.35)$$

gilt mit

$$\alpha^* = \left(\frac{V_{90}}{V_w}\right)^2 \frac{\int_0^\infty (1-c)\left(\frac{V_w}{V_{90}}\right)^3 d\left(\frac{y}{y_{90}}\right)}{\int_0^\infty (1-c)\left(\frac{V_w}{V_{90}}\right) d\left(\frac{y}{y_{90}}\right)} \qquad (7.36)$$

Für die Stützkraft pro Breiteneinheit S_o leitet Wood die Beziehung ab (vgl. Gleichung 2.24):

$$\frac{S_o}{\rho_w} \approx \frac{1}{2(1-\bar{c})} g (\cos\theta) y_w^2 + \beta^* q V_w \qquad (7.37)$$

mit

$$\beta^* = \left(\frac{V_{90}}{V_w}\right)^2 \frac{1}{1-\bar{c}} \int_0^\infty (1-c) \left(\frac{V_w}{V_{90}}\right)^2 d\left(\frac{y}{y_{90}}\right) \qquad (7.38)$$

(ρ_w = Dichte des Wassers).

Die Auswertungen der Gleichungen (7.36) und (7.38) auf der Grundlage der Geschwindigkeitsverteilung nach Gleichung (6.44) und der Luftkonzentrationsverteilungen nach Bild 7.15a gemäß Wood (1987) sind in Bild 7.17 zusammengestellt. Man sieht, daß man unabhängig von der mittleren Luftkonzentration $\bar{c}$ mit einem α^*-Wert zwischen 1,05 und 1,06 rechnen kann, während β^* mit $\bar{c}$ zunimmt.

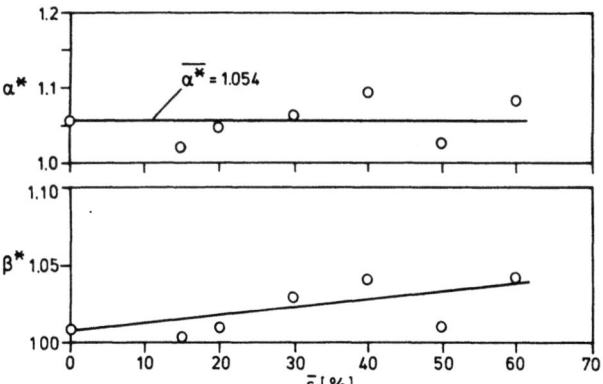

Bild 7.17 Ausgleichsbeiwerte α^* und β^* gemäß Gleichungen (7.36, 7.38) in Abhängigkeit von der mittleren Luftkonzentration $\bar{c}$.

BEISPIEL 7.6

Eine 50 m breite Schußrinne mit 30° Neigungswinkel und einer Rauheit k = 2 mm führt 3500 m³/s ab (vgl. Beispiel 6.1). Man bestimme den Abstand vom Einlauf, von dem ab Selbstbelüftung eintritt.

Die Lösung folgt aus Gleichung (7.30) mit

$$Fr_* = \frac{q}{\sqrt{g(\sin\theta)k^3}} = 35{,}3 \times 10^4$$

zu

$$L_a = 13{,}6 k (\sin 30°)^{0{,}0796} Fr_*^{0{,}713} = 232 \text{ m}$$

Die zugehörige Wassertiefe erhält man damit aus Gleichung (7.32):

$$y_a = 0{,}223 k (\sin 30°)^{-0{,}04} Fr_*^{0{,}043} = 1{,}69 \text{ m}$$

BEISPIEL 7.7

Für zwei Hochwasserabflüsse in einer 45° geneigten Schußrinne mit einer Rauheit von k = 1,5 mm wurden die Wassertiefen am Beginn der Selbstbelüftung wie folgt bestimmt (vgl. Beispiel 7.6):

(a) $q = 2{.}23 \text{ m}^2/\text{s}; \quad y_a = 0{,}162 \text{ m}; \quad Fr_a = V_a/\sqrt{gy_a} = q/\sqrt{gy_a^{3/2}}) = 10{,}95$

(b) $q = 3{,}15 \text{ m}^2/\text{s}$; $y_a = 0{,}210 \text{ m}$; $Fr_a = 11{,}15$.

Man ermittle den Verlauf des Klarwasserspiegels und der mittleren Luftkonzentration $\bar{c}$ im Bereich des ungleichförmigen selbstbelüfteten Abflusses unterstrom dieses Querschnitts. (Entnommen aus Wood, 1987).

Beide Abflüsse haben etwa gleiche Froude-Zahlen Fr_a. Es genügt deshalb eine einzige Berechnung für den Mittelwert $Fr_a \cong 11{,}05$.

Den Widerstandsbeiwert λ_a erhält man aus Bild 6.5 mit $4y_a/k \cong 480$ zu $\lambda_a \cong 0{,}025$ (Re extrem groß).

Für den Normalabfluß am Ende des ungleichförmigen Bereichs erhält man aus der Tabelle in Bild 6.28 $\bar{c}_n = 0{,}618$ und damit aus Bild 6.27 $\lambda_c/\lambda_a = 0{,}4$. Somit ist $\lambda_c = 0{,}4 \times 0{,}025 = 0{,}01$. Die Normalabflußtiefen y_{wn} erhält man aus Gleichung (6.22) mit $I = \sin\theta$ und $R = y_{wn}$ zu

$$y_{wn} = \left(\lambda_c \frac{q^2}{8g \sin\theta}\right)^{1/3}$$

(vgl. Beispiel 6.1). Dividiert man diese Gleichung durch y_a, so erhält man mit $Fr_a = V_a/\sqrt{gy_a}$

$$\frac{y_{wn}}{y_a} = \left(\frac{\lambda_c}{8} Fr_a^2\right)^{1/3} = 0{,}6$$

Hiermit läßt sich der Abszissenwert in Bild 7.16 bestimmen zu

$$\frac{1 - y_w/y_a}{1 - y_{wn}/y_a} = 2{,}5 \left(1 - \frac{y_w}{y_a}\right)$$

Das Energiegefälle I_e kann in einem beliebigen Querschnitt mit der Tiefe y_w nach Gleichung (6.22) angenähert werden (exakt gilt sie nur für den Normalabfluß):

$$I_e = \frac{\lambda}{8} \frac{q^2}{gy_w^3} = \frac{\lambda}{8} \left(\frac{y_a}{y_w}\right)^3 Fr_a^2 \qquad (7.39)$$

und das mittlere Energieliniengefälle zwischen zwei Querschnitten 1 und 2 kann angenähert werden durch $(I_e)_m = (I_{e_1} + I_{e_2})/2$. Das Sohlengefälle beträgt $I_o = \sin\theta = 0{,}707$.

Nun benötigt man noch die spezifische Energiehöhe nach Gleichung (7.35):

$$\frac{H_o}{y_a} = \frac{y_w}{y_a} \cos\theta + \frac{\alpha^*}{2} Fr_a \left(\frac{y_a}{y_w}\right)^2$$

und man kann die Berechnung nach Gleichung (7.6) beginnen. Sie wird im folgenden tabellarisch durchgeführt. Das Ergebnis wird in Bild 7.18 mit Naturmeßergebnissen von Cain, Wood (1981) verglichen. (Die gute Übereinstimmung hängt natürlich damit zusammen, daß die Berechnungsgrundlagen mithilfe dieser Naturmessungen gewonnen wurden.)

Tabelle 7.2

1	2	3	4	5	6	7	8	9	10	11	12	13	14	15
y_w/y_a	$\dfrac{1-y_w/y_a}{1-y_{wn}/y_a}$	$\bar{c}/\bar{c}_n$ (Bild 7.16)	$\bar{c}$	λ_c/λ_a (Bild 6.27)	$\lambda_c/8$	I_e [Gl.7.39]	$I_o - I_e$	$\dfrac{y_w}{y_a}\cos\theta$	$\dfrac{\alpha^*}{2}Fr_a^2\left(\dfrac{y_a}{y_w}\right)^3$	$H_o = [9]+[10]$	$\dfrac{\Sigma[8]}{2}$	ΔH_o [m]	Δx [m]	$x = \Sigma \Delta x$ [m]
1,00	0	0	0	1,00	0,003125	0,3803	0,3268	0,7071	61,1215	61,829				
											0,3127	2,967	9,488	
0,98	0,0499	0,13	0,080	1,00	0,003125	0,4085	0,2986	0,6930	64,103	64,796				9,49
											0,2882	2,195	7,616	
0,96	0,0998	0,22	0,135	1,00	0,003125	0,4298	0,2778	0,6788	66,313	66,991				17,10
											0,2658	2,843	10,662	
0,94	0,149	0,31	0,191	0,99	0,003094	0,4533	0,2538	0,6647	69,169	69,834				27,76
											0,2436	3,036	12,466	
0,92	0,200	0,39	0,240	0,97	0,003031	0,4738	0,2333	0,6505	72,219	72,870				40,23
											0,2250	3,225	14,337	
0,90	0,250	0,47	0,289	0,94	0,002938	0,4905	0,2166	0,6364	75,458	76,095				54,57
											0,2107	3,460	16,425	
0,88	0,299	0,54	0,332	0,90	0,002813	0,5024	0,2047	0,6223	78,933	79,555				70,99
											0,1988	3,696	18,596	
0,86	0,349	0,61	0,375	0,86	0,002688	0,5143	0,1928	0,6081	82,643	83,251				89,59
											0,1805	3,970	22,000	
0,84	0,399	0,65	0,400	0,84	0,002675	0,5390	0,1681	0,5940	86,627	87,221				111,59
											0,1618	4,258	26,325	
0,82	0,449	0,70	0,431	0,80	0,00250	0,5517	0,1554	0,5798	90,899	91,478				137,91
											0,1531	4,590	29,971	
0,80	0,499	0,74	0,455	0,76	0,00234	0,5562	0,1509	0,5657	95,502	96,068				167,89
											0,1406	4,938	35,133	
0,78	0,549	0,775	0,477	0,72	0,00225	0,5769	0,1362	0,5515	100,455	101,006				203,02
											0,1216	8,179	67,290	
0,75	0,623	0,82	0,504	0,66	0,00206	0,5942	0,1129	0,5303	108,655	109,185				270,31
											0,0995	16,053	161,34	
0,70	0,749	0,89	0,547	0,56	0,00175	0,6210	0,0861	0,4950	124,743	125,238				431,65
											0,0709	19,895	280,81	
0,65	0,873	0,95	0,584	0,47	0,00147	0,6515	0,0556	0,4596	144,674	145,133				712,46
											0,0292	25,073	858,66	
0,60	0,998	1,00	0,615	0,40	0,00125	0,7043	0,0028	0,4243	169,782	170,206				1571,12

(Entnommen aus Wood, 1987)

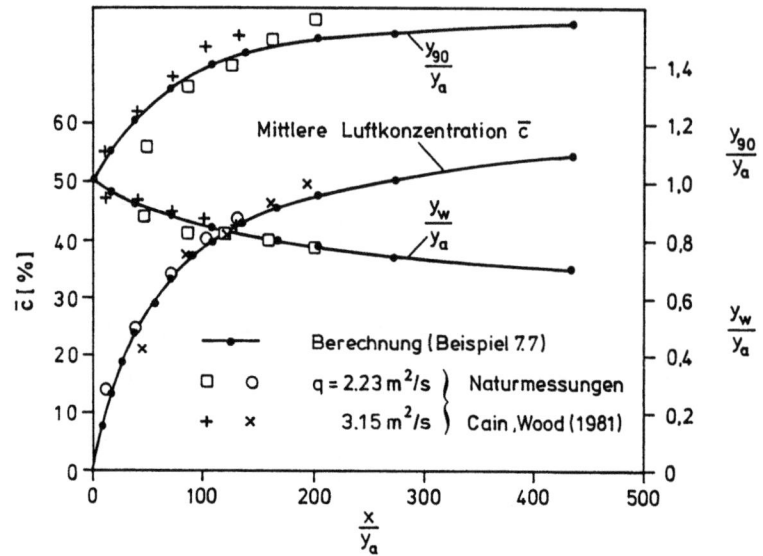

Bild 7.18 Entwicklung der mittleren Luftkonzentration und der Wassertiefen im Bereich des ungleichförmigen Abflusses für eine Schußrinne mit 45° Neigungswinkel (Beispiel 7.7).

7.3 Gerinneströmung mit seitlichem Zufluß

7.3.1 Problemstellung

Zur Klärung der Problemstellung seien in den Bildern 7.19 bis 7.21 zunächst einige praktische Beispiele für Strömungsvorgänge in Gerinnen mit seitlichem Zufluß vorangestellt.

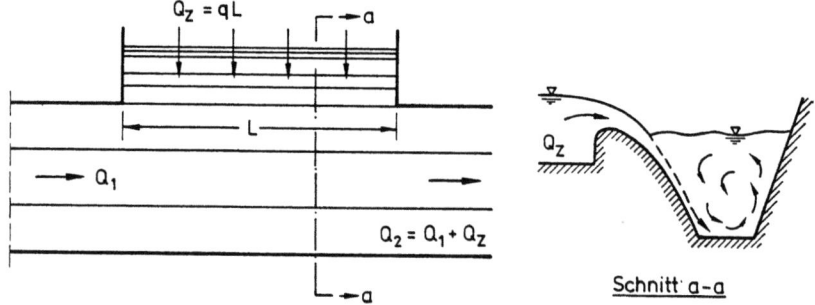

Bild 7.19 Gerinne mit seitlichem Zufluß über einen Damm oder ein Wehr (z.B. Hochwasserentlastung mit Schußrinne, Straßenentwässerung, Dachentwässerung)

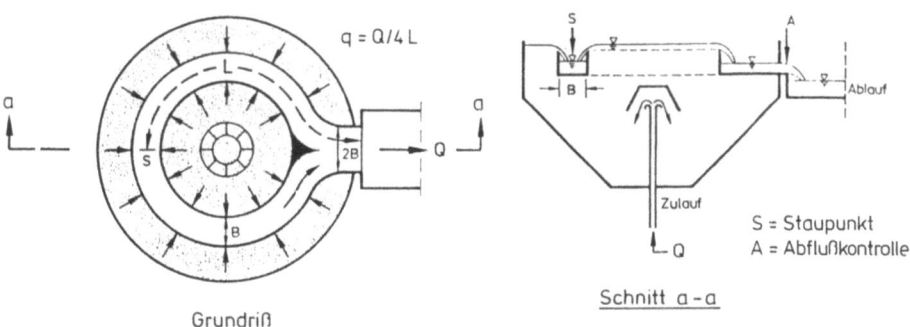

Bild 7.20   Entwässerungsrinnen in großen Reaktionsbecken (z.B. in der chemischen Industrie und in der Siedlungswasserwirtschaft)

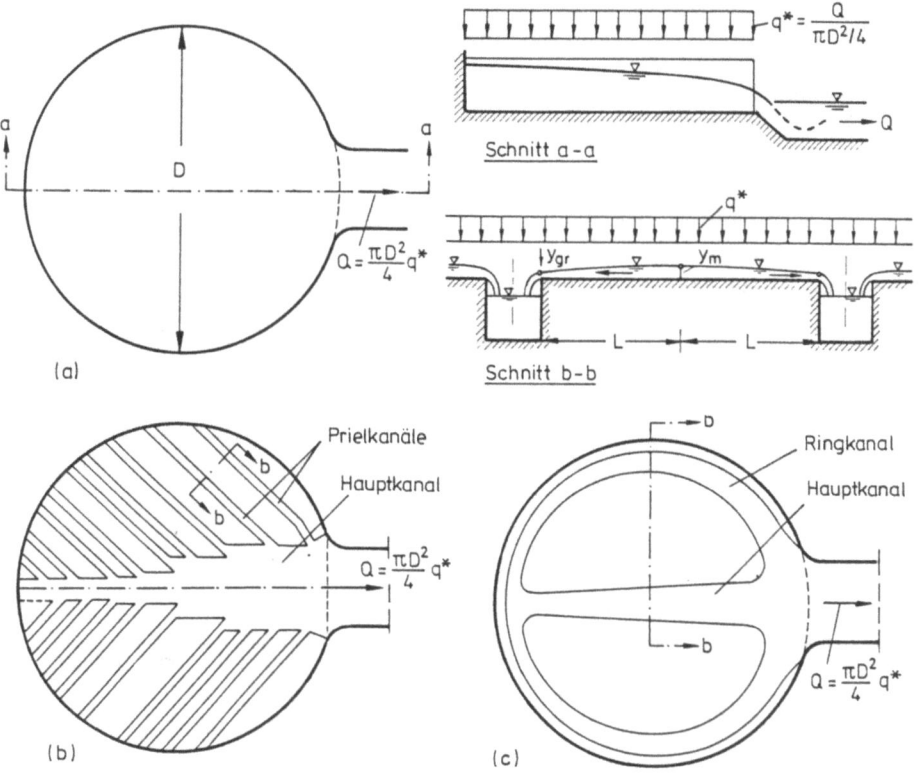

Bild 7.21   Entwässerung beregneter Becken (z.B. Kühlturmtassen): (a) Tieftasse, (b) Flachtasse mit Prielkanälen, (c) Flachtasse mit Ringkanal

In allen dargestellten Beispielen sind die Strömungsvorgänge stationär, ungleichförmig. Nicht nur die Fließgeschwindigkeiten und Wassertiefen, sondern auch die Abflußmenge und in manchen Fällen die Fließquerschnitte ändern sich von Ort zu Ort. Durch die Umlenkung der Strömung und die intensive turbulente Durchmischung entstehen besonders hohe Strömungswiderstände und Energieverluste, die, wie nachfolgend gezeigt wird, eine gesonderte Behandlung erfordern.

7.3.2 Die Grundgleichungen

Die Ableitung der Differentialgleichung für die Wasserspiegellage in einem Gerinne mit gleichförmig verteiltem, seitlichem Zufluß q(x), angegeben als Volumenfluß pro Längeneinheit in x-Richtung, orientiert sich an der folgenden Skizze (Bild 7.22). Hierin bezeichnet θ den Sohlenneigungswinkel, φ den Winkel zwischen der Richtung des seitlichen Zuflusses und der x-Achse bzw. der Richtung des Gerinneabflusses Q und der Geschwindigkeit u des seitlichen Zuflusses.

Die Kontinuitätsgleichung lautet für den in Bild 7.22 dargestellten Fall:

$$dQ = q(x)dx \qquad (7.40)$$

wobei $Q(x) = V(x)A(x)$ und $q(x)$ beliebige Funktionen von x sein können. In den meisten Fällen reicht es jedoch aus, q als eine Konstante zu behandeln. Gleichung (7.40) läßt sich somit auch wie folgt schreiben:

$$\frac{dQ}{dx} = \frac{d(VA)}{dx} = V\frac{dA}{dx} + A\frac{dV}{dx} = q(x) \qquad (7.41)$$

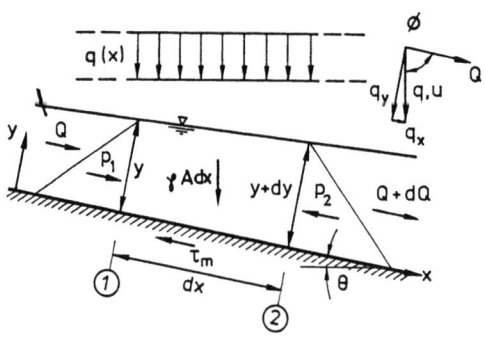

Bild 7.22 Definitionsskizze

Die Impulsgleichung für die x-Richtung des in Bild 7.22 dargestellten Kontrollvolumens lautet:

$$P_1 - P_2 + \gamma I_o A\, dx - \tau_m U\, dx =$$
$$= \beta\rho(Q + dQ)(V + dV) - \beta\rho QV -$$
$$- \rho qu \cos\phi\, dx \qquad (7.42)$$

hierin ist β der Geschwindigkeitsausgleichsbeiwert nach

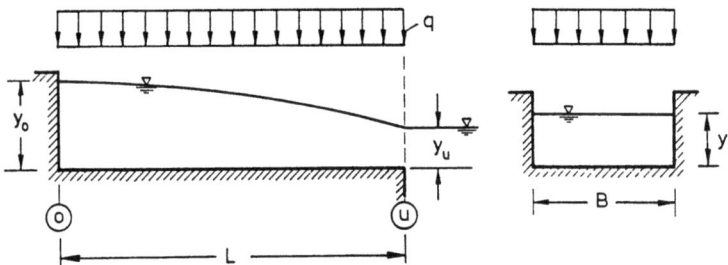

Bild 7.23   Beispiel eines Rechteckgerinnes mit gleichmäßigem seitlichen Zufluß

Gleichung (1.16), $\gamma I_o A\, dx$ ist die Komponente der Schwerkraft in x-Richtung, $I_o = \sin\theta$ ist die Sohlenneigung, A die Querschnittsfläche und U der benetzte Umfang in (1), und P_1, P_2 sind die Druckkräfte in den Querschnitten (1) und (2), deren Differenz sich gemäß Gleichung (1.34) zu

$$P_1 - P_2 = -\gamma A \cos\theta\, dy \qquad (7.43)$$

ergibt. Die Schubkraft $\tau_m U\, dx$ läßt sich mit Hilfe der Energielinienneigung I_e' infolge Reibungsverluste ausdrücken (vgl. Abschnitt 6.1.3)

$$\tau_m U\, dx = \gamma A\, I_e'\, dx \qquad (7.44)$$

(I_e' bezeichnet, wohlgemerkt, nicht die Gesamtneigung der Energielinie $I_e > I_e'$.) Damit läßt sich aus Gleichung (7.42) nach einigem Umformen die Differentialgleichung der Wasserspiegellage für leicht ungleichförmigen Gerinneabfluß mit seitlichem Zufluß ableiten:

$$\frac{dy}{dx} = \frac{I_o - I_e' + \frac{q}{gA}(u\cos\phi - 2\beta V)}{\cos\theta - \beta \frac{V^2}{gA/B}} \qquad (7.45)$$

Mit q = 0 folgt hieraus unmittelbar die Differentialgleichung des ungleichförmigen Abflusses ohne seitlichen Zufluß (Gleichung 7.8).

Eine geschlossene Lösung dieser Gleichung ist nur für den Fall einer Strömung auf horizontaler Sohle ohne Reibungsverluste, d.h. für $I_o = I_e' = 0$, möglich. Für ein R e c h t e c k g e r i n n e erhält man in diesem Fall aus Gleichung (7.45) - sofern $\beta \cong 1$ und $\phi \cong 90°$ ist -

$$\frac{dy}{dx} = -\frac{2qQ}{gA^2}\frac{1}{1-Fr^2} \quad\text{mit}\quad Fr = \frac{V}{\sqrt{gy}} \qquad (7.46)$$

Daraus ist mit $Q = qx$ folgende inhomogene Differentialgleichung erster Ordnung ableitbar:

$$2 \frac{dx}{dy} - \frac{x^2}{y} + \frac{B^2 g}{q^2} y = 0 \qquad (7.47)$$

Die Lösung dieser Gleichung, die sich aus einem homogenen und einem partikulären Anteil zusammensetzt, erhält man durch Variation der Konstanten nach Umwandlung mit der Substitution $x^2 = w$ zu

$$x^2 = - \frac{g B^2}{2 q^2} y^3 + cy \qquad (7.48)$$

Die Konstante c in dieser Gleichung läßt sich aus einer Formulierung der Randbedingungen bestimmen. Mündet das Gerinne in einen Vorfluter oder ein Staubecken mit bekanntem Unterwasserstand y_u ein, wie in Bild 7.23 gezeigt, so erhält man schließlich

$$\left(\frac{x}{L}\right)^2 = \left(1 + \frac{1}{2 Fr_u^2}\right) \frac{y}{y_u} - \frac{1}{2 Fr_u^2} \left(\frac{y}{y_u}\right)^3 \qquad (7.49)$$

wobei Fr_u die Froude-Zahl am Gerinneauslauf bezeichnet:

$$Fr_u = \frac{q L}{\sqrt{g B^2 y_u^3}} \qquad (7.50)$$

Mit absinkender Unterwassertiefe y_u wird bei $y_u = y_{gr}$ ein Grenzzustand erreicht, der sich bei weiterer Reduktion von y_u nicht mehr ändert. Da in diesem Grenzfall $Fr_u = 1$ wird, kann hierfür aus Gleichung (7.49) die Wassertiefe y_o am oberen Ende des Gerinnes zu

$$y_o = \sqrt{3} \, y_{gr} \quad \text{mit} \quad y_{gr} = \sqrt[3]{\left(\frac{qL}{B}\right)^2 \frac{1}{g}} \qquad (7.51)$$

bestimmt werden. Interessanterweise stellt sich hierbei trotz Vernachlässigung der Reibungsverluste ein Energieverlust ein, ähnlich wie das beim Wechselsprung der Fall war. Man erhält die Energieverlusthöhe ΔH ("Stoß"verlust infolge Impulsübertragung) durch Subtraktion der Energiehöhe $(H_o)_{min}$ im Auslauf von der Energiehöhe am Gerinneanfang $(H_o)_o = \sqrt{3} \, y_{gr}$ zu

$$\Delta H = \sqrt{3} \, y_{gr} - \frac{3}{2} y_{gr} = 0.232 \, y_{gr} \qquad (7.52)$$

7.3.3 Berechnung der Wasserspiegellage

Wie bereits ausgeführt, ist für den allgemeinen Fall mit $I_o \neq 0$ und $I'_e \neq 0$ eine numerische Lösung der Gleichung (7.45) erforderlich. Man führt diese

Gleichung hierzu in die Differenzenform über, d.h. gemäß Bild 7.22:

$$Q \triangleq Q_1 \;,\;\; dQ \triangleq \Delta Q = Q_2 - Q_1 = \text{Zuwachs an Q im Intervall } \Delta x$$

Führt man diese Umwandlung auch für die anderen Variablen des Problems durch, so erhält man mit der Annahme:

$\phi \cong 90°$; Komponente der Bewegungsgröße des seitlichen Zuflusses in Bewegungsrichtung ist Null bzw. vernachlässigbar

die Gleichung

$$\Delta y = - \frac{\beta}{g \cos\theta} \frac{V_1 + V_2}{Q_1 + Q_2} (Q_1 \Delta V - V_1 \Delta Q) + (I_o - I_e') \Delta x \qquad (7.53)$$

In dieser Form kann die Grundgleichung des Problems mit Hilfe eines Rechners numerisch integriert werden, sofern bei gegebenem seitlichen Zufluß und bei bekannter Querschnittsform des Gerinnes der Wasserstand im Kontrollquerschnitt bekannt ist.

Die Bestimmung der Lage des Kontrollquerschnitts ist bei Gerinneströmungen mit seitlichem Zufluß insofern problematisch, als sich die Froude-Zahl hier entlang der Gerinneachse ändert. Man unterscheidet nach Li (1955) grundsätzlich vier Typen von Abflußkontrolle, je nach Größe von Fr_u (Gleichung 7.50) und G, einem Parameter für Gerinneneigung und -länge von der Form

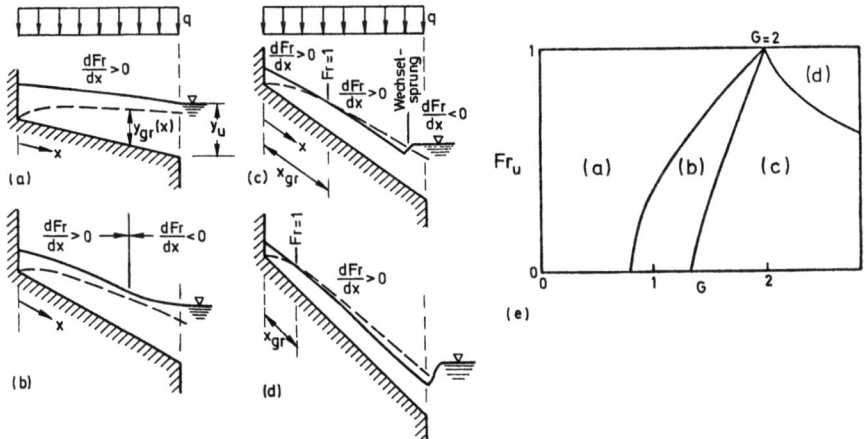

Bild 7.24   Kennzeichnung der vier Typen von Abflußkontrolle nach Li (Skizzen stark verzerrt) (Entn. aus Ven Te Chow "Open Channel Hydraulics", 1959, m. frdl. Gen. v. McGraw-Hill Book Co.)

$$G = \frac{I_o L}{A_u/B_u} \tag{7.54}$$

Die vier Typen der Abflußkontrollen sind in Bild 7.24 schematisch dargestellt. Sie können wie folgt charakterisiert werden:

(a) Der Abfluß im Gerinne ist durchweg strömend, kontrolliert durch die Tiefe y_u am unteren Gerinneende. Durch den seitlichen Zustrom wächst die Grenztiefe y_{gr} in x-Richtung an (die Grenzlinie wurde in Bild 7.24 gestrichelt eingetragen) und auch die Froude-Zahl nimmt zu.

(b) Der Abfluß ist durchweg strömend, die Froude-Zahl nimmt jedoch zunächst zu und dann ab.

(c) Der Abfluß ist teils strömend und teils schießend, während die Froude-Zahl in x-Richtung durchweg anwächst. Je nach Höhe des Unterwasserstandes kann es im schießenden Bereich zusätzlich zu einem Wechselsprung kommen.

(d) Der Abfluß ist praktisch im gesamten Gerinne schießend, d.h. der Kontrollquerschnitt nähert sich dem oberen Gerinneende, $x_{gr} \rightarrow 0$.

Das Diagramm in Bild 7.24 zeigt die Grenzen zwischen diesen Abflußtypen schematisch (vgl. Chow, 1959). Die Gleichung für die Grenztiefe zwischen den Bereichen (b) und (c) lautet

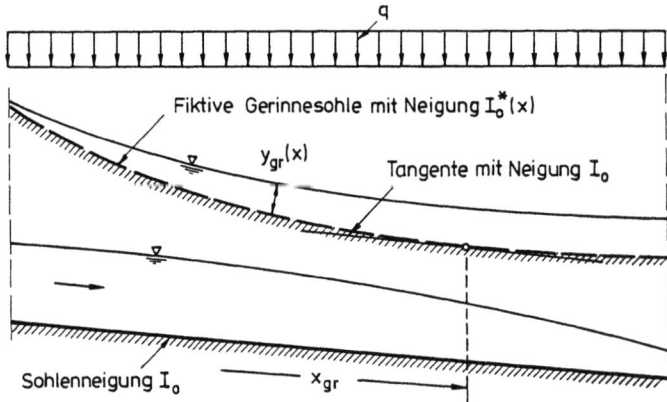

Bild 7.25   Definitionsskizze zur Ermittlung von x_{gr}

$$G = 1 + Fr_u \quad \text{für Rechteckgerinne}$$

$$G = 2 \quad \text{für Dreieckgerinne} \tag{7.55}$$

Bevor man die Wasserspiegellage in einem Gerinne mit seitlichem Zufluß berechnen kann, gilt es zunächst zu ermitteln, ob und an welcher Stelle $x = x_{gr}$ ein Fließwechsel von Strömen zu Schießen zu erwarten ist, da die Berechnung nur an diesem Kontrollpunkt mit $y = y_{gr}$ begonnen werden kann. Findet man hierbei $x_{gr} > L$, dann ist der Abfluß vom Unterwasser kontrolliert und die Berechnung beginnt am unteren Gerinneende mit $y = y_u$.

Die Bestimmungsgleichung für x_{gr} erhält man mit den Bedingungen

$$\lim_{y \to y_{gr}} \left(\frac{dy}{dx} \right) = \frac{0}{0} \quad \text{und} \quad Fr = \frac{V}{\sqrt{gA/B}} = 1 \tag{7.56}$$

aus der Gleichung (7.45) zu

$$x_{gr} = \frac{8 \beta^2}{g B^2} \frac{q^2}{I_o - I_e} \tag{7.57}$$

Um Iterationen bei der Lösung dieser Gleichung zu vermeiden, schlägt Hinds vor, die fiktive Sohlenneigung $I_o^*(x)$ zu berechnen, die im jeweiligen Gerinneabschnitt Δx erforderlich ist, um Grenzabfluß ($y = y_{gr}$) einzuhalten. Der Kontrollquerschnitt ($x = x_{gr}$) liegt dort, wo die Sohlenneigung I_o dieser fiktiven Neigung gleich ist (vgl. Bild 7.25).

Von besonderem praktischen Interesse ist die Wassertiefe y_o am oberen Ende des geneigten Gerinnes. Lösungen für das Verhältnis dieser Wassertiefe zur Tiefe y_u am Gerinneauslauf wurden von Li (1955) für Rechteck- und Dreieckgerinne in Abhängigkeit von Fr_u und G (Gleichungen 7.50 und 7.54) numerisch ermittelt. Obwohl Li die Reibungsverluste vernachlässigt hat, konnten für die in den Bildern 7.26a und b dargestellten Ergebnisse gute Übereinstimmungen mit Messungen in relativ kurzen Überlauf-Sammelrinnen (Bild 7.19) erzielt werden. Für längere Gerinne, wie sie beispielsweise in Kläranlagen (Bild 7.20) und Kühlwasserkreisläufen (Bild 7.21) vorkommen, muß allerdings damit gerechnet werden, daß Reibungsverluste die Wassertiefe y_o bis zu 10 Prozent vergrößern. Der Einfluß des Reibungsverlusts auf die prozentuale Vergrößerung von y_o in h o r i z o n t a l e n Gerinnen ist nach Berechnungen von Li (1955) in Bild 7.27 dargestellt. Hierin bezeichnet ΔH_r die Reibungsverlusthöhe für das gesamte Gerinne.

Genauere Hinweise hinsichtlich der Wasserspiegelprofile in einem Gerinne mit

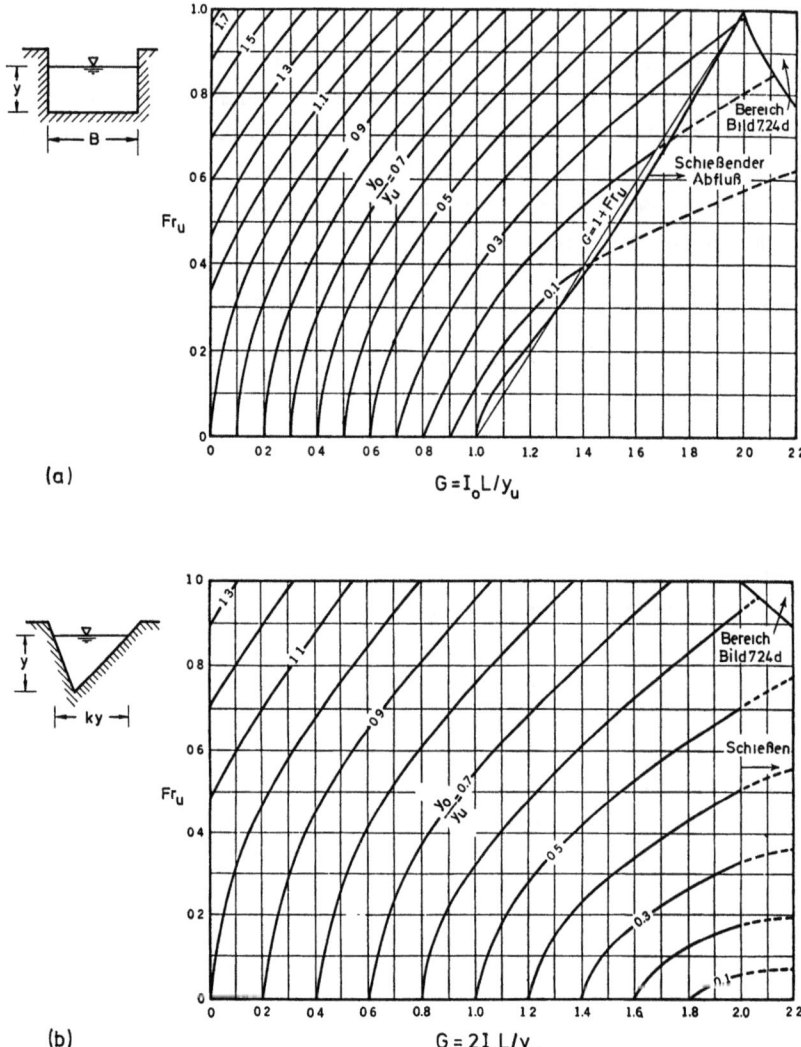

Bild 7.26 Verhältnis der Wassertiefen am oberen und unteren Ende eines geneigten Gerinnes mit seitlichem Zufluß. (a) Rechteckquerschnitt, (b) Dreieckquerschnitt nach Li (Entn. aus Ven Te Chow "Open Channel Hydraulics", 1959, m. frdl. Gen. v. McGraw-Hill Book Co.)

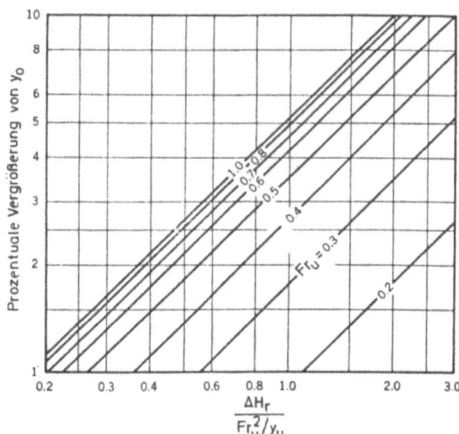

Bild 7.27 Prozentuale Vergrößerung von y_o durch Sohlreibung in einem horizontalen Rechteckgerinne nach Li

seitlichem Zufluß bei Beachtung der Reibungsverluste findet man bei Hager (1983), und zwar sowohl für prismatische als auch für nichtprismatische Gerinne (siehe auch Hager 1981).

Bei seitlichem Zufluß über einen Wehrrücken, der entlang der einen Seite des Gerinnes angeordnet ist (vgl. Bild 7.19 und 7.28), entstehen umso ungleichförmigere Geschwindigkeitsverteilungen im Gerinne, je größer das Verhältnis von Gerinnebreite zu Gerinnetiefe ist. Nach Bild 7.29a wäre demnach der Fließquerschnitt adj hydraulisch wesentlich günstiger als der flächengleiche Querschnitt abfg. Da jedoch aus praktischen Erwägungen heraus eine gewisse Mindestbreite an der Sohle einzuhalten ist, wird man den Entwurf möglichst ge-

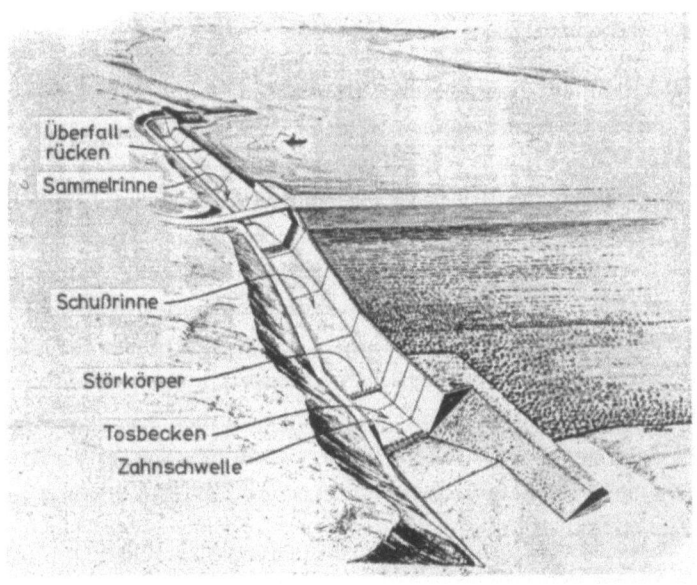

Bild 7.28 Typische Hochwasserentlastung mit Schußrinne

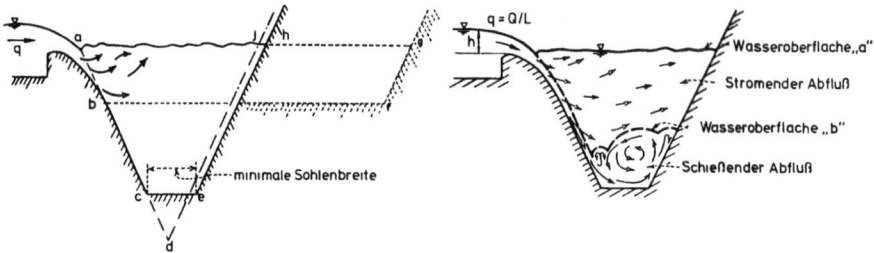

Bild 7.29   Gerinne mit seitlichem Zufluß von einem Hochwasserüberfall

mäß der Linie aceh in Bild 7.29a auslegen (US Bureau of Reclamation, 1961). Schließlich ist zu beachten, daß die Störungen des Gerinneabflusses durch Turbulenz, spiralförmige Sekundärströmung und Oberflächenwellen in solchen Fällen umso größer werden, je tiefer der Wasserspiegel liegt. Man wird deshalb - etwa durch eine Vertiefung des Gerinnes im Bereich des Überfalls bzw. eine Höherlegung der sich daran anschließenden Schußrinne - möglichst für einen strömenden Abfluß in diesem oberen Gerinneteil sorgen (vgl. Bild 7.29b). Diese Überlegungen sind auch deshalb besonders wichtig, weil die Bemessung der meist sich anschließenden Schußrinne bei Strömungsverhältnissen gemäß Wasseroberfläche "b" in Bild 7.29b mit erheblicher Unsicherheit hinsichtlich der nicht vorhersagbaren Wellenüberlagerungen behaftet wäre.

Abschließend sei noch auf eine Maßnahme hingewiesen, durch die sich der Rückstau in einem Gerinne mit seitlichem Zufluß erheblich reduzieren läßt. Sie besteht in einer k o n t i n u i e r l i c h e n   V e r b r e i t e r u n g des Gerinnes in Fließrichtung und kann mit Vorteil überall dort angewendet werden, wo man größeren Rückstau bzw. große Gerinnetiefen vermeiden möchte. Als Beispiel sei die Entwässerung von Kühlturmtassen genannt. Will man hier die Aufenthaltszeit des Kühlwassers in der Tasse minimieren, so empfiehlt es sich, anstelle einer Tieftasse gemäß Bild 7.21a eine Flachtasse mit einem System von Entwässerungs- oder Prielkanälen zu entwerfen. Nach Untersuchungen am Institut für Hydromechanik in Karlsruhe ist es hierbei sehr vorteilhaft, den Hauptkanal im System nach Bild 7.21b bzw. den Haupt- und Ringkanal nach Bild 7.21c mit einer kontinuierlichen Verbreiterung in Fließrichtung zu versehen.

Führt man als Bedingung für die Gerinneverbreiterung eine konstant bleibende mittlere Geschwindigkeit ein, $V \cong const$, so erhält man die erforderliche Verbreiterung aus der Kontinuitätsgleichung zu

$$\frac{dB}{B} = \frac{dQ}{Q} \qquad (7.58)$$

d.h. bei konstantem Zufluß pro Längeneinheit ergibt sich eine lineare Zunahme der Breite B.

Ergänzend sei vermerkt, daß der Impulssatz in guter Näherung auch für diesen Fall eines veränderlichen Querschnitts gilt. Man kann sich dieses anhand Bild 7.30b klarmachen: Zu den Kräften in x-Richtung muß in der Impulsgleichung zu $P_1 - P_2$ die Kraft F* hinzugefügt werden. Die Gleichung (7.53) ist deshalb so lange auf Gerinne mit zunehmender Breite B(x) anwendbar, wie die Bedingung einer ablösungsfreien Strömung erfüllt ist.

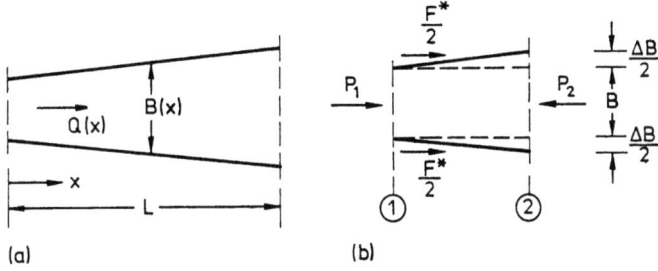

Bild 7.30   Rechteckgerinne mit Verbreiterung in Fließrichtung

---

BEISPIEL 7.8

Ein rundes Klärbecken gemäß Bild 7.20 mit dem Zufluß Q* werde durch eine horizontale Ringrinne ($I_o = 0$) mit dreieckförmigem Querschnitt entwässert. Am Beckenauslauf im Punkte A herrsche Grenzabfluß ($y_A = y_{gr}$). Wie lautet die allgemeine Beziehung für den Rückstau im Punkte S?

Für den Dreiecksquerschnitt der Ringrinne läßt sich nach Gleichung (1.25) schreiben

$$V_{gr} = \sqrt{gA/B} \quad \text{mit } A = Ky^2/2 \quad \text{und} \quad B = Ky$$

$$V_{gr} = \sqrt{gy_{gr}/2}$$

Wird zusätzlich die Kontinuitätsgleichung verwendet

$$Q = V_{gr} A_{gr} = V_{gr} K y_{gr}^2 / 2$$

so erhält man

$$y_{gr} = \sqrt[5]{\frac{8\,Q^2}{K^2 g}}$$

Für die Hälfte der Ringrinne zwischen S und A (Bild 7.20) ist der Gesamtzufluß $Q = Q^*/2$. Nimmt man an, daß dieser Zufluß mit vernachlässigbar kleiner Geschwindigkeit erfolgt und daß die Rinne wie ein prismatisches Gerinne behandelt werden darf, so folgt aus der Impulsgleichung (1.34) mit $V_s = 0$ (S ist ein Staupunkt!) und $\bar{y} = y/3$:

$$\frac{y_s}{3}\left(\frac{K}{2} y_s^2\right) - \frac{y_{gr}}{3}\left(\frac{K}{2} y_{gr}^2\right) = Q(V_{gr} - 0)$$

oder mit der letzten Gleichung für y_{gr}:

$$y_s^3/6 - y_{gr}^3/6 = y_{gr}^3/4$$

$$y_s = \sqrt[3]{2{,}5}\; y_{gr} = 1{,}36\; y_{gr}$$

Diese Tiefe im Punkte S entspricht wegen $V_s = 0$ auch der Energiehöhe an dieser Stelle, $H_s = y_s$. Die Energiehöhe im Punkte A dagegen ist, auch wenn die Querschnittsfläche dort gegenüber der Dreiecksfläche vergrößert ist (da auch dann das Ende der Dreiecksrinne für die Abflußkontrolle maßgebend bleibt),

$$H_A = y_{gr} + V_{gr}^2/2g = 1{,}25\; y_{gr}$$

Trotz vernachlässigter Reibungsverluste stellt sich somit ein Energieverlust ein von

$$\Delta H = H_s - H_A = 1{,}36\; y_{gr} - 1{,}25\; y_{gr} = 0{,}11\; y_{gr}$$

(Das gleiche Ergebnis findet man übrigens aus Bild 7.26b: mit $Fr = 1{,}0$ und $G = 2\, I_o/y_{gr} = 0$ folgt $y_o/y_{gr} = 1{,}36$.)

7.4 Gerinneströmung mit seitlichem Abfluß

7.4.1 Die Grundgleichungen

Zum Schutz gegen Überlaufen von Gerinnen bei extremen Hochwässern, zur Abführung des Regenabflusses in Kanalisationen oder zur Begrenzung des Abflusses in einem Gerinne ganz allgemein gilt es häufig, ab einer definierten Abflußmenge einen Teil davon seitlich abzuführen. Man erfüllt diese Aufgabe durch Streichwehre mit oder ohne aufgesetzte bewegliche Verschlüsse. Zu der gleichen Art von Gerinneströmung mit seitlichem Abfluß gehören Wasserentnahmen an der Sohle des Gerinnes, wie sie beispielsweise bei Triebwasserentnahmen von Kraftwerken vorkommen.

Bei allen diesen Problemen nimmt die Abflußmenge Q(x) in Strömungsrichtung in einer zunächst unbekannten Weise ab, da die seitlich abfließende Wassermenge von der lokalen Wassertiefe y(x) im Gerinne abhängt. Verwendet man die Definitionsskizze von Bild 7.2 unter Berücksichtigung einer seitlich pro Längeneinheit abfließenden Wassermenge q = dQ/dx, so folgt aus

$$\frac{dH_o}{dx} = I_o - I_e' \quad \text{mit} \quad H_o = y \cos\theta + \alpha \frac{Q^2}{2gA^2} \qquad (7.59)$$

die Differentialgleichung

$$\frac{dH_o}{dx} = \frac{dy}{dx} \cos\theta + \alpha \frac{1}{2g} \left(\frac{2Q \, dQ}{A^2 \, dx} - \frac{2Q^2}{A^3} \frac{dA}{dx} \right) = I_o - I_e'$$

oder, nach Einsetzen von dA/dx = B dy/dx (vgl. Bild 7.2)

$$\frac{dy}{dx} = \frac{I_o - I_e' - \frac{q}{gA} \alpha V}{\cos\theta - \alpha \frac{V^2}{g \, A/B}} \qquad (7.60)$$

Hierin bezeichnet wiederum I_e' die Energielinienneigung infolge Reibungsverlusten, und V = Q/A ist die mittlere Geschwindigkeit im Gerinne. Wie man aus einem Vergleich dieser Gleichung mit der Differentialgleichung (7.45) für Gerinne mit zunehmendem Abfluß sieht, sind die Ergebnisse, wie zu erwarten, sehr ähnlich. Der Grund dafür, daß hier die Energie- und nicht die Impulsgleichung zum Ziel führt, liegt darin, daß die Energieverluste, die im Gerinne infolge Strömungsumlenkung entstehen könnten, mit Recht vernachlässigt werden, während ein Ansatz der Bewegungsgrößen hier größte Schwierigkeiten bereitet.

7.4.2 Streichwehre und seitliche Abzweigungen

Wehre, die entlang einer Gerinneberandung angeordnet sind, bezeichnet man als Streichwehre, wenn ein T e i l des Zuflusses Q_1, nämlich $Q_a = Q_1 - Q_2$, über diese abgeführt wird. Im Sonderfall $Q_a = Q_1$ spricht man von parallelen Wehren. Eine typische Anordnung im Gerinne zeigt der Grundriß in Bild 7.31. Grundsätzlich müßte hier noch hinsichtlich der Art und des Winkels der Abzweigung unterschieden werden, doch würde das im Rahmen dieses kurzen Abrisses über stationäre Gerinneströmungen zu weit führen. Eine sehr ausführliche Abhandlung über Streichwehre wird von Hager et al. (1983) gegeben.

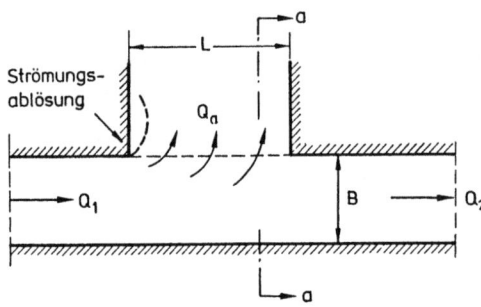

Schnitt a-a

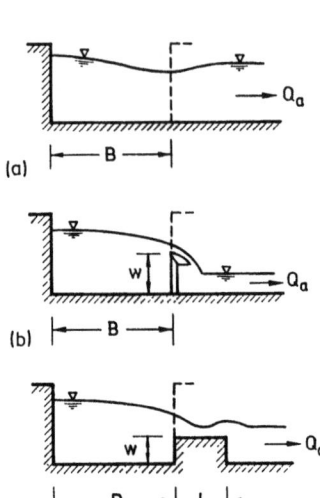

Bild 7.31 Schematische Darstellung eines Gerinnes mit seitlichem Abfluß. (a) Seitliche Abzweigung; (b, c) Streichwehre unterschiedlicher Form

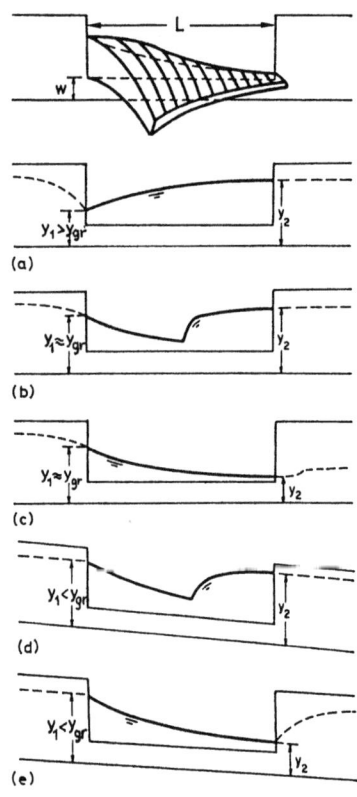

Bild 7.32 Wasserspiegelprofile entlang eines Streichwehrs (Entn. aus Ven Te Chow "Open Channel Hydraulics", 1959, m. frdl. Gen. v. McGraw-Hill Book Co.)

Für ein Gerinne mit Streichwehr lassen sich nach Frazer (1957) folgende typische Strömungsfälle unterscheiden (vgl. Bild 7.32):

(a) Allseits strömender Abfluß im Gerinne entlang des Streichwehrs mit in Fließrichtung zunehmendem Wasserstand;

(b) Übergang zum schießenden Abfluß längs des Streichwehrs mit anschließendem Wechselsprung und nachfolgendem Profil vom Typ (a), allerdings bei geringerem Energieniveau wegen der Verluste im Wechselsprung;

(c) Allseits schießender Abfluß längs des Streichwehrs vom Typ (b), nur daß hier der Wechselsprung unterstrom des Streichwehrs liegt;

(d) Schießender Abfluß im oberen Streichwehrbereich mit anschließendem Wechselsprung wie im Fall (b) (Übergangszustand);

(e) Allseits schießender Abfluß im Gerinne entlang des Streichwehrs mit in Fließrichtung abnehmendem Wasserstand.

Im schießenden Bereich schließen die abzweigenden Stromlinien extrem kleine Winkel mit der Gerinneachse ein, so daß die abströmende Wassermenge sehr klein und schwer berechenbar wird; größere Überfallmengen sind bei schießendem Abfluß nur in den Bereichen des strömenden Abflusses unterstrom des Wechselsprungs zu erwarten (vgl. hierzu Schmidt, 1957, S. 191, oder Press, Schröder, 1966, S. 360). Aus diesem Grunde werden in der Literatur Abflußbeiwerte im wesentlichen nur für den strömenden Abfluß angegeben.

Der funktionale Zusammenhang zwischen hydraulischen und Streichwehr-Parametern läßt sich aus Gleichung (7.60) ableiten. Nimmt man hier H_o als konstant an bzw. setzt man vereinfachend $I_e' = I_o$, so folgt hieraus für ein R e c h t - e c k g e r i n n e mit $\alpha \cong 1$

$$\frac{dy}{dx} = -\frac{Q y}{gB^2 y^3 - Q^2} \frac{dQ}{dx} \qquad (7.61)$$

Der seitliche Abfluß pro Längeneinheit dQ_a/dx kann mit Hilfe eines von der Wehrform und den An- und Abströmungsverhältnissen am Streichwehr abhängigen Abflußbeiwerts C_q berechnet werden, der im Gegensatz zu den Verhältnissen beim normal überströmten Wehr (vgl. Abschnitt 3.3) wie folgt definiert ist:

$$\frac{dQ_a}{dx} = -\frac{dQ}{dx} = C_q \sqrt{2g} \, (y - w)^{3/2} \qquad (7.62)$$

Setzt man diesen Ausdruck zusammen mit

$$Q = By\sqrt{2g(H_o - y)} \qquad (7.63)$$

in Gleichung (7.61) ein, so erhält man

$$\frac{dy}{dx} = \frac{2C_q}{B} \frac{\sqrt{(H_o - y)(y - w)^3}}{(3y - 2H_o)} \qquad (7.64)$$

Die Integration dieser Differentialgleichung führte erstmals De Marchi (1934) durch und gelangte dabei zu dem Ergebnis

$$x = \frac{3}{2} \frac{B}{C_q} (\phi_i - \phi_1) \tag{7.65}$$

bzw. für die Länge L des Streichwehrs

$$L = \frac{3}{2} \frac{B}{C_q} (\phi_2 - \phi_1) \tag{7.66}$$

mit

$$\phi_i = \frac{2(H_o)_i - 3w}{(H_o)_i - w} \sqrt{\frac{(H_o)_i - y_i}{y_i - w}} - 3 \arcsin \sqrt{\frac{(H_o)_i - y_i}{(H_o)_i - w}} \tag{7.67}$$

Über den Abflußbeiwert für Streichwehre gibt es relativ wenig Information. Zu den jüngsten Veröffentlichungen hierzu gehören die Beiträge von Ranga Raju et al. (1979) und Uyumaz, Muslu (1985). Modellversuche mit s c h a r f k a n - t i g e n Streichwehren gemäß Bild 7.31b ergaben eine Abhängigkeit von der Froude-Zahl der Anströmung $Fr_1 = v_1/\sqrt{gy_1}$ wie in Bild 7.33a dargestellt. Stark vereinfacht ließe sich danach C_q mit der folgenden linearen Regressionsbeziehung bestimmen

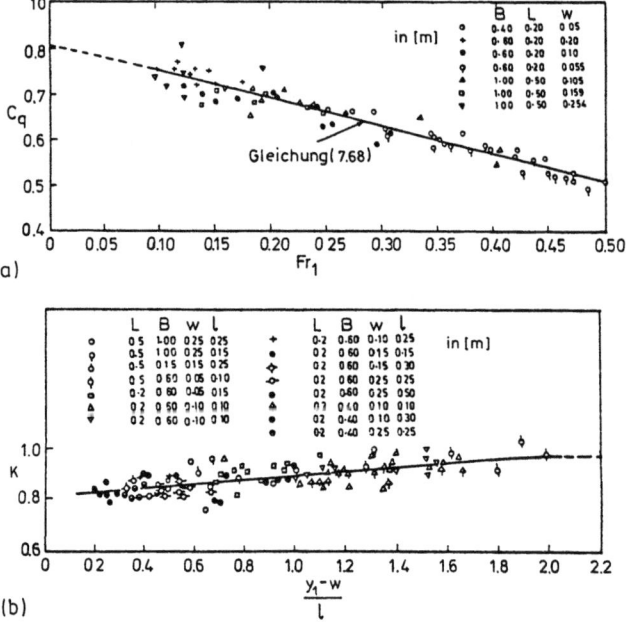

Bild 7.33 (a) Abflußbeiwert C_q für scharfkantiges Streichwehr nach Bild 7.31b,
(b) Abminderungsfaktor K für breitkroniges Streichwehr nach Bild 7.31c

$$C_q \cong 0{,}81 - 0{,}6 \, Fr_1 \, , \quad Fr_1 < 0{,}5 \tag{7.68}$$

Für b r e i t k r o n i g e Streichwehre ermittelten Ranga Raju et al. (1979) bei sonst gleichen geometrischen und hydraulischen Randbedingungen reduzierte Abflüsse, die sie mit Hilfe eines Abminderungsfaktors K in Gleichung (7.68) wie folgt beschreiben

$$C_q \cong (0{,}81 - 0{,}6 \, Fr_1)K \, , \quad Fr_1 < 0{,}5 \tag{7.69}$$

wobei K, wie Bild 7.33b zeigt, hauptsächlich von der Größe $(y_1 - w)/\ell$ beeinflußt ist.

Nach den Ausführungen in Kapitel 3 braucht hier nicht besonders darauf hingewiesen zu werden, daß diese Darstellung in ihrer extremen Vereinfachung die Gefahr in sich birgt, daß man den Daten größere Allgemeingültigkeit zuspricht, als dies gerechtfertigt ist. Dies gilt umso mehr, als bei Streichwehr durch die Komplikationen der veränderlichen Überströmungshöhe und Anströmungsrichtung und wegen der Reduktion der effektiven Länge des Wehres durch Strömungsablösungen (vgl. Bild 7.31, Grundriß) die Verhältnisse noch wesentlich komplexer sind - und deshalb noch mehr unabhängige Variable zur eindeutigen Beschreibung erfordern - als bei den in Abschnitt 3.3 diskutierten, normal überströmten Wehren (vgl. Bild 7.36). Tatsächlich erkennt man aus der Auftragung der Meßergebnisse in Bild 7.33 große Abweichungen von den empfohlenen Beziehungen in den Gleichungen (7.68) und (7.69). Bei der Anwendung dieser Ergebnisse ist deshalb größte Vorsicht geboten. Auf keinen Fall sollte Bild 7.33 außerhalb des Bereichs der untersuchten Einflußgrößen angewandt werden. Insbesondere sei hier nochmals darauf verwiesen, daß Ergebnisse nur für strömenden Abfluß ($Fr_1 < 0{,}5$) vorliegen, obwohl der Abfluß im Gerinne, wie in Bild 7.32 gezeigt wurde, durchaus teilweise oder ganz schießend erfolgen kann. Einen wesentlichen Teil der hydraulischen Berechnung für ein Streichwehr nimmt deshalb die Bestimmung der Wasserspiegellage im Gerinne mit Hilfe der Gleichung (7.60) ein (vgl. Hager, 1981, Hager et al., 1983, und Ishikawa, 1984).

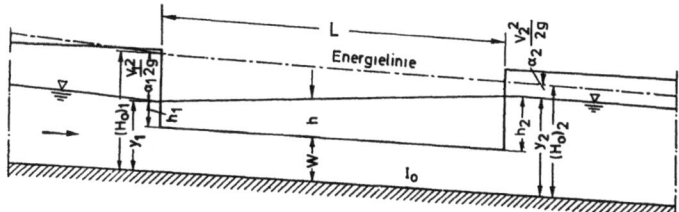

Bild 7.34   Wasserspiegel entlang eines Streichwehres bei strömendem Abfluß

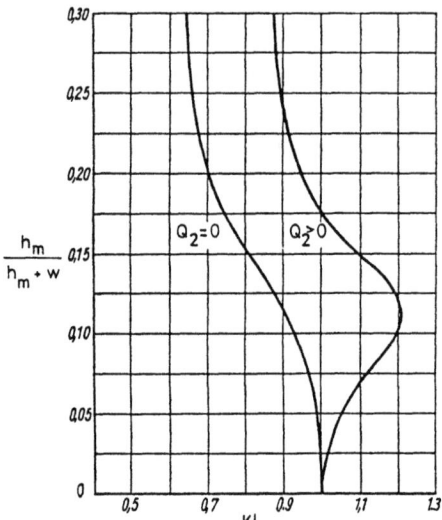

Bild 7.35 K'-Werte (Gleichung 7.70) für gerade Streichwehre nach Schmidt für $Fr_1 < 0,75$

In diesem Zusammenhang soll nicht versäumt werden, die umfangreichen Untersuchungen von Schmidt (1954/55) zum Thema Streichwehre zu erwähnen. Zur Berechnung von $h_1 = y_1 - w$ benützt Schmidt die Energiegleichung (vgl. Bild 7.34)

$$y_2 - y_1 = \qquad (7.70)$$
$$= K' \left(\alpha_1 \frac{V_1^2}{2g} - \alpha_2 \frac{V_2^2}{2g} - \Delta H_r \right)$$

wobei er mit K' unter anderem folgende sich überlagernden Einflüsse zu berücksichtigen versucht: Geschwindigkeitsverteilung im Anfangs- und Endquerschnitt des Wehres, Senkungskurve (M_2-Kurve) vor dem Streichwehr, "Querschnittserweiterungs"-Effekte. Indem er die Reibungsverlusthöhe ΔH_r in erster Näherung nach der GMS-Formel für eine mittlere Geschwindigkeit $V = (V_1 + V_2)/2$ bestimmt und $\alpha_1 = \alpha_2 = 1,1$ setzt, findet Schmidt die in Bild 7.35 dargestellte Beziehung für K', solange $Fr_1 < 0,75$; h_m bezeichnet den Mittelwert der Überströmungshöhe $h_m = (h_1 + h_2)/2$. Zu beachten ist hier, daß, wie Gleichung (7.70) zeigt, K' ein "Korrekturfaktor" ist, für den nach den Ausführungen in Abschnitt 3.1 keine Allgemeingültigkeit erwartet werden darf. Auf keinen Fall sollte eine Abschätzung nach Gleichung (7.70) für größere Längen-Tiefenverhältnisse L/y_1 angewendet werden.

Sehr viel detaillierter als Ranga Raju und Schmidt gehen Uyumaz, Muslu (1985) auf die diversen Einflußfaktoren beim Abfluß über Streichwehre ein. Für den in der Kanalisationstechnik sehr wichtigen Fall von scharfkantigen S t r e i c h w e h r e n   i n   k r e i s f ö r m i g e n   G e r i n n e n mit Teilfüllung führten sie eine Vielzahl von Laborversuchen mit strömendem und schießendem Gerinneabfluß durch (Sohlenneigung $0 < I_o < 0,02$; Durchmesser des Kanalquerschnitts D = 0,25 m). Hierbei beobachteten sie für strömenden Abfluß ($Fr_1 < 1$) einen entlang des Streichwehrs ansteigenden und für schießenden Abfluß ($Fr_1 > 1$) einen entlang des Streichwehrs absinkenden Wasserspiegel (vgl. Bild 7.32a,e). Für $w/D \geq 0,5$ ließen die Laborverhältnisse die Einstellung schießender Abflüsse nicht zu.

Wird die über das Streichwehr von der Höhe w und der Länge L abgeführte Wassermenge Q_a in Anlehnung an Gleichung (3.35) mit einem Abflußbeiwert C_q beschrieben

$$Q_a = \frac{2}{3} C_q \sqrt{2g} \, L \, \bar{h}^{3/2} \quad \text{mit } \bar{h} = \frac{1}{L} \int_0^L h \, dx \qquad (7.71)$$

so lassen sich die Versuchsergebnisse in Abhängigkeit von folgenden drei Einflußparametern darstellen:

$$C_q = C_q \left(Fr_1, \frac{w}{D}, \frac{L}{D} \right) \qquad (7.72)$$

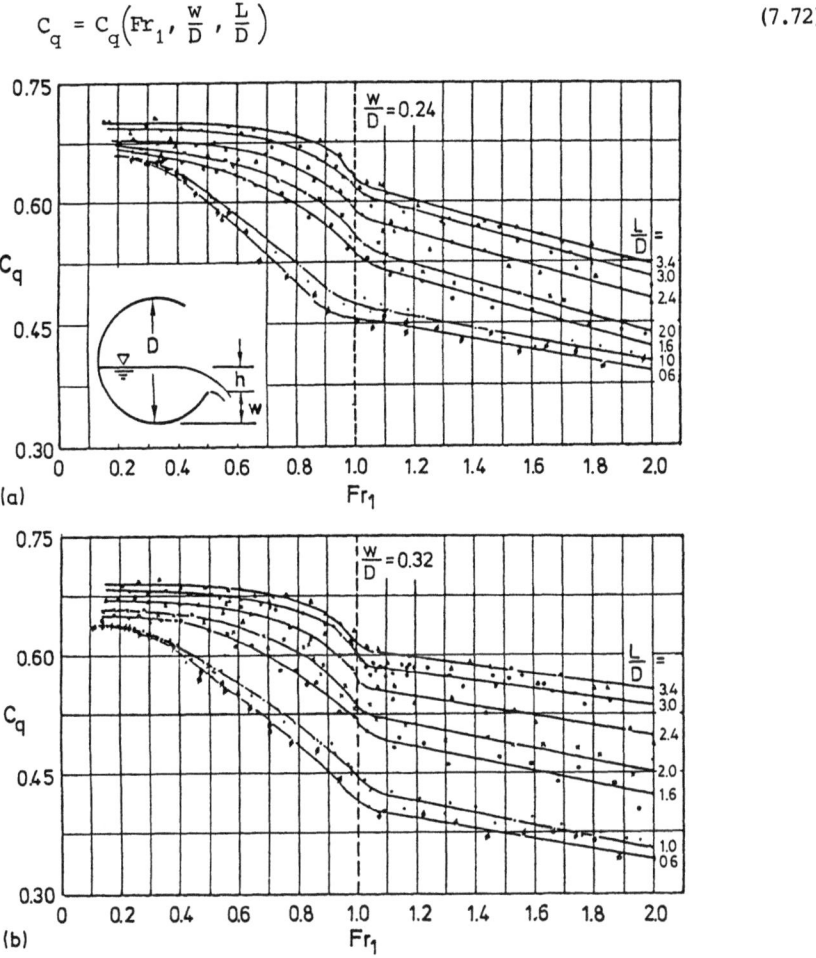

Bild 7.36 Abflußbeiwert für ein scharfkantiges Streichwehr in einem kreisförmigen Gerinne für (a) w/D = 0,24 und (b) w/D = 0,32

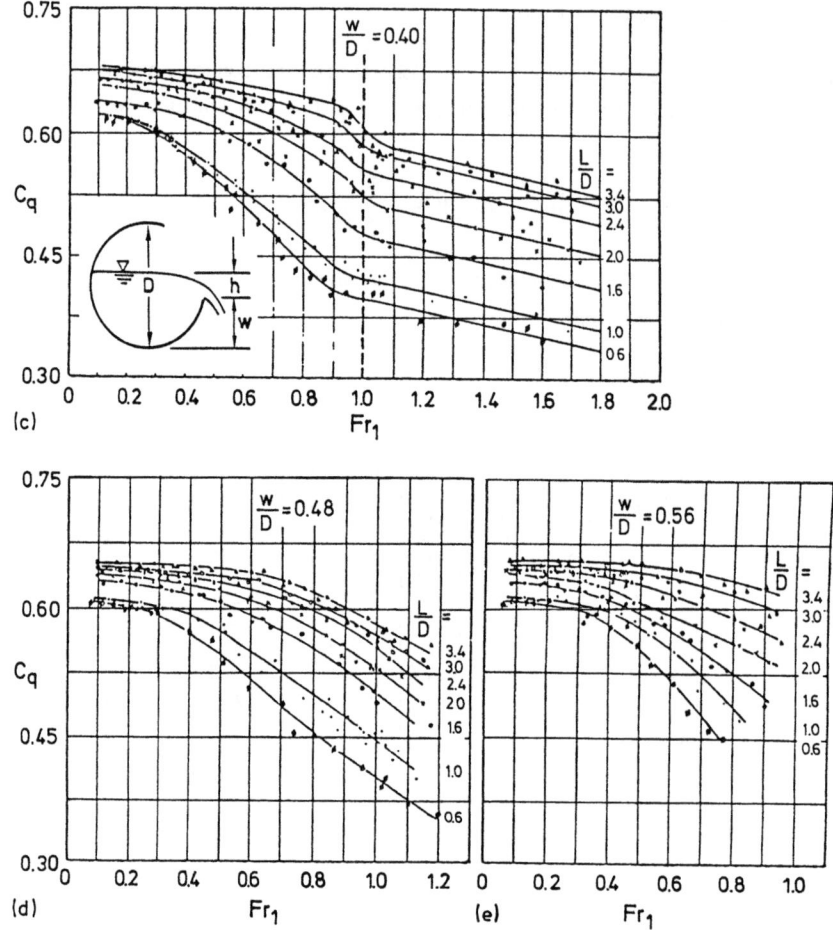

Bild 7.36 Abflußbeiwert für ein scharfkantiges Streichwehr in einem kreisförmigen Gerinne für (c) w/D = 0,40, (d) w/D = 0,48 und (e) w/D = 0,56.

Hierin bezeichnet $Fr_1 = V_1/\sqrt{gA_1/B_1}$ die Froude-Zahl der Gerinneströmung oberstrom des Streichwehrs, A_1 die durchströmte Fläche und B_1 die Gerinnebreite in Höhe des freien Wasserspiegels. Eine zusammenfassende Darstellung der Versuchsergebnisse von Uyumaz, Muslu (1985) wird in Bild 7.36 gegeben.

Zur Berechnung des seitlichen Abflusses aus einer relativ s c h m a l e n scharfkantigen Öffnung (vgl. Bild 7.37a) schlägt Ramamurthy, Carballada (1980) vor, den Ausflußstrahl in horizontale Streifen von der Höhe dh und der Länge L zu unterteilen und für jeden dieser Teilstrahlen eine Strahlgeschwindigkeit von

$V_s = \sqrt{V_1^2 + 2gh}$ und einen Einschnürungsbeiwert C_c gemäß der Theorie von McNown, Hsu (1951) anzunehmen. Der seitliche Ausfluß ergibt sich danach zu

$$Q_a = K \int_0^{h_o} V_s C_c L \, dh \quad \text{mit} \quad V_s = \sqrt{V_1^2 + 2gh} \qquad (7.73)$$

und mit $h_o = y_1 - w$. Hierin sind y_1 und V_1 die Wassertiefe und die mittlere Geschwindigkeit der Gerinneströmung oberstrom der seitlichen Öffnung, L ist die Länge der seitlichen Öffnung, h die Höhe des Oberwasserspiegels über dem betrachteten Teilstrahl (Bild 7.37a) und K ein Abminderungsfaktor für die Zähigkeitswirkung und die dreidimensionalen Effekte. Definiert man nun mit

$$\bar{V}_s = \frac{1}{h_o} \int_0^{h_o} \sqrt{V_1^2 + 2gh} \, dh = V_1 \frac{Fr_o^2}{3} \left[\left(1 + \frac{2}{Fr_o^2}\right)^{3/2} - 1 \right] \qquad (7.74)$$

eine mittlere Geschwindigkeit des Austrittsstrahls, so läßt sich der seitliche Ausfluß Q_a schließlich auch in der Form

$$Q_a = K C_q' L h_o \bar{V}_s = K C_q' L h_o V_1 \frac{Fr_o^2}{3} \left[\left(1 + \frac{2}{Fr_o^2}\right)^{3/2} - 1 \right] \qquad (7.75)$$

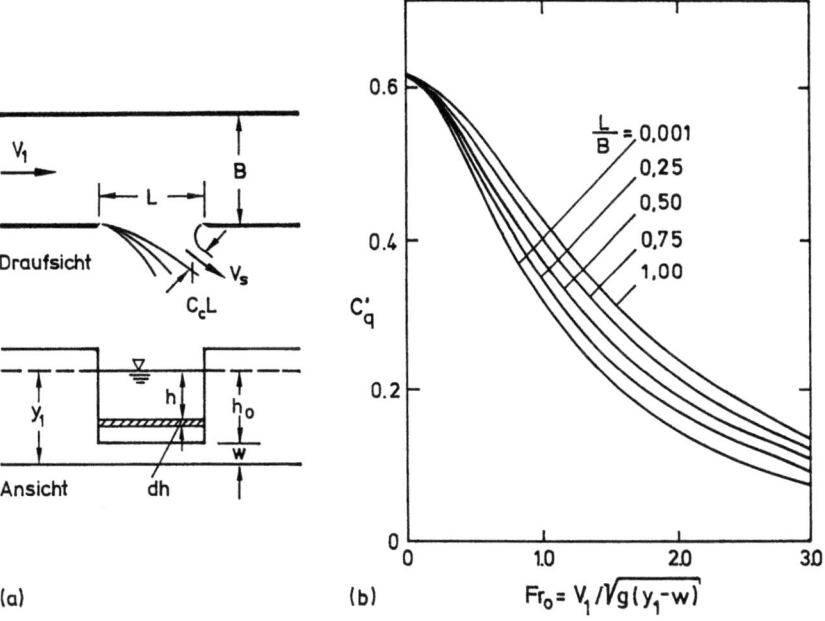

Bild 7.37   Abflußbeiwert C_q' für eine scharfkantige, rechteckige Öffnung in der Seitenwand eines Rechteckgerinnes von relativ kleiner Länge ($L \leq B$).

anschreiben mit $Fr_o = V_1/\sqrt{gh_o} = V_1/\sqrt{g(y_1 - w)}$.

Das Ergebnis der Berechnung nach Gleichung (7.73) mit C_c-Werten gemäß der Theorie von McNown, Hsu (1951) ist in Bild 7.37b in der Form des Abflußbeiwerts C_q' nach Gleichung (7.75) dargestellt. Nach Labormessungen von Ramamurthy, Carballada (1980) in einer Versuchsrinne von 12,4 cm Breite mit unterschiedlich großen seitlichen Öffnungen (L/B = 1,05; w/L = 0,2 , 0,4 , 0,6) ist der Abminderungsfaktor K übereinstimmend

$$K \cong 0,95 \quad \text{für } L/B \leq 1,0$$

Das heißt, die hier vorgestellte Theorie erlaubt eine erstaunlich gute Vorhersage trotz Vernachlässigung der Zähigkeitswirkung und der Dreidimensionalität der Strömung.

In allen bisher zitierten Untersuchungen von Streichwehren handelte es sich um relativ kleine Wehrlängen, bei denen die Reibungsverluste vernachlässigbar waren. Der Fall r e l a t i v   l a n g e r   Streichwehre wurde in neuerer Zeit von El-Khashab, Smith (1976), Hager et al. (1983) und Ishikawa (1984) untersucht. Die in der letzteren Arbeit dargestellten theoretischen Lösungen für das Wasserspiegelprofil in dem mit Streichwehr versehenen Gerinneteil stimmen, wie der Autor zeigen kann, recht gut mit Meßergebnissen überein. Über s c h i e f e   Streichwehre haben Jain und Fisher (1982) sowie Hager et al. (1983) Lösungen entwickelt.

Für die s e i t l i c h e   G e r i n n e a b z w e i g u n g nach Bild 7.31a bliebe noch nachzutragen, daß auch hierfür Untersuchungen basierend auf der Theorie von De Marchi vorliegen. So wurde beispielsweise von Subramanya et al. (1972) für eine Abzweigung unter 90° festgestellt, daß sich ganz ähnliche Gesetzmäßigkeiten für die C_q-Werte ergeben wie für Streichwehre. Näheres hierzu wird in Abschnitt 4.1.4.2 ausgeführt.

7.4.3 Bodenauslässe (Tiroler Wehre)

Soll unabhängig vom Wasserstand jeweils eine gewisse Wassermenge aus dem Gerinne abgezweigt werden, so kann dies außer durch seitliche Abzweigungen (vgl. Abschnitt 4.1.4.2) nur durch Öffnungen an der Gerinnesohle geschehen. Hierbei sind zu unterscheiden

. (a) Abfluß durch Schlitze an der Sohle, die parallel zur Strömungsrich-

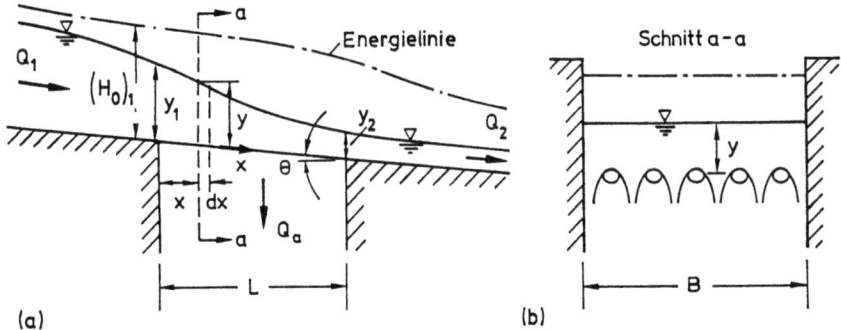

Bild 7.38 Schemaskizze des Abflusses über einem Bodenauslaß mit Längsschlitzen

tung angeordnet sind und

(b) Abfluß durch einzelne Öffnungen an der Gerinnesohle.

Für den Fall (a) darf angenommen werden, daß die Energieverluste entlang des Bodenauslasses vernachlässigbar klein sind. Nimmt man an, daß das Reibungsgefälle I_e' nahezu gleich dem Sohlengefälle I_o ist, so stellt sich in diesem Bereich eine nahezu konstante spezifische Energiehöhe H_o ein und es gilt - sofern man hier die Einflüsse der Geschwindigkeitsverteilung und der Stromlinienkrümmung vernachlässigt -

$$H_o = y + \frac{Q^2}{2gB^2y^2} = \text{const;} \quad Q = By\sqrt{2g(H_o - y)} \qquad (7.76)$$

sowie die Gleichung (7.61). Die in einem Abschnitt dx abfließende Wassermenge dQ_a kann in diesem Fall wie folgt beschrieben werden:

$$\frac{dQ_a}{dx} = -\frac{dQ}{dx} = C_c(1-\varepsilon) B \sqrt{2gH_o} \qquad (7.77)$$

sofern entlang den Austrittsstrahlen Atmosphärendruck herrscht. Hierin bedeutet $\varepsilon = B_{verb}/B$ das Verbauungsverhältnis und C_c den Kontraktionsbeiwert für die Austrittsstrahlen (vgl. Bild 7.38b). Werden die Gleichungen (7.76) und (7.77) in Gleichung (7.61) substituiert, so erhält man, vereinfacht,

$$\frac{dy}{dx} = \frac{2C_c(1-\varepsilon)\sqrt{H_o(H_o-y)}}{3y - 2H_o} \qquad (7.78)$$

oder nach Integration dieser Gleichung und Einsetzen der Integrationskonstante für die Randbedingung $y = y_1$ für $x = 0$ (Bild 7.38a):

$$\frac{x}{H_o} = \frac{1}{C_c(1-\varepsilon)} \left(\frac{y_1}{H_o} \sqrt{1 - \frac{y_1}{H_o}} - \frac{y}{H_o} \sqrt{1 - \frac{y}{H_o}} \right) \qquad (7.79)$$

Im Fall (b) des Abflusses durch einzelne Öffnungen an der Gerinnesohle muß angenommen werden, daß für die Austrittsstrahlen nicht die spezifische Energiehöhe H_o zur Verfügung steht, sondern lediglich die Druckhöhe y über den einzelnen Öffnungen. Anstelle der Gleichung (7.77) gilt deshalb für die pro Längenabschnitt dx abfließende Wassermenge dQ_a:

$$\frac{dQ_a}{dx} = -\frac{dQ}{dx} = C_c(1-\varepsilon) B \sqrt{2gy} \qquad (7.80)$$

wobei $\varepsilon = A_{verb}/A$ wiederum das Verbauungsverhältnis der Sohlenfläche A und C_c den Kontraktionsbeiwert der aus den Öffnungen austretenden Strahlen bedeutet. Substitution der Gleichungen (7.76) und (7.80) in Gleichung (7.61) liefert diesmal, vereinfacht,

$$\frac{dy}{dx} = \frac{2C_c(1-\varepsilon)\sqrt{y(H_o - y)}}{3y - 2H_o} \qquad (7.81)$$

oder nach Integration

$$\frac{x}{H_o} = \frac{1}{C_c(1-\varepsilon)} \left[\frac{1}{4} \arcsin\left(1 - \frac{2y}{H_o}\right) - \frac{3}{2} \sqrt{\frac{y}{H_o}\left(1 - \frac{y}{H_o}\right)} \right] + C \qquad (7.82)$$

Wird die Integrationskonstante C für die Randbedingung $y = y_1$ für $x = 0$ bestimmt und sucht man den Abstand $x = L_o$, bis zu dem der gesamte Zufluß $Q = Q_1$ durch den Bodenauslaß abgeflossen ist, so folgt aus Gleichung (7.82) die Lösung

$$x = L_o = \frac{H_o}{C_c(1-\varepsilon)} \left[\frac{3}{2} \sqrt{\frac{y_1}{H_o}\left(1 - \frac{y_1}{H_o}\right)} - \right.$$

$$\left. - \frac{1}{4} \arcsin\left(1 - \frac{2y_1}{H_o}\right) + \frac{\pi}{8} \right] \qquad (7.83)$$

In beiden Fällen (a) und (b) darf unterhalb eines bestimmten Verbauungsverhältnisses $\varepsilon < \varepsilon_{gr}$ angenommen werden, daß der Querschnitt (1) oberstrom des Bodenauslasses (Bild 7.38a) rückstaufrei ist, so daß dann gemäß den Gleichungen (1.29, 30)

$$(H_o)_1 = \frac{3}{2} \sqrt[3]{\frac{Q_1^2}{gB^2}} \qquad (7.84)$$

geschrieben werden kann, wie bei einem freien Absturz. Berücksichtigt man weiterhin, daß nach Gleichung (7.76) auch $Q_2 = By_2\sqrt{2g(H_o - y_2)}$ gilt, so kann die durch den Bodenauslaß abfließende Wassermenge $Q_a = Q_1 - Q_2$ für $\varepsilon < \varepsilon_{gr}$ und H_o = const in beiden Fällen (a) und (b) wie folgt ausgedrückt werden:

$$Q_a = 0{,}544 \left(1 - \frac{y_2\sqrt{H_o - y_2}}{0{,}385\, H_o^{3/2}}\right) \sqrt{g}\, B\, H_o^{3/2} \qquad (7.85)$$

Will man die Wassertiefen über dem Bodenauslaß bestimmen, so ist zu beachten, daß y_1 in diesen Fällen nicht gleich y_{gr} ist, sondern wegen des Einflusses der unterschiedlichen Stromlinienkrümmung zwischen $0{,}7\, y_{gr}$ und $0{,}9\, y_{gr}$ schwankt, je nach Beschaffenheit und Neigung des Bodenauslasses (vgl. Bild 3.29b sowie Mostkow, 1956). Die Berücksichtigung dieses Einflusses würde eine Modifikation der obigen Analyse erfordern. Stattdessen kann jedoch auch eine Korrektur über die Einschnürungsbeiwerte C_c vorgenommen werden. So gibt Mostkow (1956) als typische Werte $C_c = 0{,}497$ für horizontale und $C_c = 0{,}435$ für um 1:5 geneigte Flachrechen an sowie $C_c = 0{,}80$ für horizontale und $C_c = 0{,}75$ für um 1:5 geneigte Lochplatten an. Die lokalen C_c-Werte nehmen mit kleiner werdender Wassertiefe in Fließrichtung für Längsschlitze ab und für Querschlitze oder Lochplatten zu.

BEISPIEL 7.9

In das rechteckförmige Zulaufgerinne einer Kläranlage mit der Breite B = 4,0 m, dem Sohlgefälle $I_o = 0{,}0005$ und einem Abflußbeiwert nach GMS von $k_{St} = 70$ soll aus betrieblichen Gründen ein Streichwehr eingebaut werden. Dieses Streichwehr ist derart zu bemessen, daß folgende Randbedingungen eingehalten werden:

(a) Im Normalbetrieb der Kläranlage soll ein Maximalzufluß von 10 m³/s ungehindert dem Zulaufpumpwerk der Kläranlage zufließen können.

(b) Nach starken Regenfällen, wenn der Maximalzufluß auf 16 m³/s ansteigt, darf eine Maximalwassertiefe von 2,0 m nicht überschritten werden. Der daraus resultierende überschüssige Zuflußanteil soll über das Streichwehr direkt in den Vorfluter eingeleitet werden.

Aus der ersten Randbedingung folgt die erforderliche Mindesthöhe des Streichwehrs zu $w \geq y_n$. Die Normalabflußtiefe y_n ist mit Hilfe der Gleichung (7.1) durch Iteration bestimmbar:

$$Q = A_n k_{St} R_n^{2/3} I_o^{1/2} = \frac{(y_n B)^{5/3}}{(2y_n + B)^{2/3}} k_{St}\, I_o^{1/2}$$

Mit den in der Aufgabenstellung angegebenen Größen erhält man $y_n = 1,69$ m. Damit ist die Mindesthöhe des Streichwehres

$$w = 1,69 \text{ m}.$$

Zur Bemessung der Streichwehrlänge L ist die zweite Randbedingung heranzuziehen. Orientiert man sich hierbei an den Grundlagen von De Marchi und bedenkt, daß bei dem hier vorliegenden strömenden Abfluß die größte Wassertiefe am Streichwehrende auftritt (vgl. Bild 7.32a bzw. 7.34), dann folgt daraus $y_2 = 2,0$ m. Den zugehörigen zulässigen Abfluß unterstrom des Streichwehres erhält man aus einer Wasserspiegelberechnung im unterwasserseitigen Gerinne. Nimmt man wieder an, daß sich in diesem Gerinne Normalabfluß einstellt, so folgt Q aus Gleichung (7.1) zu

$$Q = A_n k_{St} R_n^{2/3} I_0^{1/2} \quad \text{mit} \quad y_n = y_2 = 2,0 \text{ m}$$

$$Q = 12,6 \text{ m}^3/\text{s}$$

Damit wird $V_2 = Q/(By_2) = 1,56$ m/s, $V_2^2/2g = 0,124$ m, $(H_o)_2 = 2,124$ m und $Fr_2 = 0,35$. Nach Gleichung (7.67) erhält man auf diese Weise

$$\phi_2 = -1,89 \times 0,65 - 3 \times 0,57 = -2,91$$

Unter der Voraussetzung, daß das Reibungsgefälle I_e' genau genug gleich dem Sohlengefälle I_o gesetzt werden darf, gilt (vgl. Bild 7.34)

$$(H_o)_1 = (H_o)_2 = y_1 + Q^2/(2g y_1^2 B^2) = 2,125 \text{ m}$$

und man erhält

$$y_1 = 1,91 \text{ m}, \quad V_1 = 2,09 \text{ m/s}, \quad Fr_1 = 0,48.$$

Mit diesen Größen kann nun auch der Parameter ϕ_1 berechnet werden:

$$\phi_1 = -1,89 \times 1 - 3 \times 0,78 = -4,2$$

Um die Streichwehrlänge L ermitteln zu können, muß zunächst noch der Abflußbeiwert C_q bestimmt werden. Für ein scharfkantiges Streichwehr folgt C_q aus Bild 7.33 mit $Fr_1 = 0,48$ zu $C_q = 0,52$. Damit ergibt sich für L nach Gleichung (7.66)

$$L = \frac{3}{2} \frac{B}{C_q} (\phi_2 - \phi_1) = 15,0 \text{ m}$$

Im Vergleich zur Wassertiefe ($y_1 = 1,91$ m, $y_2 = 2,0$ m) ist dies eine relativ große Länge ($L/y_m = 7,6$), so daß sich - wenn es auf große Genauigkeit ankommt - eine Nachrechnung des Wasserspiegelprofils entlang des Streichwehrs nach Ishikawa (1984) empfiehlt.

BEISPIEL 7.10

Man bestimme die erforderliche Länge L_o eines Bodenauslasses in einem rechteckigen Kanal (Bild 7.38) so, daß die abgezweigte Wassermenge Q_a gleich dem Zufluß Q im Gerinne wird.

Handelt es sich um einen Bodenauslaß mit Längsschlitzen (Flachrechen), so gilt nach Gleichung (7.79) mit $y = 0$ (oder $Q_2 = 0$):

$$x = L_o = \frac{y_1}{C_c(1 - \varepsilon)} \sqrt{1 - \frac{y_1}{H_o}}$$

Für einen Bodenauslaß mit Lochplatte dagegen gilt Gleichung (7.83). Substituiert man Gleichung (7.76) in die obige Gleichung, so erhält man

$$L_o = \frac{Q}{C_c(1 - \varepsilon)B\sqrt{2gH_o}}$$

oder für den Fall kleiner Verbauungsverhältnisse ε mit Gleichung (7.84)

$$L_o = \frac{y_{gr}}{C_c(1 - \varepsilon)\sqrt{3}} = \frac{1}{C_c(1 - \varepsilon)} \sqrt[3]{\frac{Q^2}{3gB^2}}$$

7.5 Einsatz des Rechners bei Wasserspiegelberechnungen

7.5.1 Grundgleichungen und Lösungsverfahren

Der Übersichtlichkeit wegen seien die Gleichungen, die zur numerischen Berechnung der Wasserspiegellage in einem Gerinne benötigt werden, nochmals zusammengestellt. Hierbei werden geringfügige Abweichungen in den Bezeichnungen not-

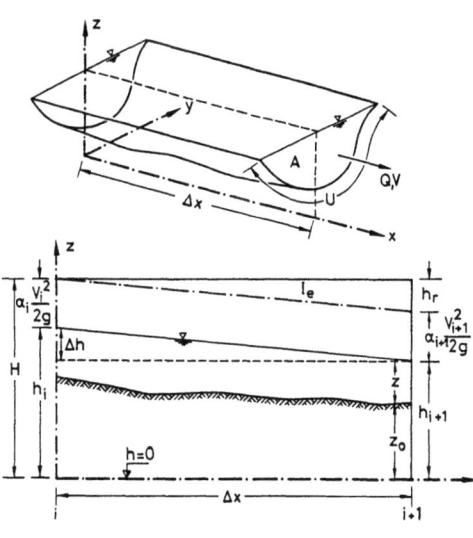

Bild 7.39   Definitionsskizze

x, y, z (m) Gerinnekoordinaten

H (m) Energieniveau über Bezugsniveau

h (m) Wasserspiegel über Bezugsniveau

z_o (m) Sohlenhöhe über Bezugsniveau

z (m) Wassertiefe

α Coriolis-Beiwert (Gleichung 1.8)

V (m/s) Mittlere Fließgeschwindigkeit

I_e Energieliniengefälle

Q (m³/s) Abflußmenge

A (m²) Durchflossene Fläche

R (m) Hydraulischer Radius $R = A/U$

U (m) Benetzter Umfang

k_{St} (m$^{1/3}$s^{-1}) GMS-Abflußbeiwert

wendig, um eine bessere Übereinstimmung mit dem in der Bundesanstalt für Wasserbau Karlsruhe von H. Dorer entwickelten Rechenprogramm herzustellen (Dorer, 1972; siehe auch Eichert, 1970; McBean, Perkins, 1970; sowie Seus, Uslu, 1974). Es werden die in Bild 7.39 aufgeführten Bezeichnungen verwendet.

Für die Wasserspiegelberechnung werden folgende zwei Gleichungen gebraucht (vgl. Gleichungen 7.2 und 7.8):

$$\frac{dH}{dx} = \frac{d}{dx}\left(h + \alpha \frac{V^2}{2g}\right) = -I_e \tag{7.86}$$

$$V = k_{st} R^{2/3} I_e^{1/2} \quad \text{mit } V = Q/A \tag{7.87}$$

Die Form von Gleichung (7.86) läßt es zu, auch natürliche Gerinne zu behandeln, in denen die Wassertiefe z nicht definiert ist. In künstlichen Gerinnen, in denen in der Regel Sohlengefälle und Wassertiefe definiert sind, wird meist die Substitution $h = z_o + z$ eingeführt.

Aus Gleichung (7.86) folgt nach Einsetzen der Kontinuitätsgleichung $Q = VA$,

$$\frac{d}{dx}\left[h(x) - \alpha(h(x))\frac{1}{2g}\frac{Q^2}{A(h(x))^2}\right] = -I_e(h(x)) \tag{7.88}$$

Diese Differentialgleichung der Wasserspiegellinie läßt sich integrieren, und man erhält

$$h(x_{i+1}) + \alpha(h(x_{i+1}))\frac{1}{2g}\frac{Q^2}{A(h(x_{i+1}))^2} - h(x_i)$$
$$- \alpha(h(x_i))\frac{1}{2g}\frac{Q^2}{A(h(x_i))^2} = -\int_{x_i}^{x_{i+1}} I_e(h(x))\,dx \tag{7.89}$$

Das Integral in Gleichung (7.89) wird mittels der Trapezregel ausgewertet:

$$\int_{x_i}^{x_{i+1}} I_e(h(x))\,dx \cong \frac{1}{2}\Delta x \left[I_e(h(x_i)) + I_e(h(x_{i+1}))\right] \tag{7.90}$$

Aus den Gleichungen (7.89) und (7.90) läßt sich folgende Differenzengleichung ableiten:

$$h_{i+1} + \frac{\alpha_{i+1}}{2g}\left(\frac{Q}{A_{i+1}}\right)^2 - h_i - \frac{\alpha_i}{2g}\left(\frac{Q}{A}\right)^2 = -\frac{\Delta x}{2}(I_{ei} + I_{ei+1}) \tag{7.91}$$

Hierbei wurde auf die ausführliche Schreibweise der Schachtelfunktionen $\alpha(h(x))$, $A(h(x))$ und $I_e(h(x))$ verzichtet.

Diese Gleichungen stellen ein Anfangswert-Problem dar, d.h. von einer bekannten Wasserspiegelhöhe h an der Stelle x ausgehend ist die unbekannte Wasserspiegelhöhe h an der Stelle x + Δx gesucht. Für die unbekannte Wasserspiegelhöhe h_i an der Stelle i ergibt sich aus der Differenzengleichung (7.91) mit den bekannten Werten an der Stelle i+1 die Gleichung:

$$h_i = h_{i+1} + \frac{\alpha_{i+1}}{2g}\left(\frac{Q}{A_{i+1}}\right)^2 - \frac{\alpha_i}{2g}\left(\frac{Q}{A_i}\right)^2 + \frac{\Delta x}{2}(I_{ei} + I_{ei+1}) \qquad (7.92)$$

Zur Vereinfachung der Rechenprozedur wird nun als Unbekannte die Wasserspiegelhöhendifferenz Δh zwischen den Stellen i+1 und i eingeführt (siehe Bild 7.39):

$$\Delta h = h_i - h_{i+1} = \frac{Q^2}{2g}\left(\frac{\alpha_{i+1}}{A_{i+1}^2} - \frac{\alpha_i}{A_i^2}\right) + \frac{\Delta x}{2}(I_{ei} + I_{ei+1}) \qquad (7.93)$$

Die Gleichungen (7.92) bzw. (7.93) sind algebraische Gleichungen mit einer Unbekannten h. Als gutes und schnelles Lösungsverfahren für solche Gleichungen hat sich das Verfahren der fortgesetzten Substitution erwiesen. Ausgehend von einer ersten Schätzung $h^{(0)}$ der Unbekannten wird durch Substitution in die rechte Seite der Gleichung (7.94) ein verbesserter Wert $h^{(1)}$ der Unbekannten nach folgendem Iterationsschema erhalten (siehe Bild 7.40):

$$\Delta h^{(m)} = \phi(h^{(m-1)}) \qquad (7.94)$$

Die Iteration wird abgebrochen, sobald die vorgegebene Iterationsschranke erreicht ist:

$$\frac{|\Delta h^{(m)} - \Delta h^{(m-1)}|}{\Delta h^{(m)}} \leq 0{,}5 \times 10^{-n} \qquad (7.95)$$

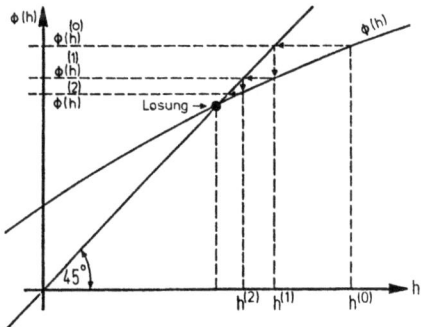

Bild 7.40   Verfahren der fortgesetzten Substitution

wobei n die Anzahl der signifikanten Ziffern angibt.

Als Konvergenzbedingung für dieses Verfahren gilt, daß der Betrag der Steigung der Restfunktion φ(h) der algebraischen Gleichung h = φ(h) im Bereich der Lösung kleiner als 1 sein muß: $|\phi'(h)| < 1$. In der Regel konvergiert dieses Verfahren in einigen Schritten. Nur bei Abflüssen, die sich der Grenztiefe

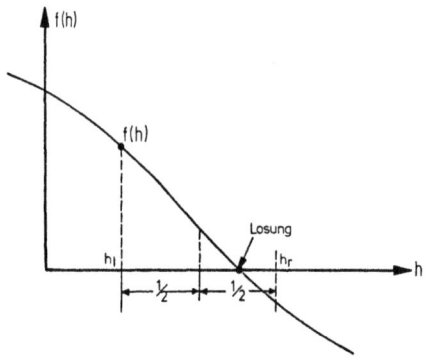

Bild 7.41   Verfahren der fortgesetzten Intervallhalbierung

nähern, gerät das Verfahren außerhalb des Konvergenzbereichs. In solchen Sonderfällen wird zur Lösung der Gleichungen (7.92) bzw. (7.93) das Verfahren der fortgesetzten Intervallhalbierung benutzt, das zwar bedingungslos konvergent ist, jedoch gegenüber dem Verfahren der fortgesetzten Substitution mehr Programmieraufwand und größere Rechenzeiten erfordert.

Das Rechenverfahren geht von Näherungswerten h_r und h_l aus (siehe Bild 7.41), die so gewählt werden, daß die gesuchte Nullstelle in dem von ihnen gebildeten Intervall $h_r - h_l$ liegt. Hierfür müssen die Funktionswerte f(h) an den Intervallgrenzen verschiedene Vorzeichen besitzen. Durch weitere fortlaufende Intervallhalbierung unter Beachtung der Bedingung des wechselnden Vorzeichens an den jeweiligen Intervallgrenzen wird der Näherungswert für die Nullstelle so lange verbessert, bis die gewünschte Genauigkeit erreicht ist. Die Iterationsschranke wird analog dem Verfahren der fortgesetzten Substitution festgelegt.

Da Wasserspiegellagenberechnungen bei Verwendung des Verfahrens der fortgesetzten Intervallhalbierung immer ein Ergebnis liefern, sollte stets geprüft werden, ob dieses Ergebnis auch hydraulisch sinnvoll ist.

7.5.2   Ermittlung der Profilkennwerte

Die in der Natur durch Peilung, Luftbildmessung oder Nivellierung aufgemessenen Fluß-Querprofile werden für die Rechnung digitalisiert, d.h. durch einen Polygonzug dargestellt mit den Polygonpunkten Y_i, Z_i (siehe Bild 7.42). Die Querprofile können in Flußbett und Vorländer aufgeteilt werden; bei einer Gesamtzahl von RE Profilpunkten stellen hierbei LE und FE die Profilnummern am Ende des linken Vorlandes und am Ende des Flußbetts dar. Die Zählung der Profilpunkte erfolgt in Fließrichtung gesehen von links nach rechts; die y-Werte müssen also von links nach rechts ansteigen.

Die durchflossene Fläche und der benetzte Umfang werden aus den sogenannten

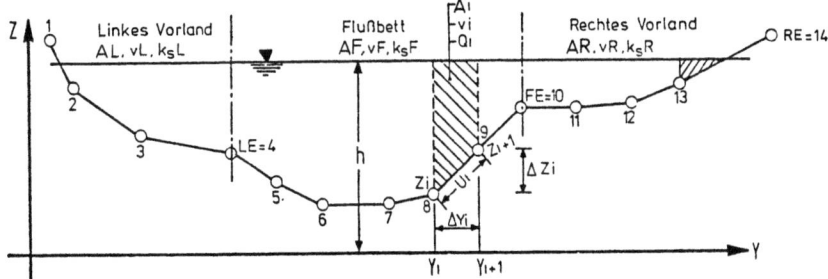

Bild 7.42   Fluß-Querprofil mit Einteilung in Flußbett und Vorländer

"Streifenwerten" durch Aufsummierung gewonnen:

(a) Einzelfläche im Innern:

$$A_i = \frac{1}{2}\left[(h - z_i) + (h - z_{i+1})\right](y_{i+1} - y_i) \qquad (7.96)$$

bzw. an den Rändern (z.B. rechts):

$$A_i = \frac{1}{2}(h - z_{13})^2 \frac{y_{14} - y_{13}}{z_{14} - z_{13}} \qquad (7.97)$$

(b) Benetzter Umfang im Innern:

$$U_i = \sqrt{(y_{i+1} - y_i)^2 + (z_{i+1} - z_i)^2} \qquad (7.98)$$

bzw. an den Rändern (z.B. rechts):

$$U_i = \sqrt{(h - z_{13})^2 + \left[\frac{(h - z_{13})(y_{14} - y_{13})}{z_{14} - z_{13}}\right]^2} \qquad (7.99)$$

Für den Beiwert α gilt die Gleichung

$$\alpha = \frac{\int v^3 dA}{V_m^3 A} \qquad (7.100)$$

wobei V_m die mittlere Geschwindigkeit darstellt, gebildet aus dem Gesamtabfluß Q geteilt durch die gesamte durchflossene Fläche A des Querprofils.

Zur Ermittlung des α-Wertes werden im vorliegenden Fall die sogenannten "Streifengeschwindigkeiten" V_i benutzt (siehe Bild 7.42). Hierbei wird angenommen, daß bei einem konstanten Energieliniengefälle I_e für den Gesamtquerschnitt für die einzelnen Streifen folgende Abflußformel gilt:

$$V_i = k_{Sti} I_e^{1/2} R_i^{2/3} \quad \text{mit} \quad R_i = \frac{A_i}{U_i} \tag{7.101}$$

Der α-Wert ergibt sich damit näherungsweise zu

$$\alpha = \frac{\Sigma V_i^3 A_i}{V_m^3 A} \tag{7.102}$$

Bei diesem Vorgehen wird also die Geschwindigkeitsverteilung über den Querschnitt analog der Verteilung der Wassertiefen angenommen. Vergleiche mit experimentellen Ergebnissen erbrachten ausreichend gute Übereinstimmungen mit dieser Annahme.

Werden die Einflüsse durch unregelmäßigen Fließquerschnitt und Vegetation (Abschnitt 6.2.4) zunächst noch nicht berücksichtigt, so gilt für die "Streifenabflüsse" Q_i:

$$Q_i = V_i A_i = k_{Sti} A_i R_i^{2/3} I_e^{1/2} \tag{7.103}$$

Mit dem spezifischen Abfluß

$$K = k_{St} A R^{2/3} \tag{7.104}$$

läßt sich damit auch schreiben:

$$Q_i = K_i I_e^{1/2} \quad \text{und} \quad Q = \Sigma Q_i = \Sigma K_i I_e^{1/2} = (\Sigma K_i) I_e^{1/2} \tag{7.105}$$

Die Abflußbeiwerte der Vorländer lassen sich mittels der Verhältniswerte C_L und C_R wie folgt schreiben:

$$k_{StL} = C_L k_{StF}, \quad k_{StR} = C_R k_{StF} \tag{7.106}$$

Für linkes und rechtes Vorland und für das Flußbett ergeben sich somit

$$K_L = \Sigma (k_{StL} A_{iL} R_{iL}^{2/3}), \quad K_R = \Sigma (k_{StR} A_{iR} R_{iR}^{2/3})$$
$$K_F = \Sigma (k_{StF} A_{iF} R_{iF}^{2/3}) \tag{7.107}$$

Nach Einsetzen der Gleichung (7.102) erhält man für den α-Wert

$$\alpha = \frac{\Sigma \left(\dfrac{K_{iL}^3}{A_{iL}^2}\right) + \Sigma \left(\dfrac{K_{iF}^3}{A_{iF}^2}\right) + \Sigma \left(\dfrac{K_{iR}^3}{A_{iR}^2}\right)}{\dfrac{(K_L + K_F + K_R)^3}{A^2}} \tag{7.108}$$

Das Energieliniengefälle I_e folgt aus den Gleichungen (7.105) und (7.106) zu:

$$I_e = \frac{Q^2}{(K_L + K_F + K_R)^2} \qquad (7.109)$$

und die mittleren Fließgeschwindigkeiten im Flußbett und auf den Vorländern ergeben sich (zunächst noch ohne Berücksichtigung der Einflüsse durch Querschnittsunregelmäßigkeiten und Vegetation) zu:

$$V_L = \frac{K_L}{A_L} I_e^{1/2} \; ; \; V_F = \frac{K_F}{A_F} I_e^{1/2} \; ; \; V_R = \frac{K_R}{A_R} I_e^{1/2} \qquad (7.110)$$

Zur rechnerischen Ermittlung der Profilkennwerte kann die Prozedur PROFIL herangezogen werden, für die ein Flußdiagramm in Bild 7.43 dargestellt ist.

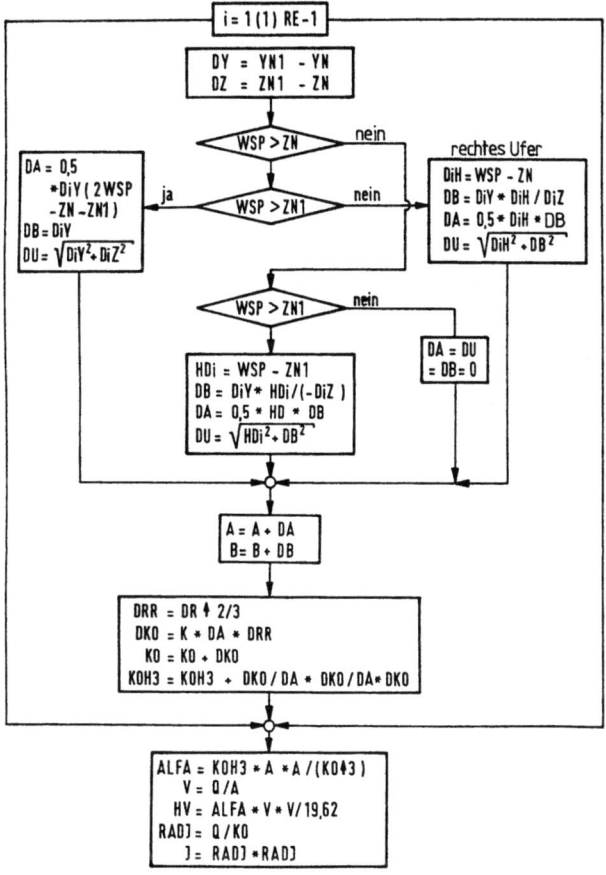

Bild 7.43   Flußdiagramm der Prozedur PROFIL

Die Einflüsse von Unregelmäßigkeiten des Fließquerschnitts und der Vegetation
auf die Abflußverhältnisse in Gerinnen können nur durch zweidimensionale
mathematische Modelle angemessen berücksichtigt werden (vgl. Abschnitt 6.2.4).
Zur überschläglichen Berücksichtigung dieser Einflüsse in dem hier vorge-
stellten eindimensionalen Verfahren kann folgendes ausgeführt werden.

Der Fließquerschnitt ist aufzugliedern, wenn in Teilbereichen dieses Querschnitts (a) unterschiedliche Wassertiefen oder (b) unebene Gerinnesohle und
unterschiedlicher Pflanzenbewuchs vorkommen. Im Fall (a) sollte der Fließquerschnitt an den Übergängen zwischen den Teilbereichen unterschiedlicher
Tiefe bzw. zwischen Flußbett und Vorländern nach Bretschneider (1991) durch
vertikale Trennflächen entsprechend Bild 7.42 aufgeteilt werden, und die
"Trennflächenrauheit" sollte unter Verwendung des Widerstands- bzw. Abflußbeiwerts des Hauptgerinnes nur dem letzteren zugeschlagen werden. Durch einen
Zusatz am Ende der Prozedur PROFIL kann dieser Empfehlung dadurch Rechnung
getragen werden, daß die Energielinieneigung über die Beziehung

$$(I_e)_{korr} = \left[\frac{Q_F}{k_{StF} A_F^{5/3}} \right]^2 \left[\left(\frac{A_F^{5/3} k_{St} \sqrt{I_e}}{Q_F} \right)^{3/2} + (h - z_{LE}) + (h - z_{FE}) \right]^{4/3}$$

(7.111)

korrigiert wird.

Bei Fließgewässern, die aufgegliedert werden, um Teilbereiche mit Unebenheiten
der Sohle (vgl. Bild 6.11) und Pflanzenbewuchs (vgl. Bild 6.12) berücksichtigen zu können, ist eine iterative Ermittlung der Teilabflüsse und des Wasserspiegelverlaufs notwendig. Verwendet man hierbei die Darcy-Weisbach-Gleichung
(6.22) mit dem Abflußbeiwert $1/\sqrt{\lambda}$ nach Gleichung (6.29), so lautet die Differenzengleichung (7.92) in diesem Fall

$$h_{i+1} = h_i + (\alpha_i^* - \alpha_{i+1}^*)\frac{Q^2}{2g} + \frac{\Delta x\, Q^2}{16g} \left[\frac{1}{(\sum_j A_j \sqrt{R_j/\lambda_j})^2_i} + \frac{1}{(\sum_j A_j \sqrt{R_j/\lambda_j})^2_{i+1}} \right]$$

(7.112)

mit dem dimensionsbehafteten Beiwert

$$\alpha_i^* = \frac{\sum_j A_j (R_j/\lambda_j)^{3/2}}{(\sum_j A_j \sqrt{R_j/\lambda_j})^3}$$

Die Ermittlung von λ_j in Abhängigkeit von der Unebenheit der Gewässersohle,
den Bewuchsparametern und den equivalenten Sandrauheiten ist sehr aufwendig
und nur dann sinnvoll, wenn detaillierte Daten aus Naturmessungen vorliegen.

Mögliche Ermittlungsverfahren werden von Bretschneider (1991) zur Diskussion gestellt. Da es sich hierbei trotz des erforderlichen großen Aufwands um eindimensionale Verfahren handelt, bei denen wesentliche Belange naturnaher Fließgewässer nicht berücksichtigt werden können, wird zur Zeit geprüft, ob sich mit ähnlichem Aufwand nicht realistischere Vorhersagen auf der Grundlage von zweidimensionalen mathematischen Modellen erzielen lassen (siehe z.B. Stein, 1990).

7.5.3 Durchführung der Berechnungen

Den Berechnungen werden Flußquerprofile im Abstand Δx zugrunde gelegt. Die zu untersuchende Gerinnestrecke wird dementsprechend in Berechnungsabschnitte eingeteilt, für die der k_{St}-Beiwert als konstant angenommen wird. Das jeweils letzte Profil am unterwasserseitigen Ende des Berechnungsabschnitts erhält dabei den k_{St}-Wert des unterstrom anschließenden Abschnitts (siehe Bild 7.44).

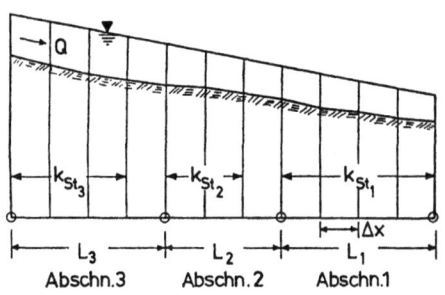

Bild 7.44   Einteilung in Berechnungsabschnitte

Das Unterscheidungsmerkmal der einzelnen Querprofile bei der Staulinienberechnung für einen Fluß ist der Profil-Kilometer, der durch die Flußkilometrierung festgelegt ist. Als Rechenschrittweite Δx wird jeweils der Abstand zweier Querprofile bzw. die Differenz der Profil-Kilometer der beiden Querprofile verwendet. Da die Flußkilometrierung nicht immer den wahren Abstand der Querprofile ergibt (z.B. wegen Fehlstrecken), muß für die Rechnung auf der Grundlage von Stromkarten, Lageplänen etc. gegebenenfalls eine eigene Kilometrierung geschaffen werden, aus der die wahren Abstände Δx ermittelt werden können.

Die Berechnungsrichtung ist aus mathematischen Gründen nicht vorgeschrieben. Da sie jedoch stets von Querschnitten mit vorgegebenen Anfangswerten ausgehen muß, ergibt sich diese Richtung zwangsläufig so, wie in Abschnitt 1.2.2 bzw. 7.1.3 besprochen: stromaufwärts bei strömendem und stromabwärts bei schießendem Abfluß.

Die in der Natur aufgenommenen "Rohprofile" werden vor Beginn der Berechnungen nach hydraulischen Gesichtspunkten aufbereitet zu sogenannten Rechenprofilen. Hierbei werden die Querprofile so variiert, daß sie möglichst rechtwinklig zur Fließrichtung liegen (wichtig für Krümmungen mit großen Vorländern). Totwassergebiete (z.B. in nicht überströmten Buhnenfeldern) werden als nichtdurchflossen markiert, und es werden Vorkehrungen getroffen, die erhöhten Verluste durch Queraustausch angemessen zu berücksichtigen (vgl. Abschnitt 6.2.4).

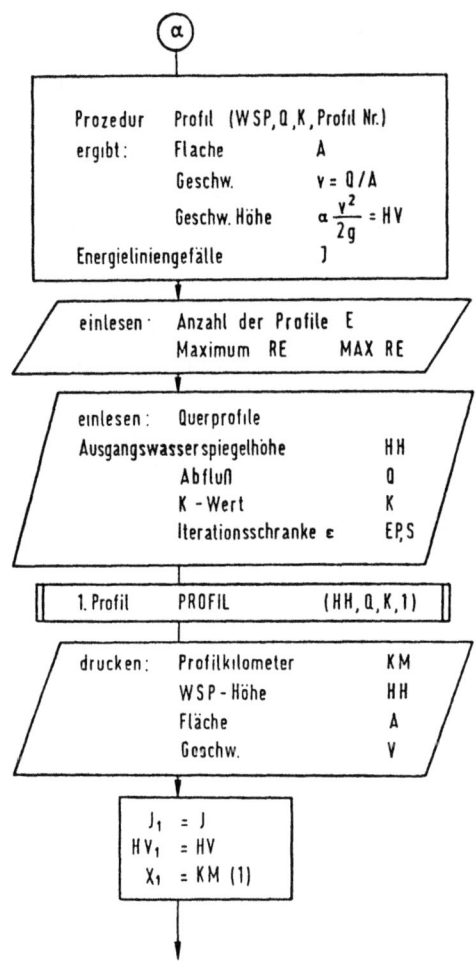

Bild 7.45 Ablaufschema des Rechenprogramms (Teil 1)

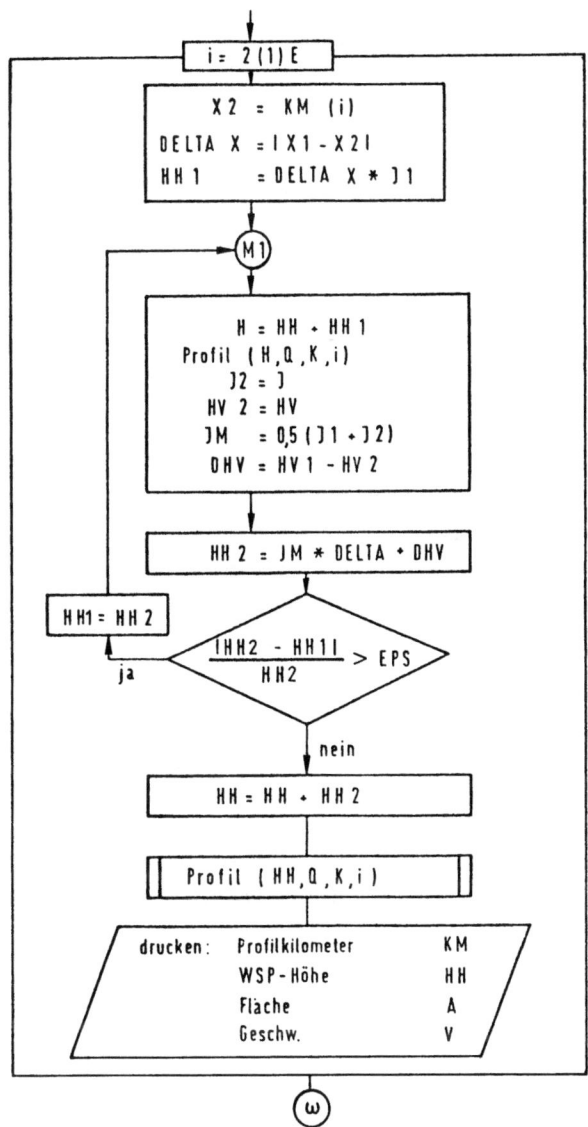

Bild 7.45   Ablaufschema des Rechenprogramms (Teil 2)

Das Berechnungsverfahren ist so aufgebaut, daß an jeder Abschnittsgrenze Wasserspiegelanhebungen infolge von Einzelbauwerken als Sprung in der Wasserspiegellinie von außen eingegeben werden können. Dies trifft beispielsweise für den Pfeilerstau an Brücken zu, der gesondert berechnet und als örtliche Wasserspiegelanhebung eingegeben werden muß (vgl. Beispiel 7.5).

Ein Ablaufschema des Programms ist in Bild 7.45 wiedergegeben.

7.5.4 Festlegung der Abflußbeiwerte

Die k_{St}-Werte in der Abflußgleichung (7.87) können auf zwei Arten festgelegt werden:

(a) Wahl des k_{St}-Wertes abhängig von der vorhandenen Gerinneform, von der Wandbeschaffenheit, vom Sohlenmaterial, vom Bewuchs etc. aufgrund von Erfahrungswerten (vgl. Abschnitte 6.1.3, 6.2.4 und 6.2.5),

(b) Rückrechnung der k_{St}-Werte auf der Grundlage von Wasserspiegelmessungen für verschiedene Abflüsse ähnlich dem Vorgehen bei der Eichung physikalischer Modelle.

Bei der Eichung des mathematischen Modells durch Rückrechnung der k_{St}-Werte wird zunächst die zu untersuchende Gerinnestrecke in Berechnungsabschnitte der Länge L eingeteilt (siehe Bild 7.44 und 7.46). In diesen Abschnitten werden jeweils, ausgehend von der in der Natur gemessenen Wasserspiegelhöhe $h_A^{(o)}$ am unteren Gerinneabschnitt, so lange Wasserspiegellinien mit wechselnden k_{St}-Werten gerechnet, bis ein k_{St}-Wert gefunden ist, mit dem die berechnete Wasserspiegelhöhe $h_E^{(m)}$ am oberen Ende des Berechnungsabschnitts mit der gemessenen Wasserspiegelhöhe $h_E^{(o)}$ genau genug übereinstimmt (siehe Bild 7.46). Schließlich wird dann die Eichung mit wechselnden Abschnittseinteilungen so lange wiederholt, bis zufriedenstellende k_{St}-Werte gefunden sind. Hierbei sind die absolute Größe der errechneten k_{St}-Werte in Relation zu den Eigenschaften des Gerinnes, die Abweichung zwischen berechneter und gemessener Wasserspiegellinie innerhalb der Berechnungsabschnitte und die Genauigkeit der Wasserspiegelmessung zu berücksichtigen.

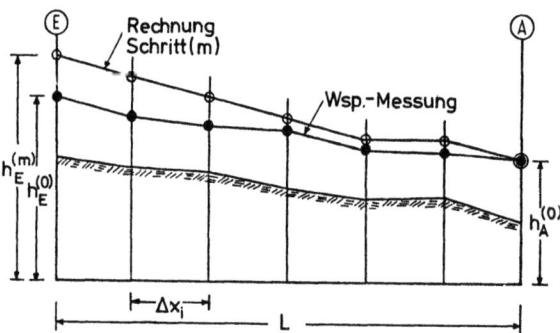

Bild 7.46   Rückrechnung der k_{St}-Werte aus gemessenen Wasserständen

Die Änderung der k_{St}-Werte für einen Berechnungsabschnitt während der Rückrechnung geschieht nach folgender Iterationsvorschrift:

$$k_{St}^{(m+1)} = k_{St}^{(m)} \sqrt{I_{wsp}^{(o)} / I_{wsp}^{(m)}} \qquad (7.113)$$

Hierin bedeutet m die Nummer des Iterationsabschnitts, und

$$I_{wsp}^{(o)} = \frac{h_E^{(o)} - h_A^{(o)}}{L} \quad , \quad I_{wsp}^{(m)} = \frac{h_E^{(m)} - h_A^{(o)}}{L}$$

sind, in der Reihenfolge der Nennung, das gemessene und das gerechnete Wasserspiegelgefälle. Als Kriterium für den Abbruch der k_{St}-Wert Iteration gilt nach Bild 7.46

$$\frac{|(h_E^{(o)} - h_A^{(o)}) - (h_E^{(m)} - h_A^{(o)})|}{|h_E^{(o)} - h_A^{(o)}|} \leq \varepsilon_{kSt} \qquad (7.114)$$

wobei ε ein vorgegebenes Maß für die gewünschte Genauigkeit darstellt.

7.5.5 Einsatz von Taschenrechnern

Bei Benutzung von Taschenrechnern ist eine Digitalisierung der Querprofile nicht möglich, da der nötige Speicherplatz nicht vorhanden ist. Ansonsten kann der gleiche Programmablauf verwendet werden wie oben dargestellt. Stark vereinfacht können die Profilkennwerte in diesem Fall jedoch auch wie folgt ermittelt werden:

- Der α-Beiwert wird geschätzt oder gleich 1 gesetzt. Es werden nur Gerinne berechnet, bei denen auf eine Trennung in Hauptbett und Vorländer verzichtet werden darf.

- Die Flächenermittlung (Flächen unter einer Ausgangswasserspiegelhöhe) erfolgt getrennt von der Staulinienberechnung.

- Als Flächenänderung wird jeweils das Produkt aus Wasserspiegelbreite und Differenz der Wasserspiegelhöhen angenommen: $\Delta A = B \Delta h$. Hierbei wird für die Wasserspiegelbreite B der Mittelwert für den zu untersuchenden Profilbereich für die Rechnung vorgegeben.

- Der benetzte Umfang U kann entweder vor Beginn der Rechnung aus den Querprofilzeichnungen (bezogen auf die jeweilige Ausgangswasserspiegelhöhe) ermittelt und während der Rechnung konstant gehalten werden, oder er kann über einen Ersatz-Rechteckquerschnitt in jedem Schritt neu berechnet werden: $U = B + 2A/B$.

- Das Energieliniengefälle I_e wird für jedes Profil direkt aus der Abflußformel berechnet (Gleichung 7.87).

BEISPIEL 7.11

Ein sehr langes Rechteckgerinne mit der Breite $B = 100$ m, einem Abflußbeiwert $k_{St} = 60$ und einem Sohlengefälle $I_o = 1\ ^o/oo$ führt stationär eine Wassermenge von $Q = 100$ m³/s ab. Am unteren Ende des Gerinnes befindet sich ein festes Überfallwehr mit der Höhe $p = 3,00$ m. Man berechne den Wasserspiegelverlauf oberhalb des Wehres bis zur Stauwurzel mit Schrittweiten $\Delta x = 50$ m.

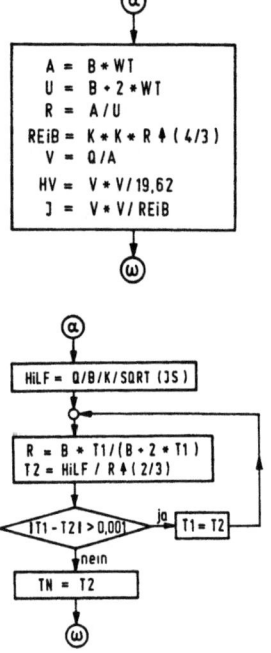

Die einzelnen Profilkennwerte (durchflossene Fläche A, benetzter Umfang U, hydraulischer Radius R, mittlere Geschwindigkeit V, Geschwindigkeitshöhe HV, Energieliniengefälle J, Reibungsglied $REIB = K^2 R^{4/3}$) können mittels der Prozedur PROF(WT) als Funktion der Wassertiefe WT und des Abflußbeiwerts K berechnet werden, wie im nebenstehenden Flußdiagramm angegeben.

Bezeichnet man die zu bestimmende Normalabflußtiefe mit TN, das Sohlengefälle mit JS und die Wassertiefen im Iterationsintervall mit T1, T2, so folgt aus Gleichung (7.87):

$$\frac{Q}{B \times TN} = K \times SQRT(JS) \times R\uparrow(2/3)$$

oder nach TN aufgelöst:

$$TN = \frac{Q}{B \times K \times SQRT(JS) \times R\uparrow(2/3)}$$

Diese Gleichung kann mit dem bereits erwähnten Verfahren der fortgesetzten Substitution aufgelöst werden. Der Berechnungsablauf ist im nebenstehenden Flußdiagramm dargestellt.

Die Ausgangswassertiefe am Wehr $T\phi$ läßt sich mit dem Abflußbeiwert $C_q^* = CQ$ nach Bild 3.28b aus Gleichung (3.35) wie folgt berechnen:

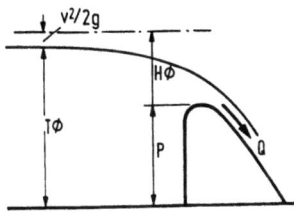

$$H\phi = \left(\frac{Q}{2/3 \times CQ \times B \times \sqrt{2g}} \right) \uparrow (2/3)$$

$$T\phi = H\phi + P - (Q/B/T\phi 1)\uparrow 2 \ /2g$$

Der Berechnungsverlauf ist im folgenden Flußdiagramm dargestellt:

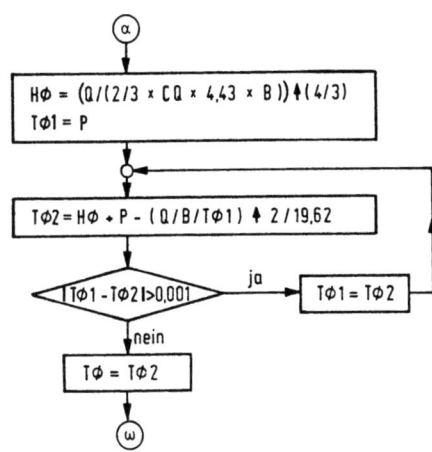

Die Differenzengleichung für die Ermittlung der Wasserspiegelhöhendifferenz zwischen den Profilen 1 und 2 lautet, mit den Bezeichnungen der nachfolgenden Skizze:

$$HH2 = HV1 - HV2 + DX \times (J1 + J2)/2$$

Als Iterationsschranke (EPS) wird eingeführt:

$$\frac{|HH2 - HH1|}{HH2} < EPS = 0.5 \times 10^{-n}$$

wobei n die Anzahl der signifikanten Ziffern angibt (hier: EPS = 0,005).

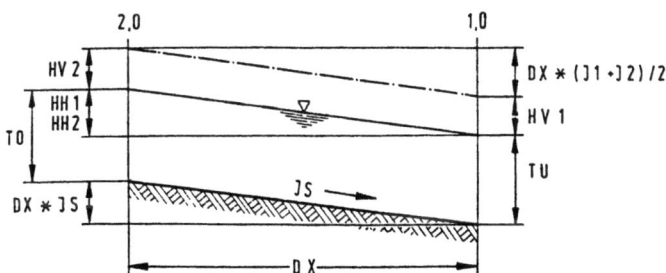

Die Lage der Stauwurzel wird dadurch festgelegt, daß dort die Wassertiefen- bzw. Wasserspiegelhöhendifferenz zwischen der Wassertiefe aus der Staukurvenberechnung und der Wassertiefe bei Normalabfluß unter einen festgelegten Wert sinkt. In der Regel wird diese Differenz zu 1 cm angenommen, im hier durchgeführten Rechenbeispiel wurden 5 mm gewählt.

Das Flußdiagramm für die Staukurvenberechnung sieht wie folgt aus:

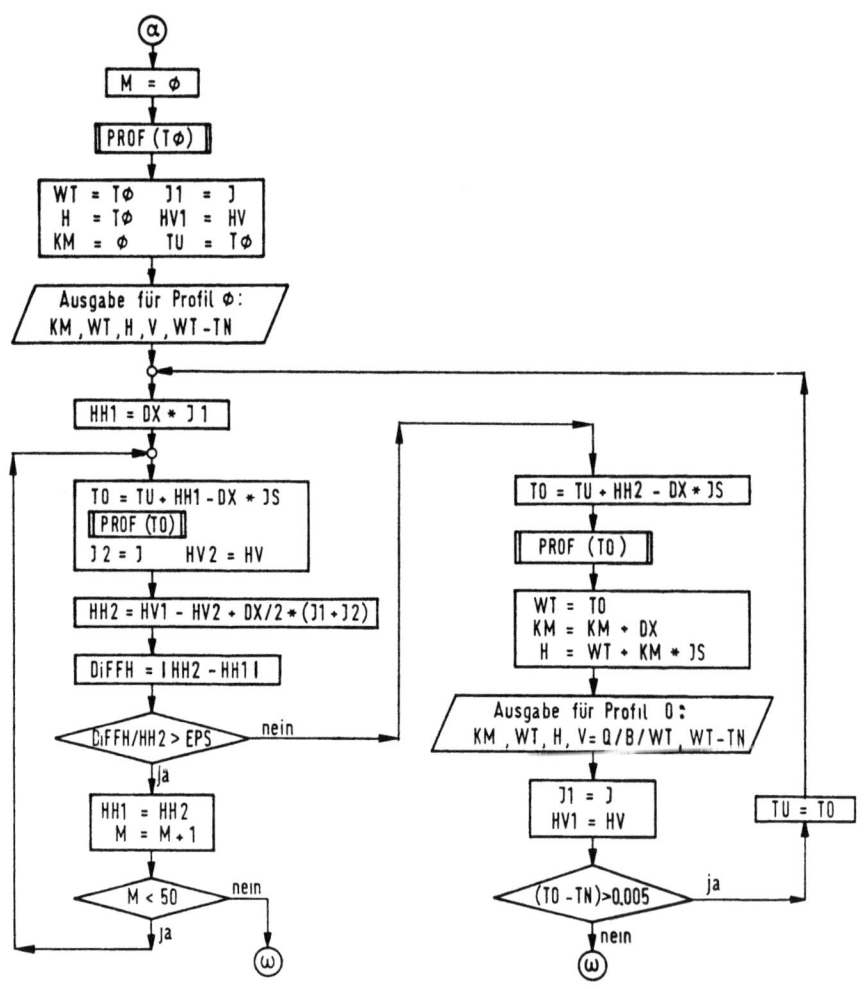

Die Ergebnisse der Berechnungen lauten, mit CQ = 0,62,

Normalabflußtiefe	TN = 0,685 m
Wehrüberfallhöhe	Hϕ = 0,827 m
Wassertiefe am Wehr	Tϕ = 3,824 m

und die Lage der Stauwurzel liegt, gemäß der Staukurvenberechnung, 3725 m oberhalb des Wehres. Von dem berechneten Verlauf der Staukurve sei nachfolgend nur ein Ausschnitt von L = 1 km dargestellt:

Tabelle 7.3

KM [m]	WT [m]	H [m+NN]	V [m/s]	WT-TN [m]
0,0000	3,8238	3,8238	0,2615	3,1388
50,0000	3,7739	3,8239	0,2650	3,0889
100,0000	3,7240	3,8240	0,2685	3,0390
150,0000	3,6741	3,8241	0,2722	2,9891
200,0000	3,6242	3,8242	0,2759	2,9392
250,0000	3,5743	3,8243	0,2798	2,8893
300,0000	3,5244	3,8244	0,2837	2,8394
350,0000	3,4745	3,8245	0,2878	2,7895
400,0000	3,4246	3,8246	0,2920	2,7396
450,0000	3,3747	3,8247	0,2963	2,6898
500,0000	3,3249	3,8249	0,3008	2,6399
550,0000	3,2750	3,8250	0,3053	2,5900
600,0000	3,2252	3,8252	0,3101	2,5402
650,0000	3,1753	3,8253	0,3149	2,4903
700,0000	3,1255	3,8255	0,3200	2,4405
750,0000	3,0757	3,8257	0,3251	2,3907
800,0000	3,0258	3,8258	0,3305	2,3409
850,0000	2,9760	3,8260	0,3360	2,2911
900,0000	2,9263	3,8263	0,3417	2,2413
950,0000	2,8765	3,8265	0,3476	2,1915
1000,0000	2,8267	3,8267	0,3538	2,1417

LITERATUR

Alam, A.M.Z., Kennedy, J.F. (1969): Friction Factors for Flow in Sand-Bed Channels. ASCE, Journal Hydraulics Division, Vol. 95, No. HY6.

Arbhabhirama, A., Abella, A.U. (1971): Hydraulic Jump Within Gradually Expanding Channel, ASCE Journal Hydraulics Division, Vol. 97, No. HY1.

Asano, T., Hashimoto, H., Fujita, K. (1986): Characteristics of Variation of Manning's Roughness, Keynote Paper. 21st IAHR Congress, Melbourne, Australia, Vol. 6.

ASCE Task Force (1964): Energy Dissipators for Spillways and Outlet Works. ASCE Journal Hydraulics Division, Vol. 90, No. HY1.

Avery, S.T., Novak, P. (1978): Oxygen Transfer at Hydraulic Structures. ASCE Journal Hydraulics Division, Vol. 104, No. HY11.

Ball, J.W. (1976): Cavitation from Surface Irregularities in High Velocity. ASCE Journal Hydraulics Division, Vol. 85, No. HY10.

Basco, D.R. (1970): An Experimental Study of Drag Forces and Other Performance Criteria of Baffle Blocks in Hydraulic Jumps. WES Misc. Paper MP H70-4 Waterways Experiment Station, Vicksburg, Miss. (Auch erhältlich als Ph.D.-Dissertation, eingereicht bei der Ingenieurfakultät der Lehigh University, Bethlehem, Pa., USA.)

Basco, D.R., Adams, J.R. (1971): Drag Forces on Baffle Blocks in Hydraulic Jumps. ASCE Journal Hydraulics Division, Vol. 97, No. HY 12.

Bearman, P.W., Obasaju, E.D. (1982): An Experimental Study of Pressure Fluctuations on Fixed and Oscillating Square-Section Cylinders. Journal Fluid Mechanics, Vol. 119.

Bertram, H.U. (1985): Über den Abfluß in Trapezgerinnen mit extremer Böschungsrauheit. Mitt. Leichtweiss-Institut für Wasserbau, TU Braunschweig, Heft 86.

Blaisdell, F.W. (1949): The SAF Stilling Basin. US Soil Conservation Service, Report SCS-TP-79.

Blaisdell, F.W. (1951): Hydraulic Design of the Box Inlet Drop Spillway. U.S. Dept. of Agriculture, Soil Conservation Service.

Blaisdell, F.W., Donnelly, C.A. (1956): The Box Inlet Drop Spillway and its Outlet. ASCE Transactions, Vol. 121, p. 955.

Bock, J. (1966): Einfluß der Querschnittsform auf die Widerstandsbeiwerte offener Gerinne. Techn. Bericht des Instituts für Hydromechanik und Wasserbau, TH Darmstadt, No. 2.

Böss, P. (1958): Systematische Modellversuche an einem Sektorwehr. Bericht des Instituts für Hydromechanik an der Universität Karlsruhe, No. 254.

Bradley, J.N. (1954): Rating Curves for Flow over Drum Gates. ASCE Transactions, Vol. 119, p. 403.

Bradley, J.N., Peterka, A.J. (1957): The Hydraulic Design of Stilling Basins. ASCE Journal Hydraulics Division, Vol. 83, No. HY5.

Bradley, J.N. (1970): Hydraulics of Bridge Waterways. Hydraulic Design Series, No. 1, Bureau of Public Roads.

Bretschneider, H. (1971): Kopfbauwerke bei Schußrinnen. Wasserwirtschaft No. 5.

Bretschneider, H., Hsg. (1991): Hydraulische Berechnung von Fließgewässern. DVWK-Merkblatt 220, Verlag Paul Parey.

Brock, R.R. (1969): Development of Roll-Wave Trains in Open Channels. ASCE Journal Hydraulics Division, Vol. 95, No. HY 4.

Brock, R.R. (1970): Periodic Permanent Roll Waves. ASCE Journal Hydraulics Division, Vol. 96, No. HY 12.

Brooke, B.T. (1956): On the Flow in Channels When Rigid Obstacles are Placed in the Stream. Journal Fluid Mechanics, Vol. 1, part 2.

Brooks, N.H. (1958): Mechanics of Streams with Movable Beds of Fine Sand. ASCE Transactions, Vol. 123, p. 526 (siehe auch Diskussion von Einstein, Chien).

Cain, P., Wood, I.R. (1981): Measurements of Self-Aerated Flow on a Spillway. ASCE Journal Hydraulics Division, Vol. 107, No. HY11.

Camp, T.R. (1946): Design of Sewers to Facilitate Flow. Sewage Works Journal, Vol. 18, p. 1.

Cassidy, J.J. (1965): Irrotational Flow Over Spillways of Finite Height. ASCE Journal Engineering Mechanics Division, Vol. 91, No. EM6.

Castro-Delgado, M. (1983): Abfluß- und Auflastbeiwerte für den Entwurf von Stauklappen. Dissertation Universität Karlsruhe, Germany.

Cheng, H.O., Liggett, J.A., Liu, P.L.F. (1981): Boundary Calculations of Sluice and Spillway Flows. ASCE Journal Hydraulics Division, Vol. 107, No. HY10.

Chow, V.T. (1959): Open-Channel Hydraulics. McGraw Hill.

Chow, V.T. (1981): Hydraulic Exponents. ASCE Journal Hydraulics Division, Vol. 107, No. HY11.

Çidarer, H. (1977): Einfluß von seitlichen Profileinengungen auf den Abflußvorgang in Wasserläufen. Mitteilungen des Leichtweiß-Instituts für Wasserbau der TU Braunschweig, Heft Nr. 53.

Çidarer, H. (1979): Brücken (Pfeiler, Widerlager, Anschlußdämme) im Hochwasserbereich. 11. Fortbildungslehrgang für Hydrologie "Hochwasserschutz", Deutscher Verband für Wasserwirtschaft und Kulturwesen, S. 507.

Colebrook, C.F. (1958): The Flow of Water in Unlined, Lined, and Partly Lined Rock Tunnels. Proceedings Institution of Civil Engineers, Vol. 11.

Creager, W.P., Justin, J.D. (1950): Hydroelectric Handbook. 2nd ed., John Wiley & Sons, p. 120.

Delaney, N.K., Sorenson, N.E. (1953): Low-Speed Drap of Cylinders of Various Shapes. NACA Techn. Note 3038.

Dorer, H. (1972): Berechnung des nicht-stationären Abflusses in nicht-prismatischen offenen Gerinnen. Mitteilungsblatt der Bundesanstalt für Wasserbau, Karlsruhe, No. 31.

DVWK-Lehrgänge (1977): Gewässerausbau, zweiter Fortbildungslehrgang. Rotenburg/Fulda. DVWK, Gluckstrasse 2, D-5300 Bonn.

DVWK-Lehrgänge (1983): Gerinnestabilität, siebter Fortbildungslehrgang. Darmstadt. DVWK, Gluckstrasse 2, D-5300 Bonn.

DVWK-Merkblätter (1984): Ökologische Aspekte bei Ausbau und Unterhaltung von Fließgewässern. Merkblatt 204/1, Verlag Paul Parey.

Eichert, B.S. (1970): Survey of Programs for Water Surface Profiles. ASCE Journal Hydraulics Division, Vol. 96, No. HY2.

Einstein, H.A. (1934): Der hydraulische oder Profilradius. Schweizerische Bauzeitung, Bd. 103, Nr. 8.

Einstein, H.A., Banks, R.B. (1950): Fluid Resistance of Composite Roughness. Transactions Am. Geophys. Union, Vol. 31, No. 4.

El-Khashab, A., Smith, K.V.H. (1976): Experimental Investigation of Flow over Side Weirs. ASCE Journal Hydraulics Division, Vol. 102, No. HY9.

Evers, P. (1983): Strömungsvorgänge in gegliederten Gerinnen mit extremen Rauhigkeitsunterschieden. Mitt. Inst. für Wasserbau und Wasserwirtschaft, RWTH Aachen, Heft 45.

Fage, A., Warsap. J.H. (1929): The Effects of Turbulence and Surface Roughness on the Drag of a Circular Cylinder. Aero. Research Council, London, Rep. and Memo No. 1283.

Formica, G. (1955): Esperienze preliminari sulle perdite di carico nei canali, devute a cambiamenti di sezione. L'Energia elettrica, Milano, Vol. 32, No. 7.

Forster, J.W., Skrinde, R.A. (1949): Control of the Hydraulic Jump by Sills. ASCE Journal Hydraulics Division.

Frazer, W. (1957): The Behaviour of Wide Weirs in Prismatic Rectangular Channels. Proceedings Institution Civil Engineers, London, Vol. 6, p. 305.

Galin, M.S. (1964): Geometrical Properties of Sand Waves. ASCE Journal Hydraulics Division, Vol. 90, No. HY5.

Gentilini, B. (1941): Effluso dalle luci suggiacenti alle paratoie piane inclinate e a settore. L'Energia elettrica, H.6., Deutscher Auszug: Wasserkraft und Wasserwirtschaft (1942), H.6.

Gerodetti, M. (1978): Schußrinnen im Straßenbau, Gestaltung von Kurven und Vereinigungen. Straße und Verkehr, Nr. 7.

Gibson, A.H. (1912): The Conversion of Kinetic to Pressure Energy in the Flow of Water through Passages Having Divergent Boundaries. Engineering, Vol. 93, p. 205.

Hager, W.H. (1981): Die Hydraulik von Verteilerkanälen. Dissertation ETH Zürich, Nr. 6948.

Hager, W.H. (1983): Open-Channel Hydraulics of Flows with Increasing Discharge. Journal Hydraulic Research, Vol. 21, No. 3.

Hager, W.H., Bretz, N.V. (1986): Hydraulic Jumps at Positive and Negative Steps. Journal Hydraulic Research, Vol. 24. No. 4.

Hager, W.H, Hager, K., Weyermann, H. (1983): Die hydraulische Berechnung von Streichwehren in Entlastungsbauwerken der Kanalisationstechnik. Gas, Wasser, Abwasser, Jg. 63, Nr. 7.

Hager, W.H., Sinniger, R. (1985): Flow Characteristics of the Hydraulic Jump in a Stilling Basin with an Abrupt Bottom Rise. Journal Hydraulic Research, Vol. 23, No. 2.

Haindl, K. (1984): Aeration at Hydraulic Structures. In: Developments in Hydraulic Engineering 2 (Novak, P., ed.), Elsevier Publ.

Hanisch, H.H., Kobus, H. (1980): Natur- und Modellmessungen zum künstlichen Sauerstoffeintrag in Flüsse. Schriftenreihe des DVWK, Heft 49, Verlag P. Parey.

Hartung, F. (1962): Das Gegenstrom-Tosbecken. Wasserwirtschaft, Heft 6.

Hartung, F. (1970): Die strömungstechnische Entwicklung in Konstruktion und Gestaltung der Staustufen. Tiefbau, Heft 3.

Henderson, F.M. (1963): Flow at the Toe of a Spillway. La Houille Blanche, Vol. 18.

Henderson, F.M. (1971): Open Channel Flow. Macmillan Comp.

Henry, H.R. (1950): Discussion on "Diffusion of Submerged Jets". ASCE Transactions, Vol. 115, p. 687.

Herbrand, K. (1969): Der Wechselsprung unter dem Einfluß der Luftbeimischung. Wasserwirtschaft, Jg. 6, H. 9.

Herbrand, K. (1971): Das Tosbecken mit seitlicher Aufweitung. Versuchsanstalt für Wasserbau, TU München, Bericht Nr. 21.

Hinds, J. (1928): The Hydraulic Design of Flume and Siphon Transitions. ASCE Transactions, Vol. 92, p. 1423.

Hoerner, S.F. (1965): Fluid-Dynamic Drag. Eigenverlag.

Hom-ma, M., Slima, S. (1952): On the Flow in a Gradually Divergent Open Channel. The Japan Science Review, Series 1, Vol. 2, No. 3.

Hsieh, T. (1964): Resistance of Cylindrical Piers in Open-Channel Flow. ASCE Journal Hydraulics Division, Vol. 90, No. HY1.

Hubbard, P.G., Ling, S.C. (1952): Hydrodynamic Problems in Three Dimensions. Proceedings ASCE, Vol. 78, Separate No. 143.

Hughes, W.C., Flack, J.E. (1984): Hydraulic Jump Properties Over a Rough Bed. ASCE Journal Hydraulic Engineering, Vol. 110, No. 12.

Idelchik, I.E. (1986): Handbook of Hydraulic Resistance. Springer Verlag.

Ippen, A.T. et al. (1951): High-Velocity Flow in Open Channels. A Symposium. ASCE Transactions, Vol. 116, p. 265.

Ishikawa, T. (1984): Water Surface Profile of Stream with Side Overflow. ASCE Journal Hydraulic Engineering, Vol. 110, No. 12.

Jain, S.C., Fisher, E.E. (1982): Uniform Flow over Skew Side-Weir. ASCE Journal Irrigation and Drainage Division, Vol. 108, No. IR2.

Jansen, P.Ph., et al. (1979): Principles of River Engineering. Pitman Publ., London.

Jarrett, R.D. (1984): Hydraulics of High-Gradient Streams. ASCE Journal Hydraulic Engineering, Vol. 110, No. 11.

Johnson, P.L. (1976): Hydraulic Model Studies of Navajo Dam Auxiliary Outlet Works and Hollow-Jet Valve Bypass - Modification to Reduce Dissolved Gas Supersaturation. U.S. Bureau of Reclamation, Denver, Colorado, USA.

Johnson, P.L. (1984): Prediction of Dissolved Gas Transfer in Spillway and Outlet Works Stilling Basin Flows. In: Gas Transfer at Water Surfaces, D. Reidel Publ. Co.

Kandaswamy, P.K., Rouse, H. (1957): Characteristics of Flow over Terminal Weirs and Sills. ASCE Journal Hydraulics Division, Vol. 83, No. HY4.

Keifer, C.J., Chu, H.H. (1955): Backwater Functions by Numerical Integration. ASCE Transactions, Vol. 120, p. 429.

Keller, R.J., Rastogi, A.K. (1977): Design Chart for Predicting Critical Point on Spillways. ASCE Journal Hydraulics Division, Vol. 103, No. HY12.

Keller, R.J., Rodi, W. (1984): Prediction of Two-Dimensional Flow Characteristics in Complex Channel Cross-Sections. Proc. Hydrosoft Conference, Portoroz, Yugoslavia.

Keutner, Ch. (1935): Die Strömungsvorgänge an unterströmten Schütz-
tafeln mit scharfen und abgerundeten Unterkanten. Wasserkraft und
Wasserwirtschaft, Heft 1.

Kindsvater, C.W. (1944): The Hydraulic Jump in Sloping Channels.
ASCE Transactions, Vol. 109, p. 1107.

Kindsvater, C.E. et al. (1953): Computation of Peak Discharge at
Contractions. U.S. Geological Survey, Circular No. 284.

Kindsvater, C.E., Carter, W.R. (1955): Tranquil Flow through Open-
Channel Constrictions. ASCE Transactions, Vol. 120.

Kirkpatrick, K.W. (1955): Discharge Coefficients for Spillways at
TVA Dams. ASCE Journal Hydraulics Division, Vol. 81, p. 626-1.

Knapp, R.T. (1951): Design of Channel Curves for Supercritical Flow.
ASCE Transactions, Vol. 116, p. 326.

Knauss, J. (1967): Schießender Abfluß in offenen Gerinnen mit fächer-
förmiger Verengung. Versuchsanstalt für Wasserbau der TH München,
Bericht Nr. 9.

Knauss, J. (1986): Swirling-Flow Problems at Intakes.
IAHR Hydraulic Structures Design Manual, Vol. 1, I.7.

Knight, D.W., Demetriou, J.D. (1983): Flood Plain and Main Channel Flow
Interaction. ASCE Journal Hydraulic Engineering, Vol. 109, No. 8

Kobus, H. (1974): Anwendung der Dimensionsanalyse in der experimentellen
Forschung des Bauingenieurwesens. Die Bautechnik, Heft 3.

Kobus, H., Naudascher, E., Richter, A., Westrich, B. (1979): Strömungs-
mechanische Probleme bei der Kühlwasserführung in Kernkraftwerken.
Wasserwirtschaft, Jg. 69, Heft 5.

Könemann, N., Schröder, R.C.M. (1982): Untersuchung zur Rauhigkeit von
gebohrten Stollen. Wasser und Boden, Heft 8.

Koloseus, H.J., Davidian, J. (1966): Roughness-Concentration Effects
on Flow over Hydrodynamically Rough Surfaces. U.S.G.S. Water-Supply Paper.

Krishnappan, B.G., Lau, Y.L. (1986): Turbulence Modelling of Flood
Plain Flows. ASCE Journal Hydraulic Engineering, Vol. 112, No. 4.

Kuzniecow, B.J. (1931): Aerodinamiczeskije isskdowanija cylindrow.
Trudy CAGI, wyp. 98, Moskau-Leningrad.

Lane, E.W. (1951): Discussion on Slope Discharge Formulae for Alluvial
Streams and Rivers. Proc. New Zealand Inst. of Engineers, Vol. 37.

Lane, E.W., Carlson, E.J. (1953): Some Factors Affecting the Stability
of Canals Constructed in Coarse Granular Materials. Proc. Minnesota
Intern. IAHR/ASCE Hydraulics Convention, Sept. 1-4, 1953.

Laneville, A., Gartshore, I.S., Parkinson, G.V. (1975): An Explanation of Some Effects of Turbulence on Bluff Bodies. Proc. 4th Int. Conference Wind Effects on Buildings and Structures, Heathrow, England.

Langer, W. (1952): Bestimmung der dynamischen Auflasten und Drehmomente an Stauklappen bei veränderlichen Klappenradien und Vorradien. Dissertation, T.H. Karlsruhe.

Larsen, P. (1973): Hydraulic Roughness of Ice Covers. ASCE Journal Hydraulics Division, Vol. 99, No. HY1.

Lau, Y.L., Krishnappan, G.B. (1981): Ice Cover Effects on Stream Flows and Mixing. ASCE Journal Hydraulics Div., Vol. 107, No. HY10.

Law, S.W., Reynolds, A.J. (1966): Dividing Flow in an Open Channel. ASCE Journal Hydraulics Div., Vol. 92, No. HY2.

Leutheusser, H.J., Kartha, V.C. (1972): Effects of Inflow Condition on Hydraulic Jump. ASCE Journ. Hydraulics Div., Vol. 98, No. HY8.

Leutheusser, H.J., Resch, F.J., Alemu, S. (1973): Water Quality Enhancement through Hydraulic Aeration. Proc. 15th IAHR Congress, Istanbul, Vol. 2, B 22.

Li, W.H. (1955): Open Channels with Nonuniform Discharge. ASCE Transactions, Vol. 120.

Lindner, K. (1982): Der Strömungswiderstand von Pflanzenbeständen. Mitt. Leichtweiss-Institut für Wasserbau, TU Braunschweig, Heft 75.

Lovera, F., Kennedy, J.F. (1969): Friction-Factors for Flat-Bed Flows in Sand Channels. ASCE Journal Hydraulics Div., Vol. 95, No. HY4.

Macagno, E.O. (1965): Resistance to Flow in Channels of Large Aspect Ratio. Journal Hydraulic Research, Vol. 3, No. 2.

Macha, L. (1963): Untersuchungen über die Wirksamkeit von Tosbecken. Mitteilungen des Instituts für Wasserbau und Wasserwirtschaft, TU Berlin, Nr. 61.

Marchi, G.D. (1934): Saggio di teoria del funzionamento degli stramazzi laterali. Fascicolo XI, Vol. XI.

Maxwell, W.H.C., Weggel, J.R. (1969): Surface Tension in Froude Models. ASCE Journal Hydraulics Div., Vol. 95, No. HY2.

McBean, E.A., Perkins, I.E. (1970): Error Criteria in Water Surface Profile Computations. MIT, Dept. of Civil Eng., Cambridge, Mass., USA, Rept. No. 124.

McNown, J.S., Hsu, E. (1951): Application of Conformal Mapping to Divided Flow. Proceedings 2nd Midwestern Conf. on Fluid Dynamics, Reprints in Engineering, State University of Iowa, Iowa City, Ia, No. 96.

Miller, D.S. (1978): Internal Flow Systems. Publ. by BHRA Fluid Engineering.

Mises, R.v. (1917): Berechnung von Ausfluß- und Überfallstrahlen. Zeitschrift VDI 61.

Mock, F.J. (1960): Strömungsvorgänge und Energieverluste in Verzweigungen von Rechteckgerinnen. TU Berlin, Nr. 52.

Mockmore, C.A. (1944): Flow Around Bends in Stable Channels. ASCE Transactions, Vol. 109, p. 593.

Moore, W.L. (1943): Energy Loss at the Base of a Free Overfall. ASCE Transactions, Vol. 108, p. 1343.

Mostkow, M.A. (1956): Handbuch der Hydraulik. VEB Verlag Technik, Berlin.

Nalluri, C., Adepoju B.A. (1985): Shape Effects on Resistance to Flow in Smooth Channels of Circular Cross-Section. Journal Hydraulic Research, Vol. 23, No. 1.

Narasimhan, S., Bhargave, V.P. (1976): Pressure Fluctuations in Submerged Jump. ASCE Journal Hydraulics Division, Vol. 102, No. HY3.

Naudascher, E. (1959): Beitrag zur Untersuchung der schwingungserregenden Kräfte an gleichzeitig über- und unterströmten Wehrverschlüssen. Dissertation, TH Karlsruhe.

Naudascher, E., Kobus, H., Rao, R.P.R. (1964): Hydrodynamic Analysis for High-Head Leaf Gates. ASCE Journal Hydraulics Division, Vol. 90, No. HY3.

Naudascher, E. (1964): Hydrodynamische und hydroelastische Beanspruchung von Tiefschützen. Der Stahlbau, No. 7, No. 9.

Naudascher, E. (1969): Einführung in die Strömungsmechanik (Ergänzung zu den Vorlesungen in Hydromechanik und Hydraulik an der Universität Karlsruhe).

Naudascher, E., Rockwell, D.O. (1979): Practical Experience with Flow-Induced Vibrations. Springer Verlag.

Naudascher, E. (1982): Kavitationsprobleme in Grundablässen. Wasserwirtschaft Nr. 3.

Naudascher, E., Medlarz, H.J. (1983): Hydrodynamic Loading and Backwater Effect of Partially Submerged Bridges. Journal Hydraulic Research, Vol. 21, No. 3.

Naudascher, E. (1984): Scale Effects in Gate Model Tests. Symposium on Scale Effects in Modelling Hydraulic Structures, H. Kobus, ed., Institut für Wasserbau, Universität Stuttgart, Stuttgart.

Naudascher, E., Rao, P.V., Richter, A., Vargas, P., Wonik, G. (1986): Prediction and Control of Downpull on Tunnel Gates. ASCE Journal Hydraulic Engineering, Vol. 112, No. 5.

Nebeker, A.V., Brett, J.R. (1976): Effects of Gas Supersaturated Water on Survival of Pacific Salmon and Steelhead Smolts. Transactions Am. Fishery Society, Vol. 105, No. 2.

Nebeker, A.V., Stevens, D.B., Brett, J.R. (1976): Effects of Gas Supersaturated Water on Freshwater Aquatic Invertebrates. In: Gas Bubble Disease (Fickeisen, Schneider, eds.), U.S. ERDA Tech. Inf. Center, Oak Ridge, TN (CONF.-741033).

Neil, C.R., ed. (1973): Guide to Bridge Hydraulics. University of Toronto Press.

Odgaard, A.J., Kennedy, J.F. (1984): River-Bend Bank Protection by Submerged Vanes. ASCE Journal Hydraulic Engineering, Vol. 109, No. 8.

Pajer, G. (1937): Über den Strömungsvorgang an einer unterströmten scharfkantigen Planschütze. Zeitschrift für angewandte Mathematik und Mechanik, Band 17, Heft 5.

Pasche, E. (1985): Turbulenzmechanismen in naturnahen Fließgewässern und die Möglichkeiten ihrer mathematischen Erfassung. Mitt. des Inst. für Wasserbau u. Wasserwirtschaft, RWTH Aachen, Heft 52.

Pasche, E., Arnold, U., Rouvé, G. (1986): A Review of Overbank Flow Models. Proceedings Intern. Conf. on Advancement in Aerodyn., Fluid Mechanics, Hydraulics, ASCE, Minneapolis, Minn., USA.

Pickering, G.A., Murray, D.B. (1979): Model Study of Harry S. Truman Spillway, Osage River, Missouri. U.S. Army Engineering Waterways Experiment Station, Vicksburg, Miss., USA.

Poggensee, H. (1942): Die Druckverteilung am Hackenschütz bei verschiedener Ausbildung der Krone. Dissertation, Universität Karlsruhe.

Press, H., Schröder, R. (1966): Hydromechanik im Wasserbau. Verlag Wilhelm Ernst & Sohn.

Rahm, L. (1953): Flow Problems with Respect to Intakes and Tunnels of Swedish Hydro-Electric Power Plants. Institution of Hydraulics, Royal Inst. of Technology, Stockholm, Bulletin No. 36.

Rajaratnam, N. (1962): An Experimental Study of Air Entrainment Characteristics of the Hydraulic Jump. Journal of the Institution of Engineers of India, Vol. 42, No. 7.

Rajaratnam, N. (1967): Hydraulic Jumps. In: Advances in Hydroscience, V.T. Chow (ed.), Vol. 4.

Rajaratnam, N., Subramanya, K. (1968): Hydraulic Jumps Below Abrupt Symmetrical Expansions. ASCE Journal Hydraulics Division, Vol. 94, No. HY2.

Rajaratnam, N., Ahmadi, R. (1979): Interaction Between Main Channel and Flood Plain Flows. ASCE Journal Hydraulics Division, Vol. 105, No. HY5.

Rajaratnam, N., Humphries, J.A. (1982): Free Flow Upstream of Vertical Sluice Gates. Journal Hydraulic Research, Vol. 20, No. 5.

Ramamurthy, A.S., Carballada, L. (1980): Lateral Weir Flow Model. ASCE Journal Irrigation and Drainage Division, Vol. 106, No. IR1.

Ranga Raju, K.G. (1981): Flow Through Open Channels. Tata McGraw-Hill, New Delhi.

Ranga Raju, K.G., Asawa, G.L. (1977): Viscosity and Surface Tension Effects on Weir Flow. ASCE Journal Hydraulics Division, Vol. 103, No. HY10.

Ranga Raju, K.G., Prasad, B., Gupta, S. (1979): Side Weir in Rectangular Channel. ASCE Journal Hydraulics Division, Vol. 105, No. HY5.

Rao, G., Rajaratnam, N. (1963): The Submerged Hydraulic Jump. ASCE Journal Hydraulics Division, Vol. 89, No. HY1.

Rao, N.L.S., Kobus, H. (1975): Self-Aerated Free-Surface Flows. Wasser und Abwasser in Forschung und Praxis, Heft 10, Erich Schmidt Verlag.

Raudkivi, A.J. (1976): Loose Boundary Hydraulics. Pergamon Press.

Renner, J. (1974): Lufteintrag bei Deckwalzen. Wasserwirtschaft, Jg. 64, H. 11.

Resch, F.J., Leutheusser, H.J. (1972): Le ressaut hydraulique. Mesures de turbulence dans la région diphasique. La Houille Blanche, No.4.

Richter, A., Naudascher, E. (1976): Fluctuating Forces on a Rigid Circular Cylinder in Confined Flow. Journal Fluid Mechanics, Vol. 78.

Richter, A., Naudascher, E. (1986): Gestaltung eines Regenauslaßbauwerkes. Institut für Hydromechanik der Universität Karlsruhe, Bericht Nr. 638.

Rodi, W. (1980): Turbulence Models and their Application in Hydraulics: A State-of-the-Art Review. Intern. Association for Hydraulic Research (IAHR) Book Publications, Delft.

Rössert, R. (1964): Hydraulik im Wasserbau. Verlag R. Oldenburg.

Rouse, H. (1950): Engineering Hydraulics. John Wiley & Sons.

Rouse, H., Bhoota, B.V., Hsu, E.Y. (1951): Design of Channel Expansions. ASCE Transactions, Vol. 116.

Rouse, H. (1956): Seven Explanatory Studies in Hydraulics. ASCE Journal Hydraulics Division, Vol. 82, No. HY4.

Rouse, H., Siao, T.T., Nagaratnam (1958): Turbulence Characteristics of the Hydraulic Jump. ASCE Journal Hydraulics Division, Vol. 84, No. HY1.

Rouse, H. (1961): Fluid Mechanics of Hydraulic Engineers. Dover Publications.

Rouse, H. (1965): Critical Analysis of Open-Channel Resistance. ASCE Journal Hydraulics Division, Vol. 91, No. HY4.

Rouvé, G., Khader, M.H.A. (1969): Transition from a Conduit to Free Surface Flow. Journal of Hydraulic Research, Vol. 7, No. 3.

Sakomoto, H., Moriya, M., Arie, M. (1975): A Study on the Flow Around Bluff Bodies Immersed in Turbulent Boundary Layers (Part 1 on Form Drag of a Normal Plate). Bulletin of the JSME, Vol. 18, No. 124.

Sakomoto, H., Moriya, M., Arie, M. (1977): A Study on the Flow Around Bluff Bodies Immersed in Turbulent Boundary Layers (Part 2 on Pressure Forces Acting on Inclined Plates). Bulletin of the JSME, Vol. 20, No. 139.

Schewior, Press (1954): Hilfstafeln für die Bearbeitung von Meliorationsentwürfen, Verlag P. Parey.

Schmidt, M. (1957): Gerinnehydraulik. VEB-Verlag Technik.

Schoder, E.W., Turner, K.B. (1929): Precise Measurements. ASCE Transactions, Vol. 93, p. 999.

Schröder, R. (1953/54): Studien zum Thema Wechselsprung. Wasserwirtschaft, Jg. 44.

Schröder, R. (1963): Die turbulente Strömung im freien Wechselsprung. Mitteilung Institut für Wasserbau und Wasserwirtschaft, TU Berlin, Heft 59.

Schröder, R. (1965): Einheitliche Berechnung gleichförmiger turbulenter Strömungen in Rohren und Gerinnen. Der Bauingenieur, H. 5.

Scobey, F.C. (1933). The Flow of Water in Flumes. US Department of Agriculture Tech. Bulletin 393.

Seus, G., Uslu, O. (1974): Berechnung der Wasserspiegellagen bei stationär ungleichförmigem Abfluß in natürlichen Gerinnen und die Optimierung der Ermittlung der Fließbeiwerte. In: Elektronische Berechnung von Rohr- und Gerinneströmungen (Zielke, W., Hrsg.), Erich Schmidt Verlag.

Shukry, A. (1949): Flow Around Bends in Open Channel. ASCE Journal Hydraulics Division, Vol. 75, No. 6.

Simons, D.B., Richardson, E.V. (1961): Forms of Bed Roughness in Alluvial Channels. ASCE Journal Hydraulics Divison, Vol. 87, No. HY3.

Stein, C.J. (1990): Mäandrierende Fließgewässer mit überströmten Vorländern - Experimentelle Untersuchung und numerische Simulation. Mitt. Inst. für Wasserbau und Wasserwirtschaft, RWTH Aachen, Heft 76.

Stevens, J.C. (1936): Adaptation of Venturi Flumes to Flow Measurements in Conduits (Discussion). ASCE Transactions, Vol. 101, p. 1229.

Straub, L.G., Anderson, A.G. (1960): Experiments on Self-Aerated Flow in Open Channels. ASCE Transactions, Vol. 125.

Streeter, V.L. (1942): The Kinetic Energy and Momentum Connection Factor Pipes and Open Channels of Great Width. Civil Engineering, Vol. 12, No. 4.

Subramanya, K., Waasthy, S.C. (1972): Spatially Varied Flow Over Side Weirs. ASCE Journal Hydraulics Division, Vol. 98, No. HY1.

Swamee, P.K. (1970): Sequent Depths in Prismatic Open Channels. Irrigation and Power, No. 1.

Tanida, Y., Okajima, A., Watanabe, Y.L. (1973): Stability of a Circular Cylinder Oscillating in Uniform Flow or in a Wake. Journal Fluid Mechanics, Vol. 61, Pt. 4.

Täubert, U. (1971): Der Abfluß in Schußrinnen-Verengungen. Der Bauingenieur, Jg. 46, Heft 11.

Thang, N.D., Naudascher, E. (1983): Approach-Flow Effects on Downpull of Gates. ASCE Journal Hydraulics Division, Vol. 109, No. HY11.

Toch, A. (1955): Discharge Characteristics of Tainter Gates. ASCE Transactions, Vol. 120, p. 290.

Tracy, H.J., Carter, R.W. (1955): Backwater Effects of Open-Channel Constrictions. ASCE Transactions, Vol. 120.

U.S. Army Corps of Engineers (1981): The Streambank Erosion Control Evaluation and Demonstration Act of 1974. Final Report to Congress, Publ. at the Waterway Experiment Station, Vicksburg, Miss.

U.S. Army Engineers Waterways Experiment Station (1954): Corps of Engineers Hydraulic Design Criteria. Waterways Experiment Station Vicksburg, Miss. (siehe auch spätere, verbesserte Auflagen, z.B. 1968).

U.S. Bureau of Reclamation (1948): Studies of Crests for Overfall Dams. Boulder Canyon Project Final Report, pt. VI, Hydraulic Investigations, Bulletin 3.

U.S. Bureau of Reclamation (1952): Design and Construction Manual, Design Supplement No. 3, Vol. X, pt. 2.

U.S. Bureau of Reclamation (1961): Design of Small Dams. U.S. Government Printing Office, Washington D.C.

U.S. Bureau of Reclamation (1964): Hydraulic Design of Stilling Basins and Energy Dissipators. Eng. Monograph No. 25, U.S. Dept. of the Interior.

U.S. Bureau of Reclamation (1977): Design of Arch Dams. U.S. Government Printing Office, Washington, D.C.

Uyumaz, A., Muslu, Y. (1965): Flow over Side Weirs in Circular Channels. ASCE Journal Hydraulic Engineering, Vol. 111, No. 1.

Vallentine, H.R. (1964): Characteristics of the Backwater Curve. ASCE Journal Hydraulics Division, Vol. 90, No. HY4.

Vanoni, V.A., Brooks, N.H. (1957): Laboratory Studies of the Roughness and Suspended Load of Alluvial Streams. Sediment Lab., California Inst. of Technology, Pasadena, Rep. No. E-68.

Varshney, D.V. (1977): Model Scale and the Discharge Coefficient. Water Power and Dam Construction, No. 4

Vischer, D. (1984): Energievernichter im Wasserbau. Schweizer Ingenieur und Architekt, H. 40.

Vittal, N., Chiranjeevi, V.V. (1983): Open Channel Transitions: Rational Method of Design. ASCE Journal Hydraulic Engineering, Vol. 109, No. 1.

Weitkamp, D.E., Katz, M. (1973): Resource and Literature Review on Dissolved Gas Supersaturation and Gas Bubble Disease. Seattle Marine Lab. Seattle, WA.

Wood, I.R. (1984): Air Entrainment in High-Speed Flows. Proceedings Symposium on Scale Effects, Techn. Akademie Esslingen.

Wood, I.R. (1986): Air-Water Flows. Keynote Address. 21st IAHR Congress, Melbourne, Australia, Vol. 6.

Wood, I.R. (1987): Air Entrainment in Free-Surface Flows. IAHR Monograph Series on Hydraulic Structures. Intern. Assoc. Hydraulic Research. (Diese Monographie soll 1987 erscheinen.)

Wormleaton, P.R., Allen, J., Hadjipanos, P. (1982): Discharge Assessment in Compound Channel Flow. ASCE Journal Hydraulics Division, Vol. 108, No. HY9.

Yarnell, D.L. (1934): Bridge Piers as Channel Obstructions. U.S. Department of Agriculture, Techn. Bulletin No. 429.

Yassin, A.M. (1953): Mean Roughness Coefficient in Open Channels with Different Roughness of Bed and Side Walls. Dissertation ETH Zürich.

Yen, B.C., Wenzel, H.G. (1970): Dynamic Equations for Steady Spatially Varied Flow. ASCE Journal Hydraulics Division, Vol. 96, No. HY3.

Yoon, Y.N., Wenzel, G. (1971): Mechanics of Sheet Flow under Simulated Rainfall. ASCE Journal Hydraulics Division, Vol. 97, No. HY9.

NAMENSVERZEICHNIS

Abella 60, 61
Adams 51
Adepoju 231
Ahmadi 239
Alam 245
Anderson 251, 252, 253, 282
Arbhabhirama 60, 61
Asano 238
Asawa 122
ASCE Task Force 44
Avery 73, 74

Bakhmeteff 27, 63
Ball 112
Banks 223
Basco 51, 53
Bearman 144
Bertram 234, 237
Blaisdell 47, 53, 211
Bliss 27
Bock 231
Böss 105, 115, 152, 264
Boussinesq 237
Bradley 48, 150
Bretschneider 121, 322, 323
Brett 74
Bretz 57
Brock 247, 248, 249
Brooke Benjamin 93
Brooks 242, 243, 244

Cain 252, 254, 280, 281, 282, 286, 288
Camp 230, 231
Carballada 308, 310
Carlson 218
Carter 150
Cassidy 111, 112
Castro 114
Cheng 95
Chezy 226
Chiranjeevi 161, 166, 169
Chow 8, 11, 53, 112, 120, 125, 140, 146, 148, 150, 156, 161, 218, 228, 234, 240, 261, 262, 270-272, 279, 294
Chu 27, 261
Cidarer 150
Colebrook 218, 223
Creager 113

Davidian 247
Delaney 140
Demetriou 239
Dillmann 111, 112
Donnelly 47
Dorer 316
Douma 53
DVWK 173

Eichert 316
Einstein 223, 233
El-Khashab 310
Evers 236

Fage 95, 96
Fink 228
Fisher 310
Flack 28
Formica 148, 149
Forster 35
Frazer 302

Gangadharaiah 279
Gauckler 161, 226, 230, 256, 263, 316, 320
Gentilini 87, 100, 102
Gerodetti 211
Gibson 147
Glenmaggie 280

Hager 37, 57, 297, 301, 305, 310
Haindl 71
Hanisch 73
Hartung 39, 44
Hayat 156
Henderson 14, 272, 273
Henry 31, 44, 104
Herbrand 59, 69, 70
Hickox 62, 63
Hinds 165, 166, 168, 169, 170, 295
Hoerner 136
Hom-ma 198
Hsieh 143
Hsu 309, 310
Hubbard 167
Hughes 28

Idelchik 136
Ippen 163, 179, 183, 191, 195, 196, 211
Ishikawa 305, 310, 314

Jain 310
Jambor 124
Jansen 173
Jarrett 223
Johnson 73, 75
Justin 113

Kandaswamy 105, 107, 108
Kármán 218
Kartha 28
Katz 74
Keifer 261
Keller 239, 280, 281
Kennedy 173, 244, 245
Keutner 95
Khader 84
Kindsvater 61, 62, 63, 150
Kirkpatrick 112
Knapp 205, 206, 210
Knauss 150, 161, 194
Knight 239
Kobus 71, 72, 73, 78, 86, 138, 143, 279, 280
Koloseus 247
Könemann 223, 231
Kopp 142
Krishnappan 234, 239
Kutter 226
Kuzniecow 144

Lane 218, 235
Laneville 96
Larsen 234
Lau 234, 239
Law 157, 160
Leutheusser 28, 71, 72, 73
Levi 216
Li 293, 295-297
Lindner 225
Ling 167
Lovera 244

Macagno 220
Macha 37, 38, 53
Manning 161, 226, 230, 256, 263, 316, 320
Marchi 303, 310
Matzke 27, 63
Maxwell 121
McBean 316
McNown 309, 310
Medlarz 151
Metzler 32
Miller 136
Mises, von 81, 82, 87, 91
Mock 157, 158, 159, 160
Mockmore 8
Moore 35, 40, 41
Mostkow 313
Murray 75
Muslu 304, 306, 308

Nalluri 231
Narasimhan 34
Naudascher 1, 6, 78, 86, 87, 92, 93, 94, 97, 99, 121, 127, 129, 131, 141, 151, 171
Nebeker 74, 75
Neil 142
Newsham 143
Novak 73, 74

Odgaard 173

Pajer 91
Pasche 237, 239
Peissner 129
Perkins 316
Peterka 48
Petrikat 39
Pickering 75
Poggensee 123
Posey 275
Prandtl 218
Press 11, 40, 59, 146, 149, 157, 221, 228, 229, 303

Rahm 223
Rajaratnam 30, 70, 71, 72, 93, 104, 239
Ramamurthy 308, 310

Ranga Raju 118, 119, 122, 123, 304, 306
Rao, G. 104
Rao, N.L.S. 71, 72, 279, 280
Rao, R.P.R. 86
Rastogi 280, 281
Raudkivi 241, 243, 246
Rehbock 38, 105, 123, 145
Reid 111, 112
Renner 72, 73
Resch 72, 73
Reynolds 157, 160
Richardson 241
Richter 144, 171
Rodi 239, 280
Rouse 31, 32, 34, 56, 78, 105, 107, 108,
    111, 112, 119, 123, 136, 140, 141, 143,
    146, 156, 163, 167, 172, 173, 179,
    199, 201, 203, 215, 219, 247, 249,
    250, 276
Rouvé 84

Safranez 27
Sakomoto 89
Schewior 228, 229
Schmidt 120, 125, 157, 160, 179, 228, 231,
    303, 306
Schoder 123
Schröder, 11, 30, 40, 59, 71, 72,
    146, 149, 157, 221-223, 228, 231, 303
Scobey 161, 165, 169
Seus 316
Shields 241
Shima 198
Shukry 154
Simons 241
Sinniger 36, 37
Skrinde 35
Smith 310
Sorenson 140
Stein 323
Stevens 120
Straub 251, 252, 253, 282
Streeter 8
Strickler 161, 226, 230, 256, 263, 316, 320
Subramanya 310
Swamee 30

Tanida 144
Täubert 189
Thang 97
Toch 101, 102
Tracy 150

US Army Corps 165, 173, 223
US Army WES 112, 113, 125
USBR 27, 28, 29, 45, 46, 47, 48, 51,
    52, 53, 54, 55, 57, 58, 65, 68, 124,
    125, 150, 161, 165, 298
USBPR 150
USDA 161
USGS 150
Uslu 316
Uyumaz 304, 306, 308

Vallentine 263
Vanoni 242, 243, 244
Varshney 121
Vischer 44
Vittal 161, 166, 169

Warsap 95, 96
Weggel 121
Weisbach 149
Weitkamp 74
White 40, 218
Wood 69, 251-254, 280-284, 286,
    287, 288
Wormleaton 237

Yalin 242
Yarnell 140
Yassin 234

SACHVERZEICHNIS

Abfluß durch Kontrollbauwerke 76-132
-, freier 84-99
-, gewellter 216, 246-250
-, gleichförmiger 214-255
-, instabiler 216, 246-250
-, laminar/turbulenter 215
-, leicht ungleichförmiger 256-331
- mit Selbstbelüftung 68-75, 250-254, 278-288
-, rückgestauter 84, 102-104
-, schießender 18-23, 174-213, 215, 246-255, 267, 302
-, seitlicher 300-310
-, stark ungleichförmiger 14-33, 270, 277
-, strömender 18-23, 160-173, 215, 266, 302
Abflußarten 214-217, 302
Abflußbeiwert (k_{St}) 226-231, 233-235, 240, 326-328
- (C_q) 31, 32, 79-84, 90-112, 114-116, 121, 122, 130, 303-310
Abflußformeln 226-230, 252-253, 256, 320
Abflußkontrolle 18-23, 76-132, 215, 268-278, 293
Ablösung 78, 88, 94-97, 139-141, 153, 199
Absturz 35, 41, 48, 273
Abzweigung 157-160, 300-314 (s. Gerinne)
Ähnlichkeitsbedingung 92-99, 121-124
Anströmungsbedingung 78-79, 96-97, 123-124
Antibänke 242
Äquivalenter Abflußbeiwert 233
Ausbauüberfallhöhe 110, 121
Ausfluß aus Düsen 81
- aus Blenden 83
Auskolkung - siehe Kolkgefahr
"Austrittsverlust" 147
Auslaßbauwerk 167-173, 198-203

Belüftungsbeginn 251-252, 278-281
Bernoulli-Gleichung 3
Bewegliche Sohle 241-246
Bodenauslaß 310-315
Borda-Effekt 97, 149
Boussinesq-Beiwert 5, 8, 285
Breitkroniges Wehr 117-120
Brückenpfeiler 140
Brückenstau 150-151
Buhnen 235, 324

Colebrook-White-Formel 218
Coriolis-Beiwert 3, 8, 285, 319, 320

Dachentwässerung 288
Dampfdruck 78
Darcy-Weisbach-Gleichung 88, 218-220, 226, 243
Deckwalze 28-30, 34, 52
Differenzenmethode 258, 293
Diffusor 171
Dimensionsanalyse 76-84, 135
Dimensionslose Darstellung 32, 80
Dissipation - s. Energieverlust
Druckverteilung 3, 11-14, 90, 104, 110, 112
Düker-Tosbecken 48
Dünen 242

Eckwirbel-Einfluß 92-93
Einbauten 136-146
Einlaufbauwerk 167, 192-198
Einlaufschütz 86
Einlaufverlust 149-150
Einschnürungsbeiwert 31, 32, 81-87, 91-97, 102, 148, 310, 311
Eisdecke 234
Endeinflüsse 141-143
Energiegleichung 2-4, 12, 14-17, 102, 259, 284-285, 301, 311, 316
Energiehöhendiagramm 15, 17, 162, 277
Energieminimum 15
Energieumwandlung - s. Tosbecken
Energieverlust 7, 26, 85, 93, 133-160
- bei Brücken 150-151
- bei Einbauten 136-146
- bei Querschnittserweiterungen 146-148
- bei Querschnittsverengungen 148-149
- bei Verzweigungen 157-160
- in Krümmungen 152-157
-, örtliche 133-160
Energieverlustminimierung 170-173
Erosion - s. Kolkbildung
Euler-Gleichung 11

Feststofftransport 241-246
Flächenrauheit 223, 243-244
Flachwasserwelle 18, 175

Fließwechsel - s. Wechselsprung
Formeinfluß 94, 137-140
Formrauheit 223-226, 245
Freispiegelschütz 89-104
Froude-Zahl 16, 26, 78-82, 143, 175, 198, 215
-, kritische 246
- sches Modellgesetz 92
- Wellen 216, 246-250

Gasblasenkrankheit 74
Gauckler/Manning/Strickler-Formel 161, 226, 230, 256, 260, 316, 320
Gefälle, kritisches/mildes/steiles 266-268, 271, 276
Gefällswechsel 272, 275
Gegenstromtosbecken 44
Gerinne, alluviales 153, 242
- erweiterung 58-61, 146-148, 167-173, 198-203, 299
- krümmung 8, 152-157, 173, 183-188, 203-213
- mit beweglicher Sohle 241-246
- mit gegliedertem Querschnitt 234-240
- mit seitlichem Zu- und Abfluß 288-315
- mit unterschiedlicher Rauheit 233, 234
- mit Vorländern 234-241
- verengung 19, 120, 148-149, 163-167, 189, 192-198
- vereinigung 157, 210-212
- verzweigung 157-160, 310
Geschiebebewegungsgrenze 241
Geschiebetransport 241-246
Geschwindigkeitshöhenbeiwert 3, 8, 284-285, 319-320, 322
- verteilung 7-9, 87, 97-98, 123, 153, 239, 252
Gewässerausbau 173
"Glattes" Verhalten 218, 248-250
Gras, Abfluß über 240
Grenzschicht 88, 92-93, 118, 120, 133, 278-281
Grenztiefe 14-23, 260, 292
Grundwalze 37, 45-46

Hakenschütz 129
Hydraulisch günst. Querschnitt 232
Hufeisenwirbel 141

Impulsgleichung 5, 24-25, 102, 131, 284-285, 290, 299, 300
Impulstransport 236
Instationarität 98-99, 144
Interaktion von Teilströmen 235
Interferenz von Wellen 188-192
Iterationsverfahren 317, 327

Jambor-Schwelle 124

Kapillaritätseinfluß 78, 93, 121-122
Kapillarwellen 175
Karman-Prandtl-Gleichung 151, 218
Kavitationsgefahr 112, 210
Kavitationszahl 78
Kläranlage 289, 299, 313
Klarwassertiefe 68, 252, 255, 282
Klappenwehr 114
Koeffizienten-Hydraulik 76-84
Kolkbildung 123, 142, 153, 217
Kolkgefahr, Kolksicherung 34, 37-39, 44, 139, 173
Kontinuitätsgleichung 1, 93, 102, 129, 234, 290, 299, 316
Kontraktion - s. Einschnürung
Kontrollbauwerk 76-132, 269
Kontrollbedingung - s. Abflußkontrolle
Konvergenzbedingung 317
Kornrauheit 243
Kreuzwellen 190, 193, 196, 205
Kreuzwellenvermeidung 195, 207
Krümmerströmung 8, 152-157, 173, 183-188, 203-213
Krümmungsverlust 152-157
Kühlturmtasse 289, 298
Kutter-Formel 226

Leistungssteigerung 112
Leitwand 170-173, 211
Literatur 332-344
Lochplatte 313, 315
Lufteintrag 70-75, 150, 216, 250-254, 278-287
Luftkonzentration 69, 71, 253-255, 281 282, 288

Mäander 156
Mach-Zahl 175
Maßstabseffekte 80, 94-99, 121-124
Meßwehr 119
Modellähnlichkeit 92-99, 121-124

Modellversuche 28, 37, 74, 86, 92, 121, 131, 173, 194, 211, 280, 298, 304, 306
Moody-Diagramm 220
Mulden- oder Trog-Tosbecken 40, 45-47

Nachbarbauten, Einfluß von 144
Naturschutz 74, 173
Newtonsche Bewegungsgleichung 2, 217
Normalabfluß 214-255,
Normalabflußtiefe 214-255, 260

Oberflächenspannung 78, 93, 121-122
Ökologische Aspekte 74, 173

Pfeilereinfluß 112
Pfeilerstau 136-146
Pflanzenbewuchs 224-225, 234-240
Planschütz 31, 84-92, 102-104
Potentialtheoret. Lösung 81-82, 84-85, 90, 104, 152
Prallblöcke 50-54
Prielkanal 289, 298
Prinzip des kleinsten Zwanges 23
Profil, gegliedertes 234-240
Profilkennwerte 318-323

Quergefälle 152-153, 203-205
Querprofilaufteilung 319
Querschnitt, hydr. günstigster 232-233
Querschnittsänderung 9-10, 119, 146-151, 163-173, 192-203
Querschnittsform-Einfluß 219, 230-232, 261

Radius, hydraulischer 217
Randbedingungen 77-84, 105, 108
"Rauhes" Verhalten 218, 248-250
Rauheitseinfluß 94-95, 140-141
Rauheitswert (k) 218, 221-223, 227
Rechenprogramm 324-325
Rechnereinsatz 239, 315-331
Reflexion 188-192, 204-206
Reibungsbeiwert (λ) 218-220, 223-228, 240, 243, 250, 252
Reynolds-Zahl 78, 92-96, 121, 137-140, 215
Richtungsänderung bei schießendem Abfluß 174-192

Riffel 224, 241-243
Ringkanal 289, 298
Rohrerweiterung 9, 147
Rohrverengung 149
Rückstaueffekt - s. Abfluß, Schütze, Tosbecken, Überfall

Sauerstoffeintrag 70-75
Sauerstoffübersättigung 74-75
Schachtelfunktion 316
Schallwelle 175
Scheinwandspannung 237
Schießen - s. Abfluß
Schleppkraftformel 217
Schubspannung 217, 219, 223, 237-238, 241, 243
-sgeschwindigkeit 88, 241, 279
Schußrinne 174-213, 246-255, 278-288, 297-298
Schutzmauer 212
Schütz besonderer Bauart 99-102
- mit Aufsatzklappe 129
- mit freiem Abfluß 12, 84, 89-102
- mit rückgestautem Abfluß 31, 102-104
Schwall 24
Schwebstoffeinfluß 242-243
Schwelle, Abfluß über 104-107, 117-120
- im Gerinnekrümmer 210
- im Tosbecken 37-40, 50-54
Schwerewelle 18, 24
Schwingung, Einfluß der 98-99, 143-144
Sedimenttransport 241-246
Segmentwehr 32, 101
Sektorwehr 114, 116
Sekundärströmung 8-9, 123, 142, 154, 298
Selbstbelüftung 68-75, 250-254, 278-288
- Beginn der 251-252, 279-281, 285
Shields-Diagramm 241
Sohleneinfluß 141
Sohlenformen 242
Sohlenneigung 12, 61-68
Sohlschwelle 210
Sprungschanze 13-14
Staulinie 263-264, 275
Stollenschütz 86
Störkörper 40, 50-54
Störungslinie 176-192, 201
Störungswelle 174-192
Störungswinkel 177
Stoßwelle 178, 182, 189, 195, 211-212
Strahl, getauchter 43, 64, 82-84

Strahlkontur 107-108
Straßenentwässerung 288
Streichwehr 301-310
Strömen - s. Abfluß
Strömungsablösung - s. Ablösung
Strömungswiderstand - s. Widerstand
Stufe, negative 54-58, 277
-, positive 33, 35-37
Sturzbett - s. Tosbecken
Stützkraft 25, 284

Taschenrechnereinsatz 327-331
Teilgefülltes Rohr 230-231
Tiefe, kritische 14-23
Tiefschütz 84-89
Tiroler Wehr 310-315
Tosbecken besonderer Bauart 44-48
- mit Deflektoren 75
- mit negativer Stufe 54-58
- mit positiver Stufe 33, 35-37
- mit Rückstau 41-44, 48-49
- mit Schwelle 37-40, 50-54
- mit seitlicher Aufweitung 58-61
- mit Sohlenvertiefung 54-58
- mit Störkörpern 40, 50-54
- mit Trog 40, 45-47, 67-68
- unterstrom eines geneigten Gerinnes 61-64
- unterstrom eines freien Überfalls 40-41
Trapezregel 316
Trennfläche, fiktive 237-238
Trennstromlinie 129
Trennwand 211
Trog-Tosbecken 40, 45-47, 67-68
Trommelwehr 114
Turbulenzeffekte 39, 96, 124, 140, 250
Turbulenzmodell 239

Überfall, unvollkommener 124-126
-, vollkommener 104-124
Überfallstrahl-Profil 107-108
Übergang Trapez-/Rechteckgerinne 165-166, 169
Übergangsbauwerke für schießenden Abfluß 174-213
- für strömenden Abfluß 160-173
Übergangskurve, einfache 207, 212-213
-, spiralförmige 208-209
Überhöhung der Sohle 208-209

Überströmte Bauwerke 104-128
Über- und unterströmte Bauwerke 129-132
Umschlag laminar/turbulent 95, 140, 215, 279
Unterdruck 108, 112
Unterströmte Bauwerke 84-104
Unterwassereinfluß 37, 46-47, 53, 97-98, 109, 130-132, 269

Vegetation, Gerinne mit 224-225, 234-240
Venturikanal 120
Verbauungseffekt 138, 144, 171, 311
Verdrängungsdicke 118
Verlandung 153, 161
Verluste - s. Energieverluste
Verlustbeiwerte 133-160
Verzweigungsverlust 157-160
Voranalyse zur Wasserspiegelberechnung 268-278
Vorlandabfluß 234-240

Wandrauheit (k) 218, 221-223, 227
Wandschubspannung 217, 219, 223, 241, 243
Wasserfassung 310-313
Wasser-Luft-Gemisch 68-75, 216, 250-254, 278-287
Wasserspiegellinien 264-268, 271-278
- berechnung 187, 268-288, 292-300, 315-331
Wasserspiegelprofile 264-268, 271-278, 302
Wasserspiegelüberhöhung 152, 203-206
Weber-Zahl 78, 94, 121-122, 175
Wechselsprung 24-33, 34-41, 50-75, 202, 270-274, 302
-, Einfluß der Luftbeimengung 68-70
-, erzwungener 51, 52
-, geknickter 59
-, gewellter 28-30, 37
- mit Deckwalze 24-75
-, radialer 61
-, räumlicher 59
-, rückgestauter 30-32, 41-44
-, schräger 182
- Stabilisierung 50-68
Wehre, breitkronige 117-120
- mit Überfallrücken 109-113, 127, 128

Wehre, rundkronige 119
-, scharfkantige 104-109
-, Streich- 301-310
-, Tiroler 310-315
Wellen, stehende 58, 143, 174-192
Wellenbildung/Wellendämpfung 39, 58, 298
Welleneinfluß 39-40, 143
Wellenform 182
Wellenfortpflanzung 18, 26, 175, 215
Wellenfront 176-192
Widerstand infolge Wellen 246-250
Widerstandsbeiwert (C_W, C_D) 88, 96, 134, 145, 224-225
- (λ) - siehe Reibungsbeiwert
Widerstandsgesetz 217-223
Windkanalversuche 86
Wirbelbildung 92, 123, 139-140
Wirbelviskosität 237

Zähigkeitseinfluß 78, 92-94, 118, 121, 230
Zahnschwelle 37-40
Zufluß, seitlicher 288-300

Franz Ziegler

Technische Mechanik der festen und flüssigen Körper

Zweite, verbesserte Auflage

1992. Etwa 335 Abb. Etwa 570 Seiten.
Broschiert DM 85,-, öS 595,-
Hörerpreis: öS 476,-
ISBN 3-211-82335-2

Preisänderungen vorbehalten

Dieses Lehrbuch bietet eine einheitliche Darstellung der Theorien und der praktischen Entwurfsgrundlagen, die allen Zweigen der Festkörper- und Strömungsmechanik gemeinsam sind. Der Aufbau dieses Werkes sollte für den fortgeschrittenen Studenten und den praktisch tätigen Ingenieur ebenso ansprechend sein wie für den beginnenden Ingenieurstudenten. Es kann mit Vorteil als begleitende Lektüre für Vorlesungen über Statik, Dynamik, Festigkeitslehre, Hydromechanik und Kontinuumsmechanik eingesetzt werden. Das grundlegende Wissen aus der Angewandten Mechanik und die aufgezeigten Verbindungen ihrer Teilgebiete könnten helfen, die Herausforderungen, die der Ingenieurgesellschaft durch die moderne Welt der Hochtechnologie erwachsen, zu bewältigen. Nach der erweiterten englischen Fassung dieses Lehrbuches, die unter dem Titel *Mechanics of Solids and Fluids* im Springer-Verlag New York 1991 erschienen ist, stellt die vorliegende zweite Auflage eine korrigierte und um zwei Anhänge erweiterte Fassung der ersten 1985 erschienenen Auflage dar.

Springer-Verlag Wien New York

MIX
Papier aus verantwortungsvollen Quellen
Paper from responsible sources
FSC® C105338

If you have any concerns about our products,
you can contact us on
ProductSafety@springernature.com

In case Publisher is established outside the EU,
the EU authorized representative is:
**Springer Nature Customer Service Center GmbH
Europaplatz 3, 69115 Heidelberg, Germany**

Printed by Libri Plureos GmbH
in Hamburg, Germany